数字印刷技术

SHUZI YINSHUA JISHU

刘筱霞　陈永常　编著

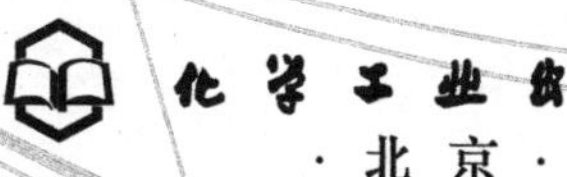

·北京·

图书在版编目（CIP）数据

数字印刷技术/刘筱霞，陈永常编著. —北京：化学工业出版社，2016.11

ISBN 978-7-122-28067-1

Ⅰ.①数… Ⅱ.①刘… ②陈… Ⅲ.①数字印刷 Ⅳ.①TS805.4

中国版本图书馆 CIP 数据核字（2016）第 219423 号

责任编辑：彭爱铭　　　　装帧设计：张　辉

责任校对：王素芹

出版发行：化学工业出版社（北京市东城区青年湖南街 13 号　邮政编码 100011）

印　　装：北京盛通商印快线网络科技有限公司

710mm×1000mm　1/16　印张 18¼　字数 341 千字　2016 年 11 月北京第 1 版第 1 次印刷

购书咨询：010-64518888　　　　售后服务：010-64518899

网　　址：http://www.cip.com.cn

凡购买本书，如有缺损质量问题，本社销售中心负责调换。

定　　价：59.00 元

前言 FOREWORD

目前，印刷行业是应用计算机技术和数字技术最为广泛的行业之一。数字技术不仅改变着印刷生产模式，也对产业的运作方式产生了很大影响。数字印刷不仅在技术上发展迅猛，应用层面更是如此，后者的发展速度甚至超过了人们的预期。

数字印刷的发展不仅仅是设备的更换，其核心是先进设备、技术和市场的融合。数字印刷技术的发展将会给整个印刷工业带来永久性的变化。从技术上讲，数字印刷完全不同于传统模拟印刷，它已经大大简化了印刷工艺，实现短版、快速、实用、精美而经济的印刷工艺。从行业发展来讲，数字印刷既是对传统印刷的一个补充，又是传统胶印有力的竞争对手。一方面，信息的按需化服务是当今信息产业发展的一种趋势，作为提供图文信息产品服务的行业，印刷业也是当今信息产业非常重要的一个组成部分，当然也在向按需化和个性化服务方向发展。不断变化的客户需求导致按需印刷的增长，印品的印数越来越少，人们不仅希望能随时随地按需要的数量来印刷，而且希望交货期越短越好，价格更便宜。传统印刷很难满足这种短版、快速的印刷要求，而数字印刷正好是对传统印刷的补充。另一方面，数字印刷有竞争力的印量范围在不断扩大，印刷质量也不断逼近传统胶印，所以数字印刷在按需印刷方面快速发展的同时，也必将抢占部分传统印刷的市场。

在本书编写过程中，注重处理全面、系统、重点与先进性之间的关系，既详细介绍数字印刷的基本理论与原理，同时又力求从技术上全面阐述数字印刷的工艺流程与方法。本书主要介绍了数字印刷的基本概念与特点、各种数字印刷方式的成像原理与特点、印刷的色彩管理原理与方法、数字印刷用纸与油墨、数码打样技术、数字印刷质量控制方法和手段、数字化工作流程的原理及典型流程。

全书共分七章，其中第一、第五～第七章由陕西科技大学刘筱霞编著，第二～第四章由陕西科技大学陈永常编著，全书由刘筱霞统稿。在编著过程中，参阅了国内外相关的资料和文献，并得到了黄良仙、赵郁聪、智川、梁巧萍、陈诚、李国志、张曼、张琳、刘敏、刘策等同志的大力协助。在此，对提供相关资料的前辈和同仁深表谢意，也对提供帮助的同志深表谢意。

本书尽可能反映当前数字印刷的最新技术与成果，但由于数字印刷技术发展非常迅速，新技术、新工艺不断涌现，再加上笔者理论知识和实践经验的局限性，书中不足和疏漏之处在所难免，恳请专家读者批评指正。

编著者

2016 年 5 月

目录 CONTENTS

第五章 数码打样

第六章 数字印刷质量检测与评价

第七章　数字化工作流程

第一章 数字印刷概述

数字印刷是计算机技术、数字技术和互联网技术发展的产物，是一种快速发展的新的印刷技术。数字印刷一直是近年来印刷展会上最耀眼的“明星”。数字印刷技术发展步伐加速，诸多新技术逐渐从概念走向应用，尤其是技术的发展使得其应用领域不断向包装、标签印刷领域扩展。

第一节 数字印刷简介

数字印刷（digital printing）是以数字信息代替传统的模拟信息，也就是说输入的是图文信息数字流，输出的也是图文信息数字流，这使得数字印刷相对传统印刷而言更加灵活可控。

一、数字印刷的定义及分类

1. 数字印刷的定义

数字印刷是利用某种技术或工艺手段将数字化的图文信息直接记录在承印介质（纸张、塑料等）上，即直接将数字页面信息转换成印刷品，而不需经过包括印版在内的任何中介媒介的信息传递。因此，数字印刷定义为由数字信息生成逐印张可变的图文影像，借助成像装置直接在承印物上成像或在非脱机影像载体上成像，并将呈色剂及辅助物质间接传递至承印物而形成印刷品，且满足工业化生产要求的印刷方法。

数字印刷包括按需印刷、可变数据印刷、个性化印刷、远程印刷等。

① 按需印刷是指以消费者的需要为目标，量身定制的印刷。其印量不受限制，根据客户需要，可一张起印，并可实现随时印刷，实现零库存。

② 可变数据印刷是指印刷品的信息是100％可变信息，即相邻输出的两张印刷品可以完全不一样，可有不同版式、内容、尺寸，甚至可有不同材质；若用于出

版物，也可以有不同的装订方式。

③ 个性化印刷是按需印刷和可变数据印刷的高层次印刷，指高质量的个人定制与文件个性化的印刷。

④ 远程印刷是指远程的图文信息通过网络在异地数字印刷设备上输出的印刷。

2. 数字印刷的分类

支撑数字印刷的系统包括硬件、软件和印刷材料三大部分，其中最关键的是要借助某种技术手段，将呈色剂传递到承印物上，形成所需图文影像，即数字成像技术。现有的数字印刷成像技术有静电成像技术、喷墨成像技术、磁记录成像技术、热成像技术、电凝聚成像技术等。因此相应地根据数字成像方式的不同，数字印刷可分为不同类型。

二、数字印刷的特征

数字印刷是印刷技术数字化和网络化发展的新生事物，是一个全数字生产流程，它将印前、印刷和印后整合成为一个整体，由计算机集中操作、控制和管理。数字印刷特征如下。

1. 全数字化

数字印刷是一个完全数字化的生产流程，数字流程贯穿了整个生产过程，从信息的输入到印刷，甚至装订输出，都是数字流的信息处理、传递、控制过程。

2. 印前、印刷和印后一体化

数字印刷把印前、印刷和印后融为一个整体。从系统控制的角度来看，它是一个无缝的全数字系统，系统的入口（信息的输入）是数字信息，系统的出口（信息的输出）就已经成为书、杂志、卡片、商标、宣传品、包装物等所需要形态的产品。它是一个完整的印刷生产系统，由控制中心、数字印刷机、装订及裁切部分组成，所有操作和功能都可根据需要进行预先设定，然后由系统自动完成。数字印刷传递的影像物质既可以是形成印刷图文影像的呈色剂，也可以是使承印物显现特殊外观效果（如凸凹、纹理、光泽变化等）或某些特殊功能（如香味、药膜等）的辅助物质。

3. 灵活性高

在互联网应用日益广泛的大背景下，数字印刷依托互联网能够实现异地远距离印刷。同时，数字印刷的可变信息输出特点突出，输出的图文信息可以根据需要更改，即前后输出的两张印刷品可以完全不同，这使得数字印刷相对传统印刷而言更加灵活可控，从而实现了用户自定义图文数据的复制，即可变数据印刷（variable data printing）。因为数字印刷实际是一种无固定印版的印刷方式，这种信息变化的灵活性解决了现代个性化印刷的需要。

4. 印刷周期短

数字印刷将印前图文处理的页面信息直接记录在承印介质上，而且只要事先设定好各种参数，系统可自动完成生产过程，省去了制版等许多复杂的环节，生产周期比传统印刷大大缩短。

5. 可实现短版印刷

数字印刷免除了传统印刷中工作量非常大并需较高费用的印刷前准备工作，如上版、水墨平衡等，使印数较少的短版印刷的价格趋于合理，甚至一份起印，包括黑白和彩色印刷品。

6. 可实现按需生产

印刷服务商可根据最终用户对实际产品的数量和生产周期的要求，进行出版物和商业印刷产品的生产及分发，这种生产形式称为按需印刷（POD，print on-demand）。数字印刷可以实现100%可变数据印刷，具备按需生产的能力，可以根据具体要求，生产制作顾客需要的信息产品。

三、数字印刷与传统印刷的异同

1. 共同点

两者都是印刷过程中的“印刷图文载体”，是由印刷图文的原稿到印刷复制品。这个载体中一部分区域转移油墨（墨粉），另一部分区域不转移油墨（墨粉），从而完成原稿图文到印刷复制品的转移。数字印版都是在滚筒表面成像，和传统的凹印印版在滚筒表面成像一样。

2. 不同点

① 传统印版只能一次成像，图像恒定。成像后即记录，不能擦去，即一次性使用。数字印版可以多次成像，成像后可以擦去，即可以多次使用。

② 传统印版表面是有形的、可见的（如凸版、平版、凹版、孔版），数字印版表面大部分是无形的、不可见的潜像。

③ 传统印版除凹印印版外，都是可以单独存在的，印版制成后再上（包、贴、套）在印版滚筒体上。数字印版和传统的凹版印版一样都是直接做在印版滚筒体上的。

3. 两者的比较

(1) 适用范围比较

① 实现印量无限制。数字印刷可“一张起印”，不会增加成本，故可增加企业的客户来源。

② 缩短了工作流程。数字印刷减少了出片、打样制版等多道工序的时间，减少了制版费用。

③ 承印材料范围不断扩大。数字印刷实现了在纸张、不干胶材料表面、聚丙烯、聚氯乙烯、丙烯腈-丁二烯-苯乙烯共聚物、聚酯以及镀铝纸、金银卡纸和多层胶质叠合等材料表面印刷。

④ 实现了可变数据印刷。如数字标签印刷可以做到每张标签、甚至每个标签的内容均不一样。

⑤ 提高了防伪性能。数字印刷可以实现专色印刷、缩微文字印刷、UV 油墨印刷、单色印刷或彩色个性化可变数据印刷、水印、条码印刷、立体图像印刷以及以上各种方式的任意组合。

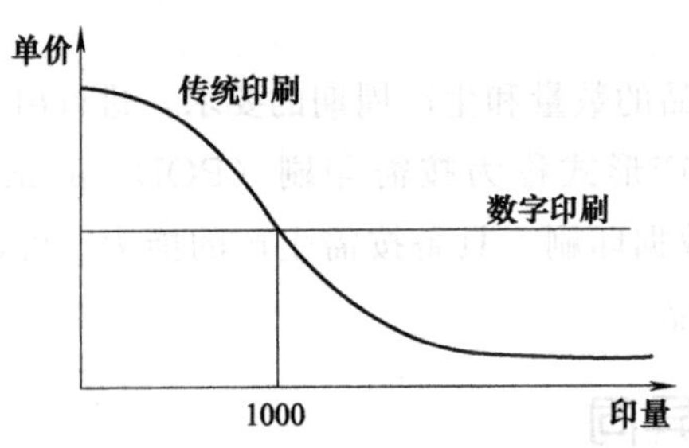

图 1-1　数字印刷与传统印刷出版价格比较

(2) 成本与价格比较　在传统印刷中，无论印量多少，印前成本都是固定不变的，只能靠增加印量进行成本的折算。而数字印刷的成本几乎不受印数的影响，无论印量是多少都不会影响单页的成本，因此不存在成本分摊问题。图 1-1 为数字印刷与传统印刷在价格方面的比较，由图可见，1000 印以下的短版活其成本低于传统印刷，而对于 1000 印以上的长版活，在成本和价格上还是传统印刷表现出了较大的优势。

四、数字印刷技术的发展

数字印刷技术出现于 20 世纪 90 年代。1993 年，以色列 Indigo 公司和比利时 Xeikon 公司分别推出 E-print1000 和 DCP-1 彩色数字印刷机，成为数字印刷技术诞生的标志。此后，数字印刷在全世界掀起了热潮。Agfa、Barco、IBM、Xerox、Canon、Scitex、Heidelberg、MAN Roland 等公司陆续开发并推出了各种类型的数字印刷系统。自 1995 年起的几届 Drupa 博览会上，数字印刷一直是备受关注的亮点之一。

2000 年的 Drupa 展会上展出了种类众多的数字印刷系统，成为这项技术诞生后蓬勃发展的见证，静电、喷墨、离子、磁成像等技术纷纷应用于数字印刷。

2004 年的 Drupa 展会上，数字印刷流程系统成为亮点，激光静电型数字印刷机的印品所达到的品质与传统胶印接近。

2008 年的 Drupa 展会上，喷墨数字印刷技术在印刷速度、幅面、品质等方面都展现出十分可观的潜力，具有广阔的发展前景。

2012 年的 Drupa 展会上，高速喷墨印刷技术已经逐渐成熟，应用范围也日益广泛，印刷幅面越来越大，B2 幅面的高速喷墨印刷设备成为主流，“喷墨＋胶印”

的混合印刷方式备受关注。

在多年的发展中，与数字印刷相关的系统和产品不断涌现，数字印刷工作流程系统应运而生，与数字印刷设备配套的印后加工及其相关设备也日趋多样和完善。数字印刷技术在增值印刷、直邮印刷、绿色包装印刷、印刷工作流程、网络印刷、印后加工等领域开始发挥至关重要的作用。

五、数字印刷技术的应用概况

1. 数字印刷技术的应用

印刷行业专业调研机构 PIRA 研究所最新数据统计显示，2015 年全球数字印刷市值占印刷包装产业总市值的 13.9%（105 亿美元)，占市场总规模的 2.5%。而在 2010 年，这两个数值仅为 9.4%与 1.9%。预计，2020 年数字印刷市值占比将达到 17.4%（198 亿美元)，市场规模占比达 3.4%。数据显示，开拓数字印刷业务能为印刷企业提供新的市场机遇，其低成本、短运行、快速周转的优势推动数字印刷市场发展向好。

研究报告显示，通过数字环境下多种印刷技术的整合来创造新的商业经营模式，正在成为印刷企业突破发展困境与构建核心竞争力的关键。消费者的需求逐渐多元化与碎片化，意味着只有同时具备数字印刷与传统印刷能力的印刷服务供应商，才能为用户提供最合适的解决方案。

根据研究报告，2016 年数字印刷技术在包装领域的运用将呈现两大趋势。在数字印刷方式上，喷墨数字印刷将继续保持显著的增长速度，逐渐超过激光数字印刷在包装领域的市场占比；而在产品应用上，除标签产品大量使用数字印刷外，瓦楞纸箱、纸盒、软包装产品也将逐步采用数字印刷方式。

从印刷设备角度来讲，喷墨印刷方式成为企业首选。如今数字印刷设备分成了两大阵营：采用液体油墨或墨粉的激光数字印刷机（数字式静电照相印刷机）和喷墨数字印刷机。虽然在包装市场中，采用激光数字印刷方式的产品印量仍占据领先优势，但其与喷墨数字印刷的占比差距正在逐渐缩小，2017 年两者占比将达到基本持平的状态，2018 年喷墨数字印刷将超越激光数字印刷占据主导地位。

激光数字印刷机的印刷效果较好，在标签产品中应用广泛，但其局限于窄幅印刷，使其相比喷墨数字印刷设备居于劣势。喷墨印刷则是根据与图像有关的信号产生墨滴，经由高精度喷头喷射到承印材料上，整个工艺不会受到承印物的影响。凭借其高质量、宽幅面、高产能、低成本的优势，喷墨印刷更适用于包装产品的印刷，将成为激光数字印刷设备的重要替代品。

2. 数字印刷热门话题

(1) 转型文创 印刷行业与文化产业有着千丝万缕的联系，传统印刷企业采用新技术、拓展新思路，对接文化产业，实现文化创意与现有印刷业务的有机融合，必会让丰富多彩的文化产品成为印刷企业新的增长点。

(2) 传统印企转战数字市场，或成“新常态” 数字印刷的发展使得传统印刷企业纷纷进军数字印刷战场。国内有些传统印刷企业（如虎彩）已建立数字印刷基地；以“云出版服务平台”为基础的“POD（按需出版）”的足迹已渐行渐近，数码工艺印刷的画册印制质量上乘，以数字印刷技术在 36g/m^2 超薄黄木浆纸上印刷……似乎无论是传统设备器材供应商还是传统印企，涉足数字印刷领域已成业界“新常态”。传统印企与数字印企的融合，也必将从经营模式、行业定位以及技术工艺上提出更多突破性的建议。

(3) 按需出版，开启出版业新时代 在美国，按需出版已成为了一种常见的商业模式。国内一些大型集团企业已开始“试水”按需出版，并成功建立起适合自己的一套商业模式。如凤凰出版传媒集团于 2012 年建立了亚洲第一条全连线连续喷墨 POD 生产线，并随着 POD 业务的升级，2014 年 11 月又安装了柯达 Prosper 6000。此外，其通过编制数字印刷连锁网络，配以精确的数字化管理流程，完善的电子商务平台，逐渐实现“出版零距离、印刷零差异、发行零库存、版权零担忧”的目标。

(4)“互联网＋印刷”催生新业态 互联网必将催生印刷业的新业态——规模定制运营体系。围绕市场不断增长的印刷定制需求通过互联网建立一个涵盖全产业链（产品开发、印刷生产、产品销售、专业服务）的规模定制运营体系，印刷业将成为制造与服务相融合的互联网化产业。

规模定制运营体系就是“互联网＋”催生的中国印刷新业态，它将重构印刷产业链和产业生态圈。新的印刷产业链涉及市场研发、产品设计、产品生产（印刷）、产品销售、售后服务等领域。规模定制运营体系由规模定制云服务平台、企业智能化信息管理系统和柔性生产加工系统三大部分构成。

(5) 云印刷，未来发展期待利好 云印刷作为一种与互联网深度结合的印刷模式，能够满足灵活、个性化、快速复制等需求，达到了服务增值的目的，发展前景被普遍看好，其在国内的热度也在持续升温。

(6) AR（augmented reality）技术，增强现实的今天明天 AR 技术又称增强现实技术，以其全新的人机交互技术，利用计算机生成逼真的视、听及可触动的虚拟环境，通过传感设备使用户“沉浸”到该环境中，达到识别场景和增强现实的效果，将虚拟的景象与真实的环境融合，为使用者提供逼真的感官享受。无论是从技术角度，还是从商业模式角度，国内印刷行业应用 AR 技术都还刚刚起步。

3. 国内数字印刷技术存在的主要问题

目前，我国数字印刷的市场及其发展潜力巨大，但数字印刷业还不很成熟。具体表现如下。

(1) 地区间发展水准不平衡　在北京、上海、广州、杭州、深圳等东南沿海大城市，数字印刷发展迅速，按需印刷等领域的应用迅速增长，而西北、西南等地区则发展较缓慢。

(2) 不同行业的发展不平衡　银行、电信、邮政行业的用户属于工作型用户，其发展强劲，而对于将数字印刷设备作为谋生工具的经营型用户，如图文中心、商务打印中心等，缺乏足够的资源、行业知识和管理技巧，其发展水平尚属初级。

(3) 技术水平相对落后　印前处理技术水平和从业人员的技术素质不高，专业人员少。同时，可变数据软件、数据库技术以及与数字印刷相配套的印后加工技术和设备还不能全面满足需要，尤其是印后加工，大部分采用半自动手工操作，以至于很难出精品。

(4) 数字印刷教育滞后　国内开办面向数字印刷的高等教育及职业教育的时间不长，一些印刷院校虽然开办了数字印刷专业，大多数院校在印刷工程专业内增加数字印刷的课程及相关实验、实训。但总体上，培养的人数尚不能满足当前及未来数字印刷业发展的需求。

六、数字印刷与印刷数字化

数字印刷就像胶版印刷、凸版印刷、柔性版印刷、丝网印刷等传统印刷一样，是一种印刷方式。而印刷数字化是基于传统印刷或数字印刷工艺流程基础上，对印刷全过程的数字技术的应用，印刷数字化所得到的终端产品仍是纸质等承印材料出版物或包装装饰用品等；而数字印刷的终端产品得到了扩展，既可以是纸、塑料、金属、陶瓷、玻璃或其他材质载体，也可能是磁、光、电等各类介质，还可以在纸介质、电子介质与网络三者间实现跨媒体转换。因此，印刷数字化与数字印刷既有区别又有联系。区别在于数字印刷的载体更广泛，印刷方式发生了新变化；联系就是数字印刷包含在印刷数字化流程技术之中，传统印刷工艺采用了数字化技术。比如印前领域采用数字化技术后即可用于数字印刷，包括电子出版与网络出版，又能通向传统印刷制版，还可进入数字化资料数据库以备进一步利用。

在内容表达方面，印刷数字化已经通过数字化生产流程、各种数字印刷设备、传统印刷设备的数字技术改造以及ERP系统，实现了全彩色、高精度和准实时的软硬拷贝内容表达。

在功能表达方面，印刷数字化正在通过印刷过程的数字控制和多种数字成像实现着多功能印刷，如电路印制、RFID智能标签、薄膜太阳能电池以及各种显示屏幕、电子功能组件等印刷电子的功能表达。

第二节 云 印 刷

云印刷是基于云计算的印刷加工、印刷管理、印刷服务、印刷云平台的总称。相对于传统印刷模式而言，更具有互联网的气息，大有颠覆传统印刷模式的味道，给予了转型中的印刷企业前所未有的想象空间。

一、云印刷简介

云印刷是基于云计算延伸的一种新型模式，传统印刷企业将自身的印制能力和管理能力以服务的形式发布在“云”中，同时根据用户请求，在云服务池的运维功能模块完成服务的发现、组合与优选，满足用户个性化的制造服务需求。云印刷服务平台构建于云印刷和云计算技术基础上，将生产能力、组织管理能力、软资源(程序、文件、过程等)、硬资源（生产设备、服务器等）等服务要素组织起来，虚拟化为云服务。而对物理设计制造资源的感知和管理则需要制造物联技术的支持。云印刷服务平台的主要功能是实现印刷服务的按需供应和运维管理。

云印刷作为一种新型印刷方式，属于网络印刷。一般包括能够发送印刷任务的应用程序、传递印刷任务的云印刷网络服务平台、印刷生产设备以及物流服务等。与传统印刷方式相比，云印刷能够实现多种个性化定制（包括名片、贺卡、信封信纸、宣传资料等)、随时下单、快速交货。因采用合版印刷，能够将不同客户相同印量的印件组合成大版，以批量和规模优势分摊制版及印刷费用，具有价格更低、服务更优等竞争优势，特别是在中等批量的中高档印刷领域具有较强的比较优势。这种方式以规模取胜，只要能吸引到足够的客户群做支撑，就能在市场上生存下去。

云印刷是个性化需求的产物。印刷行业的个性化需求与日俱增，电子信息技术、互联网技术等与印刷行业的不断融合，为印刷行业适应个性化印刷需求创造了条件。其中，个性化定制的云印刷服务已经在一些印刷企业取得成效。

二、印刷云平台

利用互联网技术、云技术、虚拟技术，实现了真正意义上的云平台。它将出版社、印刷企业、客户与平台运营方有机地联系在一起，形成跨地域的利益共享联盟。它是一个统一平台，相关人员只要拥有账号和上网的终端设备，就能在“云端”完成所有业务的操作。

印刷云平台包含了全媒体资源库、书目信息管理、加盟体系认证管理、网站服务、应用程序及工具、印刷订单整理分发中心、支付结算中心、数据分析与挖掘等模块，主要的用户是出版社和印刷企业。出版社可以通过报价和订单处理页面进行印刷订单的提交与管理，印刷企业则可通过配备的印刷生产管理平台，实现系统自动根据订单获取生产资源，自动进入数字化流程进行生产加工。此外，当用户在网页下单后，印刷云平台可分析用户订单信息，将订单发给代印点，代印点可以从资源库获取加密的文件包，进行印刷、包装、物流等操作。印刷完成后，对于授权的代印点，还可以将印刷该图书的参数文件上传到资源库进行保存。可以说，运用云平台，一方面，印刷企业可以根据自身情况调整步伐，保持对业务的控制，另一方面，客户能够从“云”中受益，让购买全过程变得简便而透明。

印刷云平台除了完成印刷主任务外，还可提供统一的销售平台、推广平台、订单平台。该平台将具备良好的可扩展性，实现 Lightning Source 模式的图书 POD 印刷服务模式。平台的运营方在与出版社签订版权协议后，可以获取到图书的销售权和按需印刷的定价权。利用云服务平台的网站服务模块，搭建统一的图书销售电子商务平台。在整个流程中，平台的运营方将负责图书电子商务平台的统一销售、推广以及订单分配、资金结算。

利用云平台，还可以围绕着内容资源的特点进行数字产品加工及应用服务，结合实际业务需要，通过应用接口的多渠道发布引擎进行数据加工、电子书制作、数字印刷、移动阅读、在线教育等加工及应用服务，同时提供版权保护、数据同步、接口标准等配套服务，打造一系列围绕资源的增值和拓展服务体系。

第二章　数字印刷原理

数字印刷采用了与传统印刷截然不同的图文转移方式，而其关键是不同的成像方式所采用的成像原理是不一样的。按数字印刷成像技术可分为静电成像数字印刷、喷墨成像数字印刷、离子成像数字印刷、磁记录成像数字印刷、热成像数字印刷、电凝聚成像数字印刷、其他成像数字印刷等，如图 2-1 所示。

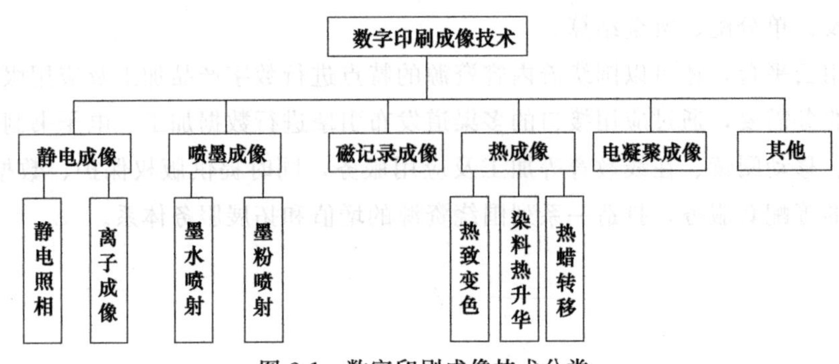

图 2-1　数字印刷成像技术分类

第一节　喷墨成像数字印刷

随着计算机性能和通用性的提高，喷墨成像数字印刷（简称喷墨印刷）技术已从打印或标记简单的字母和数字符号发展到全彩色、高质量印刷，已大量应用于工业印刷中。喷墨印刷可以在任何形状或质地的承印物上进行印刷，喷墨印刷可获得灰度级有限的多值图像，而且成像速度非常高。但是，大多数喷墨成像都采用水基油墨，而且呈色剂以染料为主，最终影像的形成取决于油墨与承印物的相互作用。因此，喷墨成像系统一般需要使用专用的承印物，以便实现油墨与承印物在性能上的最佳匹配。采用颜料在普通纸成像一直是喷墨系统面临的一个技术挑战，同时也是其发展的一个方向。

一、喷墨成像数字印刷原理

喷墨印刷技术是一种无版、无压、无需接触承印物的数字印刷技术，能在不同材质及不同厚度的平面、曲面和球面等异形承印物上印刷。

喷墨印刷具有无版数字印刷的共同特征，并可实现按需印刷和可变数据印刷。首先将由计算机产生的彩色图文信息或来自印前输入设备的彩色图文信息传递到喷墨设备，再通过特殊的装置，在计算机的控制下，计算出相应通道墨量，喷墨成像装置控制细微墨滴以一定速度由喷嘴喷射到承印物表面，最后通过油墨与承印物的相互作用，使油墨在承印物上再现出稳定的图文信息。

为使油墨具有足够快的干燥速度，并使印刷品具有足够高的印刷密度和分辨率，一般要求油墨中的溶剂能够快速渗透进承印物，而油墨中的呈色剂（一般多为染料）应能够尽可能固着在承印物的表面。因此，所使用的油墨必须与承印物匹配，以保证良好的印刷质量，所以一般的喷墨印刷系统都必须使用专用配套的油墨和承印材料（纸张）。

从原理上讲，喷墨印刷属于高速成像体系，根据喷射方式的不同，墨滴的产生速度可以在每秒数千滴到数十万滴的范围内变化。但是喷墨印刷的高速性还取决于具体的喷墨体系，采用线阵列多嘴喷头的体系具有非常高的印刷速度，也是数字印刷系统通常采用的方法；采用独立喷头往返运动的印刷方式速度就比较低，但容易实现大幅面成像，是大幅面彩色喷绘（包括彩色数字打样）通常采用的方式。

二、喷墨印刷的分类及特点

1. 喷墨印刷的分类

喷墨印刷根据喷射方式的不同，可分为连续喷墨和按需喷墨两大类，这两种喷墨方式在原理上有很大的差别，且又可分为不同类型，如图 2-2 所示。其中每一种印刷方式除成像方式不同外，在成像材料特别是油墨方面也有差异，如连续喷墨方式一般采用液体油墨，而压电喷墨方式可以采用热熔油墨等。工业印刷系统中采用的喷墨技术多是连续喷墨，而比较小型的则多采用按需喷墨。

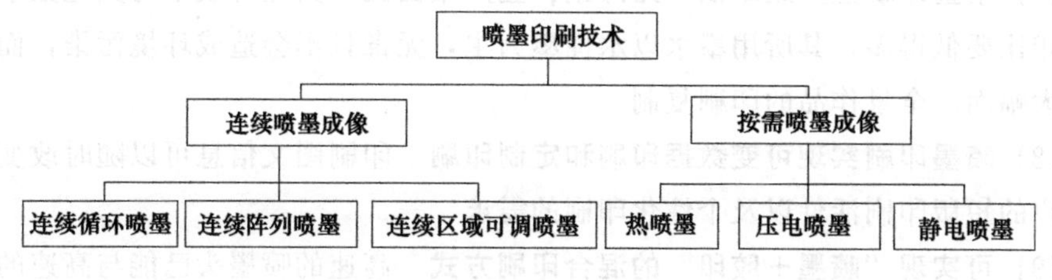

图 2-2 喷墨印刷分类

2. 喷墨印刷的特点

喷墨印刷在任何承印物上都可以印刷，突破了其他传统印刷方式的局限，已成为一种不可替代的印刷方式，这主要归功于喷墨印刷的出色性能。

(1) 喷墨印刷是一种非接触印刷方式 在喷墨印刷过程中，喷墨头与承印物不接触，墨滴在控制系统作用下直接飞到承印物表面，故其机器结构简单、体积小、质量轻、速度高、噪声小、使用寿命长且不易损坏印品。

(2) 喷墨印刷对承印物的形状、材料和尺寸无要求 与其他印刷方式相比，非接触式印刷方式降低了对承印物的可弯曲度、粗糙度和强度方面的限制，承印物具有广泛性，即可以在垂直墙壁、圆柱面罐头盒、凹凸不平等形状表面印刷；可以从纸板、纸张到塑料、木材、金属或玻璃，无论是什么介质都能印刷；可以是大幅面纸张也可以是任意宽度和长度的卷材或刚性板材；可以选择不同的墨水，包括普通颜色墨水、印刷电子用的功能性墨水，甚至生物材料墨水，而且墨水利用率高，套印控制精度高。这使得喷墨印刷除了在传统印刷领域，还在生物医学、印刷电子等领域被广泛应用。

(3) 喷墨印刷生产周期短 所要印刷的文字或图形由各种输入设备一次性送入印刷机的主储存器，减少了制版工序，印刷周期可缩短 10～20 倍，同时印墨还可以回收循环使用。

(4) 喷墨印刷实现智能化操作 喷墨印刷系统由电脑管理，利用电脑实现智能化全自动作业，可进行异地印刷。

(5) 喷墨印刷分辨率高 喷墨印刷系统的喷嘴可喷射出微细的墨滴，形成高分辨率的图文。目前喷墨印刷的分辨率可以达到 40 线/mm，质量可以达到胶印或彩色数码印刷的水平，甚至更好。

高精度的喷墨印刷技术可以实现墨滴的准确定位，对于提高微图案的印刷分辨率、改进微器件的功能至关重要。

(6) 喷墨印刷可实现多色印刷 喷墨印刷系统中允许使用各种彩色油墨进行彩色印刷，甚至可在传统四色印刷的基础上再加上 30%的青、30%的品红或 30%的黑色，而形成六色或七色印刷，从而提高产品质量。

(7) 喷墨印刷生产成本低、无污染，生产幅面大 其运行成本与其他数字印刷技术相比要低得多，其所用墨水以水性墨为主，无毒且不会造成环境污染，而且可实现大幅面、全景作品的印刷复制。

(8) 喷墨印刷实现可变数据印刷和定制印刷 印刷图文信息可以随时改变，满足用户的短版印刷活件以及个性化印刷的需求。

(9) 可实现“喷墨＋胶印”的混合印刷方式 高速的喷墨头已能与高速的轮转胶印机相匹配，大大提高了胶印的灵活性，使传统胶印设备具备了可变数据的印刷能力。

三、连续喷墨印刷

连续喷墨印刷是指喷出的墨流是连续不间断的。在充电电极的作用下，使喷头喷出的墨滴带电和不带电，或带不同的电荷，并在偏转电极的作用下，需要的墨滴喷射到承印物上形成图文，不需要的墨滴进入墨水槽的循环系统，以便循环使用。

连续喷墨系统具有频率响应高，可实现高速打印等优点。但这种打印机的结构比较复杂，需要加压装置、充电电极和偏转电场，终端要有墨滴回收和循环装置，在墨水循环过程中需要设置过滤器以过滤混入的杂质和气体等。

连续喷墨印刷又分为连续循环喷墨印刷、连续阵列喷墨印刷和连续区域可调喷墨印刷。

1. 连续循环喷墨印刷

连续循环喷墨印刷是喷墨头喷出连续的墨滴流，其中一部分选择性地喷在承印物上，其余的墨滴则回到系统中循环。这种技术主要是通过改变电场有无来实现印刷，若某点需要喷墨，则不施加电场力；相反，则施加电场偏转力，并通过一个墨滴回收系统进行循环。这种技术广泛应用于高速标记、编码和地址等的印刷领域，也可适用于大幅面印品的印刷。

(1) 连续偏转喷墨印刷 液体油墨在压力作用下通过一个小圆形喷嘴，依靠高频而产生连续性的墨流，再被分离为单个墨滴，并带上静电，然后在图像信息控制下，墨滴被喷射到承印物上或被转移回收，如图 2-3 所示。原稿信息首先由信号输入装置输入到喷墨印刷主机部分的系统控制器，然后由它来分别控制墨滴发生器和承印物的驱动装置。墨滴发生器首先使连续喷射的油墨流形成单个墨滴，接着墨滴经过设在喷嘴前部位置并可根据图文信号变化的充电电极时感应上静电并使之带电，这时带电的墨滴通过一个与墨滴运动方向垂直的偏转电极，在高压折射板的作用下向上偏转，越过回收槽，以高速喷射冲击在承印物表面上，形成图像和文字。而未带电或带电少的墨滴不受偏转电极的影响，直接穿过电极而被拦截到回收槽，进入循环系统，以便循环使用。为了进行正确的信息记录，需利用振荡器激励射流形成墨滴，并对墨滴的尺寸大小和间距进行控制。

墨流由于高速而变成细小的墨滴，其尺寸和频率取决于液体油墨的表面张力、所加压力和喷墨孔的直径。墨滴的落点由偏转电极控制，偏离距离的级数由电极电压级数决定。因此有定值偏移和多级偏移两种，当控制电极上所加的电压幅值不变时，墨滴偏移距离恒定，如图 2-3（a）所示为二值偏转系统；当电压幅值有多级时，墨滴的偏移距离也有多级，如图 2-3（b）所示为多值偏转系统。

二值偏转喷墨墨滴只有带电和不带电两种状态。工作时墨水首先在压力作用下

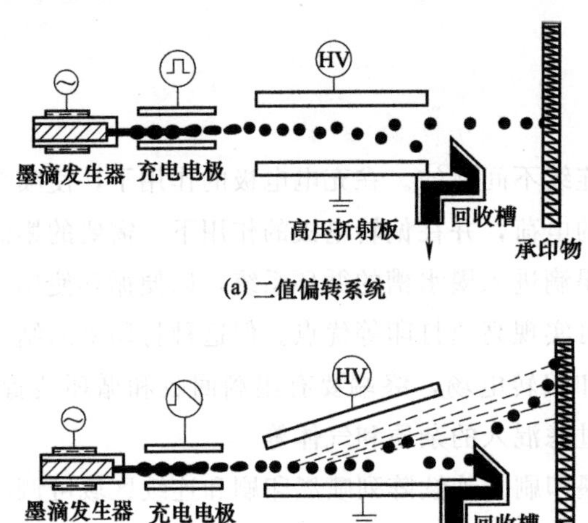

(a) 二值偏转系统

(b) 多值偏转系统

图 2-3 连续偏转喷墨印刷

经喷嘴喷出一束细小液流，受高频振荡作用而分散。形成均匀而稳定的墨滴束，接着墨滴经过充电电极时，根据图文数据信号，有的墨滴带电，有的不带电。带电的墨滴在经过偏转电极时发生偏移，越过回收槽，喷射到承印物上，形成图文；不带电的墨滴不受偏转电极影响，直接穿过电极而进入墨水循环系统。

多值偏转喷墨喷嘴喷出的墨滴在经过充电电极时，根据图文信号接受不同数量的电荷，在经过偏转电极时按带电量多少产生不同的偏转量，从而喷射到承印物的不同位置上，形成图文；而那些不需要的墨滴将进入墨水回收槽中。

(2) 连续不偏转喷墨印刷 如图 2-4 所示的喷墨印刷方式与上述喷墨印刷装置基本相同，唯一不同在于偏转的墨滴（电荷）被回收，不偏转的墨滴反而直行形成图文。因只能印在固定的位置，所以这种装置要采用多个喷嘴进行印刷，或在印刷过程中通过移动承印材料完成图文的整体印刷过程。

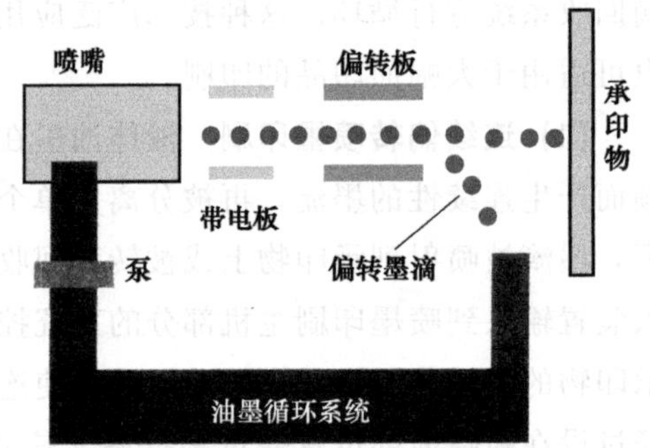

图 2-4 连续不偏转喷墨印刷

(3) 静电分裂喷墨印刷 如图 2-5 所示，油墨仍由喷嘴连续喷出，但这种喷嘴管孔径极小（10～15μm），喷出的油墨不需给予振动或静电就会自行分解成一颗颗的极小墨滴，印刷需要的墨滴经遮挡板后直射到承印物上。不需要印刷的墨滴在经过同电极的电极环时，会感应上巨量静电荷而再次分裂形成墨雾，而且失去方向性，经遮挡板挡住后回收。

连续喷墨印刷技术作为一种高速数字印刷设备普遍采用的技术，应用相当广泛。在 Drupa2008 上有多个厂商的多款新设备展出，如柯达展示了一种新型的连续喷墨方式——Stream 成像技术，此技术使每一个墨流都由微小的热脉冲形成，它改变了液体的表面张力，将墨流分为大大小小的墨滴，只有较大较重的墨滴才能到达承印物上，而较小较轻的墨滴则被稳定气流吹送到循环回路中。

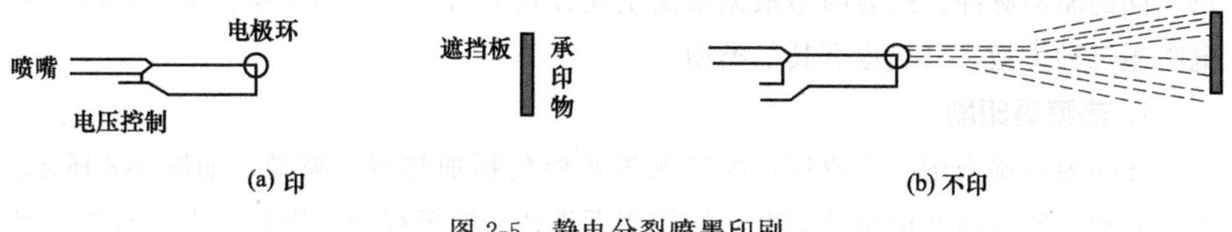

图 2-5　静电分裂喷墨印刷

2. 连续阵列喷墨印刷

在连续阵列喷墨印刷方式中，喷头由许多个喷嘴按阵列方式排列组成，每个喷嘴均可以喷射出连续的墨水液流，而墨流中的每一墨滴又能独立受到控制，所以实际由两个电子喷头组合完成喷墨印刷，一个喷头是用来喷射细小墨滴的单列小孔，另一个喷头是用于控制喷射液流的充电装置。如在金属板上刻蚀一单列小孔，单列小孔在水平方向的分布密度决定了喷墨印刷系统的分辨率，墨水腔中的油墨通过压电晶体的谐振器分裂成为一串单个的细小墨滴，每个喷嘴中都可以喷射连续的墨流，墨流中的每一墨滴又能受到充电装置的独立控制，并且墨滴的大小和间距都是均一的，分辨率可达 300dpi，每点有 8 个灰度级。压电晶体的振荡频率决定着墨滴形成的精确速率（在频率为 100kHz 时，每一个喷头每秒生成约 100000 个墨滴）。

3. 连续区域可调喷墨印刷

连续区域可调喷墨印刷方式是连续喷墨方式的变形形式，它采用区域可调的喷墨方式，即将不同的墨滴束对准同一个打印点，从而产生类似凹印网目调的复制效果。由于这种喷墨方式采用了区域可调的喷墨技术，所以成像效果好，近于照片质量，适用于高质量的彩色图像输出成像，但速度较慢。这类喷墨印刷设备最大输出幅面达到 760mm×1010mm，大于 A1 纸的尺寸。

四、按需喷墨印刷

按需喷墨（drop-on-demand）是指仅在需要喷墨的图文部分喷出墨滴，而在空白部分则没有墨滴喷出。按需喷墨方式避免了墨滴带电、偏转及墨水回收的复杂性和不可靠性，简化了印刷机的设计和结构；喷头结构简单，容易实现喷头的多嘴化，输出质量更为精细；通过脉冲控制，数字化容易；分别选用黄品青油墨和喷头即可实现彩色记录；但一般墨滴喷射速度较低。

按需喷墨系统必须以脉冲的方式工作，墨滴喷射的动力来源与技术有关。例如热喷墨系统的墨滴喷射动力来自气泡生长和破裂，压电喷墨设备的墨滴喷射动力来自压电元件按输入电压或电流等比例地输出的墨水腔的物理变形，相变喷墨打印头则因采用压电原理，需加热固体油墨，与常规压电喷墨不同。由此可见，不同的按需喷墨技术必须按不同的工作原理为打印头的墨滴生成和喷射提供动力，归结为提供不同的驱动脉冲。按需喷墨根据墨滴生成方式不同可分为热喷墨、压电喷墨、静电喷墨三种类型，当然也有其他类型。

1. 热喷墨印刷

热喷墨印刷采用电热原理，喷墨头墨水腔包括加热器、喷嘴，如图 2-6 所示。印刷时加热器在图文信号控制电流的作用下迅速升温至高于油墨的沸点，与加热器直接接触的墨水汽化形成气泡，气泡充满墨水腔后，因受热膨胀而形成较大压力，驱动墨滴从喷嘴喷出，到达承印物形成图文。一旦墨滴喷射出去，加热器冷却，而墨水腔依靠毛细管作用由储墨器重新注满。热喷墨时墨水是通过气泡喷出的，墨水微粒的方向性与体积大小不好掌握，打印线条边缘易出现参差不齐现象。

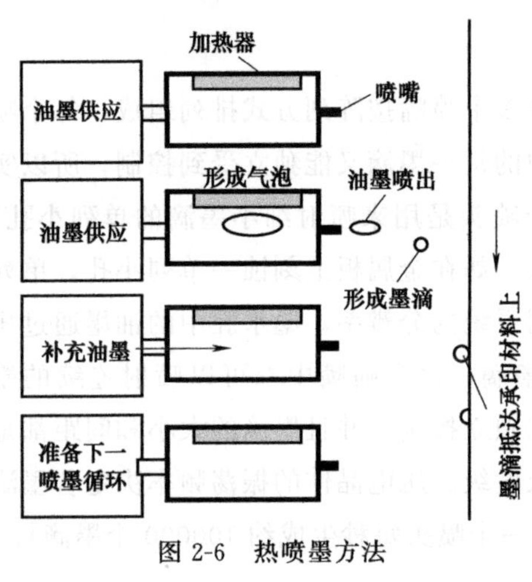

图 2-6 热喷墨方法

热喷墨基于墨水在过热条件下形成气泡挤压喷嘴口附近墨水向外喷射墨滴的原理，因墨滴按记录内容脉动（间隙）地喷射而得名按需喷墨。现代热喷墨技术的发明归功于惠普和佳能两家公司，由于技术开发的独立性和彼此强调的重点不同，因而技术命名也互不相同。惠普和佳能分别称自己的技术为热喷墨和气泡喷墨，其实并无区别。根据墨水腔配置方式的不同，热喷墨系统有顶喷和侧喷，顶喷以喷嘴处于加热器顶部为典型特征，如图 2-7（a）所示；侧喷配置的加热器在墨水腔底部，热作用方向与墨滴喷射方向垂直，如图 2-7（b）所示。

主要优点是喷头制造简单、成本低，使用很普及，并且由于在喷墨过程中，只有墨水本身发生移动，无需其他的机械动作，所以结构紧凑，在同一打印头上可以排列更多的喷墨孔；主要缺点是墨腔容易产生热量的积累和喷嘴阻塞问题，寿命短，并且由于可靠性和打印速度难以令人满意，对于大幅面彩色输出业务来讲，单位输出面积消耗的喷头成本比较高，经济性不够好。

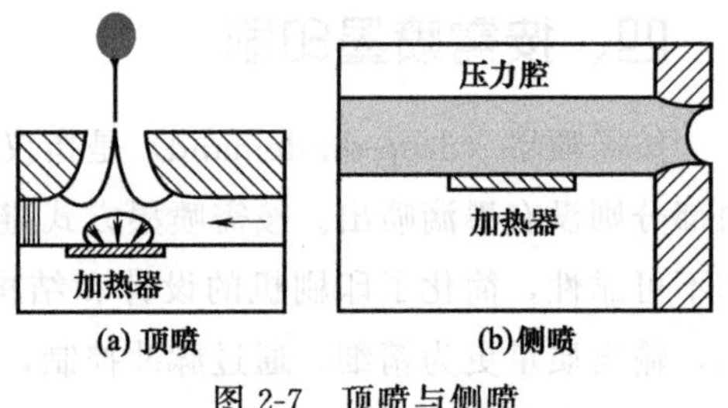

图 2-7 顶喷与侧喷

2. 压电喷墨印刷

压电喷墨印刷是采用压电晶体的振动来产生墨滴。压电晶体（压电陶瓷）受到微小电子脉冲作用，会立即变形而形成喷墨的压力，喷墨管在压力作用下挤出油墨而形成墨滴，并高速向前飞去，这些墨滴不带电荷，不需要偏转控制，而是任其射到承印物上而形成图像。如图 2-8 所示，在墨水腔的一侧装有压电晶体，印刷时，墨腔内的压电板在图文信号控制的电流作用下产生变形，使墨水腔容积减少，挤压墨滴从喷嘴中喷出，然后压电晶体恢复原状，墨水腔中重新注满墨水。压电喷墨的墨点形状规则、无溅射、墨点大小可控、喷射速度可控、定位准确。

压电喷墨技术建立在压电效应的基础上。某些材料具有在外力作用下成比例地输出电流的能力，谓之压电效应；材料在外加电场的作用下产生变形，称为逆压电效应。显然，压电喷墨需要利用逆压电效应。按照压电陶瓷的变形模式，压电喷墨技术可分为四种主要类型，由此可建立四种压电喷墨模式，分别称为挤压（squeeze）、弯曲（bend）、推压（push）和剪切（shear）。目前大多数压电喷墨打印机普遍采用剪切模式。四种压电喷墨模式，如图 2-9 所示。压电喷墨方式能够有效控制墨滴，很容易就能够实现对 1440dpi 的高精度打印工作，并且不需要加热就能够进行微电压喷射，避免了墨水在受热条件下产生化学变化而变质，大大降低了设备对墨水质量的要求。

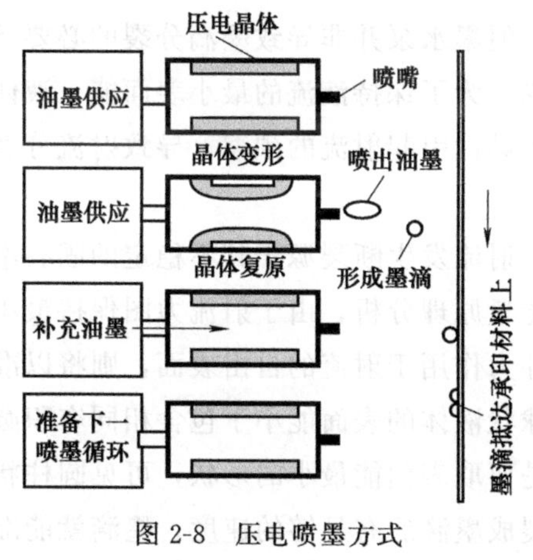

图 2-8　压电喷墨方式

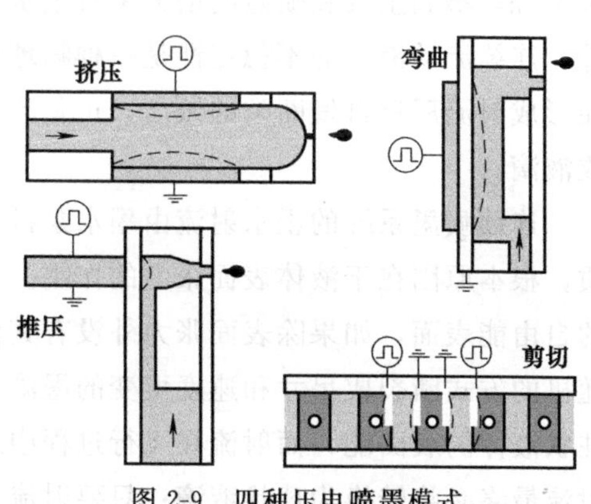

图 2-9　四种压电喷墨模式

3. 静电喷墨印刷

静电喷墨印刷的实现是通过图像信号控制的喷墨系统和承印物之间的电场改变喷嘴表面张力的平衡，在静电场吸引力的作用下，使墨滴从喷嘴中喷射出去，到达承印物表面形成图文，如图 2-10 所示。其基本原理是在喷嘴与承印物之间形成一个强度合适

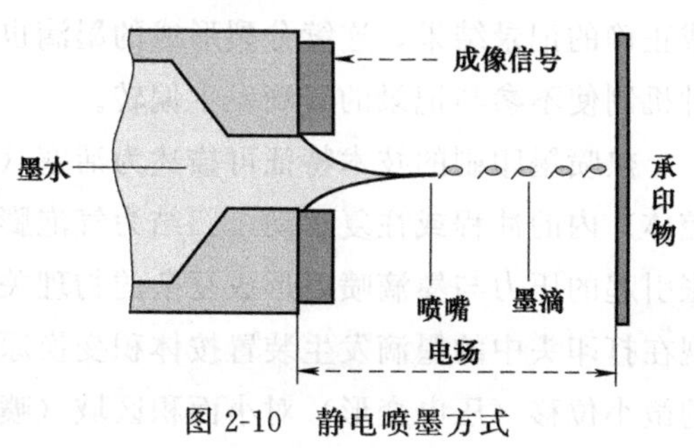

图 2-10　静电喷墨方式

的静电场，并通过向喷嘴发送一个基于图文信号控制的脉冲来产生墨滴，脉冲控制墨滴的喷出和沿指定路径通过电场到达承印物，形成图文。该技术主要利用“泰勒”效应。

由静电喷墨技术产生的墨滴尺寸远远比喷嘴的尺寸要小，因此具有高分辨力的特点。一般来说，喷墨印刷具有 300～1500dpi 的分辨能力，阶调数为多值（但有限），而且容易实现喷头的多嘴化，成像速度非常快，但需要较高的工作电压。大多数喷墨成像都采用水基油墨，呈色剂以染料为主，最终影像的形成取决于油墨与承印物的相互作用。

五、喷墨印刷中的墨滴问题

1. 墨滴生成方法

计算机所生成逻辑页面内容的物理再现建立在记录点的基础上，而墨滴又是喷墨印刷形成记录点的基础。因此，借助于喷墨印刷实现逻辑页面的正确再现取决于如何控制相应设备生成和喷射墨滴，并将墨滴定位到页面的正确位置上。

喷墨印刷系统形成墨滴并喷射的装置通常称为墨滴发生器。对连续喷墨印刷系统来说，墨滴生成和喷射的动力来自墨水泵，但墨水泵并非导致墨滴分裂的必要条件。连续流动液体的不稳定性是一种物理现象，为了保持液流的最小表面能，液体在形成射流后有自发断裂的倾向，正是流体的黏性引起射流的颈缩，导致射流分裂成液滴。

连续喷墨系统的墨水射流由墨水泵推动，射流发生断裂源于其不稳定的固有本质，根本原因在于液体表面张力的作用。从能量原理分析，由于射流力图保持最小的自由能表面，如果除表面张力外没有其他外力作用于射流的自由表面，则将以准随机的方式断裂成尺寸和速度可变的墨滴。球状液体的表面能小于包含相同容积圆柱状液体的表面能，而射流在飞行过程中总是要取表面能最小的形状，可见圆柱状射流最终必将转换为球状液滴；只要射流分裂成墨滴后有足够的速度，墨滴就能准确地喷射到纸张上的预期位置。当然，完全“放任自流”的自由墨滴飞行不可能形成正确的记录结果，连续分裂形成的墨滴也不应该全部喷射到纸张，必须借助于某种机制使不参与记录的墨滴发生偏转。

热喷墨印刷的技术特征可描述为活塞（蒸汽形成的气泡）在气缸（墨滴发生器腔体）内的冲程或往复运动，归结为气泡膨胀对墨水的压力引起墨滴喷射，气泡膨胀引起的压力与墨滴喷射形成复杂的物理关系。压电喷墨与热喷墨的不同，主要表现在打印头中的墨滴发生装置按体积变换原理工作，发生在大面积（压电元件）上的微小位移（压电变形）对小面积区域（喷嘴）来说相当于引起大位移（墨滴喷射趋势）。压电喷墨打印头能正常工作的前提在于墨滴发生装置内的液体必须在实际意义上是不可压缩的。为了缩小打印头体积，现代压电喷墨系统的喷嘴腔往往靠得很近，为此需要解决相邻喷嘴腔体间的交互作用造成的对墨滴喷射特性的影响。采用剪切模式的压电喷墨打印头喷嘴阵列，通常设计成共享壁结构，必须利用相邻喷嘴对形成的“工作组”系列的交叉对话机制。

2. 墨滴扩展

根据最小表面能原理，墨滴与纸张撞击前的形状为球形；为了保持墨滴飞行轨迹的直线度和飞行的稳定性，墨滴脱离射流母体后被赋予较大的初始动能；墨滴在穿过空气飞行期间将不断地消耗动能，用于克服空气阻力。由于墨滴飞行距离并不长，因而与纸张撞击时墨滴仍然保持一定数量的剩余动能。墨滴与纸张撞击后之所以发生扩散和渗透，其实是剩余动能起作用，当剩余动能全部耗散后，扩散和渗透过程也就结束。

墨滴扩展现象由动态扩展和墨水渗透进纸张这两个连续的物理过程组成，由于墨滴的动态扩展决定着墨水渗透过程的开始条件。正因为这种特殊性，喷墨印刷领域研究和开发的重点常常放在墨滴扩展的第一个过程，并给予墨滴扩展比以特殊的关注，因为扩展比极大地影响墨水渗透进纸张的时间，从而影响记录点尺寸。根据实验结果，若喷墨印刷装置与墨水所构成系统的韦伯数和雷诺数大体相同，则墨滴扩展到的最大直径与原（喷射到纸面时）直径之比表示的扩展比对不同的纸张类型是相同的。

根据能量耗散理论，如果墨滴与纸张撞击后墨水沿各方向的能量损耗处处相等，即墨滴的能量损耗是各向同性的，则扩散和渗透的结果产生理想圆形记录点。不同纸张类型表面结构的均匀性差异（例如专用喷墨打印纸表面平滑结构的空间均匀性相当好，而复印纸和原纸的空间均匀性不如喷墨打印纸），必然影响墨滴与纸张撞击后能量耗散的均匀性，导致最终的记录点圆度差异。

3. 驱动脉冲与墨滴尺寸调制

墨水黏性与温度有关，温度升高时墨水黏性降低，由此引起墨滴体积增加。喷墨印刷的驱动脉冲由双脉冲构成，分别称为预脉冲和主脉冲，两者的宽度一旦确定后就固定不变，时间间隔随打印头的温度变化而改变，核心问题归结为能否及时了解打印头的实际温度，这可以由传感器测量得到。这样，只要控制两次脉冲的间隔，由预脉冲发生的热量转移到墨水，则无需改变作用于打印头的能量，就能够产生固定数量的墨滴。简单方波脉冲驱动打印头成为现代热喷墨打印机墨滴喷射极为稳定的基础，使得电阻加热器能够相对容易地控制能量。

压电喷墨打印头以剪切模式居多，常采用图 2-11 所示的双极驱动波形。打印头工作时，初始（正）电压的上升导致在墨水流体内产生膨胀波，电压增加到一定数值后保持特定的时间不变，直到膨胀波从压电元件界面反射时才撤去电压；膨胀

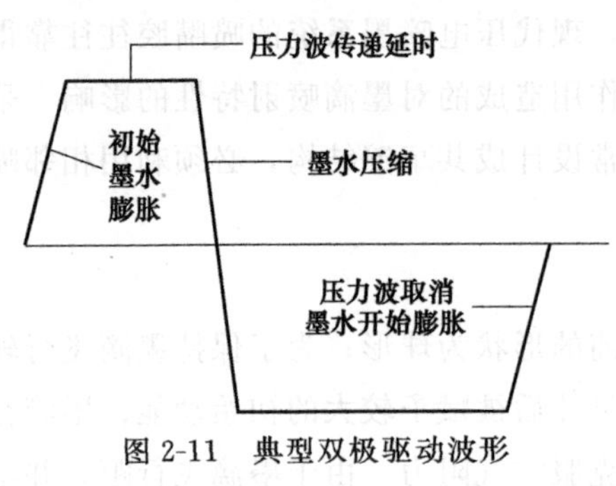

图 2-11 典型双极驱动波形

波的反射形成压缩波，使压缩波处在墨水通道的中心位置上；在此期间对墨水通道壁施加与正电压数值相等的负电压，对压缩波起加强作用；受到加强的压缩波传播到喷嘴孔，导致墨滴从喷嘴孔喷射出去；经过一段时间后，电压返回到接地值，驱动波形撤消，墨水通道的一个工作循环结束。

压电喷墨通过体积变换喷射墨滴的基础特点及双极驱动波形决定了这种喷墨技术更容易实现墨滴尺寸调制，意味着同一台设备可以喷射不同尺寸的墨滴。可采用的方法包括改变双脉冲驱动波形两个“斜坡”间的时间延时、弯月面预驱动、墨滴破裂法、破裂脉冲法、卫星墨滴法、弯月面和墨滴成形振荡法等。

六、喷墨印刷油墨干燥问题

由于喷墨油墨成分以液体居多的特殊性，导致喷墨印刷的干燥问题与众不同。无论是否采取强制性的措施，喷墨印刷基本上都按“吸收干燥”和“蒸发干燥”这两种工作机制实现图像干燥，通过毛细作用或蒸发效应去除油墨喷射到纸张后的液体成分。

为了降低喷墨印刷设备的制造成本，大多数喷墨打印机采用自然干燥的方法。只有特殊用途的喷墨印刷设备，或服务于高速数字印刷领域的喷墨印刷设备，才值得附加专门的干燥装置，制造成本必然大幅度上升。低价位的喷墨印刷设备不附加干燥装置，墨滴与纸张撞击后不采取任何措施，让墨滴依靠飞行结束后的剩余动能扩展并渗透进纸张纤维，在外界（大气）环境条件下干燥印刷图像。一般认为，当喷墨打印机的输出速度低于 5 张/min 时，如家庭、办公室和普通商业环境使用的喷墨印刷设备采用此干燥方法。喷墨设备的输出速度更高时，如商业印刷用途的高速喷墨印刷机，则应该尽可能去除墨滴撞击纸张后因渗透和吸收过程不完善而遗留在表面的湿气，避免未完全干燥的印刷图像蹭脏相邻印张的表面，防止出现图像偏差。

喷墨印刷设备和材料制造商普遍认为，采用吸收（自然）干燥方法时需给予墨滴撞击纸张后足够的时间，使墨水有时间渗透到纸张的内部，充分发挥纸张的毛细作用效应，此后印刷图像才能与任何的其他表面接触，不会造成对印刷图像的损害。有效的干燥并不意味着要求从纸张表面去除所有的湿气，应该允许油墨渗透到纸张内部达到一定程度，只要能避免图像蹭脏或不发生图像偏差即可。

低速喷墨系统到达收纸装置的印张暴露在自然环境条件下，无论环境多么平稳，总有气流经过纸张表面，依靠空气的流动作用，就可以去除纸张的湿气。若打算提高生产能力，且要求在相对短暂的时间内完成干燥处理，则蒸发干燥模式为最合适的方法，为此需采用强制热空气流动的方法加快印张的干燥过程，，还可以采用其他类型的增强干燥处理方法，比如印张暴露在高温条件下的干燥处理，以及热空气与纸张表面直接碰撞等。增强型干燥技术为快速干燥印张提供更有效的方法，去除纸张表面与空气边界层的湿气。

七、喷墨印刷发展的瓶颈分析

喷墨印刷技术还有许多的技术瓶颈需要突破，这些因素主要包括墨水性能、基材处理、印刷速度、可靠性和成本五个方面。

1. 墨水性能问题

由于喷墨墨水发展的时间非常短暂，而且相对于传统印刷油墨，喷墨印刷的印刷方式对于墨水又有很多的限制。这两方面的原因导致现在喷墨墨水的研究与应用不是很理想。而墨水性能上的局限性在很大程度上限制了喷墨印刷的普及与进一步发展。

不同的承印材料对油墨的要求不同，印刷所需要的理想油墨要求其包含的材料安全无毒、加工和使用过程中无气味、印刷时铺展少。对于包装类产品还需要油墨具有较好的耐磨性和热封性，撕裂时不产生墨屑，印刷的图像颜色鲜艳、清晰度高等要求。这样只有从油墨的本身出发来提高其适印性，但要在受诸多限制的喷墨墨水里实现这些优良的性能可谓是难上加难，目前也没有一种墨水能够满足上面诸多要求。

墨水的性能影响印刷速度，油墨的涂覆速度和干燥速度直接影响到印刷速度。喷墨印刷的印刷速度慢，一方面是因为喷墨印刷墨水中的颜料含量比常规油墨要低得多，为了达到跟传统印刷相同的颜色鲜艳程度，印刷时需要往承印材料上铺展更多体积的墨水，导致印刷速度提高不上去。比如，一般的墨水的颜料含量小于10%，而胶印油墨的颜料含量要大于25%。如果要实现同样的实地印刷，使用10%含量的墨水需要的墨层厚度大概为6μm左右，而使用胶印油墨时，仅需要2μm的墨层即可。另一方面，由于喷墨印刷所用的墨水含有大量稀释剂，稀释剂的干燥需要时间，所以也影响了喷墨印刷速度的提高。如果喷墨印刷的墨水中颜料的含量可以提高到传统印刷的比例，上述两方面的情况都可以得到缓解，印刷速度将得到进一步提高，其相对于传统印刷的竞争实力将更强。但是增加颜料的含量会给喷墨印刷带来新的问题，比如喷射性能改变和堵塞喷嘴等故障。所以，简单地提高墨水中的颜料含量，势必会影响墨水的流动性和墨滴的分裂性能，最终影响喷墨的性能。在现阶段，墨水中的颜料含量还不能提高到传统油墨的浓度。

颜料的含量决定了墨水的固含量，由于墨水的固含量低，导致墨水的光泽度和不透明度比传统油墨要低，这也是喷墨墨水需要克服的另一个问题。对于喷墨墨水来讲，一方面需要提高固含量，另一方面，现有的技术现状不允许提高。对于喷墨印刷行业来讲，如果要进一步拓宽其应用领域，面临的最大挑战是合理解决好这方面的矛盾，开发出合适的墨水。

2. 承印物输送问题

采用喷墨印刷可以防止电子设备和显示器上的精细承印材料被转印辊所污染，但喷墨印刷这种无接触的印刷方式使得承印材料的输送变得非常困难。

比较典型的例子就是瓦楞纸板的印刷，在展示包装时或其他零售环境中，通常需要高质量的印刷。以前可以用水性柔性版的印刷方式来实现，这时候的纸板采用轧辊来输送，由纸板堆→印刷机组→干燥装置→纸板堆的运行路线来进行。虽然接触式的输送或多或少会污染版面，但其套印精度可以得到保证。如果采用喷墨印刷时，输送纸板的轧辊不再需要了，改成喷墨印刷单元。而纸板的输送必须依赖纸板侧边来接触牵引，由于只有侧边受力，可能引起纸板的扭曲，这种扭曲在湿度变化时表现更为明显。此外，输送过程中纸板的振动使得喷嘴与纸板之间的距离难以得到保证（高质量的喷墨印刷要求距离维持在1mm），而且掉下来的纸毛、纤维非常容易堵塞喷嘴，所以对于纤维类的承印材料的输送并没有想象中的那么容易。

3. 印刷速度问题

喷墨印刷相对于传统印刷的优点主要在于其灵活性与数字化的控制方式。由于缩短了准备时间、更换印版和其他时间，喷墨印刷在生产效率上似乎具有一定的优势。但是，印刷速度要从整个流程来考虑，虽然喷墨印刷准备时间短，但喷墨印刷的墨水转移到承印物上的时间要比传统印刷方式要长。所以，在某些应用里面喷墨印刷的速度优势并不明显。目前一般的卷筒纸喷墨印刷速度为1m/s，而胶印可以达到5m/s，柔性版印刷更高，可以达到10m/s。所以，喷墨印刷还有很大的差距需要追赶。

有人认为，喷墨印刷的图文质量完全可以满足印刷图文需要，可以取代传统的印刷方式。但是，这种质量是以牺牲印刷速度为代价的。为了得到高质量的图像质量，喷墨印刷需要产生更细小的墨滴，还要保证墨滴大小的一致性，这些无疑会影响整体印刷速度，这些都是喷头制造厂商和墨水制造商所面临的挑战。

4. 可靠性问题

墨滴大小的均匀性对于喷墨印刷质量的稳定性具有重要的作用，甚至会影响喷墨系统的可靠性。然而要使喷射出来的墨滴都保持大小一致似乎不太容易。在墨滴形成过程中，围绕着主墨滴的小墨滴不可避免地存在。这种小墨滴称为卫星墨滴。

由于卫星墨滴的存在，使得所有喷墨印刷系统的可靠性大打折扣。

事实上，按需喷墨系统相对于连续喷墨系统更容易产生卫星墨滴。由于按需喷墨技术产生的卫星墨滴通常非常小，它们没有足够的动能喷射到承印物上，经常被喷嘴附近的表面所吸附。而如果喷嘴受到污染，主墨滴的形成将会受到影响，严重时导致喷墨失败。所以相对于连续喷墨系统来说，按需喷墨更需要想办法避免卫星墨滴的产生。一般采用优化驱动波形或将墨水更改为非牛顿流体的方式可以取得较好的效果。而连续喷墨系统所产生的卫星墨滴经过充电电极时，将会产生比主墨滴更高的电量。带高电量的卫星墨滴容易被充电电极板所吸引，从而影响后续墨滴的充电。在连续喷墨中采用牛顿流体墨水从理论上可以实现无卫星墨滴和卫星墨滴两种喷墨模式。可以通过选用合适的喷射速度、喷射频率、黏度和驱动力来避免卫星墨滴。所以，连续喷墨系统需要仔细控制各个参数，以获得较高的可靠性。

图 2-12 中有三种连续喷墨的分裂情况，每种情况下的左图由高速摄像机拍摄，右图为用拉格朗日方程建立的数学模型。图（a）采用 40V 电压的充电电压和 0.6m/s 喷射速度，图（b）采用 140V 的充电电压和 1.7m/s 喷射速度，图（c）采用 180V 的充电电压和 2.1m/s 喷射速度。三种情况中，图（b）的情况卫星墨滴非常明显，图（c）的最不明显，足以说明参数控制的重要性。所以近乎苛刻的要求，无疑会降低系统的可靠性。

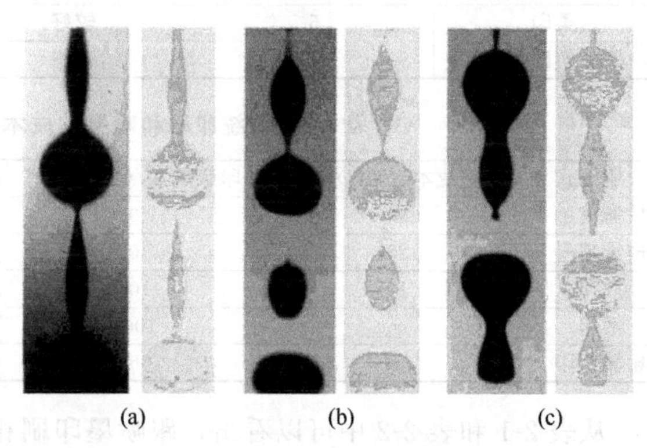

图 2-12　墨滴分裂模拟

此外，喷墨印刷机的开启与关闭过程同样可以影响到系统的可靠性。在连续喷墨印刷机中，这种影响在第一次开机的时候不是很明显，因为以后喷嘴都往外喷出墨滴，不会堵塞喷嘴。而按需喷墨就不同了，长时间不喷的喷嘴附近的墨水有干燥的危险，容易堵塞喷嘴，进而影响喷墨系统的可靠性。所以，为了保证印刷机开启的稳定性，需要精心设置清洗喷嘴，使关机和停机的时候，墨滴发生器中不允许残留墨水。这需要设计者进行巧妙的设计，并且按需喷墨的墨水干燥不能太快，否则也容易影响系统的稳定性。相比而言，连续喷墨印刷机则可以采用挥发性强的有机溶剂以缩短干燥时间。

所以，相对传统印刷来讲，喷墨系统的可靠性还有待进一步的提高，同样需要喷头制造厂商和墨水制造商合力解决。

5. 质量与成本的平衡问题

目前，大批量的印刷品如高档杂志、产品外包装等主流产品的印刷质量达到了较高的水平，印刷成本也较低。过去的几十年时间里，胶印和凹印不断被改进与使用，柔性版印刷的质量和可靠性也有了较大的提高，喷墨印刷在这里也无明显优势，所以传统印刷技术与喷墨印刷竞争的并不是目前主流产品市场。而一些特殊的市场往往由一个特征就决定了哪种印刷方式最适合，比如办公印刷和按需印刷方面，要选择印刷方式，需要在印刷质量和印刷成本之间作一个权衡。表 2-1 和表 2-2分别列出了传统印刷和喷墨印刷的印刷质量和成本的比较明细。

表 2-1 传统印刷和喷墨印刷性能比较

印刷方式	印刷速度/(m/s)	印刷质量	换版时间/min	过版纸/张
按需喷墨	1～3	较好	0	0
连续喷墨	5	一般	0	0
胶印	5	理想	20	200
柔印	5	较好	40	500
轮转凹印	8	理想	60	1000

表 2-2 传统印刷和喷墨的成本与优缺点比较

印刷方式	油墨成本/(USD/kg)	印版成本/(USD/kg)	优点	缺点
按需喷墨	40	0	可变数据印刷	速度慢
连续喷墨	25	0	可变数据印刷	墨水限制多
胶印	10	100	技术成熟、稳定	只适合涂布纸印刷
柔印	5	1000	承印物范围广	油墨浪费多
轮转凹印	5	10000	大批量印刷	成本高

从表 2-1 和表 2-2 中可以看出，跟喷墨印刷相比，其他印刷方式的缺点在于换版非常缓慢与成本昂贵，主要有三个不同的方面：一套胶印印版的价格大概在 100 美元左右，需要 30min 的换版时间；一套柔性版的印版费用大概在 1000 美元左右，换版需要 20min 的时间；一台凹印印版的费用大于 10000 美元，需要 1h 的换版时间。由于柔性版可以重复使用，印版成本没有上面的那么高。所以，小批量的印件比较青睐柔性版的印刷方式。为了应对数字印刷带来的威胁，所有的设备供应商想尽一切办法缩短准备时间、劳动强度和废纸数量。如果我们将喷墨印刷成本降低至具有足够的竞争优势，但其印刷质量却不能得到保证。

综上所述，在图像印刷领域，喷墨印刷之所以没有想象中的那么快速占领市场并取代传统印刷，主要是因为喷墨印刷需要一个系统来支撑。这个系统既需要印前、印刷和印后处理这三个基本过程，也需要原辅材料、设备、承印物的优化组合。传统印刷的这个系统已经非常完善，而喷墨印刷这个系统还没有完全建立起来。所以，喷墨印刷虽然具有强大的发展潜力，但上述问题毫无疑问成为了其发展的绊脚石。

八、喷墨印刷技术的创新应用

1. Digiflex 数字喷墨制版成像技术

Digiflex公司与其国内代理商广州尚安贸易有限公司共同推出了富有创意的数字喷墨制版成像设备 FlexoJet 1725。

Digiflex喷墨印刷系统将双组分油墨喷在柔性树脂版上，形成一层不透明的UV膜层。独特的双组分油墨使油墨不会在版材上扩散开来，能够形成2%的精细网点。喷下的墨滴通过化学反应，瞬间固着在印版表面。显影成像有多种选择，水溶、溶剂或热敏显影可根据情况自由选用。

该设备除了成像原理与现有方式不同，其他制版过程完全保持不变，印刷厂家可快速适应这种新技术。该技术适用于任何柔性树脂版（水溶性、溶剂性或热敏性版材均可）、凸版版材和干式胶印版材。成像分辨率高、精细度高，重复制版质量稳定。油墨中不含固体粒子，喷墨技术可靠，无堵塞，无溅墨。

2. Scodix 数字喷墨印后特效加工技术

Scodix公司与其国内代理经纶全讯共同推出了数字喷墨印后特效加工设备，给传统印刷或数字印刷的印品进行印后特殊效果整饰加工的技术，可完成UV上光、炫彩效果、压凹凸（盲文）等多种加强功能。

Scodix技术采用先进的喷出模块和多个独立控制的喷头，将UV高分子材料生成为极小的墨滴，转移到承印物上形成膜层。树脂膜层厚度可达250μm，光泽度可达99GU，墨色更加纯净鲜亮，UV和凹凸效果显著，可加工烫金效果。双CCD摄像头和专业软件支持系统，能够精确地旋转、测量和定位，对印张进行扫描后，将高分子树脂精确传输到既定位置。生产灵活度高，兼容传统胶印印张和数字印刷印张。自动输纸装置可适应各种克重、尺寸和类型的承印物——覆膜或未覆膜过的纸张、纸板和塑料片等。最大材料尺寸为750mm×530mm，最大材料定量为675g/m^2。全数字流程，RIP集成在内，用户界面可设置“预飞”活件和膜层厚度，节省准备时间和成本。加工前，客户和设计师及操作者能借助专门的网络软件系统预览效果，支持网络印刷和条码可变数据印刷。

第二节　静电成像数字印刷

静电成像数字印刷（静电印刷）是由计算机根据印刷图文信息，控制静电（电子）在中间图文载体上的重新分布而成像（潜影或可见图像），形成图文转移中间载体（即通常说的印版），油墨（墨粉）经过中间载体（印版）转移到承印物上，完成图文复制的印刷过程。因此，静电印刷是有版印刷，但静电印刷的印版与传统印刷印版的结构、形态及印版生成方法不同。因此，静电印刷与传统印刷根本区别在于印版是否是通过计算机用数字技术生成。

一、静电成像数字印刷原理

静电印刷技术最初应用于静电复印，它基于卡尔森（Carlson）和柯尔纳（Kornei）在 1938 年的发明，由光导和静电效应极好地结合而成。静电成像是利用某些光导材料在黑暗中为绝缘体、在光照条件下电阻值下降（如硒半导体，阻值可相差 1000 倍以上）的特性来成像。

在静电成像过程中，感光鼓起着关键的作用。感光鼓是用铝合金制成的一个圆筒，鼓面上涂有一层感光光导材料，一般为硒碲砷合金。首先在滚筒式感光鼓上均匀充电，然后利用由计算机控制的激光束对其表面进行曝光，受光部分的电荷消失，未受光部分仍然携带电荷。这样，就在感光鼓表面上留下了与原图像相同的带电影像，即所谓“静电潜影”。将带有静电潜影的感光鼓接触带电的油墨或墨粉（带电符号与静电潜影正好相反），通过带电色粉与静电潜影之间的库仑力作用实现潜影的可视化（显影），即感光鼓上被曝光的部分吸附墨粉，形成图像，再将色粉影像转移到承印物上。最后对转移到承印物上的油墨或墨粉加热、定影，使油墨或墨粉中的树脂熔化，牢牢地黏结在纸面上，就可得到一张印有原图像的印刷品，也就完成了静电印刷过程。印刷完成后，感光鼓还需消电、清扫，为输出下一页做准备。

二、静电印刷的特点

静电印刷具有以下几个方面的特点。

① 静电印刷是典型的无压印刷方式，在成像印刷过程中，不需要通过压力转移油墨图文。

② 静电成像技术对承印物及色粉（普通颜料）均无特殊要求，可在普通纸上成像，能适应各种纸张，可实现黑白及彩色印刷。

③ 静电印刷可以实现多值阶调再现，通过调节半导体二极管的发光强度，可输出不同网点强度，而得到多值图像（但范围有限），提高了印刷品的分辨率。

④ 静电印刷的质量较好，其综合质量可达到中档胶印水平。色域范围大于传统印刷，色彩更亮丽真实，单个像素可达 8 位的阶调值；部分机型具有独立处理套印、字体边缘、人物肤色及独特的第五色功能。

⑤ 静电印刷的速度较快，其印刷速度可达每分钟数十张至数百张，提高了印刷效率。

⑥ 静电印刷与其他成像系统比较，静电印刷的价格偏高。静电照相成像体系

的价格在很大程度上取决于色粉的价格，而色粉价格偏高。

静电印刷及其印刷机的缺点主要是受激光成像技术的限制，单组成像系统高速旋转时，激光束会发生偏转，在印版滚筒中间和边缘之间出现距离差，从而造成图像层次不清，细节损失；电子油墨进行四色印刷时，有时采用各色油墨全部转移到胶皮滚筒橡皮布上叠加成像，可能会造成网点增大或混色，影响高光和暗调部分的色彩还原和丢失一些细节。

三、静电印刷的发展

1. 静电印刷的发展方向

静电印刷技术的发展方向主要有以下几方面。

(1) 高精细电子油墨代替色粉　采用高精细电子油墨的主要优势是可以提高印刷速度和印刷质量，并且具有更好的可控性，可以获得高品质的图像质量及色域更广的色彩效果。

(2) 印刷速度和质量提高　由于采用高精细电子油墨和多个成像装置，使静电成像数字印刷机的速度大幅提高。例如，Miyakpshi/Ryobi 公司展出的 B2 幅面的单张纸数字印刷机，印刷速度达到 8000 张/h，是其他厂商同类机速度的 2 倍以上，分辨率 1200dpi，印刷质量堪比胶印质量。

(3) 印刷幅面不断加大　以前印刷幅面多以 A3 为主，为了提高印刷效率，印刷幅面不断加大。在 Drupa2012 上，不少厂商展出 B2 幅面静电成像数字印刷机，甚至有 B1 幅面的静电成像数字印刷机。

2. 静电印刷技术热点

当前静电成像数字印刷技术热点主要集中在以下几个方面。

(1) 光导体及其制造技术　目前静电成像数字印刷机的光导体主要采用有机光导体（OPC）和单晶硅，含硒化合物的应用逐年减少。成像器件（感光鼓/感光带）主要采用在铝质鼓或易弯曲带的表面上涂布多层光导体涂层的技术来制造完成。其中，感光鼓/感光带的幅宽、感光涂层的均匀性以及耐印率是静电成像数字印刷机实现高品质、大幅面和高效率印刷的关键，也是其能够替代传统印刷机的核心所在。

(2) 色粉及其制造技术　静电成像数字印刷机的色粉由着色剂、树脂以及添加剂构成，主要通过物理研磨和化学研磨来制造，所研磨的色粉颗粒形状、尺寸一致性、呈色性以及介质附着力是关键。目前，色粉制造技术正在向应用纳米技术、高饱和度呈色以及绿色化方向发展。其中，色粉颗粒形状设计与呈色剂筛选技术最为关键。

(3) 网络化、数字化的色彩管理技术　静电成像数字印刷机的应用离不开网络化与数字化的色彩管理技术，其可通过数字化的网络平台，依托色彩管理引擎，将印刷买家、设计师以及静电成像数字印刷机有机联系起来，共同组成一个全数字化印刷流程所控制的色彩复制系统。

(4) 分辨率和色彩优化 为了进一步提高打印的颜色处理能力，各厂商纷纷研制各自的分辨率和色彩优化技术。也就是说在现有设备固有物理分辨率的基础上采用软件或工艺改进来达到提高分辨率和色彩效果的目的。

四、静电印刷工艺流程

静电成像数字印刷系统使用的成像和印刷设备类似于静电复印机。它们是使用涂有光导体的滚筒式感光鼓，经电晕电荷充电，然后激光扫描曝光，受光部分的电荷消失，而未受光部分通过带有与感光鼓上电荷极性相反的色粉或液体色剂附着其上，构成图文部分，再转移到承印物上，最后通过加热、溶剂挥发或其他固化方法使墨粉固化，形成印刷品。因此静电印刷基本过程可分为充电、曝光、显影、转移、定影、清除，如图 2-13 所示。彩色数字印刷机至少有黑、黄、品红、青四个成像单元。

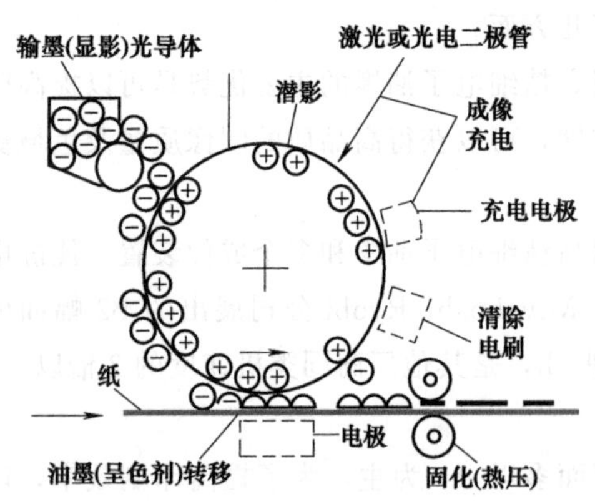

图 2-13 静电印刷基本过程

1. 充电

充电就是使感光鼓表面均匀覆盖一层具有一定极性和数量的静电荷，即具有一定表面电位的过程。如图 2-14 所示，这一过程实际上就是感光鼓的敏化过程，使感光鼓具有较好的感光性。充电过程是在感光鼓表面形成静电潜影的前提和基础，是为感光鼓接受图像信息而准备的。目前静电复印机中通常采用电晕装置对感光鼓进行充电。

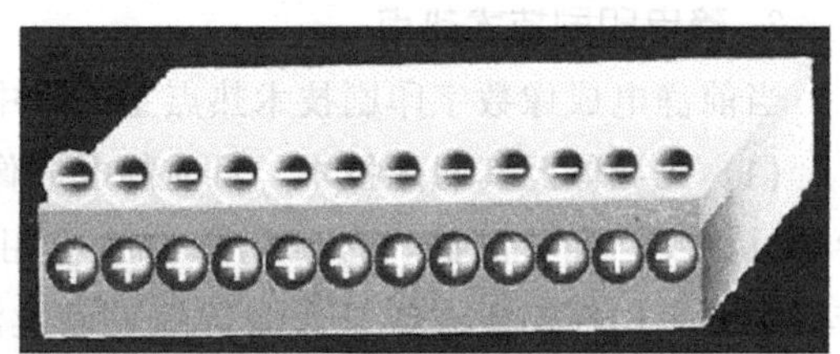

图 2-14 充电过程

2. 曝光

曝光即在充电的光导鼓表面成像。用激光或半导体发光二极管阵列对光敏层进行扫描曝光，曝光处的电荷随光的强弱不同而消失或不同程度的保留，即在光导鼓表面形成了“电荷图像”，也就是潜影。

由于感光鼓表面一般涂布有具有光导性的涂层，感光鼓见光区域的电阻小，表现出导体的特性，感光鼓非见光区域的电阻大，表现出绝缘体的特性。如图 2-15 所示，在曝光区域的光导体涂层内的电荷生产层吸收光线而产生与涂层表面电荷极性相反的电荷，经电荷转移层转移到涂层表面中和表面电荷。非曝光区域的表面电荷依然保持，从而在感光鼓的表面形成表面电位随图像明暗变化起伏的静电潜影的过程。

随着曝光方式的不同，所形成潜影的性质也不一样；采用激光曝光，所形成的潜影为二值图像，即光导鼓上的静电荷要么保留，要么完全消失；采用半导体发光二极管曝光，可形成多值图像，如 Xeikon 数字印刷机采用半导体发光二极管 LED 阵列曝光，由 7400 个发光二极管集合成阵列，其密度为 600 个/in（1in＝0.0254m)，与 600dpi 的空间分辨率相对应，在每个二极管内可进行连续的和控制性的发光，因此该成像系统可得到变化的网点强度，通过在其上吸附不同的色剂量产生具有 64 级变化的网点。而 Indigo 数字印刷机采用激光扫描，以 800dpi 的分辨率在光敏层上成像，激光成像是严格的二元方法，无法像 LED 阵列那样改变光的强弱，因此光敏层上只有未曝光处静电荷存在和曝光处静电荷消失两种情况。曝光光源通常是扫描激光光束或 LED 矩阵发出的光束，为了匹配涂层的感色性，建议光源的波长选择为 700nm 左右。

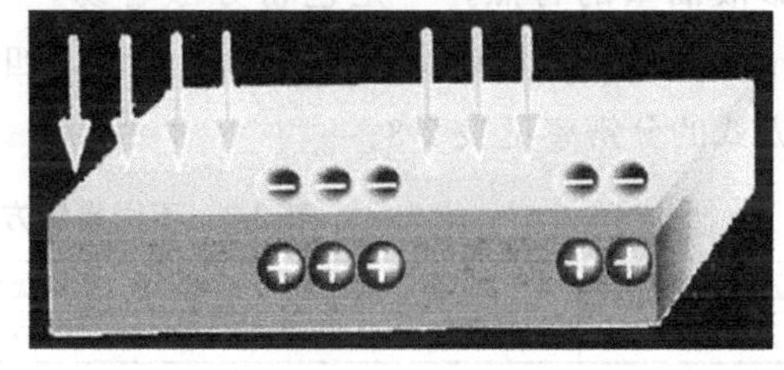

图 2-15　曝光过程

3. 显影

显影就是用相反电荷的色粉使感光鼓表面的静电潜影可视化的过程，也称着墨（输墨）。显影时，感光鼓表面静电潜影是在电场力的作用下，色粉被吸附在感光鼓上，如图 2-16 所示。静电潜影电位越高的部分，吸附色粉的能力就越强；静电潜影电位越低的部分，吸附色粉的能力也相对较弱。对应静电潜影电位（即电荷的多少）的不同，其吸附色粉量也就不同，这样感光鼓表面不可见的静电潜影，就变成了可见的与原稿浓淡一致的不同灰度层次的色粉图像。

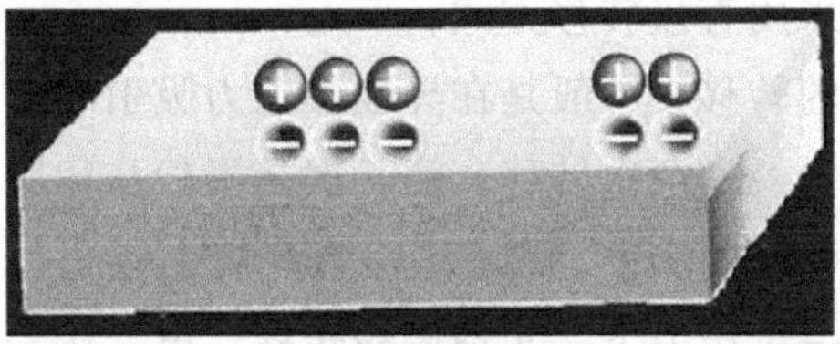

图 2-16　显影过程

目前主要采用的有干式、湿式两种显影方法。干式显影利用静电场的作用将色粉吸附在感光鼓表面形成影像。干粉显影剂可用单组分或双组分，单组分是指同一种色粉分别带正负两种电荷，而无须载体；而双组分的显影剂是由一种色粉和一种载体组成，色粉所带的电荷与潜影的电荷相反。采用干粉色粉显影的主要有Xeikon、Xerox、Agfa、Canon、IBM、柯达、曼罗兰等公司。如Xeikon采用干性色粉作呈色剂，用磁刷显影方法，这种方法制作简单，但产品分辨率一般只能达到150lpi左右，难以再提高。爱克发公司将色粉处理得相当精细，才会获得非常精细的印刷效果。

以双组分墨粉显影为例，墨粉吸附在（磁性）载体表面，这种吸附为物理吸附，被载体搬运到光导体表面，载体承担着搬运工的角色，实现色粉的高速搬运任务；墨粉在静电潜影形成的电场力作用下摆脱与载体间的物理吸附力的束缚，高速飞向并附着在光导体表面实现显影，通常显影过程可以在0.1s内完成。

湿式显影中，色粉悬浮于绝缘液体中，既能获得电荷又能作为显影的调色剂。由于粒子在液体中，所以可采用电泳原理实现显影。采用液体显影技术的主要有HP Indigo，其成像系统的分辨率可达到250lpi，但湿式显影控制难度相对较大。显影液油墨的特点，一是色粉分散容易，不易聚集；二是色粉尺寸小，一般在1μm左右；三是可以实现高分辨率输出；四是需要适当的溶剂回收装置。不同显影方式的分辨率见表2-3。

表2-3　不同显影方式的分辨率

显影方式	（干法）瀑布式显影	（干法）磁刷显影	（干法）雾状显影	（湿法）液体显影
分辨率/dpi	254～381	600～1000	3556～5000	6350～25400

4. 转移（印刷、转印）

转移时通过电晕放电，主要依靠电极对带电油墨的电场力作用，当然也有压力作用的帮助，使油墨转移。光导鼓表面的油墨（或呈色剂）可以直接转移到承印物上，也可以通过中间载体转移，但大多数采用直接转移方式。

静电成像数字印刷的色粉或电子油墨的转移，一般是在异性静电力吸引和印刷压力共同作用下完成的。印刷过程中，墨粉经过两次转移。第一次是墨粉从印版滚筒转移到胶皮滚筒上，胶皮滚筒上带＋450V的电压，用于从印版滚筒上吸引带负电荷的墨粉，同时在印版滚筒和胶皮滚筒一定压力下，实现墨粉转移。第二次是墨粉从胶皮滚筒转移到纸张上。压印滚筒带＋1000～＋8000V的直流电（根据纸张厚度进行调整），依靠胶皮滚筒和压印滚筒间的压力和压印滚筒上正电荷对墨粉的吸引力，将墨粉从胶皮滚筒上转移到纸张上。

5. 定影（固化）

定影就是将不稳定的色粉图像或电子油墨固着在承印材料上，以形成最终的印刷品。针对不同的显影方法，定影方法也不同。如干式显影通常采用加热方法，有时也采用加热与加压相结合的方式对热熔性色粉进行定影。加热的温度和时间以及加压的压力大小，对色粉图像的黏附牢固度有一定的影响。其中，加热温度的控制是图像定影质量好坏的关键，如果热量过多，彩色图像在纸张表面上就会发生变形，最终会引起纸张传递问题。而湿式显影（电子油墨）则多用蒸发的方法来定影。

通常选择定影方式时，可以针对呈色剂与载体的性质采用综合有效的方法进行，以达到定影效果才是最终目的，比如 HP Indigo 就是采用蒸发与加热相结合的方法。

6. 清除（净化）

清除包括清洁和消电。

① 清洁就是清除经转印后还残留在感光鼓表面色粉的过程。由于受表面的电位、转印电压的高低、承印介质的干湿度及与感光鼓的接触时间、转印方式等的影响，感光鼓表面仍残留有一部分色粉，如不及时清除，将影响后续印品的质量。常用刷子或抽气泵清洗。

② 消电就是消除感光鼓表面残余电荷的过程。一般采用曝光装置来对感光鼓进行全面曝光，或用消电电晕装置对感光鼓进行反极性充电，以消除感光鼓上的残余电荷，使光导鼓表面恢复到中性状态，以便下一印刷循环过程的进行。

静电成像印刷速度主要由光导体的充电速度和光电成像速度决定。静电成像的质量是由油墨（或呈色剂）颗粒大小决定的。印刷中多数使用固态墨粉，分辨率可以达到 600～800dpi。采用湿式色粉显影则可达 1000dpi 以上，印品色调级数可以有多级。

五、静电成像技术的控制

速度和分辨率是衡量印刷系统优劣的两个主要指标。

1. 成像速度

静电成像系统形成单个像素的时间最长大约为 10^{-5}s（功率为 100mW），这是一维方向上的成像速度，提高记录成像速度的有效方法是找到一个在二维记录空间上较快的成像方法。常见的有两种高速化的激光扫描方法，一种是高速旋转多面镜的方法，将点光源激光束转换成线光源激光束，覆盖整个印刷幅面，然后，再利用感光鼓的旋转运动实现平面记录；另一种是采用线阵列 LED（发光二极管）覆盖整个印刷幅面，然后再利用感光鼓的旋转运动实现平面记录。

2. 分辨率

静电成像的分辨率目前基本维持在 600～800dpi 的水平。根据加网原理，网点再现阶调有三种基本方法。

① 面积调制网点方法。

② 墨膜厚度调制网点方法。

③ 面积和厚度同时调制的网点方法。

第②和第③种方法都可以在分辨率非常有限的条件下实现高质量，因为最终影像的视觉效果取决于分辨率和每一个像素能够再现的阶调数的平方根之间的乘积(按调幅网点换算)，即视觉效果＝分辨率（dpi）×阶调数的平方根。对于静电成像来说，在其分辨率相对不高的情况下，改变每个像素的面积可以实现像素的多阶调化，即通过改变激光作用面积可实现单个像素的多阶调化。目前静电成像的单个像素的阶调可达 16 阶，也就是说一个分辨率为 600dpi 的图像，相当于实际分辨率为 2400dpi 的普通调幅加网的胶印质量。

六、静电数字印刷机的功能部件

静电印刷的过程可概括为三大主要步骤，即潜影生成、图像显影和图像转印。所涉及的功能构件包括潜影生成的成像部分有光导材料及相应的辅助构件、充电装置和曝光装置；图像显影过程主要是供“墨”装置、显影装置；图像转印过程主要是转印装置。此外，一次成像结束后，还要有清洁与消电过程，为下一个工作循环做准备，所以清洁与消电装置也是印刷系统中不可或缺的过程。

1. 成像系统

数字印刷机的成像装置通常由充电装置、成像光源和曝光机构组成。静电成像属光成像的范畴，故静电数字印刷机的成像子系统内必然包含数量众多的光学元件，才能完成预定的操作。目前，静电印刷系统的常见成像方式有四种，分别为旋转棱镜激光扫描成像系统、发光二极管阵列成像系统、光源和数字微镜成像系统、光源和光阀成像系统。

(1) 旋转棱镜激光扫描成像系统 亦称 ROS 栅格输出装置。如图 2-17 所示，受所要印刷的数字图像信号控制的激光，照射到高速旋转镜上，其中一个或多个激光光束由多面镜和分束镜头偏转，把激光照射到经过充电的光导鼓表面而形成静电潜影。

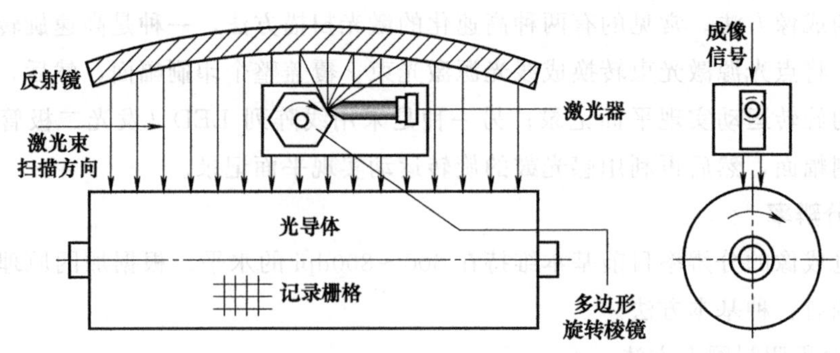

图 2-17 旋转棱镜激光扫描成像系统

以激光束对光导鼓表面曝光时，激光束需经过聚焦处理，从旋转棱镜镜面反射出来的激光束沿平行于光导鼓轴线的方向扫描，扫描轨迹上的成像点与页面图文内容对应，记录栅格精度由激光束直径确定。为了使成像结果与页面上的图文内容对应，需要在扫描期间利用声光调制器将激光束调制到打开或关闭状态。

(2) 发光二极管阵列成像系统　把 LED 元件按记录要求像素数配置成直线状，自聚集透镜阵列、塑料透镜阵列或等腰反射镜构成等倍成像光学系统，进行图像曝光。LED 阵列光学系统可以使光学系统小型化。

如图 2-18 所示，成像系统固定，成像系统与印刷页面同宽。在整个页面宽上设置成一个 LED (发光二极管) 阵列。所要印刷的数字图像信号经过 LED 阵列控制其在光导体表面曝光，形成潜影。LED 系统采用的波长范围是 660～740nm，与成像光导体表面特性相一致。

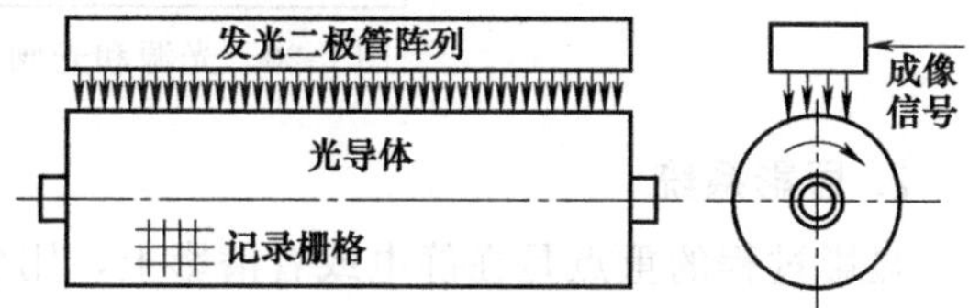

图 2-18　发光二极管阵列成像系统

发光二极管成像的优点：首先，发光二极管成像光源由成千上万个独立发光二极管组成，这些独立发光二极管可以独立地工作，经过聚焦镜头处理后直接投射到光导体表面，因而无需激光打印机那样额外的光学元器件；其次，发光二极管阵列的宽度与待打印页面宽度相等，每一个发光二极管均垂直地向成像鼓表面发射光线，因而不存在激光束打印机那样的边缘和中心位置记录点差异，也无需复杂的计时装置，自然也不需要记录点变形校正。以 LED 为成像光源的主要缺点是发光强度和发光稳定性不如激光束打印机。

(3) 光源和数字微镜成像系统　如图 2-19 所示，成像系统固定，采用一个面阵列数字反射微镜系统和多束紫外光源，微镜系统集成数十万个微小的反射镜，每个反射镜的反射状态（ON/OFF）都由计算机控制，因此，从反射镜反射的光束可以使待曝光的光导体曝光，形成潜影。

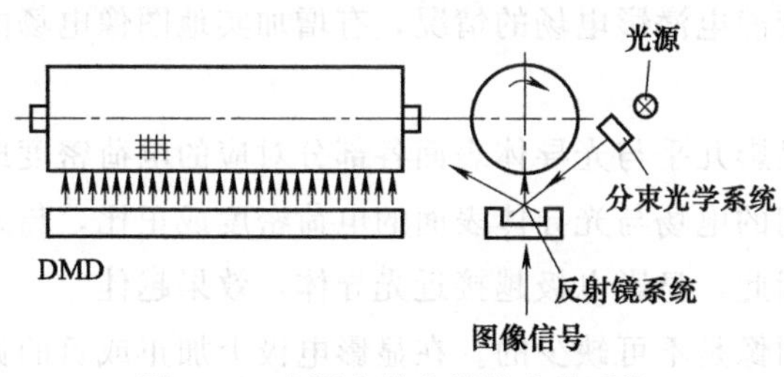

图 2-19　光源和数字微镜成像系统

(4) 光源和光阀成像系统　如图 2-20 所示，使用电子-光学陶瓷制造的特殊光阀，对紫外光束进行调制，控制光束的工作状态（ON/OFF），然后经过成像光学系统，将光束引导到成像光导体，使光导体表面曝光形成潜影。光学成像系统采用多束光，与印刷幅面等宽，整个版面同时曝光，提高了成像速度。

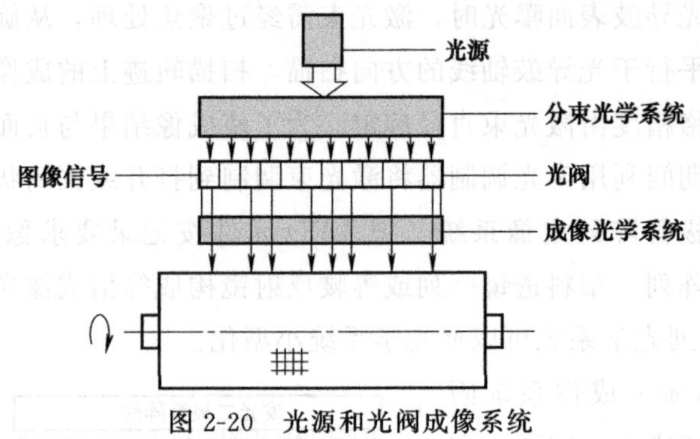

图 2-20　光源和光阀成像系统

2. 显影系统

显影过程的重点是在静电或者潜影上，用色调剂忠实、快速地附着必需的色粉量或者油墨量，从而得到鲜明、浓度充分的印迹。显影速度及附着色调剂量，在显影领域依赖于静电潜影的电场构造和色调剂粒子的带电电荷量。

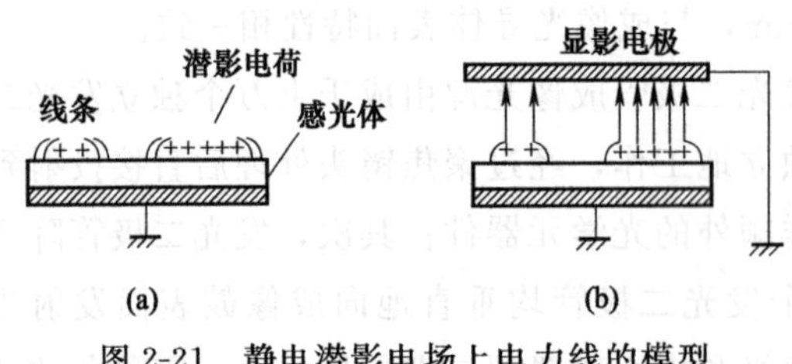

图 2-21　静电潜影电场上电力线的模型

在显影过程中，作用于色调剂的潜影电场极为重要。图 2-21 是静电潜影电场上电力线的模型。图 2-21 (a) 是图像中线条与实地密度图像的边缘部分有强的静电电场作用，这就是边缘效应。另一方面实地图像的潜影中间部分电场很弱，这就是实地图像显影困难的原因。图 2-21 (b) 在静电潜影上方设置显影电极，有效地控制边缘效应。显影电极能改变静电潜影电场的情况，有增加实地图像电场的作用。

使用显影电极时，静电潜影的显影几乎与光导体表面各部分对应的电荷密度成正比例。光导体表面和显影电极之间的电场与光导体表面的电荷密度成正比，与光导体和电极间的显影距离成反比。因此，显影电极越接近光导体，效果越佳。

显影电极对显影的层次及实地图像是不可缺少的。在显影电极上加正或负的偏压，可以改变图像的反差，也能进行反转显影。

显影装置的结构布局设计过程中主要考虑如何沿光导体表面布置多个主色的显影装置，并考虑能明显增加进入显影装置墨粉数量的工艺措施。

显影装置与光导体相对位置布局（排列）包括沿光导鼓周向排列、沿水平方向排列，以及沿垂直方向排列等。

使用沿光导鼓周向排列显影装置的方法，称为固定位置显影，每一种墨粉颜色都配置各自独立的显影装置，结构形式如图 2-22 (a) 所示。印刷色序确定后，显影装置在曝光结束后沿光导鼓的径向移动，尽可能接近光导鼓表面，以获得更好的墨粉转移效果，也有利于提高显影效率。该结构光导鼓的直径应当足够大，才能沿光导鼓周向排得下四个显影装置，如佳能 CLC-900 彩色数字多功能机光导鼓的直径达到 180mm。

图 2-22（b）是沿垂直方向排列四个显影装置的例子，如日立的 Beam Star 彩色静电照相彩色激光打印机使用的显影装置布局，图像载体设计成光导皮带的形式，显影间隙由四个显影装置与光导皮带组成，处在同一条垂直线上。

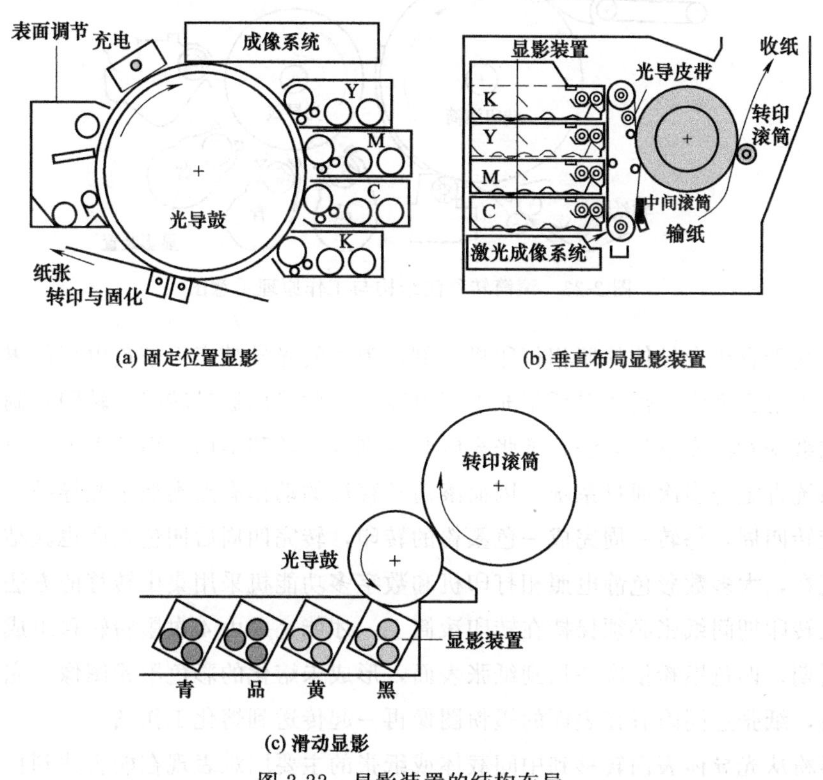

图 2-22　显影装置的结构布局

图 2-22（c）是沿水平方向滑动的显影装置的例子，滑动显影结构的四色墨粉显影装置沿水平方向顺序排列，固定在可沿水平方向移动的台面上。工作时，四个显影装置依次靠近光导鼓，每一次完成一种墨粉的显影过程，要求显影滚筒与光导鼓表面尽可能接近。

3. 转印系统

墨粉显影到光导体表面后有两种转移方法：一是墨粉直接转移到最终记录介质，形成原图像的硬拷贝输出结果；二是墨粉先转移到起中间作用的载体，再转移到最终记录介质。墨粉转移过程需要静电力作用的参与，大多使用电晕管转移和滚筒转移方法。对彩色静电照相打印机或数字印刷机而言，这种转移过程需执行 1 次（即集中转印 1 次通过系统）或 4 次（每一种颜色 1 次）。

(1) 滚筒转移法 基于滚筒转移的系统在第一色墨粉完成显影后，纸盘或纸盒中的纸张进给转印滚筒处，在墨粉转移期间纸张由静电引力牢固地保持在转印滚筒上。由于转印滚筒和光导鼓以相反的方向旋转（图 2-23），而纸张覆盖在转印滚筒局部区域的表面，这样就必然导致纸张与光导鼓表面的显影墨粉图像接触。

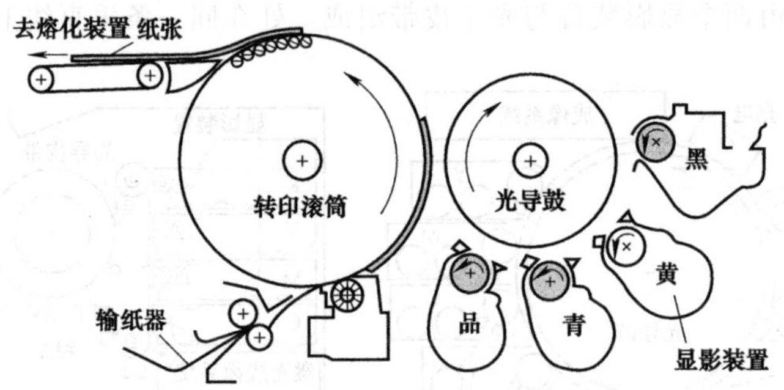

图 2-23 滚筒转移法结构与工作原理示意图

以基于有机光导体的照相打印机为例，为了使光导鼓表面带负电荷的墨粉颗粒顺利地吸附到纸张，需要对纸张充以正电荷，为此采用通过转移（转印）刷或电晕导线在纸张背面充电的方法，纸张充电装置刚好在转移滚筒表面的下方。由于单光导鼓系统肯定为多次通过系统，因而滚筒转移法的动作有点类似于光导鼓，即同样需要旋转四周，每转一周完成一色墨粉的转印，转完四周后四色叠印也就结束了。

现在，大多数彩色静电照相打印机和数字多功能机采用集中转移的方法，为此要求在转印期间纸张必须保持在转印滚筒上，才能完成由 4 次墨粉转移组成的完整转印周期，四色墨粉依次叠加到纸张表面，形成未熔化的彩色墨粉图像。完成 4 次转印后，纸张连同附着在表面的墨粉图像再一起传送到熔化工作站。

墨粉从光导体表面转移到中间载体或纸张的主要困难表现在能否达到良好的彩色套印效果，以及能否通过四色墨粉层达到良好的转移比。彩色套印误差的等级要求与原稿和半色调网点结构有关，通常情况下套印误差 100～150μm 时认为效果足够好，关键问题在于加网角度相同的均匀灰色。例如，加网线数取每英寸 200 线时，只要出现 64μm 左右的彩色套印误差就将引起最终印刷品严重的偏色，为此需要像传统印刷工艺那样采用不同的半色调网点角度予以解决。尽管可选择的角度受到限制，但只要半色调算法合理，则彩色套印结果比使用相同的加网角度肯定要好。

另一方面，转移结果的非均匀性有可能导致最终印刷品相当严重的颗粒感和颜色的低饱和度，解决这一问题的有效措施是设置好光导体和转移设备几何参数，转印每一种主色墨粉时使用不同的静电力。字符笔画或线条内出现空心现象是滚筒转移法的主要缺点，原因在于转印间隙由光导体和转移（印）滚筒组成，只要墨粉处于这种转印间隙的影响范围之内，则墨粉图像受到机械力的压缩作用，转印间隙后面的部分墨粉被墨粉颗粒间的黏结力和光导体表面黏结力带走，形成空心字符笔画。

图 2-24 所示为空心笔画与转印压力的关系，该图以物理模拟的方式解释转印间隙区域的部分墨粉颗粒在压力逐步变大的情况下脱离主体墨粉层的趋势。从图中可以看出，如果作用到转印间隙的压力越大，则墨粉图像与光导体间的黏结力关系恶化，将有更多的墨粉颗粒脱离主体墨粉层，从而导致更严重的空心笔画或空心线条，复制质量也因此而变得更差。

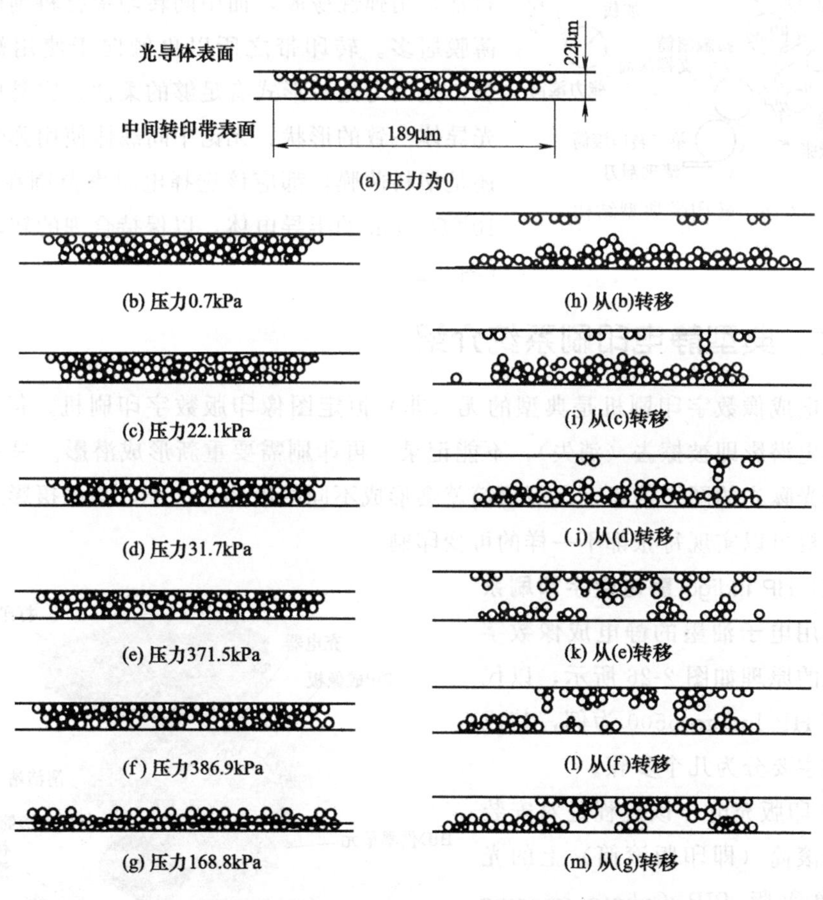

图 2-24　墨粉图像与光导体间黏结力与转印压力的关系

(2) 间接转移与转印带结构　避免转印间隙部分墨粉脱离墨粉主层的有效方法除了以不同的速度驱动光导体和转印滚筒外，也可以使用某些添加剂，以改善墨粉在光导体和转印滚筒表面的流动性，对部分墨粉颗粒脱离墨粉主层起抑制作用。

实践经验表明，彩色静电照相打印机或数字印刷系统借助于中间载体的间接转印方法比直接转印工艺的复制效果更好，有利于墨粉转移到各种类型的纸张。迫于市场需求的压力，制造商们在设计黑白或彩色静电照相打印机或数字印刷机时总希望这些复制设备能适应更多的纸张，纸张定量为 60～300g/m^2。彩色静电照相打印机或数字印刷采用间接转印工艺的另一原因是这种方法有利于减少墨粉转移次数，从多次转移缩小到只需一次转移。基于上述理由，墨粉间接转移工艺正变成彩色静电照相打印机和数字印刷机的主流技术。中间转印载体（转印滚筒）的材料常采用弹性橡胶，而中间转印带材料则以塑料薄膜居多。转印带之所以更倾向于使用塑料薄膜，是因为这一形式有足够的柔性，容易取得与光导体一致的形状。无论中间载体使用弹性橡胶还是塑料薄膜，都应该选择电阻率范围在 10^8～$10^{10}\Omega\cdot$cm 的半导电体，以保持合理的转印电压（图 2-25）。

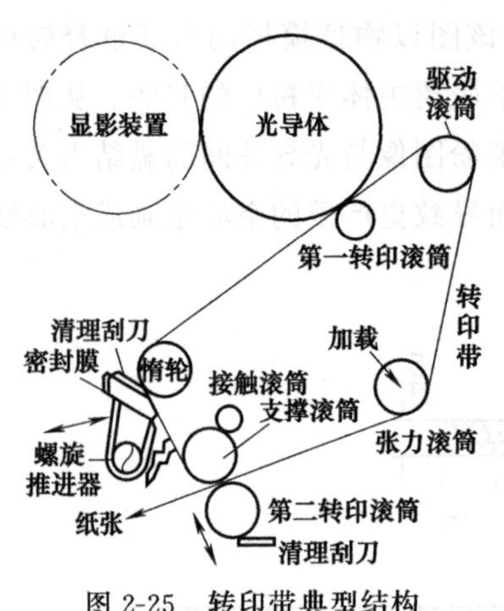

图 2-25　转印带典型结构

七、典型静电印刷系统介绍

静电成像数字印刷机是典型的无（非）恒定图像印版数字印刷机。每印刷 1 次，静电潜影即被擦去（消失），不能记录，再印刷需要重新形成潜影。只要变化控制激光曝光的图文信息，印版滚筒就会形成不同的潜影，因此，静电摄影成像数字印刷机可以实现每张都不一样的可变印刷。

(1) HP Indigo 静电数字印刷系统　采用电子油墨的静电成像数字印刷机的原理如图 2-26 所示，以代表机型 HP Indigo 5500 为例，其成像过程主要分为几个步骤。

① 印版充电　该过程是对安装在成像滚筒（即印版滚筒）上的光电成像印版 PIP（photo imaging plate）充电，且让其达到一定的电位。

② 印版曝光　采用激光二极管

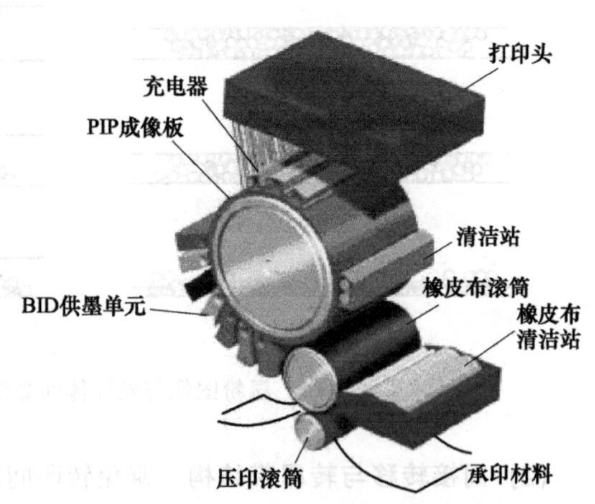

图 2-26　HP Indigo 5500 数字印刷的成像原理

扫描 PIP 印版，从而形成电子潜影。曝光控制机根据经调制处理过的图文信息控制激光束的开启和关闭，印版上与页面图文区域相对应的部分被曝光，使这些区域的静电荷中和，从而在印版表面生成肉眼看不见的静电潜影（阳图版面信息）。

③ 图像显影　图像显影是利用回收滚筒和成像滚筒间的电位差和电子油墨特性，在成像印版上着墨形成实际的图像。由于显影辊筒和印版均带有不同的电压，于是在旋转着的印版滚筒与显影滚筒之间产生了强大的静电力。经过曝光处理后的印版图文区域带电较少（原电荷已经被部分中和），而非图文区域带电较多，由于油墨带电，借助于印版滚筒与显影辊筒间的静电力，油墨中的带电粒子被吸引到图文区域，非图文区域聚集很多电荷，因此排斥带电的油墨颗粒，使墨滴朝向显影辊筒迁移，由接收盘接收后送到油墨容器重复使用。

显影后的图像首先转移到橡皮布上，然后再转移到承印物上。和采用墨粉的静电成像数字印刷机不同的是，采用电子油墨的静电成像数字印刷机只有 1 个色组，需要转印多次才能完成一次多色印刷，而采用墨粉的静电成像数字印刷机有多个色组，且每个色组都是一个独立的单元。

④ 清除处理　清除过程表示清除成像印版表面多余的液体和油墨，对印版图文区域和非图文区域进行清洁和压缩处理，借助于印版滚筒与其他相关滚筒之间的机械压力和静电力，把印版表面的非图文区域多余的、作为油墨颗粒载体使用的液体清除掉，图文部分多余的液体也一起被清除，从而使转移到印版表面的油墨颗粒紧密地黏结在一起，使得图文部分有清晰和协调的外观，非图文部分则清除干净，没有任何残留下来的油墨颗粒。从印版表面清除下来的油墨由接收盘回收，送到分离器过滤出油液以供重复使用。

⑤ 第一次油墨转移　在静电力和机械压力共同作用下，印版表面的带电油墨层转移到带电橡皮滚筒上。

⑥ 清理工作　主要清除成像印版上所有遗留油墨和静电荷，并对其放电复位。到此为止，印版表面已经经历了一个完整的旋转周期，等待下一次充电，为下一个印刷周期做好了准备。

⑦ 第二次油墨转移　让橡皮滚筒继续旋转并对其加热，在其表面的电子油墨也因此而被加热，导致油墨颗粒部分熔化并混合在一起，组成热而带黏性的液状胶体。当油墨与承印材料表面接触时，由于承印材料温度要明显低于油墨颗粒的熔化温度，油墨颗粒快速固化并黏附到承印物表面。

Indigo 对其数码印刷系统不断进行改进，延长了印版和橡皮布的寿命，改进了静电油墨的盒装结构。此外，Indigo 还推出了用于标签、包装、建筑装潢材料等印刷的 One Shot Color 卷筒纸印刷机，该印刷机的特点是将 4 色乃至 6 色的图像在橡皮布上集成后一下子转印到纸上获得印刷品，其套准性能和对纸张的要求方面均有所改善。

(2) **卷筒纸数字印刷机** 图2-27所示是Hp Indigo Omnius卷筒纸数字印刷机。印刷原理和上述设备类同。因为卷筒纸不可能多次通过印刷滚筒，因此，在多色印刷时Omnius机不能采用多次走纸套色印刷的方式，只能把需要印刷的各分色图像，依次转移到橡皮滚筒上集成叠印后，纸张一次通过完成多色印刷。

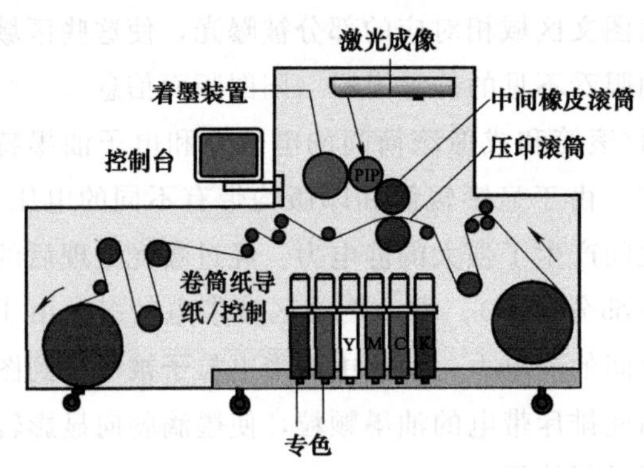

图 2-27 Hp Indigo Omnius 卷筒纸数字印刷机

由于各分色图像都叠印到橡皮滚筒上，所以套印精度完全决定于印版滚筒油墨转移到橡皮滚筒的转移质量。由于所有图像先叠印到橡皮滚筒上，承印材料的变形不会引起套印问题，所以，这种机器也可以使用弹性卷筒材料印刷。

(3) **直接印刷数字印刷机** 图2-28所示是单路多色直接印刷数字印刷机。AGFA公司和Xeikon公司等都采用这种印刷方式。Xeikon公司的DCP系列产品，采用LED系统成像，将色粉直接转移到纸张上。通过控制激光二极管的光辐射强度，来控制每个像素的电荷强度，实现色粉转移量的不同（大约9个灰度值），彩色复制范围较大。这种数字印刷机由给纸、印刷机组、收纸部分组成。

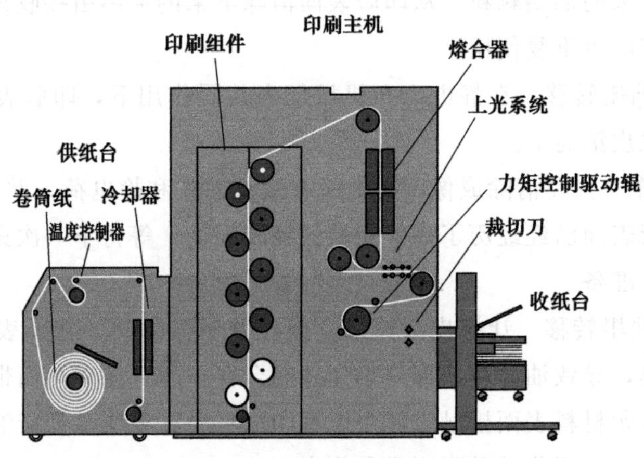

图 2-28 单路多色直接印刷数字印刷机

给纸部分有上下纸卷机构和张力控制系统，确保进入印刷机组的纸带张力符合要求。纸带温度控制和纸带冷却机构相配合，保证纸带的温湿度符合印刷对纸带的要求，提高印品质量的稳定性。

印刷机组由五套双面印刷单元（其中一套备用或在透明承印物上印刷白色底色）构成，一般是印刷 1～4 色印刷品。采用静电成像原理，各印刷单元将色粉直接转移到纸带上，经熔合器高温定影固化和冷却成像，完成印刷。印刷完成后，需要时可以使用上光系统在印品表面上光，提高印品表面质量。

经过印刷、上光后的纸带被裁切成单张纸，由收纸部分将纸张收齐。收纸台上边的接纸板可以边印刷边接收供检验印刷质量的样张，下边的收纸台将裁切好的单张纸收齐。

第三节　磁记录成像数字印刷

磁记录成像印刷技术依靠磁性材料在电场（磁场）作用下定向排列形成磁性潜影，再利用磁性色粉与磁性潜影之间的磁场力相互作用，完成潜影的显影，最后将磁性色粉转移到承印物上。这种方法一般只用于黑白印刷。

一、磁记录成像基本原理

在磁记录成像印刷技术中成像系统的核心部件是成像滚筒（磁鼓）。成像滚筒是无磁性的，需先在其上涂布一层厚约 50μm 的软磁性铁镍（FeNi），再涂布一层厚约 25μm 硬磁性钴镍磷（Co-Ni-P）合成化合物，成像滚筒的最外层是厚约 1μm 耐磨涂层，目的是保护磁性层，同时提高成像滚筒寿命。这些涂层就构成了印版滚筒的铁磁体层。

如图 2-29 所示，成像过程中，通过记录脉冲控制记录磁极，即将成像电信号加载到记录磁极的线圈上，成像头和成像滚筒体可形成闭合磁通，这就相当于在磁鼓上加一个外磁场，磁鼓表面被磁化。由于磁场受记录信息的控制，将形成与页面图文内容对应的磁通变化，记录及利用磁通变化使成像滚筒的表面涂层产生不同程度的磁化效应，在成像滚筒的记录层（铁磁材料涂层）上产生磁潜影图像。磁潜影能吸附有磁性的记录色粉（一般为 Fe_2O_3），形成可见的磁粉图像。然后再通过在承印物与磁鼓之间施加一定压力的方法使吸附到成像鼓上的记录色粉转移到纸张表面，并加热和固化，完成印刷过程。

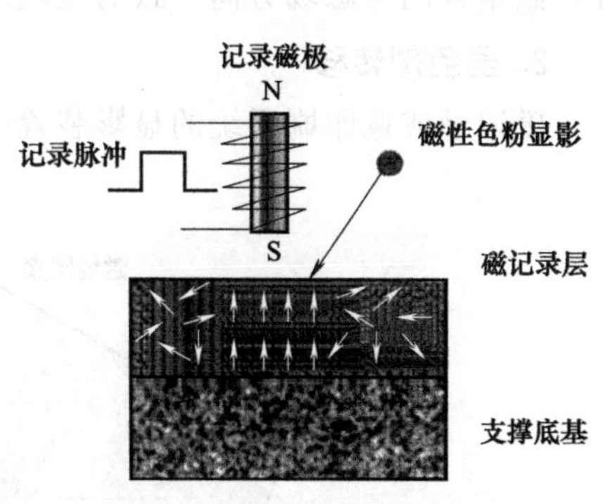

图 2-29　磁记录成像基本原理

由于铁磁材料具有记忆能力，在印版（成像）滚筒上的磁潜影可以重复利用，所以磁成像数字印刷系统可以印刷若干相同内容的印刷品。此外，成像鼓表面涂覆的不是永久性磁铁物质，因而在转印结束后，可通过加反向磁场予以退磁，但退磁要求的反向磁场强度应该大于使铁磁体材料磁矩反转的磁场强度，才能使成像鼓表面恢复到初始状态。退磁后磁矩方向作不规则排列，对外不显示磁性，为下一个印刷作业成像做好准备工作。

因此，从严格意义上讲，磁记录成像是可储存（记录）也可擦去的多次重复成像印版，即不变和可变图文印刷。

二、磁记录成像印刷工艺

磁记录成像印刷的工艺过程一般包括成像、呈色剂转移、呈色剂固化、清理和磁潜影擦除等。

1. 成像

来自系统前端的页面信息被转换为电信号，作为成像信号加到磁成像头的线圈上后，成像头和成像滚筒体可形成闭合磁通，这就相当于对磁鼓加一个外磁场。磁场由于受记录信息的控制，将形成与页面图文内容对应的磁通变化，成像头上的记录磁极利用磁通变化使成像滚筒的表面涂层产生不同程度的磁化效应，在成像滚筒的记录层（铁磁材料涂层）上产生磁潜影。

由于图像载体（成像滚筒）表面获得的磁性图案取决于铁磁材料中磁畴的磁矩或磁偶极子的排列方向，因此，磁矩呈不规则排列的区域对应于页面上的非图文部分，磁矩方向与磁场方向一致的区域对应于页面上的图文部分。

2. 呈色剂转移

磁记录成像印刷系统的显影装置中包括几个旋转磁辊（图 2-30），用于从显影

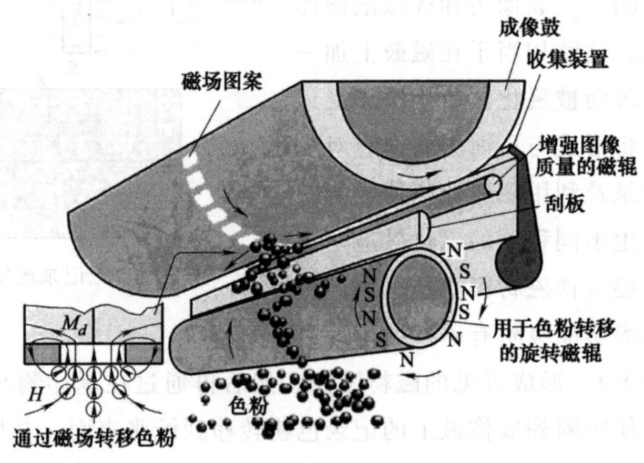

图 2-30　呈色剂转移

装置的呈色剂容器中取得呈色剂颗粒。呈色剂颗粒被直接传送到成像鼓表面附近，被成像鼓表面的磁潜影所吸引，从而形成呈色剂影像，接下来再利用高压将呈色剂转印到承印材料表面。

由于在传输间隙有剩余色粉，会吸引其他色粉微粒，导致图像的变形和形状不稳定。因此，该装置增加了一个磁性增强图像质量的装置，由一个旋转叶片和永磁体芯组成，能够收集任何没有被吸附的色粉微粒（改善图像清晰度），并将它们送回循环装置。此外还有一个收取装置来清除任何多余的色粉微粒。

3. **呈色剂固化**

呈色剂颗粒转移到纸张表面后，是“浮”在纸张表面的，需要将它们固定下来，即呈色剂固化。图像的固化利用热辐射和加热固化的方法使呈色剂中的黏结剂熔化，转成半液体状态。

加热产生的热量对呈色剂颗粒来说主要是起固化作用，温度的高低要适度，不致引起纸张的脆化；辐射固化提供附加的辐射热，使呈色剂中的黏结剂熔化，同时也起固化作用。因此，磁成像复制系统的呈色剂固化是辐射固化和加热板固化联合作用的结果。

以前使用辐射热来固定影像，近年来采用闪光定影法。优点是可大幅降低纸面温度，同时减少许多因热所引起的问题，如降低热能消耗、减少对设备损伤等。

4. **清理**

通过刮刀或抽气的方式将成像滚筒表面未完全转移的呈色剂清除。成像滚筒有一层硬质金属表面组成的耐磨层，可以用刮刀清理，因而磁记录成像直接印刷整机系统至少应该包含基本的物理和化学清洗部件，以去除熔化并固定在成像滚筒表面的记录介质。

5. **磁潜影擦除**

磁记录成像鼓表面的磁潜影是可以重复使用的，但印刷完成后，还需消除成像鼓表面的磁潜影。一般采用磁擦在铁磁体材料的一个磁滞回线周期内，利用产生的交变磁场强度降低磁化强度的峰值，直至恢复铁磁材料的初始状态，获得中性的、非磁性的表面，即成像鼓表面铁磁材料涂层的基本状态。达到这一状态后，就为之后的成像创造了基础条件。

三、磁记录成像印刷的特点

由于磁性色粉采用的磁性材料主要是颜色较深的 Fe_2O_3，所以这种成像体系一般只适合制作黑白影像，不容易实现彩色影像的再现。磁记录成像系统主要有以下几方面的特点。

① 磁记录成像数字印刷采用磁性色粉颜料可以在普通承印物上成像（多为黑

白印刷)。

② 磁记录成像数字印刷可实现多阶调数字印刷。通过改变磁鼓表面的磁化强度，可印刷不同深浅的阶调（但变化范围较窄)。

③ 磁记录成像印刷的质量较差，其综合质量只相当于低档胶印的水平，适合于黑白文字和线条印刷。

④ 磁记录成像印刷速度一般为每分钟数百张。

⑤ 磁记录成像印刷价格较低廉。

磁记录成像印刷技术与静电印刷技术相比，其印刷黑色图像的效果更好，因为磁性印刷的呈色剂是磁性电荷，而不是电性电荷，其印刷深色图像的密度会更高。当呈色剂颗粒充电后，带电的颗粒相互排斥，阻止了呈色剂颗粒的排列和堆积，而磁性电荷相当于带正极和负极的小磁铁，它们会很直地排列在一起，堆积在一起，因此使得深色图像的密度高。

四、磁记录成像数字印刷机

磁记录成像印刷机由成像系统、显影装置、成像滚筒、定影固化装置和消磁装置等组成，如图 2-31 所示。

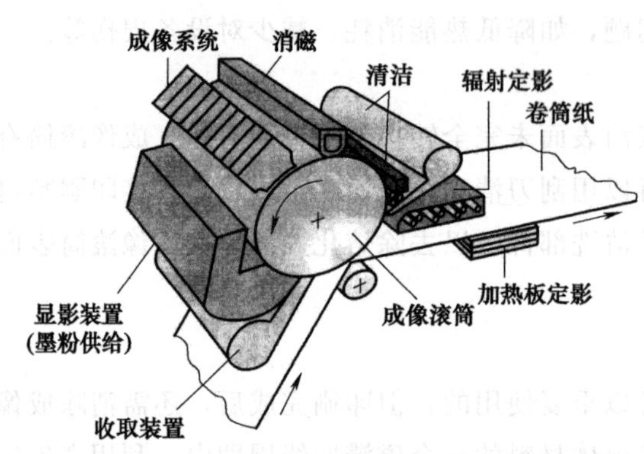

图 2-31　磁记录成像数字印刷机组成

磁记录成像印刷原理明显有别于静电式数字印刷成像原理，印刷单元是由一个印刷滚筒和覆盖在滚筒外面的硬质磁性钴镍磷合成化合物层（类似于金刚石的硬度）构成。借助于磁头在磁鼓表面以输出分辨力为 600dpi 的精度记录文字和图像，这种潜在影像随着滚筒旋转，最终旋转到“显影工作站”位置，借助于磁场力的作用，“显影工作站”内的磁粉被吸附到滚筒表面，实现磁性潜影可视化，直接转移到承印物表面，借助于低温闪光固化技术定影，可以将磁粉颗粒附着在承印纸张表面并融合到承印纸张纤维中，此时，承印纸张的温度最高不超过 30℃。未被转移的磁粉随着滚筒的旋转进入磁粉“回收位置”，可以通过机械方式将成像鼓表面多余的色粉擦除干净，同时，直至第二次成像前，成像鼓表面的磁性消失。在印刷速度为 150m/min 前提下，这个重复过程一秒钟可以重复 10 次。

目前市场上磁记录成像技术的数字印刷机系统并不多，具代表性的有 Xeikon 公司与 Nispon 公司合作推出的磁记录成像体系。

第四节　热成像数字印刷

热成像数字印刷是利用热效应，以材料加热后物理特性的改变为基础来呈现出图文信息，并采用特殊类型的油墨载体（色带或色膜）转移图文信息。热成像技术大体上分为直接热成像技术和转移热成像技术两大类，转移热成像技术又可分为热转移和热升华两种类型。

直接热成像使用对加热物理作用敏感的材料，即承印材料表面有特殊的涂布层，在热量作用下其颜色发生变化，以此实现图像的记录。如普通传真机使用的热敏传真纸，以及用于印刷标签和条形码的热敏纸。

热转移成像图文复制的特点是油墨从色膜或色带上释放出来，再转移到承印物表面。热升华成像是指根据图像信息，通过加热油墨的定位蒸发（升华），将染料扩散转移到承印材料上的技术。热升华需要有专门涂层的承印基材来接收扩散的色料。

热成像可能是迄今为止复制质量最高的技术，也可能复制出质量低的产品。热成像设备的打印效果主要取决于成像方法。例如热升华打印机的复制质量可以与连续调照片媲美，而直接热成像设备往往只能用于复制线条稿，图像复制效果较差。

一、直接热成像技术

直接热成像技术中，承印材料进行了特殊的涂层处理，当向其施热时，其颜色会发生变化形成图文。这种特殊纸，常用于传真机、标签、编码（如条码）和一些彩色照片打印中。

1. 热敏打印技术

热敏打印机以直接加热承印材料的方法产生印刷结果，为此需要表面添加热致变色或利用其他工艺赋予热色敏特性的特殊纸张。目前，热敏打印技术广泛用于标签和条形码打印机，但这些打印机未必一定使用热敏打印技术，某些打印机可能使用热转移打印技术。热敏打印机通常简称为热打印机或直接热打印机。区分热转移打印机和热敏打印机的最好方法是检查打印机使用何种消耗材料，如果打印机制造商提供的消耗材料清单中没有色带或色膜，则可以确定是热敏打印机。

(1) 热敏纸　温度变化导致材料颜色改变的物理现象称为热致变色或热色变，具备热致变色能力的纸张称为热敏纸。实现热致变色的基本技术分为基于液晶和无色母体染料。液晶热致变色适合于精确应用，可以工程化处理到对于温度变化的准确响应，但颜色变化范围受工作原理的限制。无色母体染料可使用广泛范围的颜色，但做到颜色与温度变化准确地对应十分困难。为了使承印材料具备热致变色能力，可以采用表面涂布热敏层或浸渍吸收热致变色化学物质的生产工艺。

(2) 热敏打印机 通常，热敏纸受热作用的位置将变黑，未加热的区域则保持原来的颜色不变，因而热敏打印机的输出结果是灰度图像。除单色热敏打印机外还有双色热敏打印机，可以打印黑色和另一种附加颜色，以红色使用得最为普遍。与单色热敏打印机相比，双色热敏打印机的工作原理其实并不复杂，因为只要两种颜色的热敏程度互不相同，则只需以两种温度加热热敏纸，获得双色打印效果也就不难了。

热敏打印机由下述关键部件组成：用于产生热量的加热器，通常置于打印头内，热敏纸在加热器发出的热量作用下发生颜色变化；由橡皮材料构成的滚筒是热敏打印机输纸机构的主要零件；对热打印头施加压力的弹簧，热打印头在弹簧压力的作用下与热敏纸接触，以提高加热效率；置于打印机内部的控制器板卡，与驱动软件一起组成热敏打印机的控制系统，用于管理热打印机的加热和运动机构。

为了启动热敏打印机工作，应该在热打印头和滚筒间插入热敏纸；打印机接收来自计算机的信号后，将该信号转换成电流信号并传递给热打印头的电阻加热器，后者以预先描述的“图案”产生热量；热敏纸因受到热量的激发导致变色，这种特殊纸张对热量的响应能力取决于纸张表面的热敏涂布层。

热敏打印机的控制器卡应按照打印机的预定功能要求设计，即满足打印机的功能、打印规格和参数要求。如果对热打印机控制器卡和软件做合理的组合，则能够管理多种“条形码字体”、图形和徽标，允许用户在不同的驻留字体（包括中文和日文等亚洲字体）和字号间作出选择。热敏打印机的控制器卡也可以驱动各种传感器动作，比如降低纸张位置、驱动纸张离开打印机、打开纸张门和走纸到表格顶部等。控制器卡未必需要专门设计，完全可直接采用最常见的用户界面，如 RS232 接口、并行端口、USB 接口和无线连接端口等。热敏打印机用于电子收款系统时，某些控制器卡还能控制现金收款抽屉。

由于热敏打印机耗电量低，耗材方面无需色带，仅仅消耗纸张，因而这种打印机的经济性更高。虽然热敏打印机消耗的纸张价格较贵，但准备就绪需要的时间很短，几乎可达到零等待时间的程度。热敏打印机的商业应用包括计算器打印装置、信用卡终端、加油站泵的状态打印、信息显示亭打印、销售点打印系统和自动售货机的账单打印等。

2. 可重写热敏打印技术

可重写热敏记录技术与热敏打印技术有类似之处，比如都要用到热敏记录介质，通过加热器发出的热量使记录介质变色，得到永久性的图像等。两者的区别主要表现在可重写热敏记录介质涂布的材料不同，打印到热敏记录介质的图像不再需要时可以擦除，数量达几百次之多，主要在日本和欧洲使用。可重写热敏记录介质的热化学过程如图 2-32 所示。

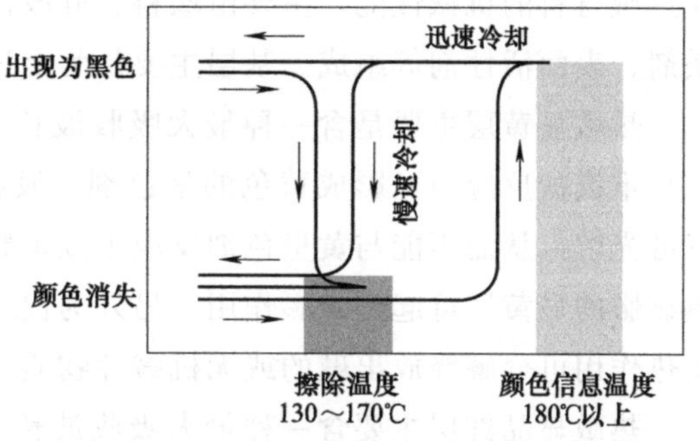

图 2-32　可重写热敏记录介质的热化学过程

虽然可重复热敏记录介质打印类似于热敏打印技术，但通过加热记录介质的擦除过程必须确保不同于打印时的热量分布。打印过程需要加热和短期的冷却，这与常规热敏打印技术区别不大，主要区别是擦除（去色）过程要求在狭窄的温度范围内缓慢地冷却。据资料介绍，目前仅三菱纸业和理光两家公司提供可重写热敏记录介质，由于彼此间技术和生产工艺不可能完全相同，因而使用者有必要自行评价材料性能，找到最佳的擦除条件。

相比打印、使用和丢弃循环使用的热敏打印一次性记录介质，如果以可重写热敏记录介质打印无线射频识别标签，则必然有不少优点。由于标签信息驻留在系统中，可以对要求重复使用标签的应用，不仅数据的利用效率高，可提高数据的安全性，且对环境更友好。但必须注意，擦除和重新打印标签要求再次获取数据时，有可能导致对应用的限制，尽管限制条件并非对所有无线射频识别应用都存在。

3. 自动热色敏技术

自动热色敏（Thermo-Autochrome，TA）的含义是一种所有为彩色热敏打印所需的必要工作机制集成在记录介质中的系统，通过重复加热和自动曝光输出彩色印刷品。图 2-33 给出了 TA 纸张的横截面结构。

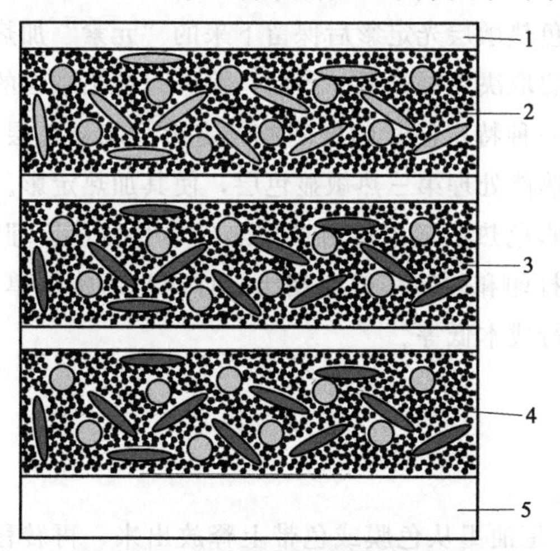

图 2-33　自动热色敏纸的基本结构

1—绝热保护层；2—高热敏度黄色结构层，419nm 光敏度；3—中等热敏度品红结构层，365nm 光敏度；4—低热敏度青色结构层；5—支撑层

(1) 自动热色敏纸（彩色感热记录材料）　自动热色敏纸主要有五层结构，分别为基层、热敏显青色层、热敏显品红色层、热敏显黄色层和保护层。其中，三层显色层是成像的主要材料，根据显色材料对感热性的敏感性，从上到下依次为黄、品红、青色。显黄层位于最上层（离支持体最远），感热性最好；显青层位于三个显色层的最下面（离支持体最近），感热性最差。在显色层之间的中间隔层材料主要是水溶性高分子化合物。保护层主要是保护显色层，提

高热敏材料的机械性能，主要由颜料、硅改性聚乙烯醇和胶质硅、金属皂、蜡或交联剂、表面活性剂等组成。基层主要是为上述各层提供支撑。

热敏显黄层主要是含一种最大吸收波长为420nm左右的重氮盐，一种加热时可与重氮盐反应而显影成黄色的呈色剂、胶黏剂。重氮盐在419nm紫外光线作用下可光解，从而不能与黄呈色剂反应生成黄影像，因此用该波长的紫外光照射已加热显影的显黄层可起到定影作用。另外为促进重氮盐和呈色剂的反应，一般还含有在热作用可分解释放出碱的或无机碱性物质。

热敏显品红层主要含一种最大吸收波长为360nm左右的重氮盐化合物，该重氮盐在365nm紫外光照射下光解，一种加热时可与这种重氮盐反应而显品红色的呈色剂、胶黏剂。热敏显青层主要含一种给电子染料前体和一种可接受电子的化合物。另外，为催化这两种物质的反应，还往往加入增感剂。

(2) 全彩色热敏印刷过程 利用特定波长的电磁波加热各呈色层，使其分别显示黄、品红和青三色并定影而成彩色图像。电磁波强度不同即加热量不同，显色的色密度就不同。利用印刷图像不同的色密度控制电磁波强度，即可印刷出所需要的不同图像。

首先，用特定波长范围的电磁波处理第一显色热敏层记录的影像。根据所希望的每个像素的色密度控制电磁波的强度，保证只有能显影呈色的“元素”保留下来。换句话说，就是光学定影掉不需要的色素，使其丧失成色能力。其次，热处理第二显色热敏层记录的影像。根据每个像素所希望的色密度控制热量，同时该热量使第一显色热敏层加热显影。主要原理是由于第一显色热敏层的感热性最好，热记录第二显色热敏层的热量足以使第一显色热敏层光定影后保留下来的“元素”加热显影，保留下来的“元素”的多少，主要取决于曝光量。因此，第一显色热敏层的影像密度与光学记录相应。然后，用第一种特定波长的电磁波光定影第二显色层。最后，根据每个像素希望的色密度，用热能处理第三热敏显色层，使其加热定影。

热显影光定影直接彩色打印是利用彩色热敏记录材料被加热后本身显色原理，是一种影像数码打印输出方式。与喷墨打印和热转移打印相比，打印机结构简单；没有墨盒、墨水和色带等耗材投入、运行成本低等。

二、热转移成像技术

1. 热转移成像工作原理

热转移成像也称为“热物质转移”，是油墨从色膜或色带上释放出来，再转移到承印材料上的技术，这说明热转移是一种油墨加热熔化再转移的技术。为了获得良好的复制效果，必然会发生大量油墨的转移，因而专业领域有时将热转移称为“热密集转移”。色膜上预加油墨的主要成分可能是蜡或是特殊的聚合物，例如树脂。

图 2-34 是一个热转移成像印刷原理示意图。通过色膜或色带的移动和压印滚筒的旋转运动组合实现图文的转移。色膜上的四色油墨层（油墨供体按青、品红、黄、黑分段排列）需分别剥离并转移到纸张上，压印滚筒带着纸张，每转一转印刷一种颜色，直到完成所要求的印刷颜色。热转移成像系统的记录分辨率约在 600dpi。尽管这一数字看起来不高，但油墨层能完全转移时意味着可获得较高的复制光学密度。

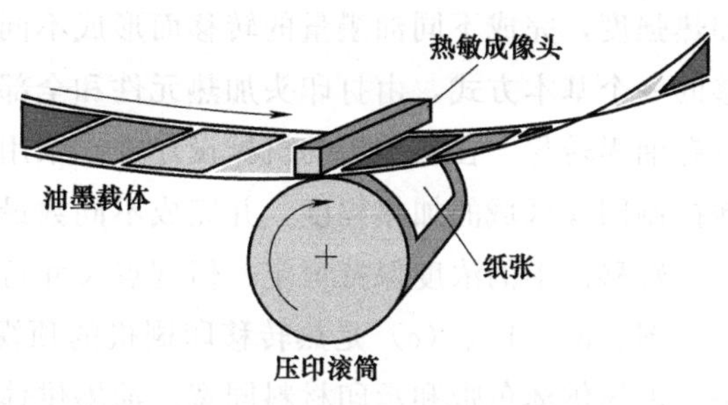

图 2-34　热转移成像印刷原理

热转移成像是被加热部分的油墨层从色膜（色带）整体转移到承印物，页面内容越多，色膜（色带）被加热的区域越多，油墨层的转移量也越多。热转移成像复制是一种接触转移工艺，因而要求在油墨层转移时色膜（色带）与纸张直接接触，否则将无法转移。当油墨层从色膜上剥离下来转移并黏结到承印物表面时，成像和复制过程结束。为了确保四色套印的准确性，必须保证色膜（色带）的移动精度，实现色膜（色带）的准确定位。

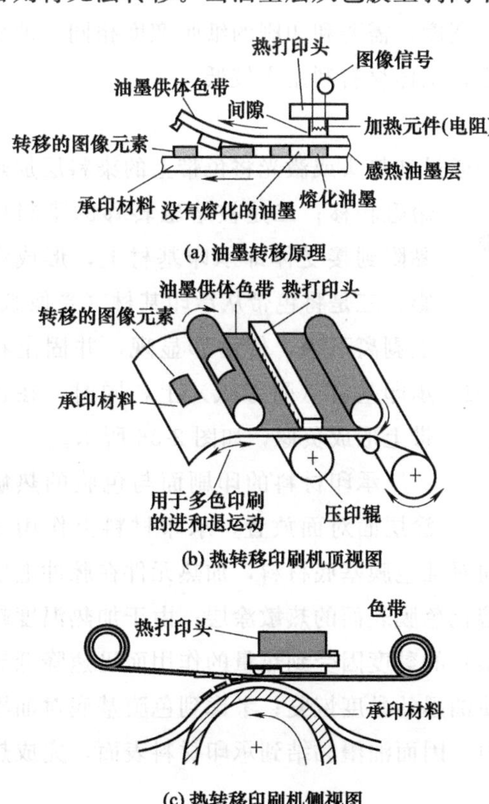

图 2-35　热转移印刷

图 2-35 是热转移印刷的示意图。热转移是通过加热将油墨熔化到载体薄膜上，液体油墨在低压下再转移到承印物上的过程。

图 2-35（a）所示是热转移印刷的油墨转移原理，油墨供体色带由底基和热敏油墨墨膜组成。使用时，承印材料的印刷面和油墨供体色带的热敏油墨层面对面放置，承印材料和油墨供体色带紧密接触。需印刷的图像信号控制电脉冲信号，电脉冲信号给热打印头的加热元件加热，加热元件给油墨供体加热，使油墨供体上的油墨溶化而转移到承印材料上。不需印刷图文部分，没有电脉冲信号，当然

热打印头的加热元件无法给油墨供体加热，则油墨不能转移。通过控制图文区域的加热强度，完成不同油墨量的转移而形成不同灰度值的图像。油墨转移过程是热转移的一个基本方式，由打印头加热元件和全部墨层组成。当加热元件被关闭时，则没有油墨转移。在热敏头的机械设计中，采用精密机械和微电子技术，能够很容易地控制图像区域的加热程度，并完成不同数最油墨的转移。考虑到油墨层的组成情况，转移油墨的浓度保持恒定，但网点尺寸可以变化，能够转移一定量的油墨。

图 2-35（b）、(c）是热转移印刷机的顶视图和侧视图。图 2-35（b）表明打印头、油墨供体色带和承印材料同宽。油墨供体色带由放卷和收卷辊控制。在多色印刷时，承印材料根据需要可以前进和后退。

热转移成像能取得什么样的复制效果最终取决于色膜材料和印刷单元的品质，而印刷单元的设计必须考虑到色膜材料在成像和复制时的基本物理特征。显然，彩色复制是热转移成像的主要目标。

热转移印刷通过油墨供体色带事先特定的涂层厚度、颜料浓度和色相，控制印刷的光学密度。即每个网点的油墨转移量（密度）不变，但可以通过加热面积大小来改变网点面积大小。

这种热敏成像的成像头和油墨供体的宽度，需要和印刷的纸张宽度相同。油墨供体一般一次打印后剩余部分不能再利用，供体材料利用率较低。

2. 热转移印刷的工艺

通常热转移印刷过程分为三步：一是通过加热头或激光将色带上的染料层加热熔融转移；二是被熔融转移的染料层黏附到接受体即承印基材上，形成潜影；三是将色带从承印基材（受像纸）上剥离下来，使潜影显现，并固定在承印基材（受像纸）上，同时，在色带上形成负像，如图 2-36 所示。

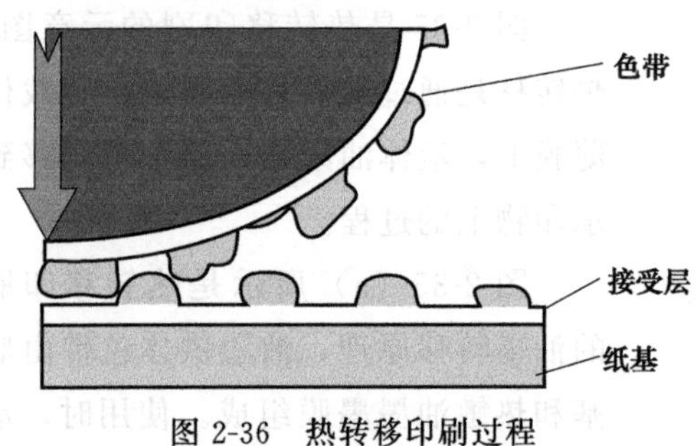

图 2-36　热转移印刷过程

承印材料的印刷面与色膜的热敏涂层面对面放置，承印材料上作用压力使两者紧密接触；打印头的热作用方向对准色膜基底材料，加热元件在脉冲电信号作用下形成热脉冲，产生的热量足以熔化色膜表面的热敏涂层；由于加热温度超过热敏涂层的熔点，因而热敏涂层（油墨）的黏度因受到热量的作用而迅速降低导致向承印材料渗透，并随着温度的降低使油墨的黏度恢复；考虑到色膜基底对油墨的黏结力要小于承印材料对油墨的黏结力，因而油墨黏结到承印材料表面，完成热转移记录过程。

油墨层的转移过程几乎与成像过程同时进行，是加热（成像）一部分、转移一部分。热成像头加热的是色膜上与页面图文部分对应区域的油墨层，以利油墨层从色膜的基体材料剥离，实现从色膜到纸张表面的转移。色膜与页面非图文部分对应的区域没有加热，因而不发生油墨层的剥离和转移。

在多次热转移动印刷中，印刷质量主要决定于第三步，特别是在将色带从受像纸上剥离下来的那一瞬间的染料层的撕裂特性，这种撕裂特性的实质是染料层的内聚力问题。这种内聚力除了与染料层的配方组成有关外，还与热转移印刷温度和剥离时间密切相关。因此，要想得到满意的印刷质量，除了调配染料层的配方组成使之有适当的内聚力外，还必须严格控制印刷条件，特别是印刷温度和剥离时间。然而，不同型号的热转移印刷机的剥离时间不尽相同。

3. 热转移成像材料

通常，热转移成像材料由支持体、耐热性光滑层、染料转移层组成。

色带的支持体必须具有耐热性好、强度高、价格便宜等特点。从这几方面考虑，PET 薄膜是最好的材料，其厚度通常在 3.0～9.0μm 之间。但是从提高导热性、解像能力和减小重量方面考虑，要尽量使用比较薄的材料作为记录介质的支持体，通常用纸基。

耐热性光滑层主要功能是减小摩擦力，使加热头在其表面毫无阻碍地来回运动，不受损坏。所以它必须具有耐热性、光滑性、对加热头不磨损、不带电、对染料转移层无不良影响等特性，主要成分是耐热性很高的合成树脂和各种润滑性物质。根据需要可以使用热固性的交联型聚合物，以便提高物理强度和耐热性。

由于转移机理不同，熔融型染料转移层主要由无机或有机颜料和黏合剂树脂一起混炼而成。在热转移时，受热部分全部转移。作为黏合剂主要是蜡类物质和少量低软化点的合成树脂。根据用途不同，为了提高影像的耐热性、耐摩擦性和耐化学药品性，可以减少蜡的用量，较多地使用各种合成树脂。

热转移成像材料有单层结构和双层结构之分。单层结构如图 2-37（a），由颜料、填充料、蜡或树脂以及支持体组成。其中，填充料（如 Al_2O_3 微粒）的作用是提高热敏涂层的热传导速度，使其周围的连接料（蜡）尽快融化并加速连接料和呈色剂的转移。双层结构如图 2-37（b），由蜡层、染料层以及支持体组成。染料在热源的作用下扩散进入熔融状态的蜡涂层，蜡涂层转移到接受介质上形成印迹。

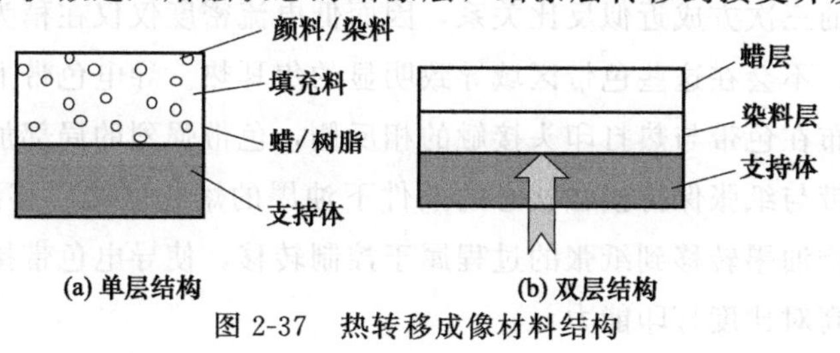

图 2-37　热转移成像材料结构

通过改变热源的热能可以控制进入蜡涂层的染料分子数量，即控制最终形成的影像的密度，影像密度与打印信号的脉冲宽度之间存在良好的线性关系。

4. 导电色带热转移

所谓接触热转移是指打印过程中包含油墨的色带与纸张接触或十分靠近，为此使用了各种局部加热色带或支承结构（色带基底层）的方法，以电加热和激光加热两种方法最为典型。其中，电加热方法以薄膜电阻或硅发热装置产生焦耳热量，加热器放置在色带背面，即加热色带的基底层，如图 2-38 所示。

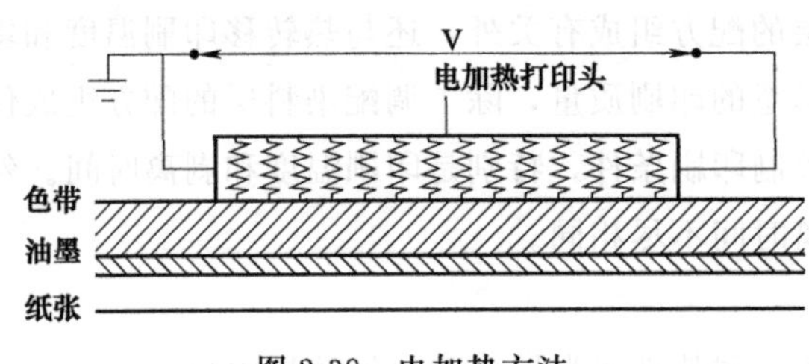

图 2-38　电加热方法

对于有特殊需求的应用领域，可采用导电色带的热转移印刷工艺，电流通过这种色带时容易实现局部加热。由于色带的导电性，因而以电加热方式可以使色带上的局部油墨熔化，加热的局部性和加热效率取决于色带的导电能力，即色带的电气特性。例如，IBM 利用非对称电子接触结构打印头实现色带的局部加热，打印头包含小面积的“打印”电极和大面积的“返回”电极。导电色带热转移印刷原理与打印头结构如图 2-39 所示。

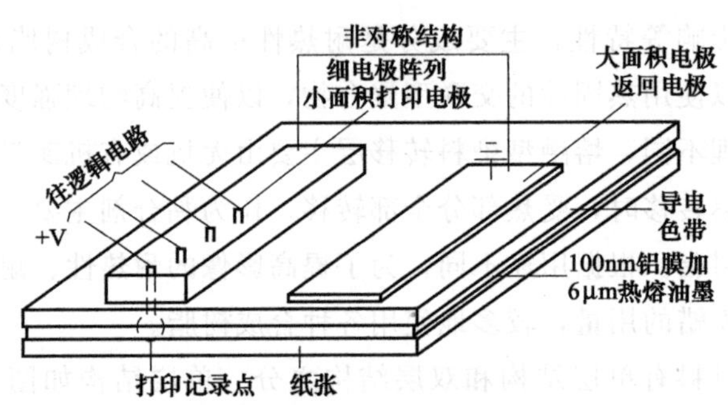

图 2-39　导电色带热转移印刷原理与打印头结构

在施加电压脉冲期间，打印电极邻域的高电流密度上升，导致打印电极邻近区域即时性的局部加热；反之，由于电流密度的快速变化，且数值与加热点离小面积打印电极距离的三次方成近似反比关系，因而低电流密度仅仅在稍为离开打印电极的位置上出现，不会在这些色带区域导致明显的焦耳热。导电色带上的油墨层以聚合物为主，涂布在色带与热打印头接触的相反侧，色带强烈的局部加热导致油墨局部熔化，在色带与纸张保持接触状态的条件下油墨的熔化区域转移到纸张。因此，导电色带聚合物油墨转移到纸张的过程属于控制转移，使导电色带接触热转移技术具备高质量和高对比度打印能力。

5. 热转移印刷油墨的黏性效应

实验结果表明，色带上的油墨层加热熔化后的流动性与黏度存在很强的相关性，只有当油墨熔化后有足够的流动性时，熔融状态的油墨才能顺利地转移到普通纸张，部分油墨还能够渗透进纸张纤维。如果增加色带墨层与目标记录介质的接触面积，产生热转移的油墨甚至能够黏结到塑料表面。尽管热转移印刷使用的许多油墨黏性特征互不相同，但它们的熔点却非常接近，这为研究热转移印刷油墨的黏性效应提供了方便。

图 2-40 所示曲线表示三种色带油墨的黏性与温度关系测量结果，这些油墨的熔点都接近 65℃。由图可以看到，当油墨 A 加热到超过熔点的温度后，黏性与温度关系曲线显示出这种油墨熔化后的流动性最好。与此相反，尽管色带油墨 C 的熔点与油墨 A 相似，但根据黏性/温度关系曲线可知该油墨的流动性不够高。当图中给出的三种油墨加热温度达到大约 90℃时，油墨 A、B、C 的黏度值分别为 0.12Pa·s、0.3Pa·s 和 0.75Pa·s。

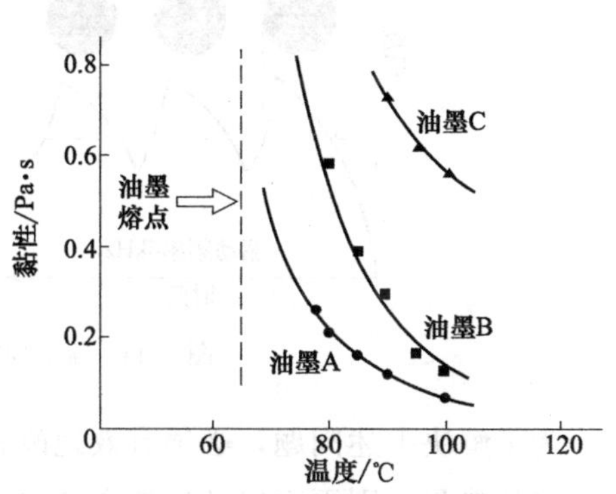

图 2-40　油墨的黏性与温度关系

无论何种印刷工艺，印刷图像的反射光学密度主要取决于油墨的转移效率。因此，热转移印刷油墨的黏性效应也可以通过印刷图像的光学密度评价，因为色带油墨的黏性不同时必然导致不同的热转移效率。理论研究和实验结果表明，热转移印刷图像的反射光学密度与加到热打印头加热元件上的能量间存在确定的关系，根据这种关系也可以评价油墨的黏性效应。

6. 驱动频率的影响

毫无疑问，开发具备高清晰度复制能力的热转移打印头需要从各种影响因素着手，其中最主要的问题是打印头的热特性。热打印头的工作基础是加热元件的热特性，为此需要处理好打印头的热平衡关系，确保加热器功能的正常发挥，优化加热器的热平衡关系，而热平衡优化的核心问题是改进热成像系统的热响应能力。由此可见，系统的热响应能力应该成为高清晰度热转移印刷需要解决的首要问题。

理论计算结果表明，热转移打印机以 10in/s 的速度输出，按 600dpi 记录分辨率考虑，则要求打印头在 6kHz 的驱动频率下工作。根据热转移印刷与喷墨印刷的区别，热转移打印头的驱动频率达到 6kHz 不能算低，在这种频率条件下打印头的热响应能力很可能无法与实际工作频率匹配，加热器的快速打开和关闭容易引起基底材料的热堆积；加热元件在非寻常状态下工作，导致色带墨层（尤其是树脂油墨）的过度加热；油墨熔化也进入非正常状态，造成熔化油墨过高的流动性，从而严重影响图像质量。打印头热响应能力与实际工作频率不匹配和油墨流动性过高导致的后果可以用图 2-41 说明，随着时间的迁移，打印头温度越来越高，记录点的尺寸畸变将不可避免地发生。

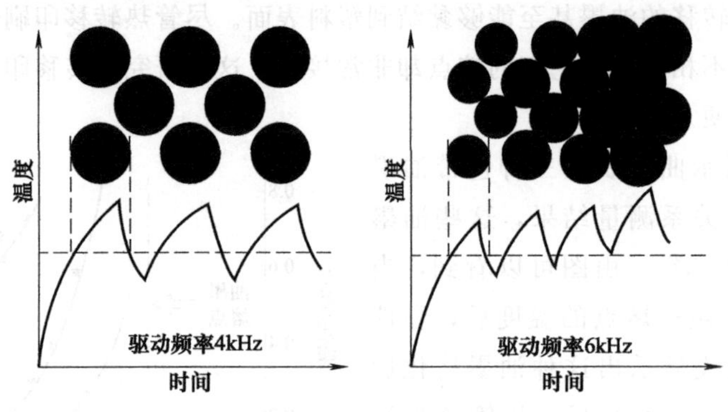

图 2-41　驱动频率与记录点的关系

为了解决上述问题，必须有效地改善基底材料的热辐射特性。如果基底层辐射出太多的热量，则再次启动加热会变得相当困难，因为在此条件下需要巨大的能量快速地启动加热元件重新产生必需的热量。传统热转移打印头以氧化铝陶瓷为基底材料，实践证明这种材料无法以 600dpi 的记录分辨率为加热元件准备稳定间距的线圈，因为基底层表面将出现直径从几毫米到 10mm 的大量空白，看起来像毛孔一样。很容易造成短路或断开，从而无法保证打印头的正常工作。

此外，为了以更低的能量保持打印头在加热和冷却间的快速切换能力，需要开发合理的绝热层材料，要求这种材料在高散热基底层上组成，且自身又是低散热的。

7. 提高热转移印刷速度的约束条件

(1) 缩短电压脉冲信号的作用时间　已有的实验结果表明，当电压脉冲信号的作用时间较长（如 3ms）时，如果以涂布不同油墨层的色带打印图像，发现热转移印刷图像的反射光学密度与输入功率曲线之间不存在明显的差异。降低电压脉冲信号的作用时间后，可以观察到油墨的黏性出现差异，由此猜想热转移印刷图像的反射光学密度与输入功率关系曲线也可能有差异，这一猜想后来得到实验数据的支持。

(2) 要求打印头加热元件的输入能量越低越好　已有的实验数据表明，在相同的输入功率作用下，黏度低的油墨产生反射光学密度高的热转移印刷图像，而黏度高的油墨印刷出来的图像反射光学密度却较低。例如，为了获得反射光学密度等于 1.0 的图像复制效果，低黏度油墨（加热到 90℃时的黏度等于 120cP）要求的输入功率为 0.87W，高黏度油墨（加热到 90℃时的黏度为 750cP）只有当输入功率达到 1.25W 时才能达到 1.0 的反射光学密度。上述所列举的实验测量结果说明，油墨的黏度必须恰当，过高的密度必然导致功率消耗的增加，与降低能量需求的热转移打印机开发目标不符。

图 2-42 表示在各种电压脉冲信号作用下，加热元件为获得 1.0 反射光学密度必需的输入功率与油墨黏度关系曲线，该图的优点在于表示为油墨黏度与热打印头输入功率的关系，与色带涂布何种类型的油墨无关。图 2-42 的关系曲线明确地提示，电压脉冲的作用时间大于一定数值时无论热打印头的输入功率多大，油墨黏度基本上保持不变；只有当电压脉冲信号作用时间小于一定数值的情况下油墨黏度才会改善。

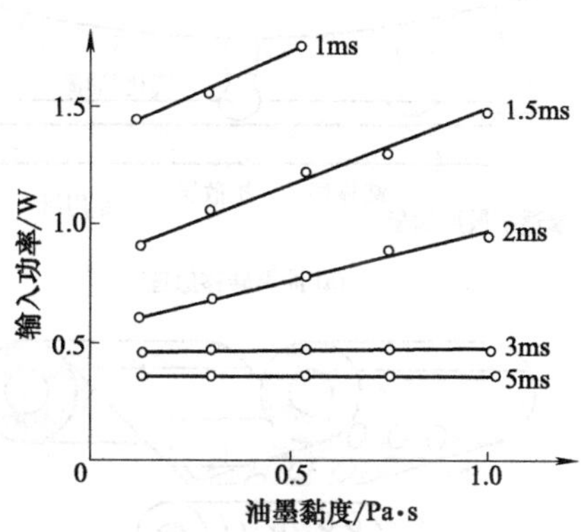

图 2-42　光学密度等于 1.0 时的油墨黏度与输入功率关系曲线

打印头电压脉冲信号作用时间缩短意味着热转移印刷速度提高，油墨与承印材料的接触时间也相应缩短，黏度的急剧降低使得油墨能有效地黏结到承印材料表面。热转移打印机的使用经验表明，热打印头以 1.5ms 作用时间获得合理的打印速度时，打印头的使用寿命可以接受。但这一限制并不是绝对的，如果能研制出功率更大的打印头还可进一步提高。

三、热升华成像技术

1. 热升华印刷原理

热升华印刷又叫“染料扩散热转移（dye diffusion thermal transfer，D2T2）印刷”，是指根据图像信息，通过加热油墨的定位蒸发（升华），将染料扩散转移到承印材料上的技术。热升华需要采用专门涂层的承印材料来接收扩散的色料，按着热升华的要求，事先对承印物（纸张）进行特殊处理。

图 2-43（a）所示是热升华印刷实现油墨转移的工作原理，同时也给出了热升华打印机或打样机形成记录点的基本原理。加热系统的热激光器（以激光二极管较为典型）或热敏打印头在图像信号的控制下对色带（色膜）载体加热，产生的热辐射作用使油墨层中的染料升华，即染料直接从固态转为气态。热升华成像使用的特殊纸张由载体层和扩散层构成，气化后的油墨与特殊纸张的扩散层接触，开始向纸张的里层扩散。由于向下扩散受载体层的限制而只能向两侧扩散，当气化油墨扩散力与扩散层本身阻力平衡时，扩散停止，形成与页面图文部分对应的彩色图像。

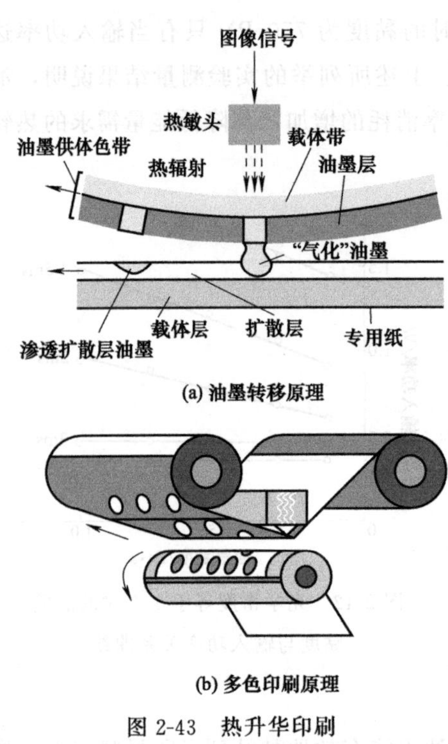

(a) 油墨转移原理

(b) 多色印刷原理

图 2-43　热升华印刷

染料扩散的多少依赖于发热元件温度的高低，发热元件的温度由像素的颜色值控制连续变化，以此来表现灰度等级。而输入的信息是根据所储存的影像数据来控制的，主要控制通过加热所释放染料的品种和释放染料的量。根据油墨扩散量的不同，每个网点的密度不同。因此，热升华是网点大小不变而网点密度不同，每个网点密度不同而产生不同的厚度值。

图 2-43（b）所示为多色印刷原理，能够印刷出足够的颜色和再现足够的层次细节。在热升华打印系统中，每一个加热头都可调整出 256 种高低不同的温度，那么导致颜色升华的程度也有 256 级的区别，能够再现出图像的细微层次。由于热升华印刷所采用的彩色颜料分为黄色、青色、品红色三种，所能组合成的色彩也就达到 1680 万种（256×256×256），与喷墨的半色调相比，热升华技术是真正达到了相片品质的一种打印技术；在照片保存方面，由于具有保护层，热升华比其他打印技术在防水、防紫外线及防指纹的表现上占有更大的优势。

2. 热升华印刷的工艺基础

热升华印刷是迄今为止所有数字印刷方法中复制质量最高的技术，不仅适用于印刷数字摄影照片，也可用于彩色数字打样，如柯达高级数字打样系统 Approval。

彩色热升华打印机的加热元件往往不同于热敏打印和热转移印刷，大多利用激光器加热。激光器加热的复制技术容易获得高清晰度的图像，理由在于激光束可以聚焦成直径很小的光斑，热能可通过脉冲调制的方法控制，准确的位置控制也容易实现。

热升华印刷更重要的概念是染料扩散和热转移过程。由于染料加热并升华后的扩散和转移过程完全不同于其他热成像印刷，因而热升华印刷严格意义上不存在最终记录点的概念，但考虑到激光束以点作用的形式加热色带，出于理解上的方便，这里仍然借助于记录点的概念解释热升华印刷原理。

图 2-44 所示为热升华印刷工作原理。图中，印刷鼓用来完成主扫描，鼓上包裹有接受印张。半导体激光器、卷筒纸进给和驱动打印头移动完成副扫描系统。观察图 2-44 时应该将印刷鼓和包括半导体激光器的打印头联系起来，事实上半导体

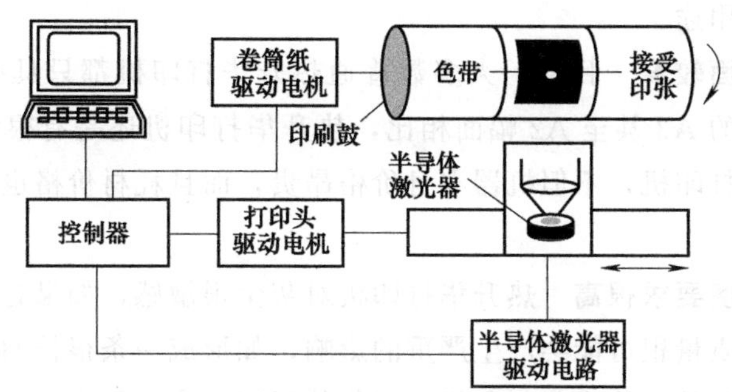

图 2-44　热升华印刷工作原理

激光器的加热对象是色带。

对同一个被复制像素，当热升华打印机激光器供给的热能不同时，转移到纸张的油墨（即染料）数量也不同，油墨的转移量与作用于色带的热量成正比。这一特点说明，尽管热升华印刷的一个记录点对应一个像素，但每一个记录点能复制的光学密度却随着作用于色带的热量而改变，无需用多个记录点形成与像素值大小对应的网点。

3. 热升华印刷的特点

(1) 具有高质量的图像、相片输出功能　打印头加热元件温度高低控制油墨的扩散量。热升华的每个打印头加热元件可以调整出 256 种不同的温度，因此，每个网点可以产生 256 种不同的灰度值，三种基色相互融合可以形成连续的色阶。再者，由于彩色热升华打印机并不存在墨滴扩散的问题，其实际分辨率达到了非常理想的境界，300dpi 的热升华打印相当于 4800dpi×4800dpi 的彩色喷墨打印的效果。因此，就打印效果而言，使用热升华打印出的图像可以如喷雾般细腻、润滑，打印出图像的色彩逼真度和还原性与喷墨打印机、彩色激光打印机相比更胜一筹。

(2) 长久保存不褪色　热升华打印在图像输出时会涂一层保护膜，使图像不但具有防水、抗氧化的特性，且具有长久保存不褪色的特点，其整体的色彩感觉将会更加明亮鲜艳。

(3) 打印速度慢　由于热升华打印机是三原色循环打印，每打印一种颜色，纸张就要在打印通道中走一个来回，完成一个打印任务需要走三遍纸。因此，热升华打印机的效率与喷墨相比要慢很多，传统彩色喷墨的速度几乎快过热升华打印机的 3 倍，而且热升华打印机不能通过降低打印分辨率的方法来提升打印速度。这就使得热升华打印机不适合经常需要连续打印的用途，阻碍了它在商业领域取得更大的发展。

(4) 不适合文本打印　热升华打印机在打印文本时是将四种颜色的固体颜料混合在一起进行打印的，因此其黑色的纯度很低，根本无法与喷墨相比，因此不适合作为文本打印的用途。

(5) 打印幅面较窄 目前，大多数普通热升华打印机都只具有 4in×6in 的输出能力，与喷墨的 A3 甚至 A2 幅面相比，热升华打印机还是有很大的差距。而稍大幅面的热升华打印机，不但机器本身价格昂贵，而且耗材价格也非常贵，不适合大众用户选用。

(6) 使用环境要求很高 热升华打印机对灰尘很敏感，如果有灰尘进入打印头或者色带，打印质量很可能会产生严重的影响，如形成一条很长的白色细线，造成整张照片报废。此外，热升华打印机对工作的温度要求也很高，如果长时间连续工作，可能会由于散热不良而影响色彩的准确度。

(7) 热升华数字印刷的材料利用率相对较低 色膜材料整体使用，色膜宽度与页面宽度相当，在完成油墨层转移后，色膜上部分油墨层转移到纸张上，残留部分不能再用于印刷。因此，降低热转移或热升华成像使用成本关键是生产廉价的色膜、中间载体或专用纸。

4. 热升华转移成像材料

热升华转移最后形成的影像效果如何，除了与打印机有关外，更重要的是与成像材料直接相关，即完成影像形成的染料给予体和染料接受体是热升华成像的关键。

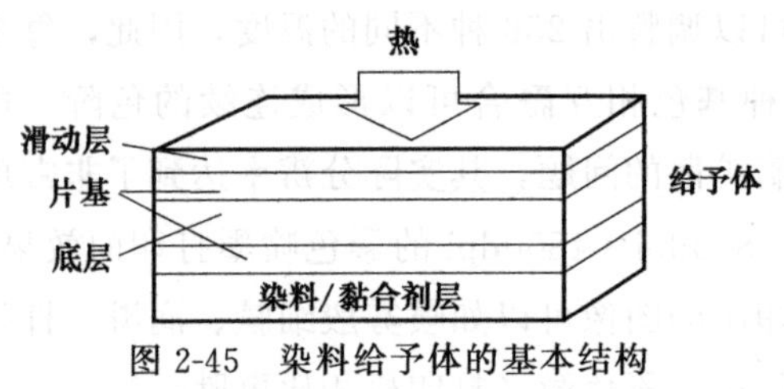

图 2-45 染料给予体的基本结构

(1) 染料给予体 染料给予体的基本结构如图 2-45 所示，通常包括很薄的片基，在片基上正、反两面都有涂层，片基正面涂上染料层，包括印刷染料和聚合型黏合剂。在染料层与片基之间还有一辅助层或叫底层，片基的背面涂布滑动层，目的是提供一润滑表面，以防止热印刷头经过而划伤。

作为染料给予体的支持体片基，不仅要求平整度要好，而且要能适应温度的急剧变化，因为在打印中要使染料产生升华转移，根据记录数据要求，温度的急剧变化是很频繁的。能满足这样条件的支持体有聚酯类，一般厚度一般为 2～30μm。

在片基背面涂布滑动层是为了保护、防止黏附打印头，对滑动层通常要求要尽可能薄且均匀，以免影响转移热量的程度；对感热头没有影响，不要污染感热头；不对染料层产生不良影响，通常滑动层中含有交联型树脂和润滑材料。

染料层可以含有单色染料或是含有不同彩色染料的连续、重复区域，如青、品红、黄和黑等。当染料给予体使用含有两种或多种主要彩色染料时，就可以得到彩色影像。一般来讲，染料层中含有升华染料、黏合剂、其他补加剂（如 UV 吸收剂、防腐剂、分散剂、防静电剂、黏度调节剂等），它们都起着各自不同的作用。

对升华性染料的一般要求是升华性高，室温保存稳定性好；耐热性良好，在加热头加热的条件下，不产生热分解；色再现性好；分子吸光系数高；耐光、耐湿、耐药品性好；对水黏合树脂的溶解性或微粒分散性高等。

(2) 染料接受体 染料接受体的基本结构如图 2-46 所示，是在支持片基上先涂布底层，最上面涂布染料接受层。一般要求支持体具有耐热性、匀质性、表面平滑且有一定的柔性，厚度一般在 100～200μm，片基可以是透明的胶片或各种塑料薄膜，如聚烯烃、聚氯乙烯、聚苯乙烯等；也可以是各种涂塑纸，因此可以制成彩色透明片，也可以制成彩色染料接受层。

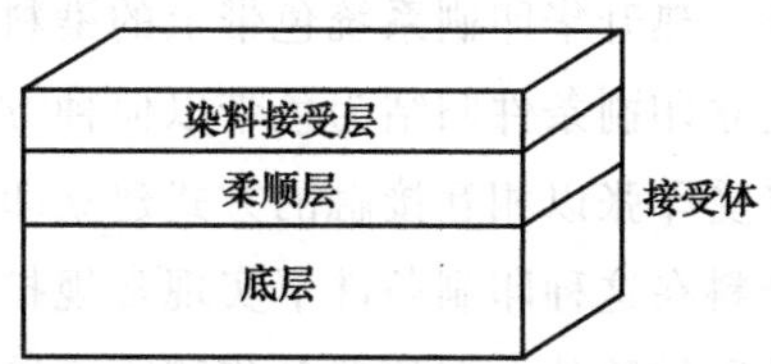

图 2-46 染料接受体的基本结构

染料接受层就是为了接受由染料给予体加热传输过来的染料。染料接受层中一般有可吸收性树脂，如聚酯、聚氯乙烯等。为了提高转移影像的清晰度，改善接受层的白度，提高保护转移影像的再转移，给接受表面赋予再写稳定性，在接受层还可以加入白色颜料，这种颜料一般为氧化钛、氧化锌、高岭土、细粉状二氧化硅等。可以是一种，也可以是多种一起用。为了更好地提高转移影像的防光性，还可以加入 UV 吸收剂、光稳定剂、防氧化剂等。为了改善释放性能，染料接受层还可以加入释放剂，作为释放剂一般有固体蜡、聚乙烯蜡、石蜡、硅油等，其中硅油是较好的。

在片基和接受层之间还可以有一层或多层中间层。中间层随材料不同起不同的作用，可以起缓冲作用、染料防扩散作用，也可兼而满足两种或多种作用，也可作附着层。如染料防扩散层是防止染料向片基扩散，用于这些层的黏合剂，可以是水溶的，也可以是油溶的，但常用是水溶的，特别是明胶。

(3) 热转移成像与热升华成像材料结构特点 升华型成像材料是受热部位的升华性染料以单分子形态转移，作为分散相的成膜性树脂和其他组分并不随染料分子转移；而热转移成像材料则是受热部位所有组分都转移。因此升华型成像材料的涂层结构和生产工艺要比热转移成像材料复杂得多。

升华型热转移成像材料通常被设计成多涂层结构。其中，至少有两个涂层中含有升华性染料。即至少有一个染料供给层（以下称为下层）和一个染料扩散层（以下称为上层）。而且，要使下层释放染料的能力大于上层。也就是说，如果单独将下层和上层分别涂到同样的支持体上，并且分别将它们与同样的受像纸复合，并用供给能量相同的加热头或激光加热进行热转移时，转移到受像纸上染料的光学密度应该是下层大于上层。这样就可以保证在多次热转移印刷中，各次印刷所得到染料密度均匀不下降。

5. 染料扩散转移类型

热升华印刷的关键问题之一归结为对色带的结构要求，色带上的染料既要具备加热后气化的良好灵敏度，且气化必须控制在局部区域内。除色带的特殊结构要求外，热升华印刷系统色带上的染料以何种方式扩散和转移也十分重要。热升华系统建立印刷条件归结为色带以何种方式与特殊接受印张交互作用，方式之一是色带与接受印张以相互接触的方式建立印刷条件，受激光器加热作用发生气化（升华）的染料在这种印刷条件下实现常规扩散和转移，如图 2-47（a）所示。除常规接触扩散和转移外，有的热升华印刷系统也采用有间隙的扩散/转移工艺，即色带与接受印张不发生接触，系统配置示意图如图 2-47（b）所示。由于间隙扩散/转移法在色带和接受印张间增加了一层隔离膜，由此必然会产生气隙，因而升华的染料只能通过气隙向接受印张扩散和转移。此外，也有在色带和接受印张间增加垫珠的热升华印刷系统，考虑到垫珠颗粒的大小和形状差异，对气化染料的扩散和转移行为将产生不同于隔离膜的影响。

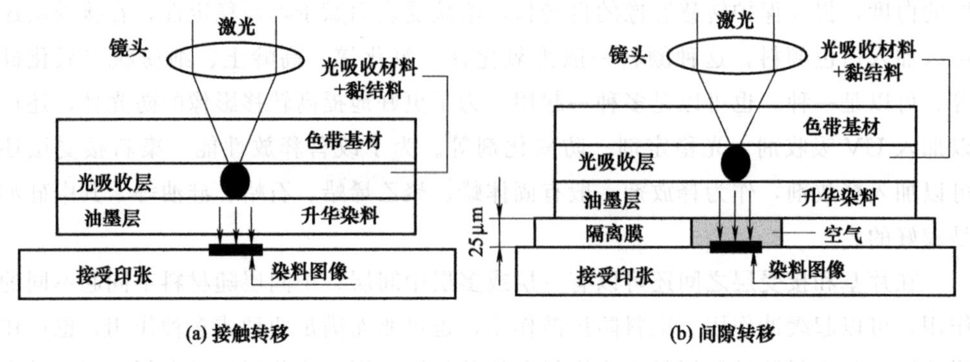

图 2-47　接触和间隙扩散/转移

实验结果表明，常规接触扩散/转移与间隙扩散/转移之间存在一定程度的差异，主要区别表现在常规接触配置更容易实现染料的扩散，且染料转移的数量也更多；间隙配置的染料扩散和转移效果对加热时间更敏感，染料不能转移的唯一原因是气隙存在而导致的色带变形，没有转移就谈不上扩散，所以染料扩散也连带受到影响。

6. 中间转移介质热升华印刷

无论染料直接转移还是间隙转移，都对承印材料的染料接受层有特殊要求，从而限制了热升华印刷的应用范围。为了消除热升华印刷对承印材料的特殊要求，有人提出借助于中间转移介质的热升华印刷新工艺，染料图像在中间记录介质的接受层上组成，从中间记录介质剥离接受层后，染料图像再与接受层一起转移到目标对象，复制原理如图 2-48 所示。这种工艺也称为逆图像印刷，优点主要表现在对接受印张的广泛适应性，不再要求对接受印张添加性能优异的特殊接受层，且最终印刷结果的耐久性良好。

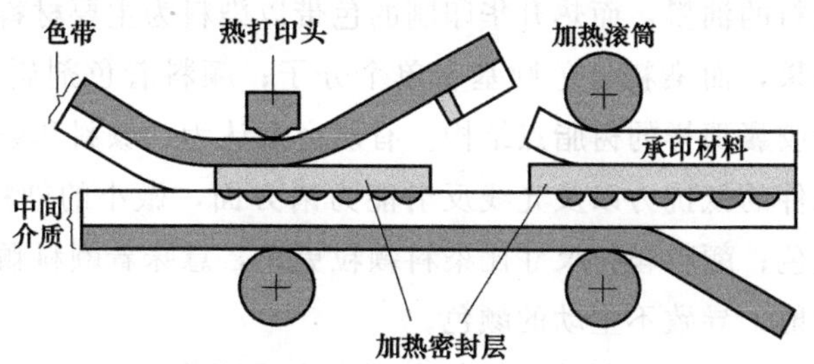

图 2-48　中间转移介质形成图像的基本原理示意图

从图 2-48 可以看出，采用中间转移介质作为染料接受体后，复制原理与彩色热转移印刷十分相似，因而这种热升华印刷方法或许更应该称为热转移记录技术。归纳起来，中间记录介质接受层形成的染料图像可以转印到所有的承印材料，无需任何要求染料能扩散转移的专有属性。中间转移法的主要优点是，允许在各种对象表面组成图像，如纸张、塑料表面和卡片，以及平直印张、新闻稿和弯曲表面等；印刷面积扩大，甚至可以印刷到承印材料边缘；由于染料图像通过中间介质和最终接受体组成，因而印刷图像的耐久性高；如果图像打印装置与图像转移装置采用分离形式，则又能通过改变转移装置的方法将图像转印到不同空间形状的接受体，进一步扩展应用范围。

为了利用中间记录介质在各种承印材料上形成彩色图像，要求最终记录介质提供具有黏结特性的加热密封层，热打印头通过这种加热密封层在接受层上打印染料图像。为了进一步说明中间介质的图像转印特点，图 2-49 给出了在中间转移介质接受层上产生染料图像后与承印材料作用的横截面示意图，图中的上面两层带有染料图像，从中间介质整体转移而来；加热密封层介于承印材料和中间介质的接受层之间，已经在中间介质接受层上形成的染料图像通过加热密封层转移到承印材料。

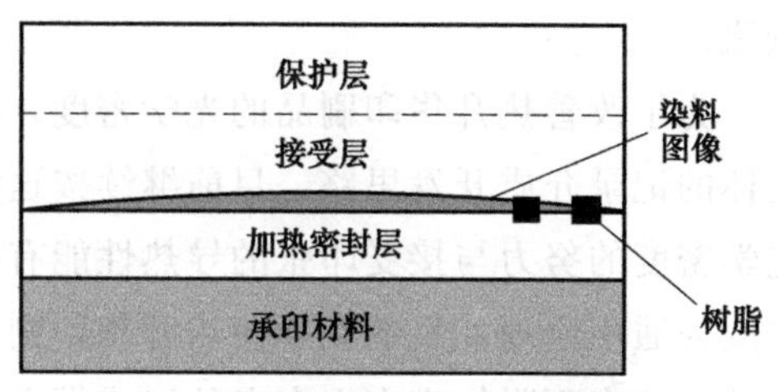

图 2-49　染料图像转移横截面

中间介质转印法的优点可以用卡片印刷来说明。常规热升华印刷只能在 PVC 卡片上直接记录图像，不适合在诸如 IC 卡那样的不平整表面上印刷；改成中间转移介质热升华印刷后，可打印材料扩展到 PET 和 ABS 卡片等。试验结果表明，两种热升华印刷方法在耐热性、耐湿性和耐化学性能等方面相似，中间介质转印法的光稳定性高于常规热升华印刷。

7. 色带与接受印张

热转移和热升华印刷都需要色带，其中的核心成分是色料。一般来说，热转移印刷使用基于颜料的油墨，而热升华印刷的色带以染料为主要材料。颜料着色是大量分子作用的结果，而染料呈色则基于单个分子；颜料着色剂属于非溶解性的物质，如同封装成胶囊那样的树脂点结构。有研究者认为，颜料和染料的区别表现在尺寸、对外部条件的抵抗力以及光线反射能力诸方面，微小的染料颗粒反射光线，产生更生动的颜色；颜料颗粒尺寸比染料颗粒更大，意味着颜料颗粒更倾向于使反射光沿各方向散射，导致不生动的颜色。

色彩表现的评价准则是色域、反射光学密度或图像密度，以及色彩的耐光性，其中色域定义为可以被图像数字化设备捕获的颜色阵列（数组）的极限，以彩色编码数据媒介的形式表现，或者是输出设备或记录介质的物理实现，可见更大的色域范围意味着能产生范围更广的颜色。进一步研究染料油墨、颜料油墨和喷墨印刷复制颜色的对比度后发现，染料基油墨的色域范围（颜色数量）大约是颜料基油墨的1.5 倍，喷墨印刷的 2.4 倍。

如果说热升华印刷用色带的关键问题是选择加热升华的染料，则解决这一问题或许并不复杂；然而，热升华印刷不仅要求染料加热后升华，还要求扩散和转移，而染料的扩散转移过程必须与接受印张的性能匹配。借助于中间转移介质的逆图像印刷因打印头与最终承印材料不接触而对接受印张没有特殊要求，但打印头与接受印张以接触方式实现的热升华印刷必须使用表面涂布有利于染料扩散和转移的特殊纸张。

为了改善热升华印刷品的光学密度，从 20 世纪 90 年代早期开始提出空白点接受体的记录介质开发思路，目前继续按这种思路开发记录介质。改善热升华印刷品光学密度的努力与接受印张的导热性能有关，提高印刷密度和导热性以降低不均匀密度为通用原理，目的在于使热升华印刷期间的热损失达到最小程度。于是出现了在接受体表面附加带有空白点的层或带有空白点的薄膜技术，只要利用与接受体不兼容的材料薄膜作双向拉伸，就可以形成带空白点的薄膜，事实上拉伸过程也是空白点的形成过程。热升华印刷的实践表明，空白点有利于降低接受印张的导热性，提高热升华印刷的染料扩散和转移效率，如图 2-50 所示。

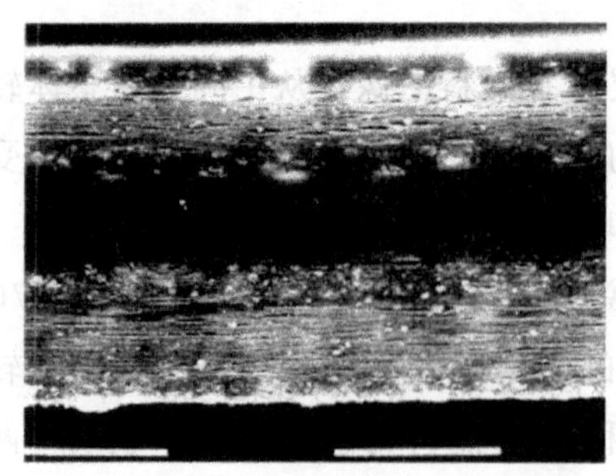

图 2-50　空白点接受印张横截面扫描电镜照片

接受印张表面附加空白点层后，热升华印刷密度明显改善。由于这一原因，目前几乎所有染料扩散热转移印刷技术都采用在接受印张表面附加某种类型空白点层的方法。如果没有空白点特征，则打印头的能量要求提高，产品的其他优势因此而丧失。

8. 热转移与热升华成像工艺比较

大多数热转移成像和复制系统采用二值复制的方法，主要是出于降低使用成本的考虑。而热升华成像是一种典型的多值复制工艺，这导致了热转移与热成像之间有较大的差异。

(1) 相同点　热转移成像和热升华成像间具有如下几点共同点。

① 色膜（色带）利用率　热转移成像或热升华成像需要使用四种主色的色膜，且色膜材料整体使用，各主色按印刷色序排列，色膜宽度与页面宽度相当。油墨层完成转移后，色膜上的部分油墨层转移到纸张上，残留部分不能使用，这意味着热转移和热升华数字印刷的材料利用率很低。因此，降低热转移或热升华成像使用成本可归结为生产廉价的色膜中间载体或专用纸。

② 色膜材料的物理形态　热转移和热升华成像需要的色膜材料供应可采用单张和卷筒两种形式，色膜的典型厚度是 10μm，墨层厚度约为 3μm。除墨层外，色膜表面通常涂有约 2μm 厚的保护膜，一方面可对成像系统和色膜本身起保护作用，确保油墨层的良好转移，有利于对色膜的操作；另一方面保护层需选择导热性能良好的材料，以降低对加热元件的热能要求，当色膜以单张纸形式提供时，需利用特殊的装置供给，否则只能手工送纸。

③ 三色复制与四色复制　热转移和热升华成像工艺大多使用四色套印的方法，但也有只使用青、品红、黄三种油墨的数字印刷系统。由于色膜油墨层的颜色纯度较高，故黑色的产生可通过青、品红、黄三种颜色的叠印解决。

(2) 不同点　热转移和热升华打印机的图像形成原理如图 2-51 所示，该图总结了转移热成像的两种最有代表性的技术，分别与染料热升华和热蜡熔化打印机有关。两种打印机的工作原理建立在加热元件的基础上，通过固体状态油墨的物理或化学反应形成图像。

从图 2-51 可以看出，热升华和热转移设备使用的打印头功能相同，区别主要表现在以下三方面。首先是色带结构差异，热升华色带的油墨层由染料组成，而热转移色带的墨层以颜料为基本材料；其次是记录介质不同，热升华使用的记录介质结构更复杂些，为此需要特殊的接受层，热蜡熔化热转移对记录介质几乎没有什么特殊要求；最后是信息转移方式不同，两者分别通过升华扩散转移和转印的途径实现。

实践证明在对热转移和热升华的印刷图像部分进行比较后发现，最显著的差异是在热转移中只能生成两个灰度值，而在热升华中每个尺寸相同的网点可生成多种灰度值。

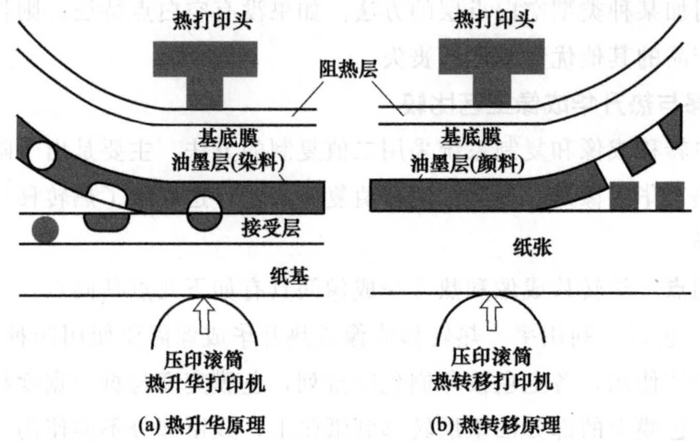

图 2-51 热转移和热升华打印机的图像形成原理

图 2-52 就表述了热转移多色印刷网点结构和热升华网点结构，通过对两图进行比较可以看到热转移和热升华成像工艺之间的差异。图 2-52 左图给出了热转移成像形成的网点结构特征，图中所示的设备记录分辨率为 300dpi，加网线数为 60lpi。从图中可以看到，热转移成像系统产生的网点边缘有不规则的形状，且同种颜色的网点有一致的密度表现，这说明了热转移成像是一种二值复制工艺，特定尺寸的网点只能复制一种色调值，网点边缘的不规则说明了热转移成像较难取得高质量的复制效果，因为油墨层的熔化难以控制。

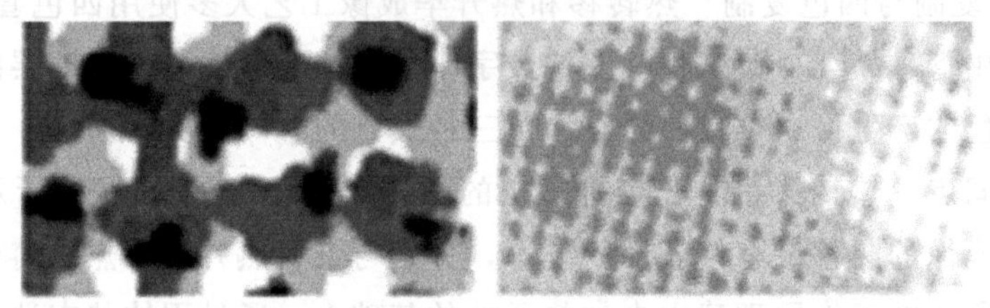

图 2-52 热转移多色印刷网点结构和热升华网点结构

显然，热升华成像工艺不仅具有产生不同尺寸网点的能力，也可在保持每个网点（记录点）尺寸相同的情况下产生多级色调值，热升华成像系统产生的网点边缘非常规则，每一个网点的颜色和层次是渐变的，这是染料气化后扩散进入承印物表面的结果。在网点的中心部位，染料充分气化和扩散后渗透到承印物中，故色调深。而在网点的边缘部位，由于热量的作用不充分而使染料的气化不充分，扩散也不充分。图 2-52 右图所示网点在记录分辨率为 300dpi 的热升华成像系统上产生，基于热升华成像技术的数字印刷系统不能用常规方法计算加网线数，而应该直接以设备的记录分辨率作为加网线数。

热成像技术已经形成了比较完整的成像体系，并在各种电子传真、真迹传真机终端输出，以及票据计数等领域中得到了广泛应用，对各种信息记录和传输发挥了重要的作用。由于热成像材料具有明室作业、操作简单、价格便宜、影像清晰度高、抗干扰性强、无需显影定影、无环境污染、色彩丰富、显色特性容易控制等优点而广受欢迎。特别是在当今信息时代，各种新型资料交流频繁传递量不断扩大，对热敏记录纸的需求量也越来越大，市场前景很好。

四、热成像数字印刷机的功能部件

1. 驱动机制

热敏打印机往往借助于热敏纸实现单色复制，因而只要直接驱动卷筒或单张形式的热敏纸即可。热升华和热转移打印机要用到三种颜色（以热升华打印机居多）或四种颜色的色带，为此需要打印头与走纸机构间的配合，两者结合在一起的控制方式称为打印头的驱动机制。

热升华或热转移彩色复制技术打印头的驱动法分为线性序列驱动法和面积序列驱动法。线性序列驱动法又划分成串行线性序列法和并行线性序列法两种类型，区别主要表现在印张进给与打印头驱动色带的配合方式，分别对应于色带顺序排列和平行排列，印张（记录介质）的驱动方式相同。

串行线性序列和并行线性序列已成为彩色热升华打印机的典型驱动方法，如图2-53所示。串行线性序列驱动机制的热升华打印机色带上的黄、品、青三色油墨沿平行于打印头移动的方向排列，记录介质（类似与彩色照相纸）移动方向与色带排列方向垂直；一种色带到达目标位置后，热打印头向图2-53（a）的右面扫描式地加热并打印，返回原位置时为空程，每打印完一种颜色需往复一次。并行线性序列法：三种颜色的色带排列方向与串行线性序列驱动法垂直，即三种主色以平行方式对齐，记录介质沿垂直于色带的方向移动，热打印头移动方向与色带排列方向平行，打印头往复移动一次完成当前印张位置三种颜色的打印［图2-53（b）］。

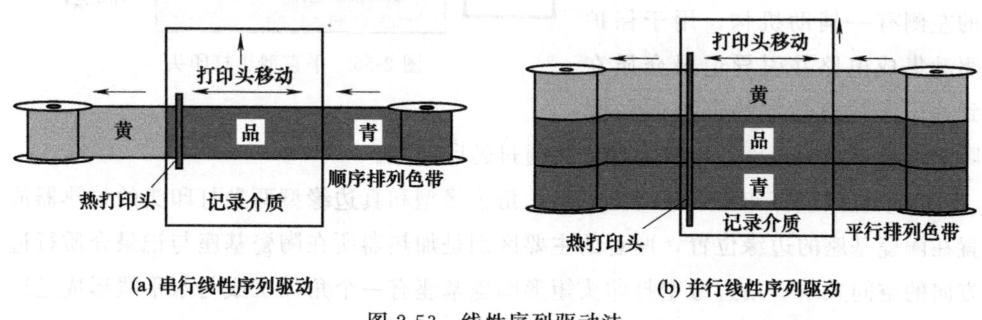

图2-53　线性序列驱动法

面积序列驱动法的工作原理可以用图2-54说明，主要优点表现在处理速度高，目前打印机市场销售的大多数彩色热升华打印机已改用这种驱动机制。

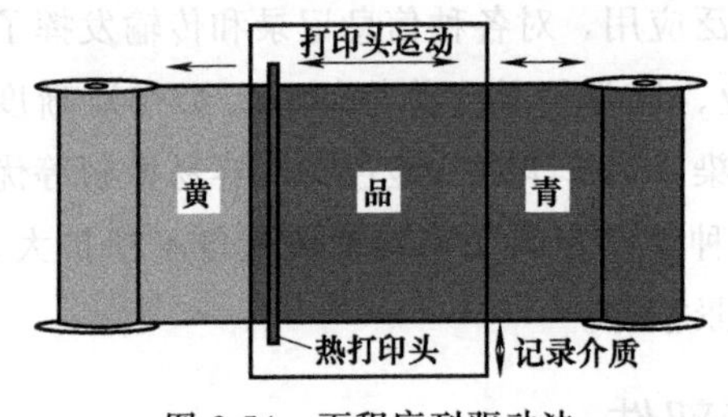

图 2-54 面积序列驱动法

图 2-54 虽然没有明确表示出色带与记录介质的尺寸关系，但实际上两者沿页面宽度和高度方向的尺寸都是一致的，且打印头的加热元件排列宽度与色带高度基本相同，这意味着可打印面积较大。热升华打印机按这种驱动机制工作时，热打印头沿三色色带的排列方向移动，加热宽度遍及色带高度；完成一种主色的色料转移后恢复到初始位置，再继续打印下一种颜色。因此，面积序列驱动机制的实际含义是转印操作在同一主色色带的整个面积上执行，也是面积序列驱动得名的原因。大多数彩色热升华打印机完成三种主色打印后还可能增加一道覆膜工艺，目的在于提高热升华印刷品的耐久性。

2. 热打印头结构

打印头是打印机的关键部件，由于包含加热器而称为热打印头。打印头的类型有平直型和边缘型两种，平直型打印头结构和制造工艺简单，使用得相当普遍；边缘型打印头又可分为角边缘和真边缘两种结构类型，相比平直型打印头结构来显得更合理。

平直型热打印头的加热器排列成行，处于压印滚筒的直接下方，布置在由陶瓷材料加工成的平直基座表面，且基座尺寸相比加热器很大。由此可见，所谓的“平直”指加热器的平坦排列，由陶瓷基座提供支撑。此外，平直型热打印头的驱动集成电路和加热器布置在相同的基座表面，因而记录介质通过时需要与水平方向形成足够的角度，按压印滚筒圆周形状弯曲，以避免与驱动集成电路触碰，这种结构特点如图 2-55 所示。平直型热打印头在压印滚筒的左侧有一辅助机构，用于保护驱动集成电路并引导记录介质在到达压印滚筒与加热器组成的间隙前形成一定的角度，以弯曲的方式通过转印间隙。

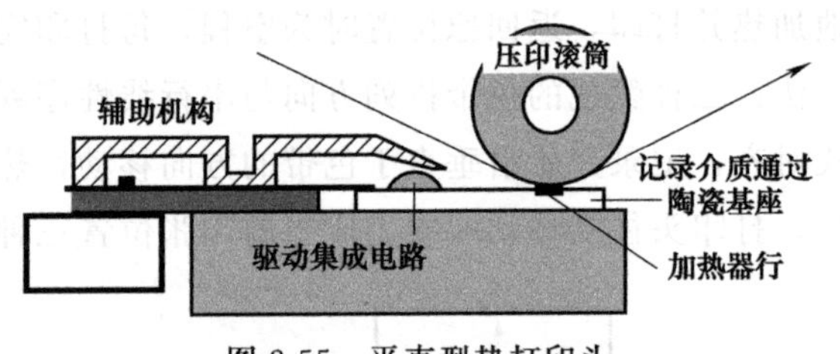

图 2-55 平直型热打印头

与平直型热打印头形成对比的是，角边缘型和真边缘型两种打印头的加热器放置在陶瓷基座的边缘位置，两者的主要区别是加热器所在陶瓷基座与记录介质行进方向的空间关系。角边缘型打印头矩形陶瓷基座有一个角加工成与水平线形成足以使记录介质能直进直出的角度，加热器发出的热量作用方向与水平线垂直；真边缘型打印头的陶瓷基座端部加工成半圆形，且基座设计成与水平线垂直，加热器放置在基座的半圆形端部，热量作用方向也与水平线垂直。以上两种热打印头的驱动集成电路都远离记录介质的前进路径，因而无需辅助机构也能确保驱动集成电路不与记录介质触碰，如图 2-56 所示。

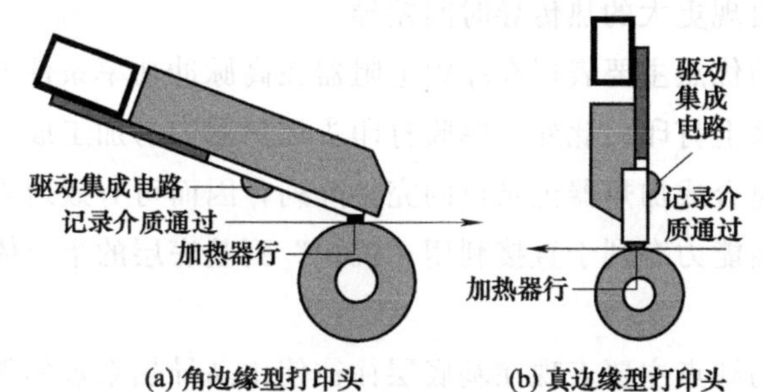

图 2-56　两种边缘型打印头结构简图和记录介质通过特点

由于角边缘型打印头和真边缘型打印头结构上的特殊性，使这两种热打印头具备平直型打印头无法达到的天然优势，记录介质进入或退出加热器行所在位置时不存在平直型打印头那样的障碍。图 2-56 也用于演示角边缘型打印头和真边缘型打印头的结构简图，记录介质以直线方式进出的特点。由于边缘型打印头结构可以确保记录介质通过转印间隙时直进直出，因而无需像平直型打印头那样以角度进入和弯曲。

3. 加热器

典型的加热器划分成薄膜打印头加热器、厚膜打印头加热器和半导体打印头加热器三大类型。其中，薄膜打印头加热器具有优异的热响应能力，适合于高速打印应用，结构如图 2-57（a）所示。目前，热升华和热转移打印机大多使用薄膜打印头加热器，加热元件以丝网印刷或烧结技术组成。

薄膜加热的双重优点，首先，薄膜电路通常在玻璃上加工，由于玻璃的热传导系数很低，所以薄膜打印头的加热效率更高；其次，薄膜制造工艺的固有特性主要体现在精细线条定义，因而利用薄膜加工技术可生产出高清晰度的电阻器。

一般来说，薄膜电路的制造成本相对较高，制造工艺也相对复杂，且生产大尺寸的薄膜打印头加热器相当困难。薄膜电阻器的坚固程度对于抵抗纸张摩擦显得不太合理，为此要求涂布保护层，但会明显降低打印速度。

厚膜打印头加热器结构如图 2-57（b）所示，使用方式基本上与薄膜打印头相同，形成电阻器阵列需要以预定的“图案”使它们相互连接起来，才能够实现正确的寻址。这种热打印头最适合于大尺寸打印机“引擎”，用于输出大规格印张的热转移或热升华打印机，但目前

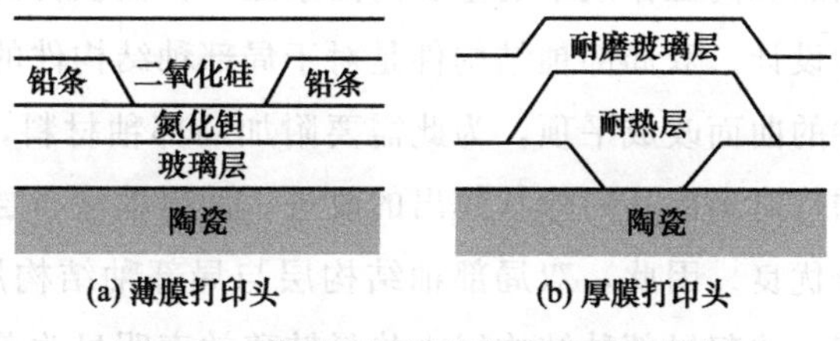

图 2-57　薄膜和厚膜热打印头结构简图

热升华打印机技术开发出现小型化的趋势。若热升华打印机采用厚膜打印头，则热流传导到打印头的时间大约 2～20ms，而热转移需要的时间大约 1ms。由于记录工艺的不同，可能出现更大的热传导时间差异。

厚膜打印头的优点主要表现在厚膜电阻器在高脉冲功率条件下的机械坚固度较高，能快速在纸张上打印。此外，厚膜打印头加热器容易加工成多层结构，形成复杂的连接关系，组合成加热器记录点的完整阵列，因而可有效地连接到打印头。厚膜导体的即时黏结能力有利于直接利用“沉积”到基底层的半导体，实现输入信息编码。

厚膜打印头的缺点主要表现在基底层往往使用高导热系数的氧化铝，从而对电源（功率）提出更高的要求。

半导体热打印头的梁式引线结构大多使用硅器件（硅芯片），通常安装在厚膜基底上。电阻器是掺杂的半导体，热量由这种电阻器发出，要求以矩阵形式组织二极管。在某些场合，硅芯片用作开关，目的在于简化驱动电路。

半导体热打印头的优点是硅材料带来的优异抗磨损特性，生产打印头元件有工业基础良好的半导体制造技术的支持。但缺点也很明显，比如对记录点尺寸选择的严格限制，要求的供电方式复杂，对许多应用领域来说打印头价格太高。此外，由于半导体是打印头的关键成分，而半导体标准的修改不会顾及到热打印机，导致打印头跟不上发展步伐的要求。

4. 釉面处理

热打印头的性能与选择的隔热层材料类型直接相关，许多热打印头制造商采用涂布釉面的方法，形成釉结构件的隔热体，防止热量对陶瓷基座的损伤。一般来说，隔热体的釉面层厚度较薄时，打印头的热响应能力更好，但在其他条件相同的情况下热打印头可以达到的最高温度却比厚釉面结构件打印头低，为此对隔热体釉面更厚的热打印头需要供应更多的能量，才能获得与薄釉面结构件打印头同样的光学密度。由此时见，为了使热打印头的性能达到最佳，必须对釉结构件作优化处理。

热打印头釉结构件的形状很独特，局部压力是各种热成像打印机获得高质量印刷品和高工作效率的重要的因素之一，而获得高局部压力的方法之一则在于釉结构件设计。双局部釉结构件是对于局部釉结构件的改进，隔热层的顶部从局部釉结构件的曲面改成平顶，为此需要附加局部釉材料，如图 2-58 所示。由于双局部釉结构件对顶部几何形状作出的改进，使得釉涂布层与加热器和记录介质的接触条件十分优良。因此，双局部釉结构层与局部釉结构层相比，加热器的局部压力要高得多，比起局部釉结构层来热量转移效率明显改善。

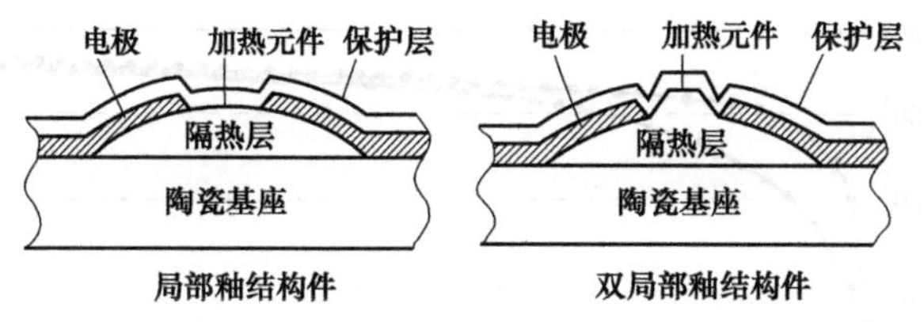

图 2-58　局部和双局部釉结构件横截面

5. 打印头的热响应能力

加热器是各种类型热成像打印机能否正常工作的关键因素，而加热器中的发热元件又是确保加热器正常运转的关键。一方面，热成像打印机在连续运转一段时间后不可避免地会产生热量的累积，有可能影响加热器的正常工作。另一方面，热打印头以热辐射的方式将热量传递给热敏纸或色带，为热敏纸变色和色带上的油墨熔化或染料扩散/转移提供足够而合适的热量。因此，如何恰当地处理好热量累积和热辐射的关系十分重要，也是保证热打印头正常工作的前提。

所谓热平衡优化指通过热打印头和加热器的结构设计、参数匹配和制造工艺等方面的努力，使热量累积和热辐射间的平衡关系达到最佳状态。热平衡优化的核心问题是改进系统的热响应能力，提高加热器的发热效率。加热和绝热两种能力要求永远是热打印头的一对矛盾。对热打印头加热元件以及与热量传递有关的部件而言，应该是导热系数越高越好；但为了保证热量不损坏结构件，防止不必要的热量损失，应该选择绝热性能良好的材料制备隔热元件，涉及热打印头的釉面处理。

提高热打印头的工作速度与釉结构件涂布层的厚度有关，确切地说随着打印速度的提高，热打印头的釉面层厚度应该降低。图 2-59 所示曲线表示加热和冷却响应速度与釉面层厚度的关系，该图的测量数据来自热容量小的加热器系统，结构的小型化导致更薄的釉面加工需要更长的处理周期。采用抛光工艺可恰当地解决边界晶化效应的问题。半径小的釉面有助于增加转移到记录介质或色带的热量，而更薄的釉面则有利于减少热打印头内热量的累积，降低热响应速度。

从图 2-59 很容易分辨出两种热响应曲线的性质，顶部和底部给出的温度响应曲线分别对应于热打印头加热器的加热和冷却过程。相对于厚釉面而言，薄釉面热打印头加热器启动后温度上升的梯度很陡，说明薄釉面热打印头加热器的温度响应速度相比厚釉面热打印头加热器更快；同样，薄釉面热打印头加热器冷却时温度响应速度也比厚釉面热打印快。上述特点意味着在热打印头的加热器经历加热和冷却的工作循环过程中，比起厚釉面热打印头来薄釉面热打印头能够以更快的速度达到热成像打印机需要的工作状态，因而有利于打印机提高输出速度。

若釉画材料经过优化处理，且改善釉面加工工艺，比如选择合适的釉面材料，对于釉结构件涂布层表面应用抛光工艺，则釉涂布层表面的粗糙度大为改善。测量

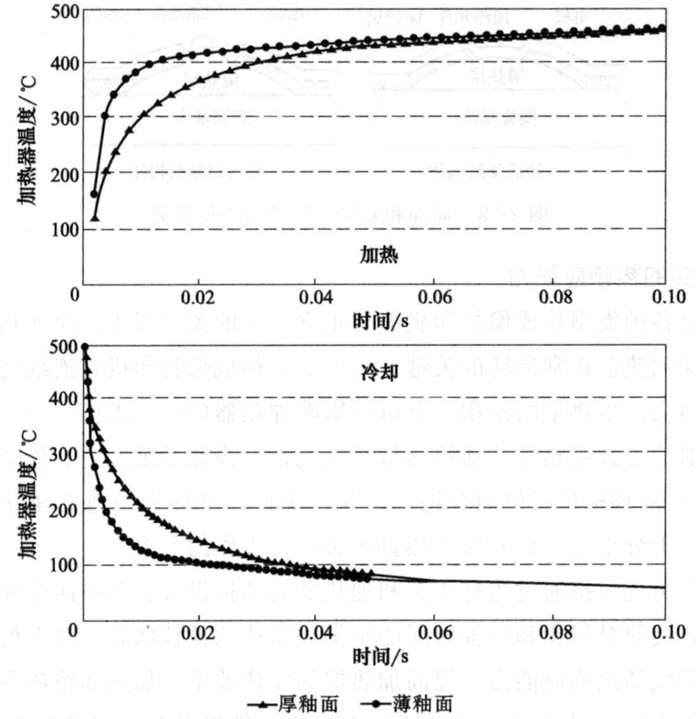

图 2-59 釉面厚度对加热和冷却响应速度的影响

结果表明，为经抛光处理的釉面形状起伏，存在大量的高频成分；釉面材料优化和采用抛光工艺后尽管表明形状仍然有波动，但高频成分几乎不存在，有利于避免打印结果的条带效应。

第五节 电凝聚成像数字印刷

一、电凝聚成像基本原理

电凝聚成像是以具有导电性的聚合水基油墨的电凝聚为基础，以油墨在金属离子诱导下产生凝聚作用的原理实现的。如图 2-60 所示，在阴极阵列和钝化旋转的阳极之间，给导电油墨溶液施加非常短暂的电流脉冲，成像时，成像滚筒电极（阳极）和记录电极（阴极）之间的电化学反应，铁离子在滚筒表面释放时，使油墨中的聚合物发生交联和聚合，从而使油墨在成像滚筒表面固着形成油墨影像（图文区域）；没有发生电化学反应（即非图文区域）的油墨依然是液体状态，再通过刮板的机械作用，将未凝聚的液态油墨去掉。最后，通过压力的作用将固着在成像滚筒上的油墨转移到承印物上，即可完成印刷过程。

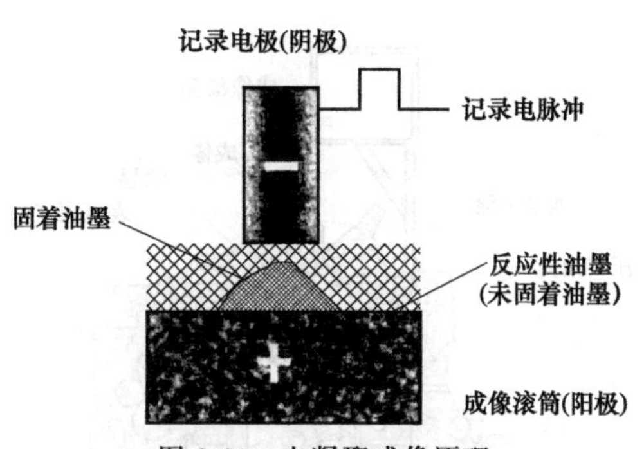

图 2-60　电凝聚成像原理

在电凝聚成像过程中，正极是一个旋转的金属成像滚筒，该滚筒携带油墨，油墨在滚筒上通过电凝聚成像，然后再转印到纸张或其他承印物上。印刷记录头由数千根极细的用作负极的金属丝组成，这些金属丝成行排列，并与印刷滚筒垂直。低压电脉冲以一定的时间间隔通过油墨。脉冲时间的差别可以形成大小和厚度变化极其精确的墨点，从而形成连续色调的图像。电脉冲通过油墨到达成像滚筒，并在滚筒表面发生微量的电解反应，该反应导致铁离子的释放。这个过程严格按照计算机控制的图像及信号间隔来攫取油墨，并使其凝聚在滚筒上。一旦信号中断，微量化学反应立即停止，没有任何拖延。这一过程中，滚筒上图像区域的油墨以凝聚的形式存在，该油墨有些像凝胶，比未凝聚的油墨干些；非图像区域则是未凝聚的油墨，这些未凝聚的油墨被橡胶刮板刮掉，然后通过高压（无热量）把保留下的图像转印到承印物上，并蒸发干燥。

电凝聚成像通过改变墨层厚度和网点直径调制成像点的密度，实现密度调制的具体手段是控制阴极电脉冲的作用时间。在成像过程中，系统可以按照一定的时间步长改变记录电脉冲宽度，使电凝聚活动好像快速微型的上墨阀门，不停地以不同的时间间隔打开和关闭，从而在成像滚筒上得到不同面积和厚度的固着油墨，实现像素的多阶调调制。电脉冲作用时间为 0.1μs 时，成像点的光学密度最低；电脉冲时间为 4μs 时，成像点的光学密度最高。由于电子凝聚成像属密度调制印刷工艺，因而称为连续调印刷工艺。

印刷过程结束后，用毛刷、肥皂和高压水流清洗成像滚筒，继续印刷循环。电凝聚成像是一种完全可变的印刷成像工艺，与其他的数字印刷方式不同，它的整个过程允许多个步骤同时进行。

这种技术的关键之处在于由计算机控制的超短电脉冲通过特殊油墨进行传输，并使该油墨凝聚生成三维的大小可变的墨点，这些墨点散播形成连续色调的成像区域。每个墨点都是由极细的金属丝电极（阴极）在正极（或阳极）上引起微量化学反应而独立生成的。

二、电凝聚成像印刷基本工艺

电凝聚成像印刷技术是一种连续色调、完全可变的印刷成像工艺。在一定程度上，它与着墨孔大小可变的凹印相似，并使用刮板将多余的油墨从印版滚筒上

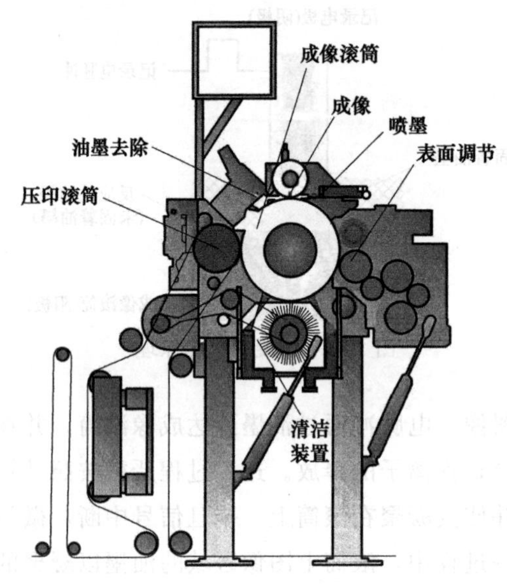

图 2-61 电凝聚成像数字印刷机

除掉。

图 2-61 所示是电凝聚成像数字印刷机，由表面调节装置、喷墨系统、成像系统、成像滚筒、油墨去除装置、压印滚筒、清洁装置等组成。电凝聚成像印刷在每次印刷后，成像滚筒表面的油墨图文转移的承印物上，需要再次印刷必须重新成像（制版），是非恒定图像印版的可变图文印刷。

电凝聚成像进行得非常迅速（毫微秒级），因此，具有高速生产潜力，速度可达到 10m/s，具有良好的发展前景。印刷的基本工艺如下。

1. 准备

由表面调节装置在成像滚筒涂上极薄的油层，主要作用是印刷时便于油墨从成像滚筒上分离而转移到承印物上。

2. 注入油墨

由喷墨系统将导电液体油墨喷在成像滚筒表面，成像滚筒旋转携带油墨，并将其填充到印刷头和成像滚筒之间的缝隙中。

3. 成像

成像系统根据印刷图像数据信号，控制成像系统的电极阵列发出成像电脉冲，油墨中极小的油墨微粒在成像滚筒表面凝聚成较大油墨微粒，而沉积在成像滚筒表面，形成已经着墨的非恒定图像印版。没有凝聚的液体油墨由作为油墨去除装置的橡皮刮板从成像滚筒表面除去。刮掉的油墨由油墨去除装置回收。

4. 凝聚

油墨是导电的，所以它能把印刷头发出的电信号传输给成像滚筒。图像区域的油墨以凝聚的形式驻留在滚筒上，而非图像区域的油墨则是未凝聚的液体形态。

5. 图像的展现

在一个类似刮墨刀的动作中，非图像区域上未凝聚的油墨被除掉，而在成像滚筒上展现出由已凝聚的墨点表现的图像。刮掉的油墨从侧面的沟槽去除，并返回到注墨容器中。

6. 清理

用毛刷、皂液和高压水流清洗成像滚筒，水返回过滤箱后循环使用，当把所有未转印的油墨和准备过程中预涂的油层去除后，印刷循环即告完成。

上述整个过程允许多个步骤同时进行，当第一个图像被转印时，新的图像正在印刷头上被书写出来。写在滚筒上的每个图像都可以与前面的图像完全不同。

三、电凝聚成像印刷的特点

电凝聚成像技术的成像速度与质量相当高。通过调节每个电极的电流脉冲时间，控制每个凝聚点的体积以很小的增量增加。

电凝聚成像数字印刷具有以下明显的特点。

① 电凝聚成像数字印刷对承印物没有特殊要求，它与传统的胶印相似，使用颜料，通过电凝聚固着的油墨可以转移到普通的承印物上，所以可以在普通纸上成像。

② 电凝聚成像数字印刷可实现多阶调再现，由于记录脉冲宽度可调，所以在成像滚筒上形成不同厚度和面积的墨点，且范围很宽。

③ 电凝聚成像数字印刷综合质量可达到中档胶印水平。

④ 电凝聚成像数字印刷速度可达到每分钟数百张。

⑤ 电凝聚成像数字印刷价格介于喷墨成像与静电照相印刷方式之间。

第六节　离子成像数字印刷

离子成像数字印刷（电子束成像数字印刷）通过使电荷的定向流动建立潜影，即由所印刷的图文控制输出的离子束或电子束直接在印版（成像）滚筒表面形成潜影，然后着墨、印刷、定影、清洗，完成一个印刷周期。与静电照相过程相似，不同之处在于静电照相印刷是先对光敏鼓充电，然后对其进行曝光生成潜影；离子成像印刷的静电图文是由输出的离子束或电子束信号直接形成的，省去了电荷在成像表面均匀分布的过程，其充电过程与成像过程结合进行。

一、离子成像基本原理

如图 2-62 所示，成像时，首先由成像盒产生离子束（电子束）通过与成像盒相连的打印头，将离子束（电子束）排列成阵列，该离子束（电子束）阵列被引导到能暂时吸附负电荷的印版（成像）滚筒（绝缘）表面，当印版（成像）滚筒转动时，由于离子束（电子束）的开通和关闭，便在印版（成像）滚筒表

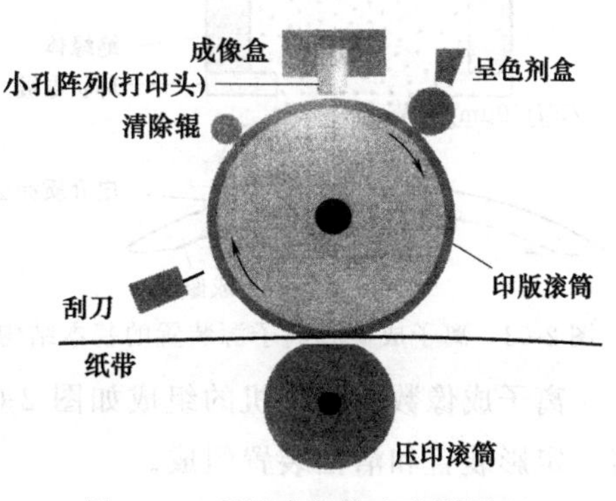

图 2-62　离子成像数字印刷原理

面形成潜影。

形成潜影的印版（成像）滚筒继续转动，当转动到呈色剂盒时，离子束（电子束）潜影吸收带正电的色粉粒子实现着墨。当已经着墨的印版（成像）滚筒转动到压印滚筒时，通过印版（成像）滚筒和压印滚筒的压印力，将色粉粒子转移到纸上。印刷的纸张继续前进，走到定影装置处时，转移到纸张上的色粉粒子经加热定影。印刷后，印版（成像）滚筒表面还会残留一些未转移到纸上的色粉粒子，需要清洗装置（如刮刀）将其清除。另外，印版（成像）滚筒表面还会有些剩余的离子（电子)，需要用清除辊消除。

整个过程完成后可继续进行下一步成像和转印，也可实现可重复成像。

二、离子成像的特点

离子成像直接印刷技术的充电和成像过程是结合在一起的。离子成像是离子束（电子束）在图像载体（电介质涂层）上直接生成电荷图像，主要优点是成像滚筒的绝缘涂层表面硬度较高，有利于改善成像系统工作的稳定性和可靠性，使用周期长。但也存在着许多问题，比如需要特定的定影装置、受空气的湿度影响较大等。目前，离子束成像数字印刷已经从单色或专色印刷发展到彩色印刷，这一技术主要用于印刷发票、报告、手册、表格、标签和支票等。

三、离子成像及其数字印刷机

1. 离子成像

图 2-63 所示是离子成像和离子源装置的基本结构。离子即带正电或负电的原子或分子，离子通过由数字图文信号直接控制的高压电信号，由离子源装置中离子材料和大气环境共同形成，并传输到印版滚筒（成像鼓）表面的电介质涂层上，使其电介质涂层表面直接形成电荷图像。

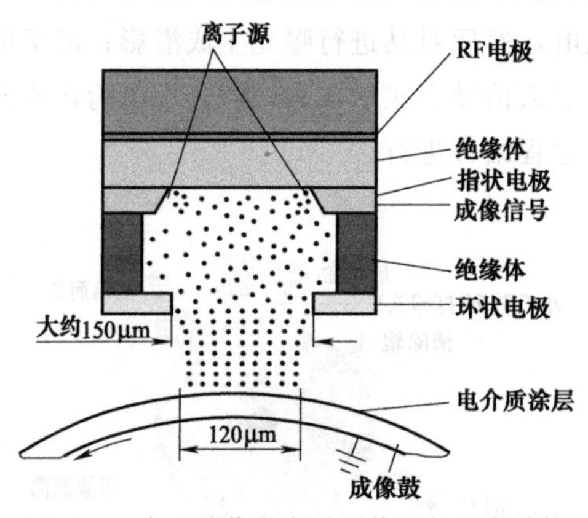

图 2-63　离子成像和离子源装置的基本结构

离子成像装置的横向宽度和印刷材料的宽度相同，在横向上一般采用多个离子源装置。

2. 离子成像数字印刷机

离子成像数字印刷机的组成如图 2-64 所示，由成像系统、显影装置、印刷装置、定影装置和清洁装置组成。

离子成像系统由所印刷的数字图文信息控制高压电信号，在印版滚筒的表面电介质涂层直接形成电荷图像。成像后，紧接着由显影装置将色粉涂布在已经加热的印版滚筒电荷图像表面，加热的印版滚筒将色粉熔化，经印版滚筒和压印滚筒的压印力，将色粉转移到纸张上。

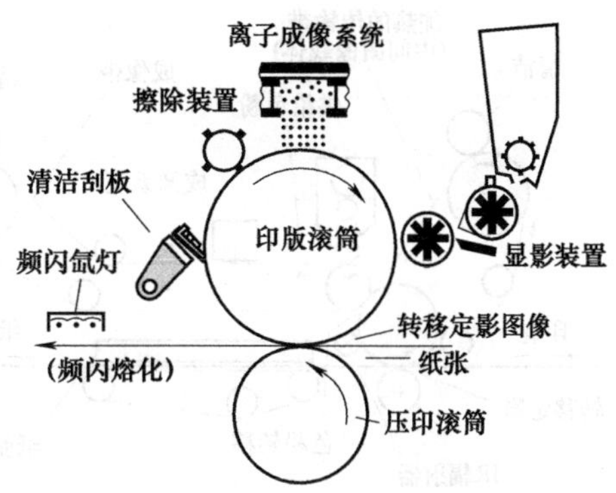

图 2-64　离子成像数字印刷机的组成

离子成像数字印刷机一般经过两次定影。首先是加热印版滚筒，印版滚筒的热量熔化涂布在印版滚筒图文部分的色粉，在印版滚筒和压印滚筒的压印带上印刷并完成第一次定影。纸张离开压印带之后，进一步采用无接触的频闪氙灯，向纸张辐射热，进一步使色粉熔化（频闪熔化），最终使印刷图像色粉完全固定在纸上。

完成印刷的印版滚筒需要经过清洁，以便为下次成像做准备。由于印版滚筒表面的非导体电介质涂层硬度很高，因此，离子成像数字印刷机可以使用简单、有效的与印版滚筒表面直接接触的清洁装置进行清洁。清洁装置由清洁刮板和擦除装置组成，两者共同完成滚筒的清洁。

3. 离子成像数字印刷机实例

图 2-65 所示为单面和双面离子成像数字印刷机，该机有两个进纸装置。

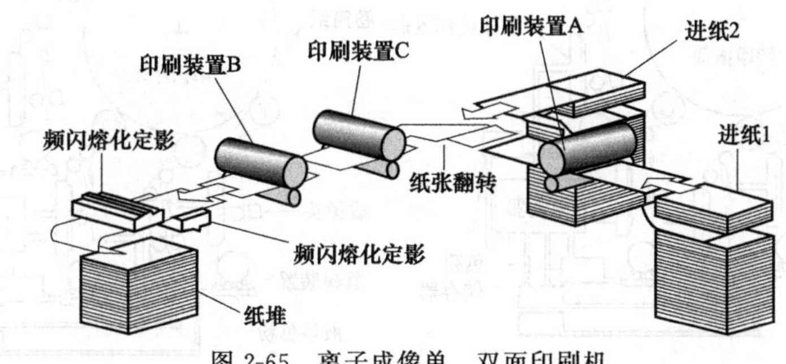

图 2-65　离子成像单、双面印刷机

双面印刷：从进纸 1 处进纸，先在印刷装置 A 印刷正面。经过纸张翻转机构翻面后进入印刷装置 C、B 印刷反面。如果在印刷装置 A 前后增加印刷装置，可以实现正面的多色印刷。在印刷装置 C、B 前后增加印刷装置，可以实现反面多色印刷。

单面印刷：从进纸 2 处进纸，纸张直接进入印刷装置 C、B 可以正面印刷两种颜色。如果在印刷装置 C、B 前后增加印刷装置，可以实现正面多色印刷。

图 2-66 所示是采用电介质成像带、间接印刷方式的离子成像数字印刷机。成像系统在涂布有电介质的成像带上成像。成像后由显影部分的色粉供给装置将色粉

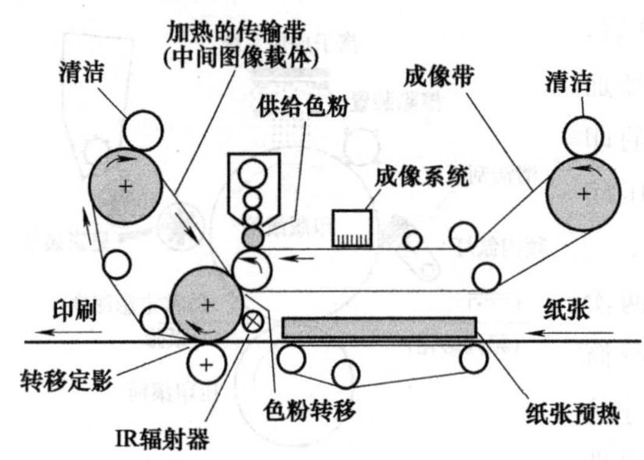

图 2-66　电介质成像带式离子成像数字印刷机

涂布在图像部分，用IR辐射器加热的传送带把色粉熔化，并在传送带和压印辊处，利用印刷压力将已经熔化的色粉转移到经过预热的纸张上，完成印刷和定影。

图 2-67 所示是两种卫星式离子成像数字印刷机，图 2-67（a）采用间接印刷方式，图 2-67（b）采用直接印刷方式。

间接印刷：各色先在涂布有电介质的成像带上成像，采用液体油墨着墨，着墨后的成像带经过载体液挥发器，载体液挥发，然后各色成像带将留在上面的油墨微粒都集成在转印滚筒上，再由转印滚筒和压印辊完成印刷，印刷中油墨微粒遇到预热的纸张熔化而固着在纸张上，完成定影。

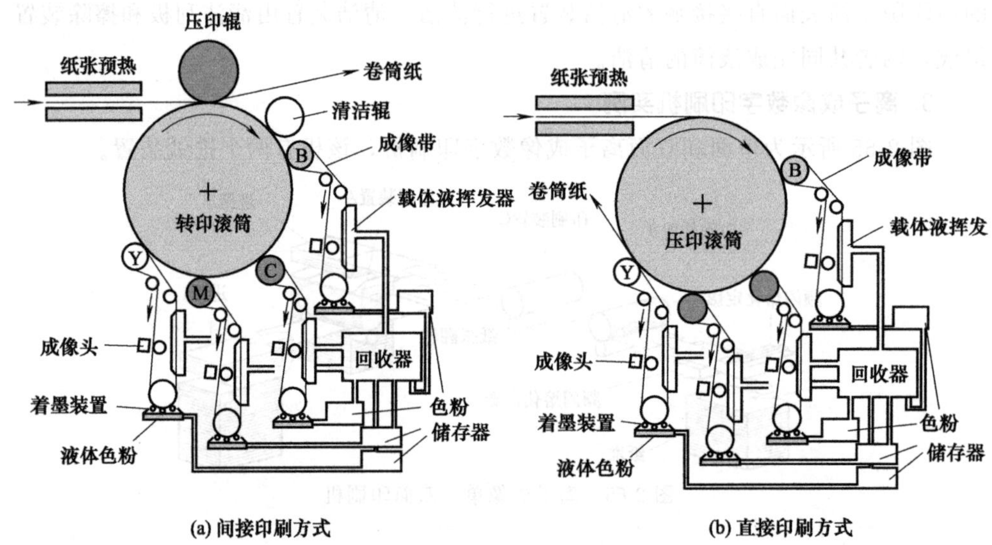

(a) 间接印刷方式　　(b) 直接印刷方式

图 2-67　卫星式离子成像数字印刷机

直接印刷：与间接印刷不同点的是纸带包缠在压印滚筒上，各色成像带上的油墨微粒通过成像带支撑辊和压印滚筒的压力直接和纸张接触，转移油墨实现印刷。

第七节　电子成像数字印刷

电子成像数字印刷技术分为直接成像和间接成像两大类。直接成像数字印刷是一种通过电极，使电荷定向流动，直接在有特殊涂层纸上转移电荷，形成潜影，然后上墨、定影完成印刷的印刷技术。印刷过程通常分为三个步骤：成像、上墨和定影，如图 2-68 所示。间接成像数字印刷是把潜影首先作为一个中间图像，通过接触电极传递到具有较硬的耐磨绝缘层的鼓上，然后传递到纸张，接着使用液体色料上墨。有点类似于传统静电照相复制技术，但在光导鼓或光导皮带上有绝缘层。静电照相成像需要充电和曝光两步，而电子成像只需一步。

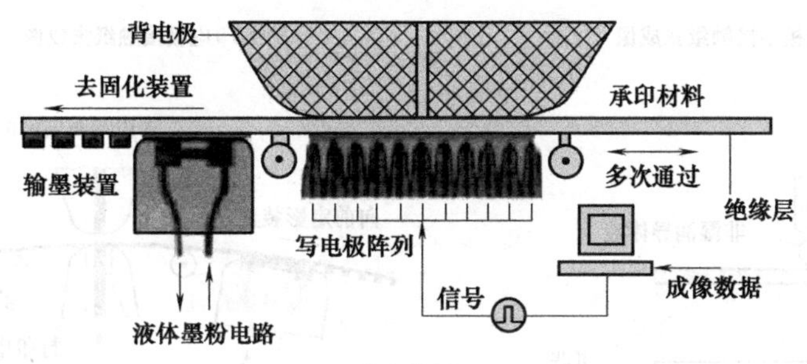

图 2-68　电子成像过程

一、电子成像方法

电子成像是在表面涂有极薄绝缘体的纸（承印物）上，由所要印刷的图像信号控制，把需要印刷的电荷潜影直接写在纸（承印物）上。根据打印电极与纸张的距离和关系，具体成像方法有三种，如图 2-69（a）、(b)、(c）所示。

打印电极不接触纸张成像，如图 2-69（a）所示。打印电极（针）和有特殊涂层纸之间有空气间隙，成像需要高压电场。打印电极接触纸张成像，如图 2-69（b）所示。为了保证成像效率和电荷信息的精度，打印电极直接与纸面涂层接触，成像需要低压电场。为减少打印头磨损，要求打印头和纸面要耐磨，并有良好的滑动性。打印电极与纸张间有非湿润导体液成像，如图 2-69（c）所示。成像电极通过非湿润导体液和纸面特殊涂层接触。解决了第二种成像方法要求纸面耐磨和有良好滑动性的问题。

二、电子成像印刷工艺

1. 成像

该印刷设备通常在纸张与记录电极之间加有电压电场。经过电场对绝缘介质进行均匀充电，接下来用针状记录电极阵列对充电表面作有选择的中性化处理，没有被中性化处理的区域就是潜影区域。采用记录电极阵列的目的在于提高记录分辨率。因为为了在整个页面宽度上传送电荷，形成与页面等宽度的静电潜影，电子成像系统不能采用单个写电极和背电极对成像，如果设计成单个写电极和背电极对成

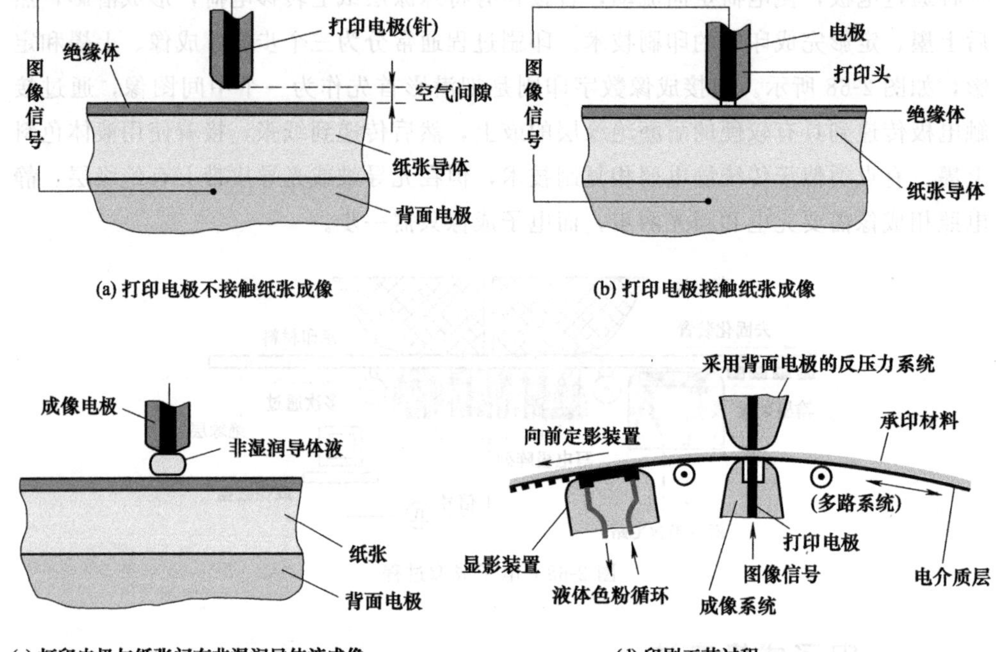

图 2-69　电子成像印刷技术

像，那么记录分辨率将无法接受，所以应该设计成电极阵列。

图 2-69（d）所示的是采用成像电极和纸张接触的方式，成像电极在轻微的压力下与纸张接触，在所印图像信号控制下，打印电极将图像潜影写在特殊涂层纸上。

2. 上墨

成像后，纸张在印刷机上向前移动，并与液体色料接触，只有在电核区域才能粘附色料。通常，液体色料由一个精密电路控制，以保持固定的颜色浓度。如图 2-69（d）所示，成像后纸张继续前进，在显影装置处，纸张和液体色粉接触，液体色粉被吸附在潜影图文部分，实现着墨。通常，液体色粉由精密电路控制，以保持液体色粉浓度。

3. 定影

与静电照相数字印刷工艺相同。纸张继续前进，在定影部分定影干燥，完成印刷。因为是液体色粉，定影通常采用蒸发的方法定影，有时采用蒸发与加热相结合的方式定影。

电子成像是采用电场将图像信息转移到承印材料上的成像技术，关键是使用具有电介质涂层的纸张和液体色粉。在对电子成像系统进行设计时，通常需要考虑成像速度、处理过程的复杂性和印刷中选用的纸张和液体色粉等因素。目前，电子成像技术的应用有限，主要集中在大幅面单色印刷和少数多色印刷领域。

第三章　色彩管理系统

色彩管理的主要目的就是要实现不同设备间颜色的准确转换，以保证同一图像颜色从输入、显示到输出尽可能一致，最终达到复制品与原稿色彩一致的目的。色彩管理系统保证了图像在色彩失真最小的前提下，把色彩数据从一个设备色彩空间转换到另一个设备色彩空间，即使颜色在不同的色空间转换时，也能够保持视觉的一致性。

第一节　色彩管理系统总论

色彩管理系统是一种应用系统，包括计算机硬件、软件和测色设备，其目标是形成一个环境，使支持这个环境的各种设备和材料在色彩信息传递方面相互匹配，实现颜色的准确传递。

国际色彩联盟（ICC，International Color Consortium）是由 Adobe、Agfa、Apple、Kodak、SUN Microsystems、Barco、Cero 和 Fuji Xerox 等公司于 1993 年创建的，目的是解决色彩管理的兼容性问题，建立一个开放的、独立于供应商的、跨平台的色彩管理系统构架和组件。ICC 为此制定了一些规范，这些规范已经得到广泛应用，并且成为色彩管理的国际标准。

一、色彩管理系统概述

理想的色彩管理系统（CMS，Color Manage System）是使彩色扫描原稿、显示器显示效果以及打样和印刷输出的样张尽可能保持颜色的一致。要完成这种跨越不同色空间、不同设备、不同流程的色彩传递，CMS 采用了如图 3-1 所示的色彩转换流程与结构。可以看出，通过一个核心的色彩转换引擎，系统将各种带有不同设备特征文件（Profile）的扫描输入 RGB 信息、显示器 RGB 信息和打印输出 CMYK 信息进行相互转换。

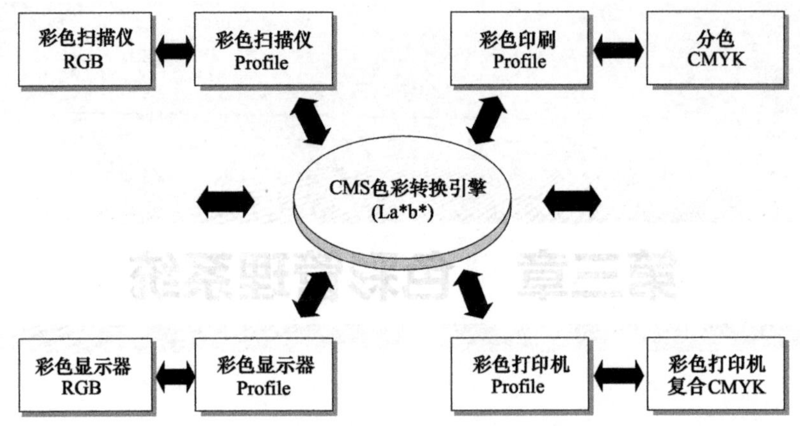

图 3-1 开放结构下基于设备特征文件（Profile）的色彩转换流程与结构

这种管理体系的核心是建立了各种设备的特性文件（ICC Profile），代表了特定设备的颜色空间与标准色度空间之间的双向转换关系。这样在色彩流程中，所有的设备颜色都可以转换成色度颜色并进行交流，从而实现与设备无关的色彩转换流程，实现开放结构下不同设备之间颜色的仿真传递。

这种管理体系的另一个关键是特征文件连接色空间（PCS，Profile Connection Space）。PCS 记录了设备色彩数值和设备无关色彩值之间的对应关系或相互转换关系，即将把一个设备色空间表达的颜色先转换为设备无关色空间表达的颜色，然后再将设备无关色空间表达的颜色转换为用另一个设备色空间表达的颜色。

二、色彩管理系统的组成

色彩管理系统的主要功能是能够在设备颜色系统之间进行准确的色度转换。基于 ICC 的色彩管理系统一般包含四个基本组成部分：特征文件、特征文件连接色空间、色彩管理模块和再现意图。

1. 特征文件（ICC Profile）

(1) ICC 标准 一个特征文件描述一个设备色空间的彩色复制特征，并且用色度空间作为参考。同时，色彩特征文件也能够反映整个复制过程的顺序和适性对色彩的影响因素。

一个符合 ICC 标准的特征文件描述了相关的两个色空间（源色空间与目标色空间）的关系，并利用色彩管理模块（CMM，Color Management Module）来进行源色空间和目标色空间之间的相互转换。

目前，有三种不同类型的 ICC 特征文件，用来反映独立的色空间之间的不同关联。

1）设备特征文件 它是使用最多的一种类型，用来描述一个设备色空间（如扫描仪 RGB 或印刷过程的 CMYK）与一个设备无关的 CIE 参考色度空间（即 PCS 空间）之间的关系。

2）设备连接特征文件　包含两个或更多设备色空间的直接连接关系。例如一个 RGB_1 到 RGB_2、一个 RGB_x 到 $CMYK_x$，或者一个 RGB_x 到 $CMYK_1$ 和 $CMYK_2$ 等。这种连接有最短的转换路径，能够节省计算时间。在某些情况下，有些 CMM 首先生成由设备 Profile 生成的一个设备之间临时连接表（Line Table），随后用它来完成设备之间的直接转换。严格地讲，这些设备临时连接表并不属于设备连接空间，因为它们只包含了当前转换所需要的信息（只有一个转换意图或仅仅一个转换方向）。

3）转换连接空间（PCS）特征文件　它反映了不同条件下的参考色空间之间的转换关系，如从 CIELAB-D_{50} 到 CIELAB-D_{65}。

(2) 特征文件的结构　ICC Profile 标准的核心成分是一个数据结构，符合 ICC 标准格式的色彩特征文件，由三个主要部分组成，即文件头、资料索引表、索引内容，如图 3-2 所示。

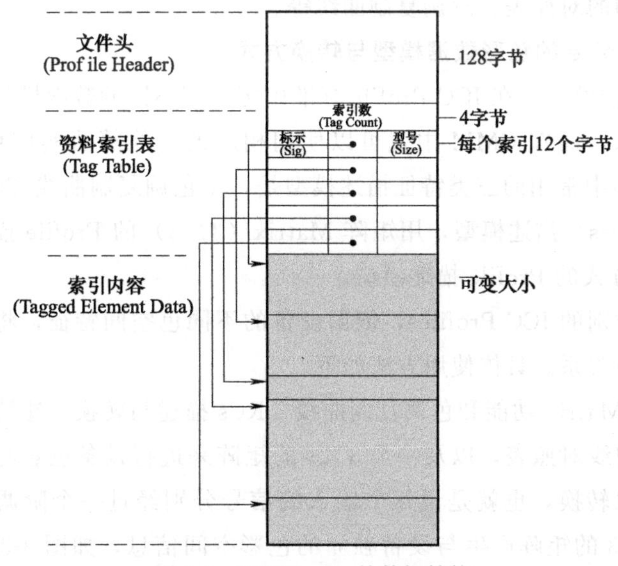

图 3-2　ICC Profile 的数据结构

1）文件头（Profile Header）　文件头的信息是描述该设备和 Profile 文件本身的一些信息。在 ICC 特征文件中，文件头信息包括了设备特征文件资料量的大小、色彩管理模块的类型（CMM Type）、ICC 特征文件的版本、特征文件所对应的设备类型、设备色彩空间信息等。

2）资料索引表（Tag Table）　主要记录文件中包含的资料信息，类似索引目录的功能。在资料索引表中，每个资料索引共有 12 位，说明每个资料索引的名称、起始位置及资料内容的大小。

所有资料索引的名称都是由ICC（国际色彩联盟）制定的，是ICC特征文件的标准资料索引。因此，颜色特征文件生产厂商开发或建立新的资料索引名称时必须获得ICC国际色彩联盟的认可与规范。

3）索引内容（Tagged Element Data） 索引内容用来提供色彩管理模块进行色彩转换的完整信息和数据。特征文件的索引内容可大致分为三个区域，即必要索引资料内容区、选择索引资料内容区及个别索引内容区。在必要索引资料内容区提供色彩管理系统中色彩管理模块（CMM）进行色彩转换的完整资料；选择索引资料内容区定义了许多资料索引，用以加强色彩在进行转换时的数据资料；个别索引资料内容区介绍色彩管理模块开发厂商，作为强化色彩管理转换的准确度之用。

必要资料索引内容区是提供色彩管理系统进行色彩转换时的必要基本标准资料内容信息，也就是说只要是ICC标准所规定的内容，在必要资料索引内容区都有记录，其中主要是以输入设备特性化文件、显示设备特性化文件及输出设备特性化文件等三种基本的特性化文件来分组。另外，不同类型特征文件都有自身的标记，如各种再现意图的对照表、阶调复制曲线等。

(3) ICC Profile的色彩数据模型与转换方式

1）色彩数据模型 在ICC Profile标准中定义有不同的数学模型描述颜色空间之间的对应关系，而在CMM中就可以使用相应的转换算法实施色空间的转换。ICC Profile标准中常用的三类特征描述模型是，用色调复制曲线TRCs（Tone Reproduction Curves）描述模型，用矩阵Matrix（3×3）的Profile描述模型，用对照表（LUT）方式的Profile描述模型。

不同设备类别的ICC Profiles，依据设备的不同色空间特征，将用不同的数学模型来表现转换关系。具体使用方法如下。

①用矩阵Matrix功能和色调复制曲线TRCs描述与转换 矩阵法使用三个一维的阶调复制曲线对照表，以及一个3×3的矩阵来进行设备色彩与色彩连结空间PCS的色彩信息转换，也就是说每个输入的信号分别经过一个阶调复制曲线对照表，再经过3×3的矩阵产生与设备独立的色彩空间信息，如图3-3所示。一维对照表的功能是用来调整红色、绿色与蓝色的色彩信号数值，并根据CIEXYZ中的明度轴Y值来进行修正，再应用3×3的矩阵将信号转换成属于CIE设备独立色彩空间的CIEXYZ值或CIELab值。

一般来说，在处理输入红色、绿色和蓝色的色彩信号，经一维对照表以及3×3的矩阵运算后，即可产生设备色彩与CIE色彩空间信号的色彩转换信息对应值，从而建立特性化文件中设备色彩空间与设备独立色彩连结空间PCS的对应关系。此时，其中的一维对照表以及3×3的矩阵曲线可以解释为不同设备进行色彩信息

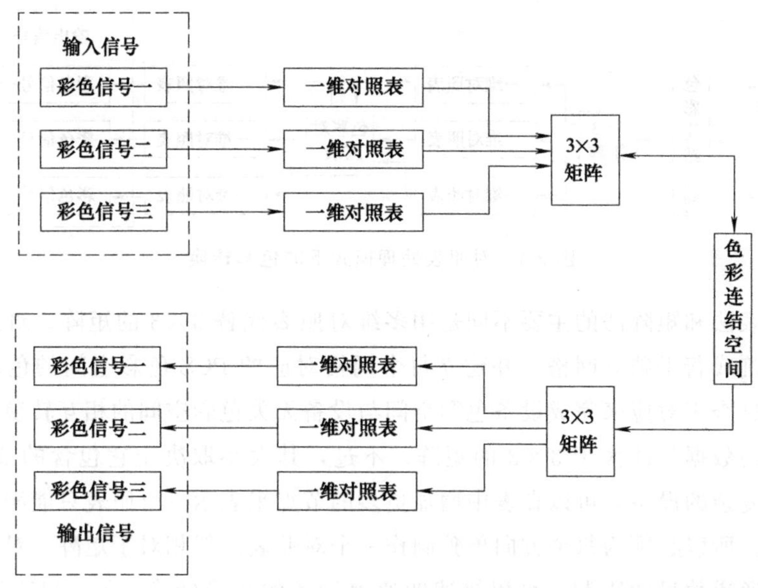

图 3-3　矩阵处理模式下的色彩转换

转换时，所处理的白点转换算法。需要特别注意的是，在一维对照表中应该提供足够的数据资料，以免在进行内插运算时产生错误，最理想的是要保持曲线的平滑度。

基于矩阵的特征文件只能实现相对色度和绝对色度的再现意图，只能用于阶调复制曲线非常简单的设备，如扫描仪和 CRT 显示器，不能完成感知法和饱和度法的再现意图。

② 用对照表 LUTs（Look Up Tables）描述与转换　如果是一个复杂的色彩系统，比如涉及到维数变化、空间变化以及被描述为非线性的色彩空间，就必须用 LUTs 描述转换关系。表格能满足无限的精度要求和无限的维数，当然也会产生不受限制的尺寸大小。

如图 3-4 所示，对照表中的色彩信号处理的 3×3 矩阵以及一维对照表，基本上与矩阵处理模式的大同小异，都是用来将彩色信号转换为 CIE 设备独立色彩空间的 CIEXYZ 或 CIELab 值，以及调整红色、绿色和蓝色的色彩信号数值之用。只是在对照表中，色彩信号在进入色彩对照表处理模组的前后，都需要再一次经过一维对照表，进行色彩信号数值的调整，才可以进行下一个处理。而对照表与矩阵法的最大不同，就在于前者较后者多了色彩对照表处理模组。色彩对照表处理模组由 n 维向量矩阵所组成，主要功能是处理输入色彩与输出色彩的转换，以产生两者之间的关系对照表。所以对照表处理模式的基本结构较矩阵处理模式复杂，并且所产生的色彩管理特性化文件的内容较多，处理速度较慢。

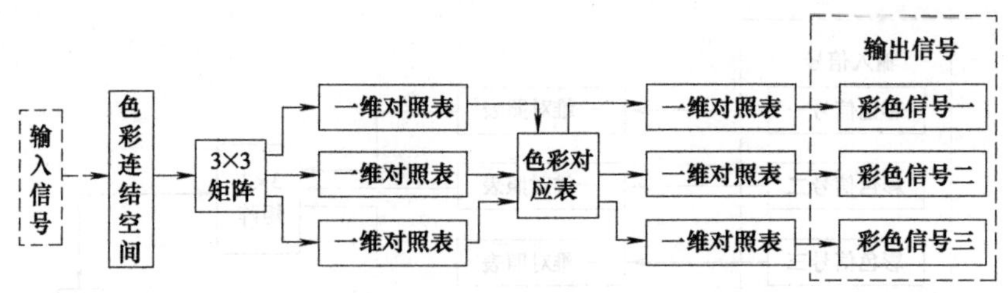

图 3-4　对照表处理模式下的色彩转换

对照表法和矩阵法的主要不同是用多维对照表代替 3×3 的矩阵。对照表将三维空间分割成若干独立网格，并建立每个网格对应的 PCS 色彩空间的色彩数据参照表，通过查表对应来完成设备色彩空间与设备无关色彩空间的相互转换。对照表需要存储的数据往往大于 3×3 的矩阵。不过，其大小取决于它包含的节点数量。对于非常复杂的设备，可以在表中增加更多的节点来表示。对照表只能满足单向的色彩转换，所以必须为每个方向单独制作一个对照表。但相对于矩阵，对照表可以不受设备通道数量的限制，可以描述四通道设备的色彩转换，如 CMYK 打样机，或者是颜色数量更多的打样机。基于对照表的特征文件总是使用 CIELab 作为特征文件连接色空间。输出设备特征文件必须是基于对照表的，而且必须为每个再现意图存储两个对照表，满足不同方向的色彩转换需要。

在一个描述单向的扫描仪 Profile 中，从扫描仪 RGB 到 Lab 的转换方向上使用了三维 LUTs。通常，每一种意图（映射方式）都应在创建一个分立的 LUT，所以应该有四个这样的三维 LUTs。然而，由于绝对和相对的转换意图能够使用相同的 LUT，所以只需要三个 LUTs。另外，在输出的 Profiles 中，每个 LUT 有两个转换方向需要描述。这时如果一个描述 CMYK 与 Lab 之间的 Profile，则应该包含有三个四维 LUTs 来描述从 CMYK 到 Lab 的转换方向，另有三个三维 LUTs 用来描述从 Lab 到 CMYK 的转换方向。

2）转换的结构与流程　如图 3-5 所示为 CMM 系统的转换过程与 ICC 的结构。可以看出，针对不同类型的 Porfile，分别通过不同的 PCS 空间进行颜色转换。图 3-6 所示为基于 TRCs 和 Matrix 进行的转换流程，转换之前首先要通过色调复制曲线 TRCs 将输入色通道的明暗调分布进行均匀等距的调整，并对各色通道之间的灰平衡进行调节，然后再用 3×3 矩阵将经过线形化和灰平衡预处理的 RGB 转换成 XYZ 色度空间。

非线性的输出特征文件应该用 LUTs 表格来构建和定义。如图 3-7 所示为基于 Matrix、TRCs 和 LUTs 进行的转换流程，是一个从 PCS 到 CMY 转换过程的例子。从图中可以看出以下的转换要点。

① 首先是 PCS 色空间用矩阵 Matrix 和色调曲线 TRC 做 PCS 色空间之间的转

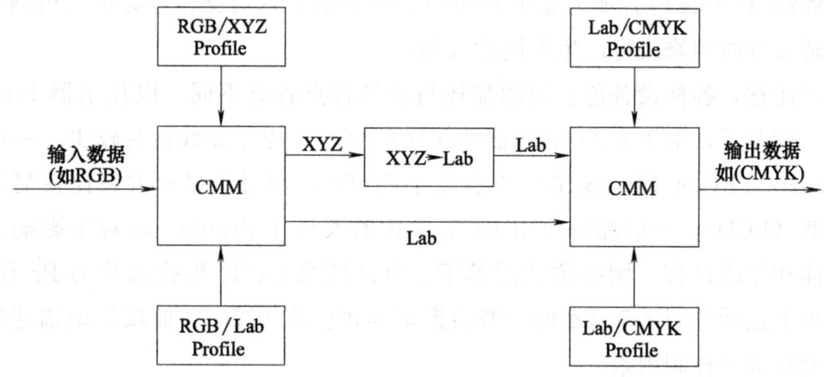

图 3-5 CMM 系统的转换过程与 ICC 的结构

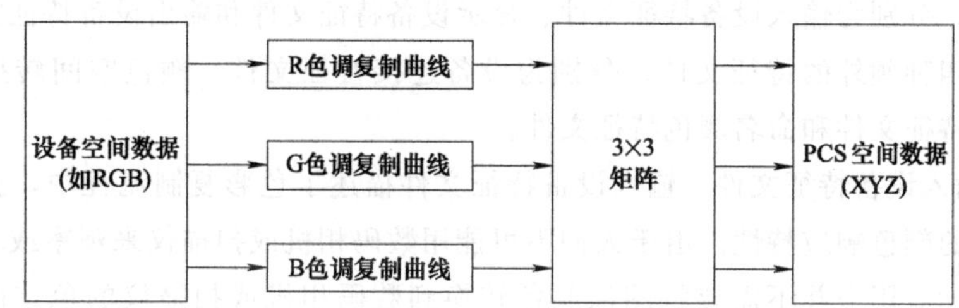

图 3-6 基于 TRCs 和 Matrix 的 RGB 到 XYZ 的转换流程

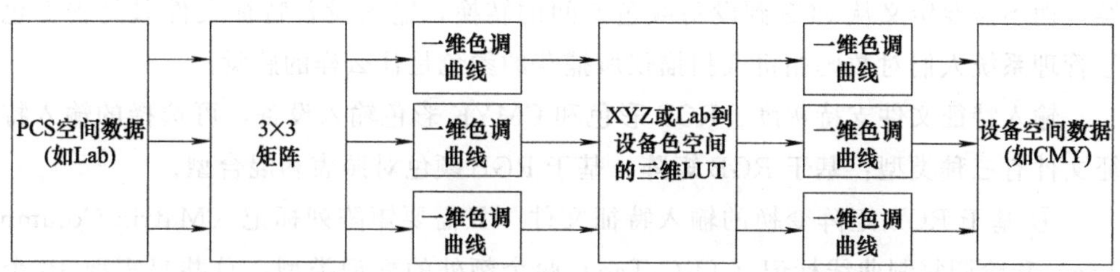

图 3-7 基于 Matrix、TRCs 和 LUTs 的 Lab 到 CMY 的转换流程

换（如 D_{50} 的 Lab 到 D_{65} 的 Lab）。同时，这个转换模型也提供了由三个一维色调曲线（如图 3-7 中靠左的一维色调曲线）构成的对三维颜色的独立校正接口，以供系统应对各种复杂的单维调节和设定之用。

② 通过三维 LUT 表进行色度色空间到设备色空间的转换。

③ 进入 CMY 设备色空间的时候还可以借助一维色调曲线进行一次色调曲线的调整，以满足印版补偿等功能的转换。

一个 Profile 中必须为某每一个映射意图和它的转换方向建立一个独立的 LUT，这就意味着一个输出文件头通常必须有 8 个 LUTs。但是，由于绝对比色和相对比色两种意图可以使用相同的 LUT，因此，一个 CMYK Profile 包含不多于 6 个 LUTs。对于 LUT 的个数和方向的理解是重要的。例如，在使用 Profile Editor

编辑 CMYK Profile 时，如果输出 Profile 需要编辑，这时操作者必须意识到对不同的独立转换方向的修改将产生不同的效果。

还要注意，各种设备色空间的描述与转换特点各有不同。以显示器 Profile 为例：默认情况下，由于 CRT 显示器性能比较稳定，特性参数相对较少，一般都是使用 Matrix TRC 或 Matrix 结构的小尺寸 Profile，而对于显示关系比较复杂的液晶显示器（LCD），一般都是使用 LUT 结构的大尺寸 Profile。而对于影响因素较多的打样和印刷过程，则必须使用基于三维或四维 LUTs 转换结构的 Profile，其中还要加上包括如图 3-7 所示的一些转换矩阵和色调曲线，才能较好地描述过程转换的控制环节和控制因素。

(4) 特征文件的类型 ICC 定义了七种不同类型的特征文件，其中有三种设备特征文件，分别为输入设备特征文件、显示设备特征文件和输出设备特征文件。此外，还有四种额外的特征文件，分别为设备连接特征文件、颜色空间转换特征文件、抽象特征文件和命名颜色特征文件。

1）输入设备特征文件 输入设备特征文件描述了色彩复制流程中，扫描仪或数码相机的颜色响应特性。由于人们不可能用数码相机或扫描仪来观察或者输出图像，在实际应用中并不需要将图像颜色转换到数码相机或扫描仪的色空间中。因此，输入设备特征文件是单向的，它只需要定义从输入设备颜色空间到 PCS 的转换，而不需要定义从 PCS 到设备颜色空间的转换，输入设备特征文件只是告诉色彩管理系统人们对数码相机或扫描仪所捕获的颜色是什么样的感觉。

输入特征文件支持灰度、RGB 彩色和 CMYK 彩色输入设备，可选择的输入特征文件有三种类型：基于 RGB 矩阵、基于 RGB 颜色对照表和混合型。

① 基于 RGB 矩阵变换的输入特征文件 只需要矩阵列标记（Matrix Column Tag）和阶调复制曲线标记（TRC Tag）两个额外的标记类型，总共只需要 10 个标记。这两个标记中包含的数据量非常小，所以基于矩阵变换的输入特征文件的数据量一般都比较小。

矩阵列标记包括变换所需的三个矩阵列标记：红矩阵列标记、绿矩阵列标记和蓝矩阵列标记。基于矩阵变换的特征文件不支持 CIELAB，其 PCS 只能是 XYZ，所以在三个矩阵列标记中包含的是红、绿、蓝三原色的 XYZ 三刺激值。

阶调复制曲线标记同样也包括三个阶调复制曲线：红阶调曲线标记、绿阶调曲线标记和蓝阶调曲线标记。

② 基于 RGB 对照表的输入特征文件 包括一个额外的 A to B_0 标记，它包含了比基于矩阵变换大得多的数据量。

A to B_0 标记中的对照表包含了以感知再现意图方式从设备到 PCS 变换的数据。尽管对照表也支持其他几种再现意图的方式，但实际只有感知的再现意图才需要使用基于对照表的特征文件。对照表支持 8 位到 16 位两种精度，PCS 可以使用 CIEXYZ 和 CIELAB。

③ 混合的输入特征文件　ICC 特征文件技术规范的 4.0 版还支持矩阵变换和基于对照表两种方式混合的输入特征文件。

2) 显示设备特征文件　显示设备特征文件描述了 CRT 或 LCD 显示器的颜色显示性能。显示器特征文件必须是双向的，因为显示器既可以作为输入设备。又可以作为输出设备。当人们通过显示器来编辑图像时，实际上是把显示器当作一个输入设备来使用，色彩管理系统需要知道显示器上显示的是什么样的颜色感觉，以便在打样机或印刷机上复制出相同的颜色感觉来；反过来，若需要将扫描仪或数码相机输入的图像在显示器显示时，显示器就成了输出设备，这时色彩管理系统就要根据输入设备的特征文件来确定图像文件中的数值究竟代表什么样的实际颜色，然后用显示器特征文件准确计算出显示这样的颜色应该使用什么样的 RGB 值。

单色显示器的特征文件只包含一个单一的灰度阶调复制曲线标记。彩色显示特征文件和输入特征文件一样，也有基于 RGB 矩阵、基于 RGB 对照表和混合型三种类型。

3) 输出设备特征文件　输出设备特征文件是用来描述打样机和印刷机的颜色响应特性，它是双向的。图像颜色信息既可以从 PCS 转换到印刷机的颜色空间进行印刷输出，也可以从印刷机颜色空间经 PCS 转换到某一打样机颜色空间，进行数码打样输出。

输出特征文件一般是基于 RGB、CMYK 对照表，极少数是基于灰度对照表的特征文件，4.0 版本的 ICC 技术规范支持多达 15 个通道的特征文件，但一般的色彩管理系统或模块只支持 8 通道的输出特征文件。

输出特征文件包括记录对照表的 A to B 标记和 B to A 标记，以及色域标记。

A to B 表示设备颜色到 PCS 颜色的对照表，B to A 表示 PCS 颜色到设备颜色的对照表。两者各分别有三个标记来表示各种再现意图的对照表。A to B 包括 A to B_0、A to B_1 和 A to B_2 三个标记；B to A 则有 B to A_0、B to A_1 和 B to A_2 三个标记。0、1 和 2 分别表示感知法、色度法和饱和度法的再现意图。所以 A to B_0 是设备到 PCS 的感知再现意图的对照表，A to B_1 是设备到 PCS 的色度再现意图的对照表，A to B_2 是设备到 PCS 的饱和度再现意图的对照表，B to A_0 是 PCS 到设备的感知再现意图的对照表，B to A_1 是 PCS 到设备的色度再现意图的对照表，B to A_2 是 PCS 到设备的饱和度再现意图的对照表。

色域标记记录设备输入端的 PCS 值和输出端一个单一值的对应关系的对照表。这个单一值要么是 1，要么是 0。1 表示 PCS 值超出了输入色域，而 0 表示 PCS 的颜色值在色域内。

4）设备连接特征文件　设备连接特征文件允许从设备到设备的直接色彩转换，同时兼有源设备和目的设备特征文件的作用。但它本身并不是某一台设备的特征文件，它不能用与设备无关的色空间来描述设备的行为，也不能嵌入到图像中。在进行颜色转换时，采用“设备-设备”的转换方式，不经过 PCS 直接从设备转换到设备。设备连接特征文件中只能包含一个源特征文件和一个目标特征文件，但在设备连接特征文件中的转换过程可以是一系列设备和非设备空间的组合，只要转换链中的第一个和最后一个特征文件代表设备空间即可。它串联了两个以上的设备特征文件，本质上是一类包含从一个特征文件到另一个特征文件转换的特征文件。

设备连接特征文件也具有单向性，只能实现从最初建立时的源设备颜色空间到最初的目的设备颜色空间的固定转换。

设备连接特征文件只需要 4 个标记：特征文件描述标记、A to B_0 标记、特征文件顺序和目标标记和版权标记。其中，特征文件顺序和目标标记描述在整个变化链中的特征文件顺序。

使用设备连接特征文件的好处是可以保持单独通道的纯色，这对于处理印刷过程的黑色通道和专色很有意义，而且利用它进行图像颜色转换时不涉及到手动操作的情况，从而可以实现自动化的功能。

5）颜色空间转换特征文件　颜色空间转换特征文件是用来实现设备无关颜色空间之间的转换，如 CIELab 和 CIE LUV 色空间之间的转换。它不代表任何设备模型，但可以嵌入到图像文件中。例如，有一幅 Lab 颜色模式的图像，而它不是使用 D_{50} 光源，就需要将一个合适的颜色转换特征文件嵌入到图像中。

6）抽象特征文件　抽象特征文件用于图像在 PCS 内部的颜色变换，不能嵌入到图像文件中，在实际应用中很少见。大多数应用软件也不支持这种类型的特征文件，仅有 Kodak Custom Color ICC 和 ITEC Color Blind Edit 两个软件支持这类特征文件。

7）命名颜色特征文件　命名颜色特征文件是用来支持命名颜色系统，如 Pantone、Focoltone 或其他供应商特定的颜色系列。目的是建立命名颜色系统的颜色名与设备无关颜色空间颜色值之间的关系，并建立颜色名与设备值之间的对应关系，以保证命名颜色可以通过设备复制出来。

除了以上 7 类 ICC 规定的特征文件以外，近年来还有一类与设备无关的 RGB 特征文件越来越常用。这是因为输入设备颜色空间具有视觉不均匀性，并不是理想的图像编辑色空间。因此，图像在进行处理之前，需将其转换到一个视觉均匀的且与设备无关的编辑色空间，如 sRGB、Color Match RGB、Adobe RGB（1998）色空间，这就需要用到这些颜色空间的特征文件。这类特征文件的构造类似于显示器特征文件，并且在色彩管理系统中也是以显示器特征文件的形式出现的，但实际上它们的行为更像是颜色空间特征文件，并不是设备特征文件，但从技术上严格来讲，它们又不是ICC规范中定义的颜色空间特征文件。

2. 特征文件连接色空间

特征文件连接色空间（PCS）由设备无关色空间担任，用来标定和定义颜色的视觉含义。ICC色彩管理规范中只规定了CIEXYZ和CIELab两个设备无关的色空间作为不同类型特征文件的PCS。从色空间的定义上讲，CIEXYZ和CIELab包含了人眼可见的颜色范围，它们表示视觉感知的颜色，当颜色被定义为XYZ或Lab值之后，就可以知道正常颜色视觉的人对它的感觉。用设备相关色空间表示的一组颜色数值和一种颜色感觉对应，即对应着特定的XYZ或Lab数值。所以，可以用CIE XYZ和CIELab作为“枢纽中心”，通过PCS就可以在各种设备之间传递所有的颜色，保证色彩一致的颜色视觉。

PCS色空间的作用就是作为颜色空间转换的中间站，或者枢纽中心。在进行颜色空间转换时，源色空间的颜色先转换到PCS空间，再将颜色转换到目标颜色空间去，PCS在不同设备之间起到准确传递颜色信息的桥梁作用，如图3-8。例如，要将某图像的颜色由扫描仪的RGB色空间转到彩色打样机的CMYK色空间，就需要先把图像的RGB颜色值转换到PCS空间，再将颜色转换为打样机的CMYK值，这种转换一般由色彩管理系统完成。

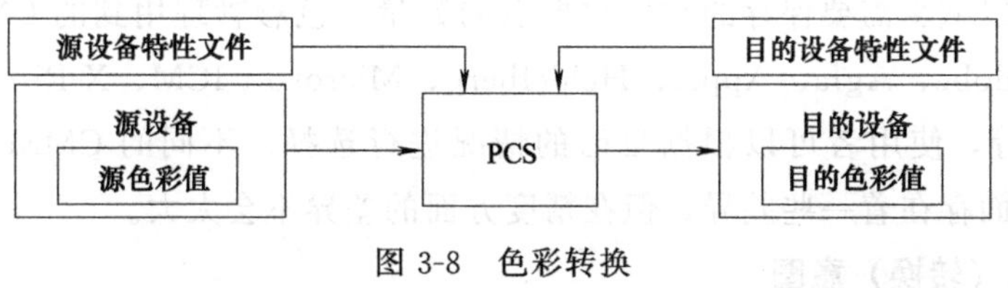

图3-8　色彩转换

同一组PCS的值在不同设备之间的颜色是相同的，而一般色彩空间（RGB、CMYK）的值在不同设备之间的颜色感觉是不同的。

特定设备再现的色彩样本的PCS XYZ值可通过测量色彩样本反射或透射的光谱总量，结合观察样本的光源的相对光谱能量分布以及CIE标准色度观察者计算得到。但是，因为CIE定义了2°和10°视场的两种标准观察者、不同的照明/观察条件以及一系列的光源，所以对PCS要做明确的限定和说明。另外，环境光刺激作用在色彩样本介质上时会产生不同效果，造成颜色外貌的不同，而且不同的照度也会影响颜色的实际感觉，这些都是简单的CIE系统不能解决的。所以，单凭PCS值不能确定颜色的外貌。为了克服这个问题，要以两种不同的方式来应用PCS，一是简单地应用PCS的色度数值作为颜色外貌，二是指定确定色彩样本色貌的参考介质和参考观察环境，当色彩样本介质与参考介质不同，或观察样本的环境与参考观察环境不同时，要做色度修正或转换。在建立设备特征文件时，确定并记录采用不同意图的设备色和PCS之间的转换方式。

3. 色彩管理模块

色彩管理模块（CMM），又称色彩匹配方法（Color Matching Method）或色彩处理模型（Color Manipulation Model），其基本含义都可以理解为色彩管理的一个引擎。CMM是用于解释设备特征文件，并依据特征文件所描述的设备颜色特征进行不同设备的颜色数据转换。无论是操作系统还是专门的色彩管理软件都提供对应的CMM。由于各设备的色域各有不同，因此不可能在各设备间有完美的色彩搭配，CMM的功能就是选择最理想的色彩进行色域匹配。

CMM提供了从源设备颜色空间到PCS，以及从PCS到任意目的设备空间进行颜色转换的方法。CMM使用特征文件中对颜色的定义，使目的设备色空间中的颜色与源设备色空间的颜色相互匹配。而要匹配这些颜色，就需要对送往目的设备色空间的RGB或CMYK值做一定的改变，CMM就是实际完成这种转换。

我们为什么一定要使用CMM呢？因为在特征文件中不可能包含所有可能出现的RGB或CMYK转换到PCS的颜色值，即使我们能做出所有的转换情况，但要存储这些数据，一个特征文件占有的存储量将会超过十亿字节，这么大的文件使用起来相当不方便，所以要在实际转换时由CMM来计算各颜色的转换值。在计算的时候，CMM会在已经存在的一些颜色点基础上，进行插值计算，得出其他的颜色点，这样可以减少需要保存的颜色数据点的数量。色彩管理用到的CMM有很多，常用的有Adobe、Agfa、Apple、Heidelberg、Microsoft ICM、X-Rite公司开发的CMM算法等，使用者可以根据自己的情况进行选择。不同的CMM在精度、白点、插值方面存在着一些差异，但在精度方面的差异不会太大。

4. 再现（转换）意图

执行转换时，色彩来源的设备称为源设备，输出色彩的设备称为目的设备。在印刷复制中，输入设备常常作为源设备，显示设备和输出设备通常是目的设备，但也可以作为源设备。例如，在用一台显示器模拟另一台显示器的色彩显示效果时，被模拟的显示器就是源设备；当用打样机模拟印刷机的输出效果时，印刷机就是源设备。不过，印刷机通常是印刷色彩复制的最终目的设备。在各种设备中，输入设备的色域和动态范围通常大于输出设备，所以在色彩复制中，源设备可以表现的色彩不可能全部被目的设备复制再现，这些不能复制的源设备色彩就称为色域外颜色。色域外的颜色在目的设备上不可能得到精确的再现，所以，在执行色彩转换时，如何处理由于设备色域和动态范围造成的这些问题决定了色彩再现的效果。另外，不同的应用有不同的色彩复制要求，也需要在色彩转换时做相应的处理。

由于色彩空间转换过程中，转换空间的大小和形状都不相同，因此这种转换过程不可能是一对一的简单转换，必然是一种有多种转换选择可能性的、带有各种处理特点的转换过程。而“转换意图”就是指出了几种基本的色彩空间转换的复制处理形式，其中有两个要点，即如何处理空间大小不同时的空间压缩关系，如何处理白点（和黑点）位置形成的对于灰度轴的映射转换关系。

基于这两个要点，ICC 特征文件规范定义了四种基本色域色彩转换的色彩再现方式，称为再现意图。对于设备间的色彩转换，再现意图处理源设备到目的设备的白点映射、阶调映射和色域压缩；对于设备色度与 PCS 色度的转换，再现意图处理设备的介质白点、动态范围、色度坐标修正等问题。ICC 设备特征文件中保存了特定再现意图的设备值和 PCS 值之间的转换关系。四种再现意图分别是感知意图、饱和度意图、相对色度意图和绝对色度意图。其中，感知意图重视颜色的色貌，考虑色彩相互关系对颜色外貌的影响，为保持色彩整体感觉一致，会在色彩转换时改变所有色彩的色度值；相对色度意图和绝对色度意图都是基于颜色的色度值，色彩转换时尽量保证色度的准确复制。两种色度意图之间存在简单的计算关系，因此，ICC 只对相对色度意图作为详细的规定，绝对色度意图的转换结果可由相对色度意图计算得出。

(1) 感知意图　感知意图是将源设备色空间的颜色信息等比例压缩到目的设备色空间里，有利于保持连续调图像的视觉一致性。即在转换时对色相、饱和度、明度均进行等比例压缩，是在 Lab 均匀颜色色空间上保持色差最小的方法，故又称比例压缩法。这种转换方式的基本思想是进行层次和色调的整体压缩，并尽量保留原有的层次和色调间的关系。

如图 3-9 所示，感知意图改变源设备色空间中所有的颜色，使所有颜色在整体感觉上保持不变。感知意图重视色彩的相对位置关系，保持图像色彩整体的自然印象，适合于对阶调复制要求高，并不要求色彩绝对准确复制的彩色照片和影像等连续调的原稿，处理后的效果类似于基于 Gamma 曲线的阶调压缩和色彩覆盖范围压缩。ICC 没有规定感知意图的色彩转换方法，色彩管理开发者可以采用内部定义的转换方法来实现感知意图的色彩再现。

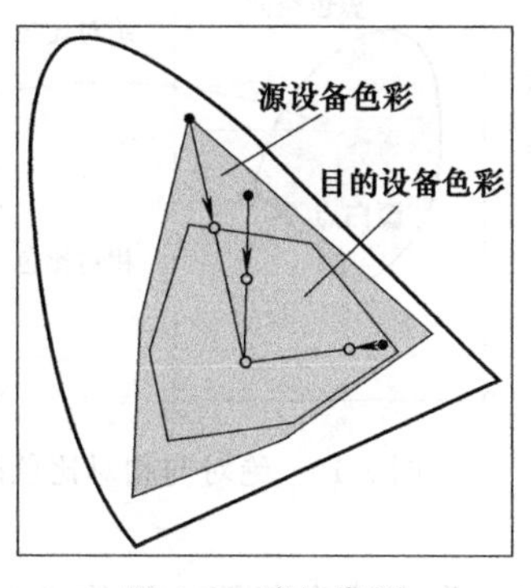

图 3-9　感知意图

(2) 饱和度意图　饱和度意图是将落在目标色域外的颜色改变亮度，甚至改变色相，尽量保持颜色的饱和度或者提高图像的饱和度，而不考虑颜色之间的相应关系。这种方式的特点是色彩空间转换时，更加侧重保护和加强原稿的饱和度（即鲜艳程度），因此这种处理方法在空间压缩的情况下，一般都是使用最鲜艳的边界色来替代原稿中超出目标色空间的颜色，而在小空间转到大空间的色彩转换中，则同样会使用大空间中尽可能饱和的颜色来作为转换结果。

这种转换方式比较适合以亮丽、饱和的颜色来表现图像的色彩转换，较适合商业印刷。如对饱和度要求较高的包装类原稿，对印刷品要求有很明快对比度的招贴海报，以色块和线条为主的图标图形类的艺术作品，追求艳丽夺目的电子演示等场合。

(3) 绝对色度意图 绝对色度意图的基本原则是尽量追求一个精确的色度转移，即从源色空间到目标色空间的颜色数据转换中实现最小色差为转换目标。如果色彩无法复制再现，则应尽可能地换成相近的颜色。在整个转换体系中包括了空间范围和白点位置两个基本要素。

以空间范围来看，其处理特点是将目标空间以外的颜色通过在色域范围之内寻找最为接近的颜色（即最小的色度差）进行替代，也就是用边界色替代域外色，而可复制范围内的颜色并无大的改变。这样处理后的效果表现为超出目标色域的比较鲜艳的不同颜色被大量转变为相同的颜色。因此，图像中饱和鲜亮部分会大大变平(层次和颜色并级)，但这种方法却完全保持了两个空间重叠区域颜色传递的准确性。

以白点位置来看，就是源空间与目标空间白点的转换方法。由于不同空间的白点都不一样，直接影响到基于最小色差的转换结果。按照 ICC 的标准，使用两种基于白点的转换方法：绝对色度意图和相对色度意图。

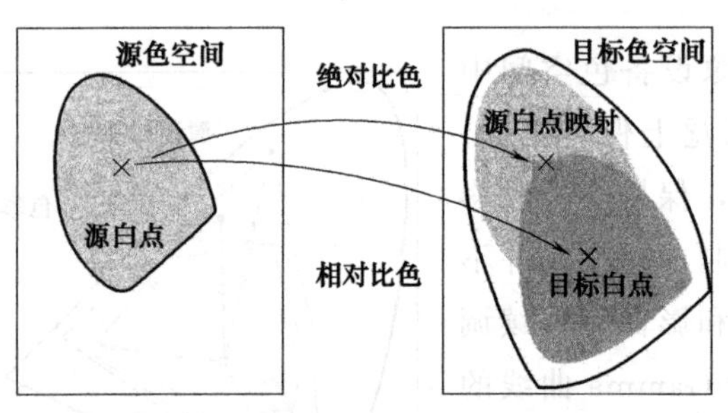

图 3-10 绝对与相对比色的白点转移关系

在绝对色度意图转换过程中，最明显的特点就是源色空间中的白点被目标色空间采用，或者说源白点被直接仿真映射成为目标白点。这种映射方式的一个典型应用就是在数码打样机上使用标准的打样纸墨来仿真打样报纸印刷效果的应用，就是报纸的色彩和白点效果（它的色领域较小而白点发青或发黄等）被传递到色域和白度比它大得多的打样色空间上，白点传递过程如图 3-10 所示。

绝对色度意图在源色空间色域大于目标色空间色域的情况下存在颜色切除情况，但在目标色域内的颜色都可以准确地匹配。

色彩色相的准确再现是这种转换模式的主体，在复制一种专色或者一种特定颜色时，该方法较为常用。但会因在饱和度和明度上有较大的损失，使图像视觉关系改变，在色彩的实际转换过程中较少采用。

(4) 相对色度意图 相对色度意图和绝对色度意图的区别是在白点的处理上。相对色度意图在转换结果上不是使用源白点而是使用目标白点，如图 3-10 所示。如果接着上面的例子，和绝对色度意图相比，转换的色度效果将是相似的，但是新闻纸的白点将会被打样机自身的白点所替代，无法模拟报纸的白点效果（外观上没有了报纸的底色）。

首先将源色域中最亮的白点压缩到目标色域的最亮的白点上，其他相关颜色随之压缩。位于目的设备色空间之外的颜色将被替换成目的设备色空间中色度值与其尽可能接近的颜色。即以源设备色空间中超出目的设备的颜色坐标点为起点，向目标色空间做一条距离最短的直线，这条直线与目的设备色空间的交点对应的色彩就是用来代替超出目的设备的颜色的色彩。位于目的设备的色空间内的颜色将不发生变化地进行转换，而超出色域的颜色则可能发生很大的变化，采用这种转换方法可能会引起原图像上两种不同的颜色在转换后得到同样的颜色。经过白点映射之后，如果有的颜色仍然位于目标色域之外，则通过直接裁剪的方法，将其压缩到目标色域的边界上最接近的颜色上。由此可见，落在目标色域部分的颜色可以准确再现，但落到目标色域之外的就无法准确再现了，如图 3-11 所示。

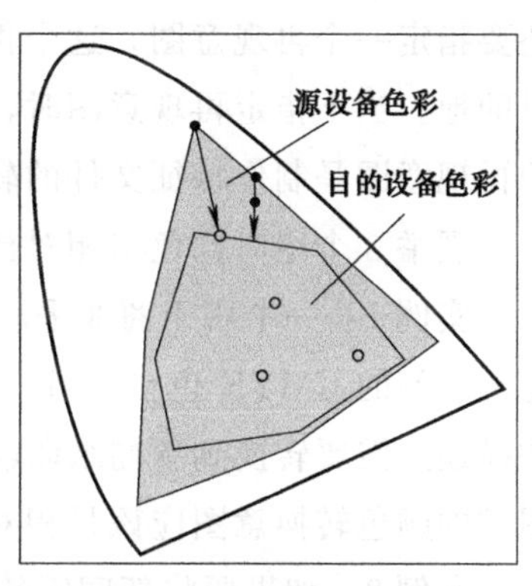

图 3-11 相对色度意图

采用相对色度意图转换的图像中，位于输出设备的颜色空间之内的颜色将不会进行转换，而超色域的颜色则可能发生很大的变化，采用这种色彩转换方式可能会引起原图像上两种不同颜色在经过转换之后得到的图像颜色一样，或使图像中某些过渡比较自然的部分，变得没有层次或层次过渡生硬。所以对于图像复制而言，相对色度的再现意图比感知意图保留了更多原来的颜色，但目标色域外的颜色用色域边界的颜色来复制，这些颜色的再现会有较大差别，并会造成颜色在高光或暗调处阶调丢失。

实际上，色域压缩还有其他方式。如在 Photoshop 软件的色彩匹配设置中，使用黑点补偿，即将原色域最黑点压缩到目标色域最黑点上。

感知意图产生的色差基本都是最大的，饱和度再现意图虽然保护了图像的饱和度，但却无法准确复制颜色，色度再现意图产生的色差大多数为 0，只有少数较大；感知意图的色域体积为最大，其次为饱和度、相对色度，而绝对色度的色域体积为最小。再现意图的选择最好在知道源空间色域和目标空间色域的情况下进行，这样更有利于色彩的准确再现。

印刷管理的目的是“所见即所得”，而再现意图的色域映射算法是印刷管理的关键。为了实现更好的色彩管理和图像复制效果，应该在四种再现意图原理的基础上，充分考虑输入设备和输出设备的色域关系以及源图像的色彩特点，甚至在三维色域空间中考虑图像相邻像素色彩表现的影响，从而设计出更加完美的色域映射算法。只有这样，才能改善同一图像在不同设备之间传输时色彩不匹配的问题，这也是下一步要研究的内容。

ICC没有规定绝对色度意图的色彩转换方法，设备特征文件中也不保存绝对再现意图的设备色和PCS之间的转换。在色彩复制时，绝对再现意图可由相对色度意图和源色空间的介质白点色度坐标计算得出。绝对色度法主要为打样设计，目的是要在另外的打样设备上模拟出最终输出设备的复制效果，包括白色的模拟。

当使用色彩管理系统进行颜色数据转换时，要提供源设备特征文件和目的设备特征文件，以便让色彩管理系统知道颜色从哪里来，到哪里去。在大多数情况下，还要指定一个再现意图，这个再现意图会告诉色彩管理系统用什么方式让颜色到达目的地。当不指定再现意图时，应用软件会选择特征文件中默认的再现意图。默认的再现意图是制作特征文件的软件设定的，通常是感知再现意图。

现举3个绝对比色与相对比色转换的例子。

实例1：一个用于商业平版胶印的CMYK图像文件，要求转换到用于新闻纸轮转胶印的CMYK色空间时，平版胶印机的白点（由平版胶印对应的Profile携带和描述）需要转换到新闻纸印刷的白点上（由新闻纸印刷Profile描述）。这时，该图像的颜色转换意图应该是相对比色。

实例2：如果要将新闻纸轮转胶印的CMYK色空间图像，仿真打样到数码打样机的样张上，用于实际印刷的纸张底色就需要在打样机所使用的白纸上模拟出来，以仿真新闻纸轮转胶印的实际效果。这时的转换意图应该是绝对比色。

实例3：显示器软打样（要在显示器上仿真显示报纸印刷的效果）流程与白点变化及意图改置如图3-12所示，如果输出使用报纸的Profile，则在RGB工作空间中的彩色RGB源图像首先要经过相对比色的方法转换到报纸的CMYK空间中，这时RGB空间中的白点就被变换成为CMYK空间中的“报纸的白点”，同时空间也被压缩。然后，按照软打样的流程，这时的CMYK报纸空间的图像则应该使用

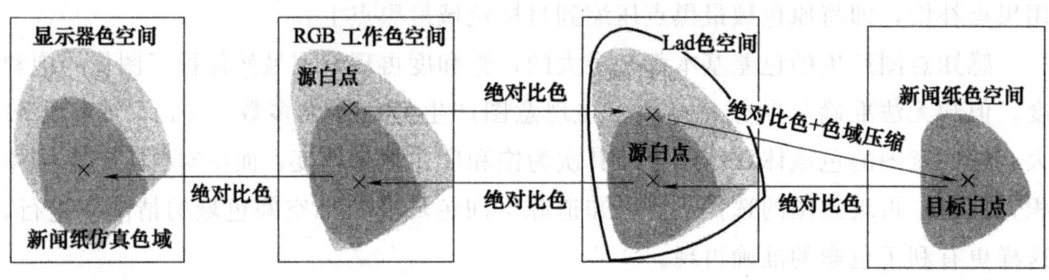

图3-12 显示器软打样流程与白点变化及意图设置

绝对比色方法转换到软打样显示器所对应的RGB色空间中，这时CMYK报纸空间的白点将被仿真复制到显示器上，从而出现报纸效果的底色和色域。

第二节　色彩管理的工作流程

色彩管理工作流程通常采用“软硬结合”的方式，即通过3C步骤来完成。所谓3C，即校准（Calibration）、特性化（Characterization）及转换（Conversion）。校准即让设备处于“标准”状态下；特性化即建立设备的特征文件，描述清楚每个设备的颜色特性；转换即找到各色空间的对应关系，完成最终的色域匹配。

一、校准

校准是指将设备的运行状况调整到一个稳定的（一般也要求是最佳的）状态，它是建立设备特征文件、使特征文件准确反映设备行为的前提。显示器、扫描仪、数码相机、打样机、数码印刷和传统印刷过程等都有复杂程度不同的系统状态调节和稳定的问题。如果状态不稳定，设备颜色空间以及标准化描述将不能正确使用。不同设备都有相应的硬件和软件来完成系统的校准，如显示器就可以进行软件和硬件的校准。

校准时将已知的颜色值（称为刺激值）输送给设备，然后测量设备给出的颜色结果（称为响应值），再根据刺激值和响应值去调整设备，直到响应值达到要求值为止。校准的目的是调整设备的工作状态，使它能够准确稳定，对相同的输入数值产生相同的颜色，即对给定的刺激产生相同的响应，输入给设备相同的RGB值或CMYK值产生相同的颜色。校准的目标有三个，即保证设备的稳定性、优化（线性化）设备、用一个设备模拟另一个设备。

当一个设备校准之后，只要应用的媒介和外部环境不变，这个设备的工作状态就能够始终保持一致。设备状态稳定后，校准的另一个目标是让设备工作在最佳状态，使设备具有平滑的和可预测的阶调再现性能，得到最大的动态范围和色域。

一个设备达到了稳定和最佳状态后，可以用来模拟其他设备，如可以调整显示器的白场亮度来模拟标准灯箱中观察的白纸等。如果能在不损失设备性能的条件下达到这个效果，就可以减少很多实施色彩管理的工作。

设备的校正包括了对设备、印刷工艺参数、纸张、油墨等多方面的调整和优化，这一步是色彩管理最关键的一步，与整个印刷工艺中的印前制版、印刷、材料等多个部门关联。目前印刷机比较权威的校正化方法有G7、GATF、SWOP和FORGRA-PSO。

二、特性化

特性化是指在经过校准的设备上输入或输出能够代表设备描述颜色能力的标版，如 IT8.7 标准色板和 ECI2002 数码打样，然后通过专业的测色仪器以及测色软件进行测量，根据获得的数据来确定设备的颜色表现特性，建立颜色特征文件。目的是确立设备或材料的颜色表现范围，并以数学方式记录其特性，以便进行色彩转换之用。

在为设备建立特征文件时，一般都需要设备特性化用的色标版及其参考数据、色彩测量仪器和特性化专用软件来帮助完成。在进行设备特性化时，让设备再现色标版中的色块，然后用色彩测量仪器测量设备再现色块的色彩值，再通过软件比较色块测量值和色标版中的参考数值，最后把结果按照一定的规范生成设备的特征文件并保存。

通过测量色标版中的色块，可以得到制作设备特征文件的参数，这些参数包括着色剂（原色）的色彩及亮度、白点与黑点的色彩与亮度、着色剂的阶调复制特性。在测量过程中，应当努力排除可能影响阶调复制特性的因素，如更换了纸张、或调整了显示器的对比度等。当一台设备的阶调复制特性变化，就必须重新特性化，以反映这些变化。

除了原色的颜色外，另外两个决定设备复制色域范围的因素是白点与黑点。对于白点，常关注的是白点的颜色；对于黑点，更关心的是其密度，即黑的程度。实际上，对于白点和黑点，都可以谈论它们的颜色和密度（亮度）。二者唯一的区别在于它们的侧重点不同。对于白点，颜色比密度更重要；而对于黑点，密度比颜色更重要。

精确测量原色、白点和黑点的颜色和密度是很重要的，然而这些测量值只能表示设备的极端状态，即最饱和的颜色、最明亮的白和最深最暗的黑。为了全面地描述一个设备的颜色特性，还需要了解设备的阶调复制特性。测量和模拟设备阶调复制特性最简单的方法就是使用阶调复制曲线，用它来建立设备输入值与输出结果之间的亮度值对应关系。大多数模拟设备都有类似的曲线，用它来显示复制灰度级的增加（网点扩大），这种灰度级的增加对中间调的影响最大，对高光和暗调区，这种增加逐渐减小，直至为零。对于显示器、扫描仪和数字相机，这种曲线称为 Gamma 曲线，与打样机或印刷机印刷色彩管理的网点扩大曲线稍有不同，但有相似之处。一些打样机具有非常复杂的阶调响应关系，不能用一条简单的曲线完全表达这种复杂关系。这种情况下，需要使用一个对照表（LUT）来记录从高光到暗调具有代表性的阶调值。

实际上，Profile 只是描述了设备色与色度色之间的转换关系，也只能在色空间转换时使用。而和这个设备 Profile 对应的设备的工作状态才是实现这个 Profile 的基础。要实现有效的色彩管理，对这些设备工作参数的设置、调节和校准才是问题的关键。例如，在数码打样系统的色彩管理中，要生成打样系统的 Profile，必须首先确定和调整好打样机的各种工作参数，包括分辨率、使用墨水和纸张、基本线性、总墨量、打印质量等，然后才能制作出合适的打样机 Profile。而在使用这个 Profile 时，就必须设置打样机，使其工作于对应的工作状态，在此基础上进行的色彩转换才有意义。

制版和印刷过程的校准和特性化是十分麻烦的，要想做好色彩管理，前提是必须对整个印刷过程进行规范化和数据化的管理，使每一个受管理的环节和工序都具有可以调控和校准的工作状态和对应的数据参数，只有这样才能做到系统的稳定和可重复性，而这正是色彩管理的前提条件。

另外，有些设备（如相机和扫描仪等）虽然能够进行各种设定和调节，但对设定的状态无法进行校准，即无法进行标准状态的偏移归位，因此只能在设备状态出现飘移的时候，对其现在的状态制作新的 Profile。

三、转换

转换是指怎样在某台设备上，根据 ICC Profile 内的数据进行色彩空间转换，以达到颜色在不同设备色空间之间的模拟或准确传递。关于依据 Profile 所作的色空间转换，是通过转换引擎软件完成的。例如，一台 Mac 机的显示器显示颜色，就是使用 Mac OS 内的 Colorsync 色彩引擎进行转换得来的；如果设备是一台打样机，在已安装了色彩引擎的打印服务器中进行转换工作，这类打样机色彩引擎常见的有 BestColor、BlackMagic、Startproof、Pressready 等。

实际工作时，CMM 会查看源设备特征文件，建立一个颜色对应表，使源设备的 RGB（或 CMYK）值与 PCS 的颜色值相互对应起来。然后查看目的设备特征文件，并使用指定的再现意图建立一个颜色对应表，使 PCS 的颜色值与目的设备的 CMYK（或 RGB）值相关联。然后再使用 CMM 模块中的插值算法，用共同的 PCS 颜色值把两个表连接在一起，组成一个直接从源设备到目的设备的颜色转换表。最后将源图像中的每个像素的颜色值通过这个表依次从源设备转换到目的设备。

需要注意的是，印刷品从原稿到打样、出版印刷整个过程只需要一次转换，并且在一个具有色彩管理功能的软件下进行，否则颜色的转换是不可预知的，颜色转换的方式也需要根据原稿类型、输出目的等因素综合考虑。

3C 之间的关系如图 3-13 所示。

大多数色彩管理软件都具有给图像或者彩色页面指定 ICC Profile 的功能。指

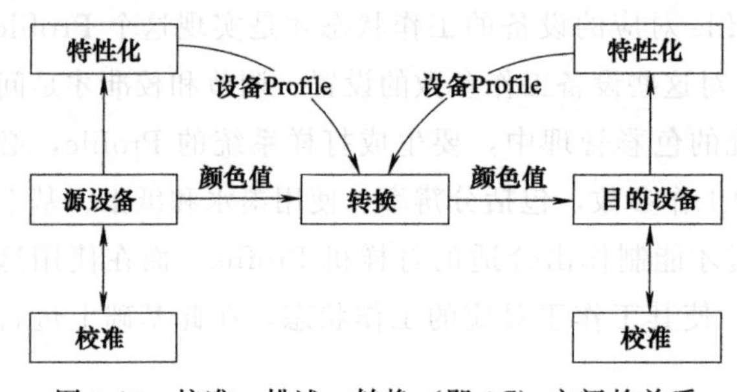

图 3-13 校准、描述、转换（即 3C）之间的关系

定 ICC Profile 的确切含义就是指定其属于什么空间的颜色。有时我们想知道图像或者页面在某个色空间的颜色显示情况，就可以通过指定 ICC Profile 来实现。例如一个 RGB 图像本来是 sRGB 的，如果指定它的颜色特征文件为 KODAK Genetic DCS Camera input，就表明它是 KODAK Genetic DCS Camera input 空间的颜色，其颜色就和之前属于 sRGB 时有所不同。为什么会产生颜色视觉效果不同呢？这就是指定 ICC Profile 的功能所致，其意义就是用 KODAK Genetic DCS Camera input 色空间的颜色来表达同样大小 RGB 值图的视觉效果。两个图的 RGB 大小其实都是一样的，只是由于配置的 ICC Profile 不一样，得到的颜色就不一样了。因此，指定配置文件不改变设备模拟颜色数值的大小，但会改变颜色视觉效果。它和色空间转换不一样，转换是保持颜色的视觉效果一致，但颜色值就不一定相同了。再例如一个 CMYK 的图像，原图是 Euroscale Coated v2 CMYK 色空间的图像，将该图像指定配置文件为 U. S. Sheetfed Coated v2 CMYK 色空间，两者在颜色表现方面就有很大差别。可以这样理解这两幅图像：按照 Euroscale Coated v2 空间的数据进行分色得到一套印版，而采用 U. S. Sheetfed Coated v2 油墨进行印刷，得到的颜色和原来设想的有所不同，其原因是 Euroscale Coated v2 和 U. S. Sheetfed Coated v2 的原色本来就是不同的。

嵌入 ICC Profile 的意思就是在存储图像文件或者其他颜色对象的时候，将其颜色空间的颜色特征文件嵌入文件，形成一个附带的文件信息，以便在进行颜色处理时很方便获取有关颜色信息。有了嵌入的 ICC Profile，就相当于给了颜色对象一个颜色识别标记。例如，某个图像中的一颜色为 C90％M80％Y9％K3％，如果没有嵌入的 ICC Profile，则可认为该颜色是任何 CMYK 输出设备的 C90％M80％Y9％K3％，可以用许多输出设备来表现它；如果该图像嵌入了 U. S. Sheeffed Coatedv2 特征文件，则该颜色就是 U. S. Sheetfed Coated v2 空间的 C90％M80％Y9％K3％，其颜色就是唯一指定了的。

在颜色复制或处理过程中，我们需要明确地指出颜色由什么设备而来，将转换到什么设备中表现，用什么设备输出，这样就能准确地保持颜色的一致性。在这个意义上，色彩管理需要知道每个颜色对象的 ICC Profile，这就需要将 ICC Profile 嵌入到文件之中。

通常情况下，PDF 文件可以保留原先的各个对象嵌入的 ICC Profile，在输出的时候按不同情况将其转换到输出的目的设备空间。至于在 Adobe Acrobat Professional 中嵌入 ICC Profile 的方法可以通过一些插件将对象转换到目标色空间后来进行。例如可以用 Callas PDF color convert 软件进行嵌入有关文件，不过这里的嵌入是将颜色对象转换到某一颜色空间后，再将有关 ICC Profile 嵌入在文件中。

第三节　输入设备的校准及特性化

原稿信息经过输入设备后成为数字化的数据，在流程中处理和传递。常用的输入设备主要有扫描仪和数码相机等。扫描仪的特性化相对比较容易实现，高质量的扫描特征文件可以产生与原稿一致的扫描图像。数码相机的特征文件有些难以制作，即使是得到最好的数码相机特征文件，对所拍摄的图像还是要进行很多的阶调调整，如果遇上相机同色异谱对颜色的影响，情况会更麻烦。但一个好的数码相机特征文件至少可以使图像向着正确的方向改变，且可以节省工作的时间和精力，这正是色彩管理的目的。

一、扫描仪的校准和特性化

1. 扫描仪标准色标

无论是专门的 CMS 软件还是应用软件中的 CMS 功能模块，用来生成扫描仪特征文件的方法都是相似的。具体过程是首先扫描一张标准色标，目前常用的色标系列是 IT8 系列。

扫描仪标准色标是扫描仪校准和特性化使用的工具。ANSI（American National Standards Institute，美国国家标准协会）制定了制作扫描标准色标的 IT8. 7/1（透射）和 IT8. 7/2（反射）标准，该标准与 ISO 12641 1997 对应，都为 IT8. 7/1 和 IT8. 7/2 给出标准的颜色值，其数值用色度值 XYZ 和 Lab 表示。色标由 264 个色块组成，代表整个 CIE Lab 色彩空间的采样，还在底部带有 23 级中性灰梯尺。如图 3-14 所示为 KODAK IT8. 7/2 色标。不同厂家生产的色标以及同一厂家生产的各种色标之间会有微小的差异，但这些差异能分析出来，而且不影响使用色标的彩色管理系统的精度。

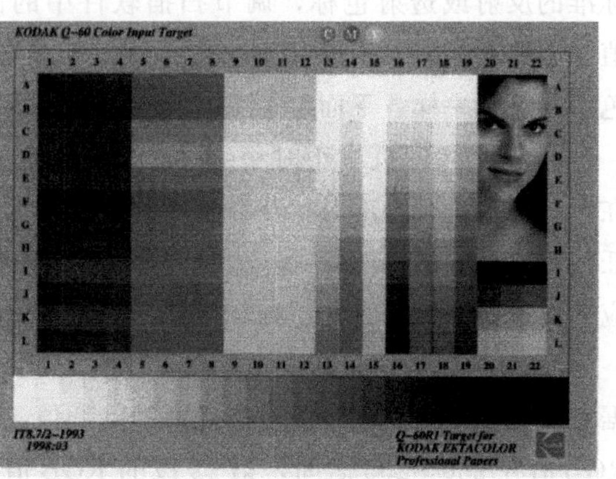

图 3-14　KODAK IT8. 7/2 色标

色标中的色块从 CIE Lab 空间中选取，共选取 12 个均匀间隔的色相角（A~L 行），每个色相角选取 3 个亮度等级，每个亮度等级上选取 4 个饱和度等级，组合成 144 个色块。前三个饱和度等级（第 1～3、5～7 和 9～11 列）是色域内的颜色，它们的色彩值是根据 Agfa、Fuji、Kodak 和 Konica 提供的色域信息确定的。第四个饱和度等级（第 4、8 和 12 列）是特定色相角和亮度等级上可达到的最大饱和度。第 13～19 列是青、品、黄、中性灰、红、绿和蓝的 12 级梯尺，这些梯尺可用来分析原色料的色彩特性。其中，中性灰梯尺中的灰色由青、品、黄混合形成，第一级色块密度值最小，最后一级色块密度值最大，每级之间的亮度差相等。青、品、黄梯尺中每一级色料的数量等于第 16 级中性灰中该色料的数量。红、绿、蓝梯尺中的色块是由青、品、黄混合形成的二次色。在色标的底端有一条 22 级的中性灰梯尺，第一级色块密度值最小，最后一级色块密度值最大，22 级中性灰色块的亮度值 L * 在 ANSI 标准中规定。以上所述色块都是 ANSI 中定义的色块，除此之外，第 20～22 列留给制作商自定义。

2. 扫描仪的校准

扫描仪校准的原则是将扫描仪调整为能忠实反映原稿阶调层次信息、色彩变化以及灰平衡的状态。

扫描仪的校准通过扫描仪白平衡来实现。白平衡校准的作用是调整扫描仪三原色通道光学器件的最大输出工作电压，并保证三通道的信号混合中性色时达到均衡。不同类型的原稿白平衡的确定方法不同，透射稿的白平衡选点在滚筒洁净处，反射稿的白平衡选点在原稿白色区域或在白色铜版纸上。

大部分扫描仪在最初启动时都会自动校准。扫描仪内部的光源是恒定的，扫描仪将以一个内置参考物（标准白板与标准黑板）为准来进行自动校准，使扫描仪达到白平衡。如果扫描仪没有自动校准功能，则必须进行手动校准。手动校准时使用标准的反射或透射色标，调节扫描软件中的高光、暗调数值及中间调的 Gamma 值，必要时调节红、绿、蓝或黄、品、青、黑单通道数值，以使扫描图像的阶调、色彩与色标一样。下面以 IT8. 7/2 标准色标为例，说明扫描仪的基本校准过程。

① 扫描仪开机半小时稳定后，将标准色标置于扫描区域内，启动扫描软件。在对扫描仪进行校准时，往往使用系统缺省的扫描参数进行扫描。扫描时需要关闭任何对白场或黑场的设置；去掉对偏色的校正；去掉任何根据图像内容进行自动响应的设置，如扫描锐化，扫描模式选择 RGB 模式。

② 扫描完成后，在 Photoshop 中打开扫描图像，测量灰梯尺的颜色数据。根据需要，在扫描软件中调节高光值和暗调值，即黑白场定标，使得灰梯尺第 1 级的 RGB 值在 250～255 之间，第 22 级的 RGB 值在 0～5 之间。若扫描后的第 1 级的灰度值偏低，说明白场偏黑，可在扫描软件中将亮调值减小；若扫描后的第 22 级

的灰度值偏高，说明黑场偏白，可在扫描软件中将暗调值增大。对于平台式扫描仪调整后，可能出现灰梯尺的第 19～22 级数值相差不大，暗调层次没拉开，阶调被压缩损失。因此，若原稿图像暗调层次丰富，建议采用滚筒式扫描仪。

③ 调节中间调 Gamma 值，以使灰梯尺第 11 级数值在 125 左右。若第 11 级数值偏小，可加大 Gamma 值，同时注意修改亮调值与暗调值，以保证三者都能达到要求。

④ 根据每一级灰梯尺 RGB 数值的大小关系，单通道调节三者的数值，以使每级 RGB 的数值大致相等。如若中间调第 11 级的 R＝118，G＝B＝124，可将红通道的 Gamma 值加大，加大红通道的强度，使其与绿蓝持平。

⑤ 在 Photoshop 中打开图像色阶，检查图像的阶调，看图像是否出现阶调损失；打开 Photoshop 中的信息板，查看相应色块的数据，检查颜色数值。保证色标中 A_{16} 和 B_{16}、L_{16} 与 K_{16} 可与其他色块清晰地辨认，并且不能出现 A_{16} 和 B_{16} 的 RGB 颜色数值同为 255、L_{16} 与 K_{16} 的 RGB 数值都为 0 的情况。如果出现阶调损失或色块颜色数值不正确，说明扫描仪不正常，需要对扫描仪进行维修，并重新校准。

当按照上述步骤完成操作，则扫描仪校准完成。

3. 扫描仪的特性化

为设备建立特征文件一般需要设备特性化用的色标版、色彩测量仪器和特性化专用软件三个要素，但为输入设备建立特征文件只需要色标版和特性化软件，因为色标版中的颜色值经过输入设备采集后已经获得，不需要再测量。扫描用的色标版由两个部分组成，一是如图 3-14 所示的可供扫描用的物理原稿；二是保存该物理原稿中各色块颜色值的电子文件，称为色标描述文件 TDF（Target Description File)，这个文件由生产标准原稿的厂家提供。

无论平台式扫描仪还是滚筒式扫描仪，建立特征文件的方法和过程都一样，扫描仪特性化的基本过程如下。

① 在扫描仪稳定工作状态下，扫描标准色标物理原稿。

② 检查处理扫描后的色标图像。

③ 用特性化软件将扫描后色标中各色块的色彩值与 TDF 中对应的标准值进行比较，得出两者之间的对应关系，形成该扫描仪的设备特征文件，生成的特征文件还可以通过特性化软件查看其基本信息。

如图 3-15 所示为生成特征文件的过程。色标上的色块首先由已校准的分光光度计测量其色度值 Lab，从而生成色标的 Lab 参数表。这个参数表一般在提供色标时由厂家提供。当要建立某个扫描仪的特征文件时，用该扫描仪扫描色标并获得色标上每一个色块的 RGB 值。这样，彩色管理系统就可以建立起 ICC Profiles 所需要

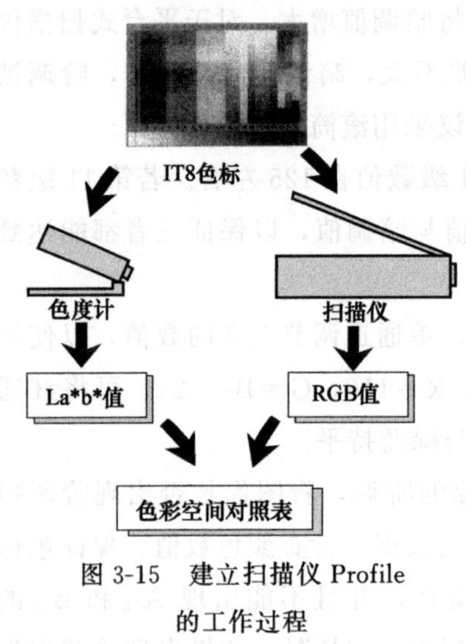

图 3-15 建立扫描仪 Profile 的工作过程

的 RGB 和 Lab 之间的 LUT 转换表，并结合如黑白点和灰轴处理方式等构成一个特定状态下的扫描仪 ICC Profile。

由此生成的特征文件只能适用于该台扫描仪，因为即使是同一种型号的扫描仪，由于器件参数的离散型，也不会得到完全相同的设备特征。即使是同一台扫描仪，一般也可能有多种特定的工作方式，这时的设备特征参数也不会相同。另外，扫描仪本身也会随着使用时间的变化而有参数上的漂移等。扫描仪设备 Profile 的这种随条件而变的局限性给色彩管理带来了很大的离散性。解决这一问题的最好方法如下。

① 经常使用 IT8 色标来校准扫描仪，这里所说的校准实际就是生成新的 Profile 来替换旧 Profile，这样就可以反映扫描仪最新的工作状态。

② 确定扫描设置的种类，并为每一种设置建立独立的 Profile。例如，可能经常使用三种不同的扫描设置，分别用于暗调、中间调和亮调图像，因此，应当为扫描仪建立三种工作状态的 Profile。

另外，在各种 CMS 系统中会包含许多厂家按产品型号给定的 Profile，直接使用这种文件没有自己特制的 Profile 准确，但如果精度要求不高是完全可以使用的。

扫描仪的特征文件建立后，一般情况是应该将扫描仪的特征文件嵌入图像文件中，以正确反映图像原稿的颜色。具体来说就是要将扫描得到的文件指定为扫描仪的色空间。对于扫描得到 RGB 色彩模式图像的情形，可以在扫描后存储文件时不嵌入 ICC Profile 文件，也就是得到的 RGB 响应是扫描仪自己的。然后在 Photoshop 中给图像先指定配置扫描仪的 ICC Profile 文件，存储时将扫描仪的特征文件嵌入其中；也可以通过扫描仪驱动软件设置直接得到嵌入了扫描仪特征文件的 RGB 图像。

如果想直接在扫描时得到 CMYK 模式的图像，则图像要由扫描仪的色空间转换到 CMYK 色空间，这个转换可以直接在扫描驱动软件中完成。这时候的源色空间为所建立的扫描仪的特征文件的色空间，目标空间为要转到的 CMYK 色空间。

二、数码相机的校准和特性化

数码相机的特性化过程与扫描仪非常相似，但更为困难。因为扫描仪具有固定的和基本稳定的照明光源，但数码相机没有。另外，扫描仪的原稿颜色通常是由三种或几种染料或颜料形成，而数码相机面对的是真实世界中五彩缤纷的物体。这就存在同色异谱现象，即同一个景物，设备所感觉到的颜色与人眼感觉到的不一样，这是数码相机要面对的普遍问题。

1. 数码相机标准色标

数码相机用的标准色标有 Gretag MacBeth Color Checker DC 和 Gretag MacBeth Color Checker SG 两种。目前大都倾向于选择前者作为数码相机的标准色标，如图 3-16 所示。色标大小为 21.59cm×31.56cm，包含 237 个色块，基本包含了自然界的常见颜色，如肤色、不同程度的绿色和蓝色等。色标中所有的颜色都来自于孟塞尔（Munsell）颜色系统，能更好地反映数码相机的颜色特性。因为参照物越多越详细，最终结果也就越接近自然界的颜色。

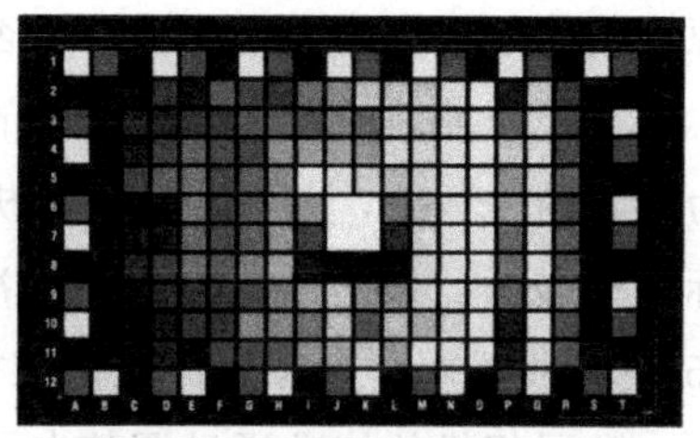

图 3-16　Gretag MacBeth Color Checker DC

数码相机用的标准色标中色块的颜色可能会受到外界影响发生缓慢的变化，虽然色块的颜色用眼睛看上去不会有什么变化，但可能用数码相机拍摄时会得到不一样的结果。所以，建议用色彩测量仪器定期测量色标中的色块，并用测量数据更新色标参考数据文件 TDF 中的颜色值，一般至少每年更新 3 次。

使用 GretagMacBeth ColorChecker DC 色标校色是基于与设备无关的 Lab 显色模式下的颜色校正，且使用的参照色多而全面，并采用对图片后期校色的方式，因此校色效果更为稳定和准确。但采用此方法需要使用外部配件的色标（瑞士进口），价格昂贵，普及还不太现实。另外，该色标中相关的肤色色块是以白种人肤色为基准的，对黄种人的肤色不是很适应，因此建议研究和开发更为实用的，符合我国数码相机用户实际要求的国产标准色标。

2. 数码相机的校准

在对数码相机校准前需要做一些准备工作，包括测试环境照明状态和校准前的一些设定工作。

(1) 测试环境照明状态　数码相机采集的信号多来自彩色物体本身，拍摄时可使用多种外部光源，如晴朗天气的阳光、多云天气的日光、白炽灯光或荧光灯光等。各种光源在光谱分布和强度上差别很大，且容易受外界环境影响发生变化，直接影响数码相机彩色输入信号的质量。因此，在对数码相机校准前首先要确定拍摄时的光源，并在稳定的光源条件下进行校准。标准的彩色复制环境采用具有连续光谱、色温为 5000～6000K 的光源。

对环境照明状态的测试主要包括两个方面，一是环境光源的色温、显色性能等指标的确定；二是对光源照射均匀度的检测，可采用照相纸的背面作为测试工具，用相机对相纸的背面进行拍摄，并查看拍摄的图像数据，看四个角的像素 RGB 数值是否都接近 255，如果达到则表明环境照明状态标准，否则需要对环境光源和周围背景进行调整。此外，对于环境的情况，还要测试拍摄物体表面的反射强度、光源到物体与镜头的位置、镜头是否与景物平行等。

(2) 校准前的设定 校准前的设定包括校准用的标准样必须固定在以中性灰色为背景的平板上，并且与数码相机的镜头平行；不要使用变焦镜头方式放大或缩小标准样，保证在正常的焦距中标准样能正好位于整个取景区内；在标准样的两侧45°上方放置两个光源，保证标准样完全被这两个光源照射。

数码相机的校准通过调整白平衡来完成。白平衡能使相机在各种光线条件下拍摄出的照片色彩和人眼所见的基本相同。数码相机控制白平衡的能力很大程度上取决于相机的性能，还与拍照时使用的文件格式有关。“一次拍摄式”彩色数码相机使用一组传感器阵列，以及与各传感器配合的滤色片，这类相机称为彩色滤色片阵列（CFA）相机。每个传感器只捕获一种原色，通常是红、绿、蓝三色之一，不过也不仅限于这三色。每个传感器捕获的图像相当于一个灰度图像，彩色图像由三个灰度图像处理得到，对每个像素进行插值计算得到丢失的颜色。几乎所有的 CFA 相机都有白平衡功能。大多数专业级和普通 CFA 相机都可拍摄 JPEG 或 RAW 格式的图像文件，对两种文件格式的白平衡效果不一样。

如果一个数码相机不能设置自定义的白平衡，也不能定制灰平衡，那么它不适合进行色彩管理，只能在图像处理软件中进行必要的编辑修改工作。

3. 数码相机的特性化

为数码相机创建特征文件的过程包括拍摄数码相机用的标准色标；在特性化软件中打开标准色标的参考数据文件 TDF 和色标拍摄图，通过软件计算相机采集到的每个色块的数据与参考数据文件 TDF 中的数据，为数码相机建立特征文件。

(1) 拍摄标准色标 当拍摄标准色标时，可以设置一个自定义的白平衡，使用这个白平衡可以对原始数据进行转换，而不是依赖相机的自动白平衡或原始数据转换器对最佳白平衡估算。

拍摄时要确定色标被照得尽可能均匀，并且使拍摄出的色标形状尽可能地没有变形。大多数特性化软件都允许对色标图像进行小范围的投影变形修正，但如果变形太严重，则可能导致创建的特征文件不好，或软件干脆拒绝进行计算。有的特性化软件没有色标变形修正功能，就需要在图像处理软件，如 Photoshop 中修正图像的变形。

如果是为拍摄 RAW 格式图像来制作特征文件，大多数 RAW 格式转换器都提供一个线性（Gamma＝1.0）捕获方式，这通常对制作特征文件来说是最好的选择，因为这时它会对原始图像数据进行最少的处理就能得到彩色图像。

(2) 创建数码相机特征文件　创建数码相机特征文件的过程基本上与扫描仪相同，都要为建立特征文件的软件提供色标数据描述文件和拍摄的色标图像，将图像裁剪为合适的尺寸，设置制作数码相机特征文件时的相关参数，最后单击“确定”按钮，特性化软件就会计算并生成特征文件，然后保存。

大多数数码相机特性化软件都提供许多选项，来设置数码相机使用时的一些参数并记录到特征文件中，如对比度、灰平衡、饱和度，甚至是曝光补偿等参数，还可以选择拍摄时所用的光源。当参数设置完成后，就可以开始计算生成特征文件。和扫描仪特征文件一样在查看特征文件信息的软件中打开创建的数码相机特征文件并查看。

第四节　显示器的校准和特性化

显示器的校准和建立特征文件的过程实际上是针对整个显示系统进行的，包括显卡、显卡驱动和显示器本身。显示器的校准和特性化相对来说比较简单，但又非常重要，关键在于校准目标值的选取。设置好目标值关系到所创建的显示器特征文件的好坏。校准时的外界环境要求比较严格，尤其是室内光源的选择，一旦环境发生了变化，就要重新校准并特性化显示器。显示器校准之后不能随意改动显示器中的各种控制，否则也要重新校准和特性化。

一、显示器的校准

显示器校准是指设定和调节最佳或者特定的显示状态的过程。最佳状态就是通过调节达到最佳的亮度、对比度效果和某种色温相匹配的中性无色偏状态。而特定状态是指模仿某种特定环境外观的情况。例如，使用显示器的白点和 Gamma 值模仿报纸显示效果，这时的显示器白点是在模拟报纸的底色。显示状态是由两种因素决定，一是显示器显示状态的物理参数（如亮度、对比度、色温、磷粉等），它们是由驱动电路决定的；二是显示驱动卡中的阶调映射 LUT 表，用来决定图像的像素值和驱动电路驱动值的映射关系。如果将显示器状态调校系统按使用方式和原理分类，有以下三种类型。

1. 纯软件

(1) 使用方式　如 Adobe Gamma、Monitor Calibrator 等软件，通过状态观察和手工设定来达到某种理想的或者特定的工作状态。

(2) 工作原理　通过调节显示卡的 LUT 表来完成效果变化的调节。LUT 表就是显示图像的像素值和显示器驱动电路驱动值之间的变换表。

2. 软硬件配合（含色度计或分光光度计）

(1) 使用方式　如 Profile Maker、Measure Tool、Eye One 等系统，它们都具

有以显示器色度计构成的目标状态反馈检测与调节结构，这种系统的显示器面板按钮能够调节亮度、对比度和色温，通过色度计检测显示界面的显示数据和面板按钮的互动调节达到某个目标状态。

(2) 工作原理 通过显示卡内LUT表的改变来调节显示效果，在达到设定的目标状态后，需要固化显示卡中校准后的映射关系表。如图3-17 (a) 所示为软硬结合方式的调节原理图，特点是在设置某个特定状态后，其校准的变化是通过显示卡查找表的映射方式来获得。这种系统的缺点是对于显示器的性能衰减没有直接的恢复补偿能力。而基于显示卡LUT的校准补偿只是在现有显示能力下的一种映射变化。

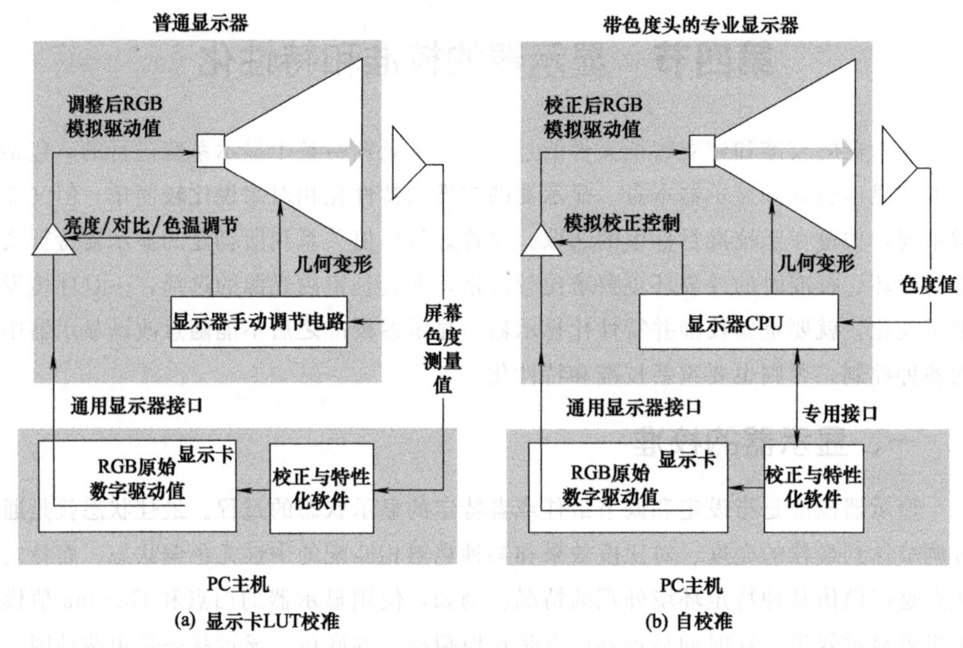

图3-17 显示卡LUT校准与自校准的显示系统（用显示器色度计）

3. 专业的自校准显示器

如Barco Colibrator（巴可）显示器等，使用和显示器驱动系统相连的内置色度测量系统，实现基于硬件调节能力的特定工作状态校准调节系统，如图3-17 (b) 所示。这种系统的显示器驱动电路可以实现对显示驱动量的直接改变来达到校准显示器显示效果的目的，而不是通过显示卡的LUT表，如Barco Calibrator显示器就具有这种调节通道。如图3-18所示为自校准调节与显示卡LUT调节的效果对比，最明显的区别是在显示器性能下降（如老化）时，显示卡LUT只能在下降的性能范围内优化调节效果，但无法提高性能。而自校准系统的调节是基于驱动电路的闭环结构，它的调节目标是显示器的原始状态（或初始状态），因此系统能更加精密地显示颜色，色域范围也大一些。

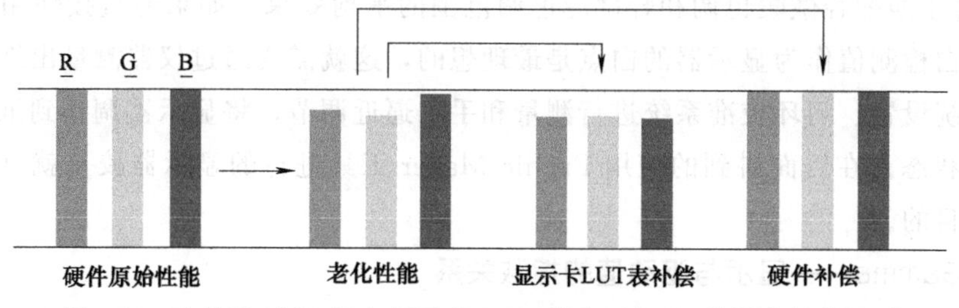

图 3-18　自校准（右 1）与显示卡 LUT 校准（右 2）的调节性能区别

显示器校准完毕后，便可以作相应显示模式下的 ICC Profile，这个过程称为特性化。由于 CRT 显示器的显示参数比较稳定，所以它的 ICC Profile 结构也比较简单，包括三组数据（色温、Gamma、显示器磷粉），即 RGB 最大驱动值（255，0，0）、（0，255，0）、（0，0，255）的三个极点的 XYZ 色度坐标，并将它们提供给 CMM（色彩管理模块/引擎）作矩阵换算。其中，对于有显示器色度计的显示器校准系统，就可以比较准确地测量显示器的上述三组数据，而免费校正软件则是用眼睛来作效果调节，所以对于色温和显示器磷粉就不能进行准确设定，最终也就限制了 Profile 的精度。另一方面，对与目前使用越来越多的液晶显示器，其线性不如 CRT，所以在建立 Profile 时，其 Profile 参数是使用简化了的 LUT 数据。

注意：显示器显示效果受环境光的影响较大。因此，首先要保证环境光的稳定，最好使用人工照明环境，以获得稳定一致的亮度；另外，柔和的室内光线和中性颜色的背景和墙壁能够帮助减小影响。还要选择一个稳定的中性灰显示器背景色调（例如，用 RGB 驱动值为 127、127、127），它将使操作人员能够比较容易辨别显示器的色温。

二、显示器基本参数与调节

显示器需要调校的基本参数包括色温（白点）、Gamma、亮度和对比度，下面将这三个参数的概念和相关的调节实现方式作一个简介。

1. 色温——光源与显示器颜色外观的单值度量

色温是描述显示器颜色的一种度量形式。对显示器来说，低色温就是颜色偏红和偏黄的暖色调外观，如色温为 5000K（D_{50}）显示器有些微黄；高色温就是颜色偏蓝的冷色调外观，如 9000K 则有些发蓝。目前，一般的色温设置是 5000K。色温的显示驱动在于 R、G、B 三色通道的驱动值的比例关系，如果像素值为白色的 255、255、255，而驱动值为 255、245、245，则显示器的白点就会发红，色温就会下降。

作印前处理用显示器的色温设定应该遵循工作的要求。一个 D_{50} 的显示器色温设置对处理新闻纸印刷的效果是比较理想的，冷白纸的显示器效果设置为 D_{75}，

D_{65}适合于匹配轻微暖色调和轻微冷色调范围的平均效果。如果能直接使用印刷纸张的纸白检测值作为显示器的白点是最理想的，这就需要通过仪器测量出纸白，并通过系统设置、闭环校准系统进行测量和手工逼近调节，将显示器调整到纸张白点的显示状态。在后面讲到的使用 Profile Maker 工具进行的显示器校正就可以达到这样的目的。

2. Gamma——显示与驱动值的指数关系

Gamma 就是像素颜色值和它的输出驱动值之间的指数关系。其实和视觉相关的所有输出系统都具有这种指数关系的映射问题，如扫描系统的 Gamma，显示系统的 Gamma，图片的修正工具也有 Gamma 指数修正工具，而印刷品网点扩大也具有 Gamma 指数分布。指数映射关系的应用是因为人视觉感受对物理亮度值（能量）的非线性指数关系。因此，如果光能量分布呈相反的非线性指数分布，则人眼睛的感觉则可实现线性分布。因此，对一个需要显示的呈线性分布的像素值，进行 Gamma 的非线性校正后，感觉上则会是线性的分布关系，否则就会出现非线性的效果。所以，Gamma 值协调了色光采集物理器件的线性采集性能与人的视觉的非线性采集性能之间的问题。苹果机平台的显示器 Gamma 的典型设置为 1.8，而 PC 机的显示器 Gamma 的典型设置为 2.2。

3. 亮度和对比度——显示的极值与范围

亮度和对比度可以分为直接使用显示器调节按钮的硬件调节方式和在软件中对亮度对比度调整的软件调节方式。硬件调节方式是直接调节显示器的驱动电路而形成的效果，软件调节则是通过某个软件（如 Adobe Gamma）来调节显卡的 LUT 映射表，从而调节像素值的驱动值，进而形成显示效果的变化。一般在进行显示器校正和特性化的过程中，首先将显示器的硬件亮度和对比度关系调到最佳状态，这样能获得最宽的显示色域。

三、显示器的特性化

对显示器来说，有效的色彩管理必须为每一个显示器单独制定特征文件。特征文件的建立也是通过将标准数值与测量颜色值进行比较来实现的。对于显示器来说，建立特征文件的软件会在屏幕上显示一系列已知 RGB 值的色块，然后将这些颜色值与色度计或分光光度计的测量值进行比较。需要注意的是，在建立特征文件之前，必须使显示器处于正常的状态。与建立其他类型设备特征文件的区别在于，在制作显示特征文件之前，建立显示特征文件的软件可以帮助调整显示器的工作状态，已经将校准和特性化的功能结合在一起了。

1. 显示标准色块

校准和特性化显示的软件在校准完 Gamma 值后会显示出更多的色块，这些色块都具有已知的 RGB 数值，即色块参考数据。这些色块及其参考数据的作用类似于输入设备特性化用的色标版。在参考数据中保存了每个色块的标号和 RGB 值，不同特性化软件所使用的色块可能不同，但一般都包含构建 RGB 色空间色域所需要的特征色，如黑色、白色和各亮度级的 RGB 三原色、二次色及其他特征色。有些软件会采用和校准 Gamma 值相同的色块，这样在完成校准之后就可直接创建显示器的特征文件。

2. 创建显示特征文件

与建立输入设备特征文件一样，建立显示特征文件的过程也是将已知数值与测量值进行计算的过程。根据标准色块参考数据中的 RGB 数值和经显示后测量得到的 CIEXYZ 值，建立两者之间的转换方式，通常是得到一个 3×3 的矩阵，结合校准得到的白场色度、Gamma 曲线（阶调复制曲线），建立显示器的特征文件。在设置了特征文件大小和白点之后，只要点击开始就可计算生成特征文件。特征文件的大小一般建议选择缺省，白点可以选择 D_{65}、D_{50} 或所测量的白点色度，建议设置为校准时所达到的白点。测量的色块数据可以保存，用户在任何时候都可调入测量数据，与参考数据比较计算生成特征文件。

Gretage Mecbeth Eyeone Match 采用和校准 Gamma 值相同的色块来作为构建显示器特性化文件的色块，在执行完校准后，即可进行特征文件的计算和保存，不提供特征文件大小等其他参数的设置。在保存特征文件之前，Eyeone Match 提供了检视校准前后显示效果的功能，这是其他大多数显示器校准与特性化软件所不具备的。如图 3-19 所示，EyeOne Match 采用 24 色的 Color Checker、人像和 21 级灰度梯尺来检视显示器校准前后的显示效果差别。点击校准打开后效果如左图所

图 3-19　EyeOne Match 检视校准前后的显示效果

示，点击校准关闭后的效果如右图所示。用户可以根据校准后的显示效果来决定是否接受此次校准，如果接受，可以通过点击完成校准来为显示器生成特征文件，并将其应用为显示器色彩管理的默认特征文件。

Gretage MacBeth EyeOne Match 在建立并保存了特征文件之后，会将校准信息及特征文件中保存的阶调曲线和显示器的色域信息形成摘要，以图形化和文字相结合的方式在屏幕上显示出来，非常直观。

3. 应用显示特征文件

显示器的特征文件建立后保存在特征文件系统默认目录下，因为这样才可以在操作系统中应用生成的特征文件。在显示属性中的高级面板中选择色彩管理，即可打开所建立的特征文件，并把它设置为系统显示器的默认配置文件，之后显示器就按照特征文件中保存的白场、黑场、Gamma 值和色域信息等进行颜色的显示。

第五节　数字印刷与打样系统的校准和特性化

在输出设备中，印刷机是使颜色达到目的要求的最终设备，打样机既可作为输出最终颜色的设备，也可作为查看印刷输出效果的设备。相对输入设备和显示设备而言，输出设备的行为更为复杂，为输出设备建立特征文件则更为困难。而且，印前大部分图像中都包含一些输出色域外的颜色。如何处理这些色域外颜色关系到色彩最终的输出效果，这需要能准确描述输出设备的特征文件来支持。

为了使彩色数字印刷与打样系统能够正常运行，也为了色彩管理系统能够成功运作，彩色印刷（打样）系统的操作必须可靠和稳定。这既是系统校准的目的，也是进行色彩管理的基础。

一、数码打样机的校准

比之印刷机，数码打样机的硬件控制相对来说要简单些，它们不需要人为控制墨量，也无须控制压力。一般数码打样机都由软件进行驱动工作，因此其校准操作一般是通过驱动软件来进行的。

通常数码打样的校准工作包括油墨总墨量的控制、各通道墨量的控制、各通道输出的线性化等内容。不同的数码打样软件进行校准的方法不同，有的把校准工作单独作为一项任务，有的则把校准和色彩管理流程结合在一起进行，作为色彩管理流程的一部分。例如利用 Color Burst RIP 就可以单独对数码打样机进行校准，而用 EFI 数码打样软件则是把校准工作作为色彩管理建立设备颜色特征文件的一部分流程来做的。下面以 EFI 软件对数码打样机 EPSON Stylus Pro 4880 进行校准的流程为例进行校准操作方法的介绍。

在对打样机进行校准之前，需要对打印参数进行设置，不同的设置会使打印的色彩产生较大的差别。可设置的打印参数与打样机的驱动程序有关，主要包括分辨率、打印模式、墨水类型、打印介质、颜色模式等。

1. 校准过程

EFI 的 Colorproof 是一款专业的数码打样色彩管理软件，该软件可连接多种类型的打样机，对打样机执行基本线性化，在打样机的色域和线性化之间取得平衡，并保证打样机的灰平衡，完成打样机的校准工作。基本线性化在设备第一次使用时要执行，另外在更换纸张、墨水等打样材料时也要执行。基本线性化的工作内容包括确定总墨量限制、各通道原色墨用量限制、线性化等步骤，并在线性化的过程中确定打样机的色域和灰平衡。

(1) 总墨量限制　在 EFI 基本线性化工具 Lin Tool 中，总墨量限制确定方法是先打印一个由原色叠印的多级梯尺，梯尺中每个色块所需的总墨量已知。打印干燥后用仪器测量或目测的方法确定层次出现并级的起点色块，这个色块所用的墨量就是总墨量限制。

一般来说，可先用估计的预定总墨量限制打印该梯尺，然后测量梯尺，软件读取测量数据后会自动计算出实际的总墨量限制。为防止误差，在软件计算得到了总墨量限制之后，需要用这个限制值再打印一遍梯尺，并且再进行测量，当计算后得到的总墨量限制和上次一样后，才能将该值确定为总墨量限制。

(2) 各通道墨量限制　总墨量确定后，需要确定每种原色墨的限值，即原色墨用量的最大值，目的是确定打样机各通道复制特性的线性化，并确定在各原色特定墨量下可实现的最大色域。基本方法和确定总墨量限制的方法相同，打印包含各通道原色的梯尺图，等干燥后进行测量，软件在读取测量数据后可以计算出每种原色所用的最大值为多少。图 3-20 中采用的色标中，确定 K 原色墨量限制的色阶有 22 级，C 原色墨量限制的色阶有 17 级，M、Y 原色墨量限制的色阶有 15 级。

在图 3-20 的色块中，EFI 除了提供确定各通道墨量限制的色块，另外还提供一些二次色和三次色，用来确定打样机的色域。这样，在测量计算得到各通道墨量限制的同时，也得到了各原色最大墨量所确定的色域。用户可以接受软件计算的值，也可以修改各通道墨量限制，以在线性化和色域之间平衡。修改时可选取参考特征文件，如选取数码打样要模拟的一台印刷机的特征文件，选取后参考特征文件中的色域会显示在图中。为支持数码打样，在调整各通道的墨量限制时，要保证打样机的色域大于参考特征文件的色域。

(3) 线性化　按照软件提示打印各通道中的色标，待其干燥后，用连接好的测量设备进行测量，如图 3-21 所示。测量时会逐个显示出测得的色块，软件根据测量数据自动进行线性化，以建立各通道线性化阶调复制曲线。另外，可以根据需要确定各通道在中间调（40%或 50%）处的点增益值。

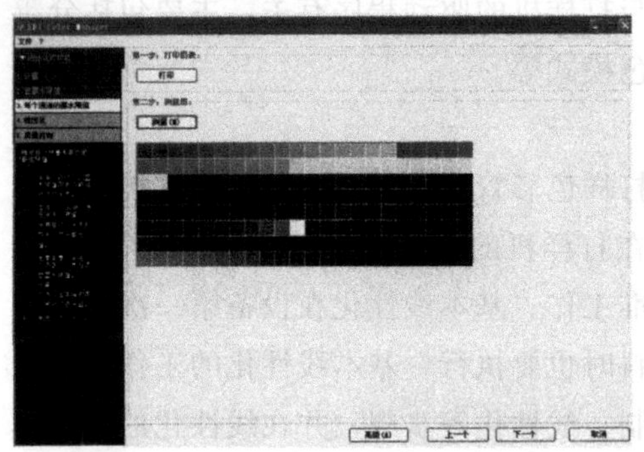

图 3-20 各通道墨量限制（EFI）

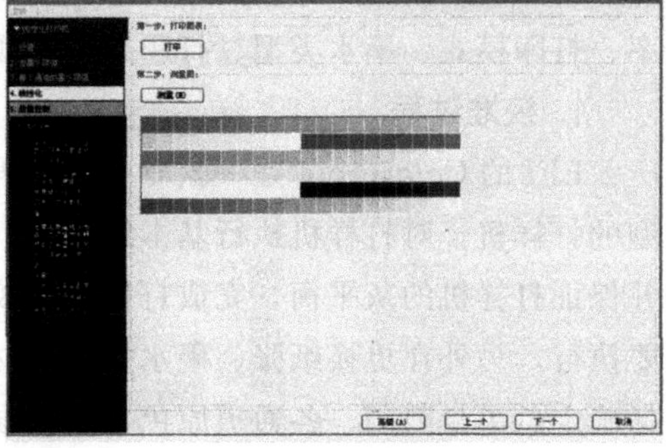

图 3-21 线性化

在校准打样机的色域、线性化和灰平衡时，三者的调整是相互影响的，尤其是色域和线性化之间。如果使打样机得到最大的色域，就会得不到好的线性化，暗调部分会出现并级。反之，如果得到最好的线性化，打样机的色域不能保证为最大，实地密度可能达不到。这是因为两者的调整目标有些相反，线性化会裁掉出现的阶调并级，用尽量少的墨实现最大的输出值，而色域需要用足够多的墨来保证达到理想的黑、白和各原色最大的实地密度。所以，在校准打样机时，要在色域和线性化之间平衡或取舍。如果取舍，一般宁愿牺牲线性而得到较大的色域，因为非线性在某种程度上可由特征文件来补偿，而对色域范围的提高却无能为力。

(4) 质量控制 在打样机总墨量限制、各通道墨量限制、线性化计算完成的基础上，EFI 还提供了测量与目视相结合的校准质量检查。采用上述步骤所得到的墨量限制和线性化参数，打印并测量如图 3-22 所示的 CMYK 各通道梯尺图、CMY

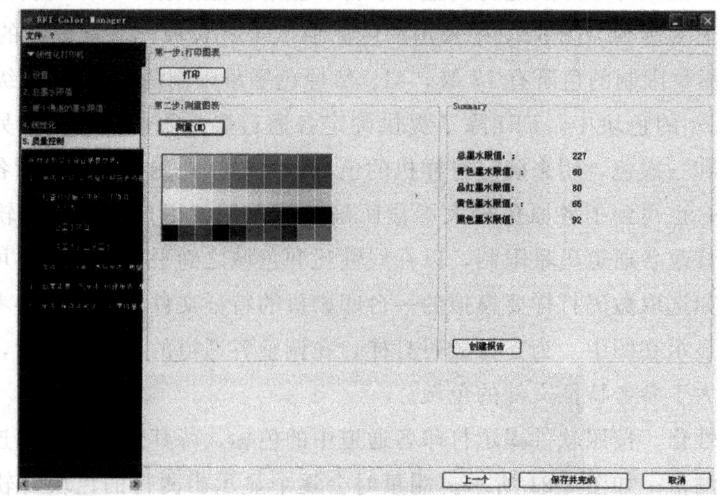

图 3-22 仪器测量质量控制

三通道叠印梯尺图和一些特征色块，打印并观察图 3-23 所示的各色梯尺的阶调再现效果，如果测量和观察出现不正常的现象，需要改变各通道的墨量限制，重新完成校准。

图 3-23 目测质量控制

如果打印效果符合要求，可创建此次基础线性化的报告，作为记录保存，如图 3-24 所示。其中记录了打样机基本参数设置、总墨量限制、各通道墨量限制、各通道中间调增益值、各通道线性化阶调复制曲线、打样机色域和色域边界点（青 C、品 M、黄 Y、黑 K、白 W、橙 O、绿 G）的色度坐标。

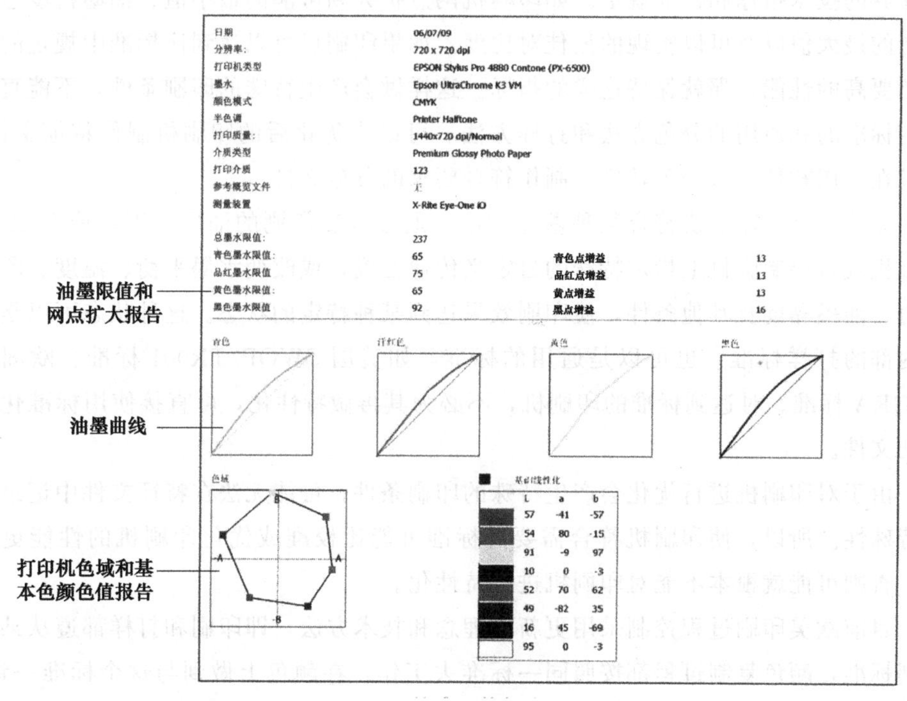

图 3-24 校准总体报告

2. 重新校准

打样机使用一段时间后，打印效果可能发生漂移，因此需要定期对打样机重新校准。校准的周期可根据情况来定。有的特性化软件提供一些色标用来检查校准后的打样机的色域和阶调再现情况，根据检查结果可以决定打样机是否需要重新校准。例如，EFI Colorproof 提供了两个重新线性化的工具，一个使用目测方式重新线性化，一个借助测色仪器辅助进行重新线性化，两者都采用较少的步骤使打样机恢复到基本线性化的状态。其基本方法是用基本线性化的文件作为参考，再次打印线性化用色标，经过测量和软件计算，使打样机恢复到基本线性化的状态。在选择了基础线性化文件、正确连接了测量设备后，会重新打印确定墨水限制值和线性化的色块，然后进行测量和计算。

二、印刷机的校准

对传统印刷机来说，校准的基本目标，一是要让印刷机能够印刷出均匀的、清晰的图文，均匀性方面和数码打样机一样，基本上能够做到印刷出均匀灰度梯尺；二是要让印刷机能够遵从某个印刷标准，能够接近或者达到这个标准的要求。

方法一是进行印刷机的优化，使印刷机的各项指标都达到最大能力，而不必考虑外界的技术指标和标准规定。如印刷机网点扩大到可能的最小值、油墨密度达到可能的最大值以及可以实现的最佳对比度。如果印刷机可以达到比标准中规定的指标还要高的性能，那就保持这样的指标。这样做会产生特殊的印刷条件，不能直接采用标准的和通用的分色方法和打样方法。可以为优化后的印刷机制作特征文件，通过在应用软件中做颜色转换，制作符合要求的分色文件。

方法二是使印刷机符合某种参考标准。通过改变印刷的油墨密度，或在 RIP、照排机或直接制版机上指定特殊的自定义传递曲线，或改变水墨平衡、温度、印刷压力、油墨黏度及其他条件，使印刷效果达到某种特定的状态。这种状态可以是企业内部的打样标准，也可以是通用的标准，如美国 SWOP/TR001 标准、欧洲的 FOGRA 标准。对达到标准的印刷机，不必为其再做特性化，可直接使用标准化的特征文件。

由于对印刷机进行优化会产生特殊的印刷条件，可能无法在特征文件中记录这种特殊性。所以，使印刷机符合需要的标准可能比校准或优化印刷机的性能更重要，否则可能就根本不能对印刷机进行特性化。

目前欧美印刷过程控制采用更新的理念和技术方法，即印刷和打样都遵从某一印刷标准，颜色复制过程都按照同一标准去工作，在颜色上做到与这个标准一致。既然都达到了标准的要求，那么打样和印刷就能够做到接近或一致了，目前在业界比较热的是 GRACoL 规范或者 ISO 12647-2 标准。

GRACoL 是 General Requirements for Applications in Offset Lithography 的缩写，是美国 IDEAlliance 联盟制定的一个印刷规范。GRACoL 7 是 GRACoL 规范的最新版本，它是一个印刷过程控制方面的标准，它和先前的一些印刷过程控制的标准不同的地方如下。

① 用色度数据而不是密度数据定义承印物和色料。我们知道，密度不能准确

反映颜色的色度情况，也很难反映颜色的视觉效果。由于印刷公司使用的色料及承印物存在不同程度的差异，用密度控制很难获得视觉上的一致，而用色度数据更容易获得颜色视觉的一致。GRACoL 7 的所有调节控制数据可以由光谱值计算得到，不用直接测量密度等数值，可以减少测量误差。

② 用中性灰印刷密度曲线和其他阶调参数替代 ISO 12647-2 中的网点扩大曲线 TVI（Tone Value Increase）。

③ 把灰平衡控制放在非常重要的地位。GRACoL7 强调在调节设备的时候要注意保持灰平衡，并且提供了灰平衡获取工具 Gray Finder Target。

④ 根据实践定义了一些特征数据。例如 GRACoL2006 _ Coatedl. txt 就是一组 IT8. 4 色标的 Lab 值数据。

GRACoL7 涉及的范畴和 ISO 12647-2 的技术标准差不多，都是关于印刷、打样过程控制的方面的一些数据和规定，它是在遵从 ISO 12647-2 的基础上制订出来的。只是它在控制方面从密度控制转到了色度控制，更符合视觉一致的要求。

GRACoL7 提出了很多新的用于印刷测试和判断的概念与参数，主要包括中性印刷密度曲线 NPDC（Neutral Print Density Curve）、亮调范围 HR（Highlight Range）、暗调对比度 SC（Shadow Contrast）和亮调对比度 HC（Highlight Contrast）等参数概念。这些参数与网点扩大率 TVI 的计算方式不同，它们独立于实地密度，直接由样品的阶调区域测量得到数据，因此直接反映了视觉明暗度，使主观和客观质量评价更加接近一致。同时这些参数与加网参数无关，因此无论采用什么样的网点形状和加网线数都可以在同一标准下进行比较。特别是 NPDC 包含 CMY 叠印色和 K 单色两种曲线，反映了在中性灰梯尺上测量所得到的中性密度和原始网点百分比之间的关系。由于中性灰密度是一个绝对测量值，而网点扩大值是一个和实地密度相关的相对量，因此这个概念更能保证印刷阶调和密度的测量结果与表观感受的一致性。我们知道，对印刷系统颜色控制最好的方法是色彩管理，而色彩管理的三大步骤中最难的一步就是设备的校准。GRACoL7 规范主要针对的这一过程的，其思想是按照一定的标准把设备调节好，然后在此基础上再创建设备的 ICC 特征文件。

GRACoL7 进行印刷机的校正实施的步骤如下。

① 先检查印刷机是否正常，准备好 ISO 或 GRACoL 规定的纸张以及符合 ISO 2846 兼容的油墨。以商业印刷而言，采用第一类的纸张，其 Lab 值为，L＊＝95（＋数码打样－2），a＊＝0.0（＋数码打样－1），b＊＝－2（＋数码打样－2）。GRACoL 规范的印刷密度要求 C1. 40（误差范围：＋数码打样－0. 1）、M1. 50（误差范围：＋数码打样－0. 1）、Y1. 10（误差范围：＋数码打样－0. 1）、K1. 75（误差范围：＋0. 2 数码打样－0. 05）。印刷油墨的色度值见表 3-1。

表 3-1 印刷油墨的色度值

项目	纸色	C	M	Y	K	M	CY	MC	CMY
L*	95	55	48	89	16	46.9	49.76	23.95	22
a*	0	−37	74	−5	0	68.06	−68.07	17.18	0
b*	−2	−50	−3	93	0	47.58	25.4	−46.11	0

注：油墨的标准则依据 ISO 12647-2，2005 年 11 月所提出的数值。

② 印刷及测试样张可以采用 GRACoLC7 所提出的校正印刷机的样张，或者自己组合必要的测试因子做成测试样张，GRACoL 建议必要的测试要素如下。

a. P2P（Press to Proof）的测试因子二条，放置时最好能二条相互成 180°。此测试因子包含了一次色、二次色、单色黑、三色灰的阶调，用于检查灰平衡情况以及各色彩色度值，如图 3-25 所示。

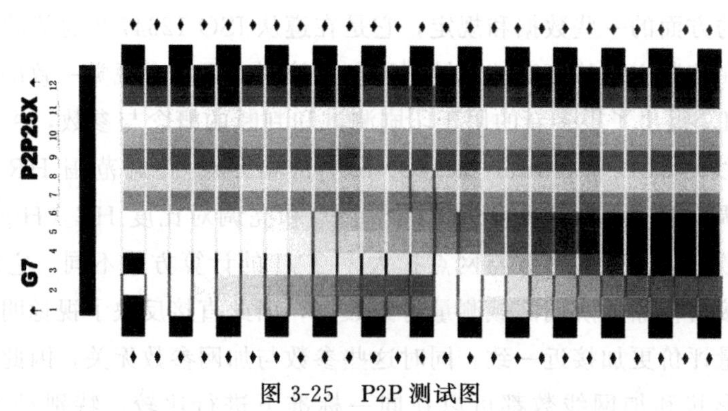

图 3-25 P2P 测试图

b. 用灰色平衡色块 Gray Finder 来协助寻找灰色的 CMY 网点组合。

Gray Finder 可帮助寻找不同调子的灰色平衡的色块组合，如果灰色在图的正中央表示系统很正常。

将设计好的页面送到印刷机上进行印刷，待稳定后得到进行测量的样张，然后进行颜色测量。

③ 由测量数据计算调节参数。一般用绘图得到网点调节值，也可以直接利用软件 IDEAlink Curve 来获取调节数据。IDEAlink Cuwe 是 IDEAlink 开发的进行 GRACoL7 实施的一个软件，操作方法很简单，在软件中输入印刷机在初始状态下的 GRACoL P2P 颜色值，就可得到调节数据。

④ 将所得到的调节数据输入到 CTP 的 RIP，从而改变页面的网点数据，达到通过网点大小来调节印刷机的目的。

GRACoL 7 的基本技术思路：在对印刷机进行校准时，首先要保证所用的印刷材料符合标准要求，并要求印刷机运行稳定，且油墨密度能够达到标准要求。在此基础上产生调节数据是为了和标准接近，并且调节数据主要是改变页面的网点大小，这些数据在 CTP 的 RIP 中应用于页面文件，改变页面网点输出值，而不会改变印刷机的硬件设定和控制参数。曲线调节是保证设备稳定性的重要前提，和标准接近也是以视觉或者色度值作为标准的，这是现代印刷控制从密度控制转向色度控制的一个具体体现。为了更好地进行色彩管理，数码打样机也可以采用 GRACoL7 方法进行调节。

三、输出设备的特性化

和其他类型的设备一样，在输出设备校准之后，为其创建特征文件就相对比较简单。输出设备的特性化的基本过程包括在校准状态下用输出设备输出标准色标，用分光光度计测量输出的标准色标，用特性化软件计算色标中色块测量值和参考值之间的关系，设置特性化参数，计算并生成特征文件。在为不同类型输出设备建立特征文件时，其主要差别为参数的设置，不同软件设置参数的方式可能不同。

1. 标准色标

用于建立输出设备特征文件的标准色标有多种，可以分别适用于 RGB 输出设备和 CMYK 输出设备。各种色标的目的都是为特性化软件提供足够多能代表设备特性的样品，用来建立准确的特征文件。各种特性化软件包之间的最大差别之一就是它们使用的特性化标准色标不同。

IT8. 7/3 色标是美国 ANSI 制定的 CMYK 输出设备的印刷标准，大多数输出设备特性化软件包都支持 IT8. 7/3 色标，色标共包括 182 个基本色块和 746 个扩展色块，如图 3-26 所示。

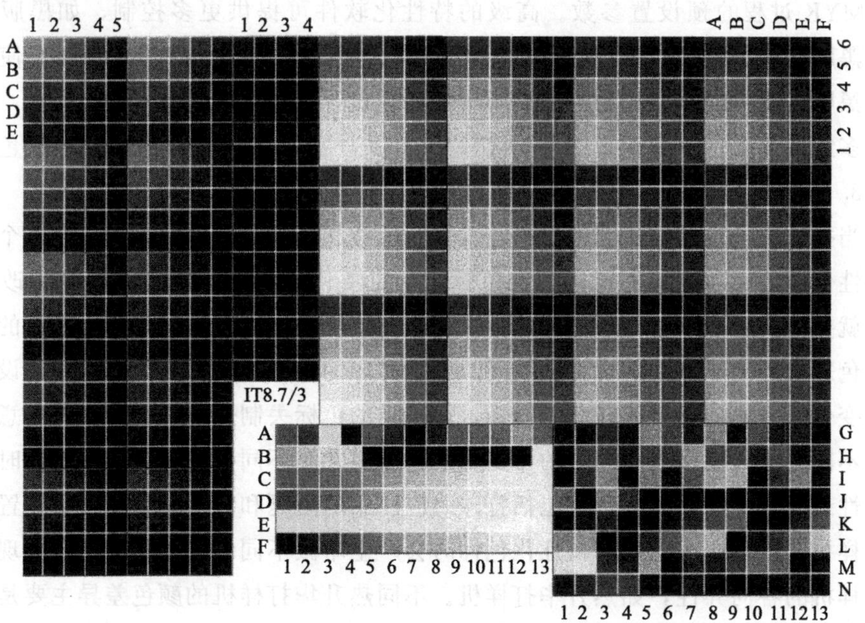

图 3-26　IT8. 7/3 CMYK 色标

输出设备特性化用的标准色标都有一个色标描述文件，其中记录了每个色块的RGB或CMYK参考值，特性化软件用这些参考值和色块输出后的测量值相比较，计算并建立特征文件。各种特性化软件都为所支持的标准色标配有相应的参考值。

2. 特性化参数

在建立输出设备特征文件的软件中，常提供一些参数控制。对于RGB输出设备来说，可控制的参数比较少。对于CMYK输出设备，最主要的参数是CMYK分色参数，如总墨量限制、黑版墨量限制和黑版生成方式等。总墨量限制和黑版墨量限制在输出设备校准时可以确定。复合色CMYK打样机通常需要仔细调整黑版生成的配置，黑版的生成方式是印刷的重要参数之一。两种基本的黑版生成方式是底色去除（UCR）和灰色成分替代（GCR)。对于印刷所使用的黑版生成量，不存在完全正确的设置，需要不断地实验。一般来说，UCR分色方式常用于新闻纸印刷，因为这种印刷较容易受到黑密度变化的影响，如果使用GCR方式，黑墨稍微一多就会使黑版的图像出现糊版。UCR方式也用于高档单张纸印刷机，用来印刷主要由很暗、很饱和颜色组成的内容，如鞋和皮革制品的广告。GCR分色方式可以使用相对较多的黑墨，减少彩色墨的用量，节约成本。这种方法比UCR方式使用更少的彩色墨，可以减少套印误差。另外，GCR的黑版墨量较大，完成了大部分中性灰的复制，因此比较容易保持灰平衡，多用于复制主要细节由中性灰或接近中性灰构成的图像。

一些功能较简单的特性化软件不提供对分色参数的完全控制，仅简单地提供几组CMYK过程的预设置参数。高级的特性化软件可提供更多控制，如黑版起始点、黑版曲线、黑版长度等。黑版起始点是指距离高光点多远的地方开始使用黑墨；黑版曲线决定黑墨随颜色加深而增加的速度；黑版长度是GCR的强度，它表示从多鲜艳的彩色中开始使用黑墨代替其中的中性色，代替多少比例的中性色。

3. 打样机的特性化

当打样机经过校准达到稳定状态、具有线性和灰平衡后，就可以打印一个或几个特性化用的标准色标。打印标准色标时一定要使用校准时的设置，如果改变设置，就要重新校准后再打印标准色标。如果打样机的驱动程序或打印所使用的软件具有色彩管理功能，一定要将其关闭，否则打印的色彩可能会随色彩管理的设置而发生变化，不能反映打印设备的行为，用这样的色标去制作特征文件就失去意义。

不同的打印技术会有不同的可变因素，所以在对不同打样机进行特性化时需要针对性地注意一些问题，主要包括打印时应注意的问题和特性化时的参数设置。有些打样机在以不同方向打印特性化色标时会产生略微不同的颜色效果，这种现象称为打样机的各向异性，如热升华打样机。不同热升华打样机的颜色差异主要是由热效应造成的，因此当前所产生的颜色会由于前面打印的颜色不同而发生变化。解决各向异性的方法可以通过打乱色标中色块的排列顺序，或使用不同方向多次打印色标并取其测量值的平均值。若采用打乱色标中色块的排列，色标的参考文件中的色块顺序也要改变得和打乱后的顺序一样，否则所做的特征文件就会出现问题。另外，用多次打印方法得到的结果通常要好于色块重排列的方法。

有些打样机的打印效果会容易随时间发生变化，这种情况主要出现在采用静电成像的激光打样机、数字印刷机上。采用静电成像时，打印用的纸张需要有一定的水分才能吸附电荷，纸张湿度的变化可直接导致颜色的变化。另外，当使用新墨盒时，墨粉的活性比较大，容易得到高的打印密度；随着时间增长，墨粉惰性增强，各种颜色的打印密度会逐渐降低。所以对这类打样机要用较短的周期进行校准，而且最好在校准后马上打印特性化色标，用以建立特征文件。

打印后用测量仪器测量标准色标中每个色块的值，测量时选择正确的测量条件，记录好测量数据，就可以开始为打样机生成特征文件了。

在为 CMYK 打样机建立特征文件时，需要对总墨量限制、黑版墨量限制、黑版生成方式等分色参数做设置。有些由 PostScript RIP 驱动的 CMYK 打样机可在 RIP 中设置墨量限制。需要注意的是，若在打样机 RIP 中设置了墨量限制和线性化，就不能在特征文件中再设置，否则当用这样的特征文件对打样机做色彩管理设置后，会将 RIP 中的设置和特征文件中的设置相乘，造成错误的打印结果。这个时候建议在 RIP 中设置实际的墨量限制和线性化，并将特征文件中的总墨量限制设置为 300%，黑版墨量限制为 100%。但如果要为一台打样机生成多个不同墨量限制的特征文件，则要用不同的墨量限制和线性化打印标准色标，并在特征文件中设置这些参数的实际值。

CMYK 打样机的墨量限制和线性化在对打样机做校准时可以得到，可根据情况在 RIP 或特征文件中设置，但黑版生成方式要根据需要来设置。不同的 CMYK 打样机的呈色特性不同，所用的分色参数也不同，表 3-2 给出一些建议参数，其中的墨量限制可作为对打样机校准时的起始参数，但最终的参数要根据对打样机所做的校准或测试来确定。

表 3-2　CMYK 打样机推荐分色参数

打样机种类	总墨量限制	黑版墨量限制	黑版生成方式	黑版起点
激光打样机	260%	100%	GCR,最大	5%～10%
喷墨打样机	260%	100%	GCR,重度	30%
固体墨打样机	300%	0	无	无
热升华打样机	320%	100%	UCR	60%

其中固体墨打样机虽然使用四种颜色的墨，但通常在制作特征文件时把它当成

CMY打样机，或没有黑版生成的CMYK打样机，黑版的墨量由打样机自己来控制。

4. 印刷机的特性化

数字印刷机的特性化和打样机的特性化基本过程一样，也是将标准色标印出，测量并用软件生成特征文件。但对于传统印刷机来说，情况可能有些复杂，首先要决定是否需要对印刷机做特性化。如果印刷机已经调整到符合某种通用标准，那就不需要对印刷机特性化。这些印刷机通用标准都有已经制作好的特征文件，可直接使用，并可以得到不错的色彩管理效果。常见的印刷机标准特征文件有符合欧洲标准Europe ISO Coated FOGRA、EuroScale Coated、Euroscale Uncoated的特征文件，符合日本标准Japan Color 2001 Coated、Japan Color 2001 Uncoated、Japan Color 2001 Newspaper、Japan Web Coated的特征文件，以及符合美国标准U. S. Sheetfed Coated、U. S. Sheetfed Uncoated、U. S. Web Coated（SWOP）、U. S. Web Uncoated的特征文件。

如果是调整印刷机的状态并使其优化或达到企业内部标准，则需要对这样的印刷机制作专门的特征文件。首先要在印刷机上印刷特性化标准色标。印刷了一次色标往往可以得到成百上千的样张，一般要从这些样张中挑选10～20张合适的样张，测量后取其平均值。色标样张的挑选有两种方法，一是选择代表印刷容差范围的样张，即挑选能够代表印刷过程波动情况的各种样张，包括特别好的、平均水平的和低于平均水平的，而不是只挑选平均水平的，二是选择代表最好水平的样张，且是所期望的印刷效果的样张。方法一的目的是希望特征文件能够代表印刷品可接受的平均质量水平。如果控制得好，并能够达到稳定，使用这种方法后，最终印刷出的产品都是可接受的，但不是精品。方法二的目的是保证平均或低于平均水平的样张不给特征文件带来干扰。当印刷过程控制得很好并且印刷效果一致性很好时，可以使用这种方法，最终可以印刷出达到期望质量的产品。所挑选的色标样张以及测量后的数据最好完整保存，因为要建立尽可能好的特征文件是一个不断改进的反复过程，这些样张和数据很可能是可以重复使用的。

在为印刷机生成特征文件时，也要设置墨量限制、黑版生成方式等分色参数。大多数特性化软件都对不同印刷机类型提供了默认的墨量限制和黑版生成设置，可用这些默认设置作为制作特征文件的起始点，而每一个不同的印刷机、油墨和纸张组合都会有不同的设置要求。特定印刷机的墨量限制一般是已知的，但黑版生成是一个不确定因素。简单的特性化软件可能只提供预置的UCR和3～4个GCR黑版曲线的强度设置，功能强大的特性化软件可以对黑版做完全控制。在制作印刷机特征文件时，很少只制作一个单一的特征文件，而是制作一系列不同黑版生成量的特征文件，以适应不同图像类型使用。设置理想的分色参数来制作尽可能好的印刷特征文件并不是一次就可以达到的，所以在使用特征文件一段时间后，常需要再测量数据，略微调整黑版曲线并生成一个新的特征文件，以期得到改进。

第六节　色彩管理的控制

一、色彩管理控制的因素

1. 控制印刷物料的相对稳定

物料的稳定性是获得高质量印刷品的前提。在日常生产过程中，严格控制印版、纸张和油墨等印刷物料的稳定性意义重大，保证稳定的印刷物料是实施色彩管理的前提。对于印刷工艺中的颜色复制，油墨和纸张是两个决定性因素。

油墨在纸张上表现出的颜色特性直接决定颜色复制的效果。油墨中的颜料是影响印刷品颜色的主要因素。同时，某些油墨的颜料或连接料中含有荧光剂，造成了油墨发出荧光效果，这种荧光的产生对于颜色的再现也有很大的危害。因此，在色彩管理中，要认真检查油墨，使其色度值、实地密度、标准网点扩大值符合标准要求。而纸张作为印刷再现画面的载体与背景，它与油墨结合后也决定着颜色的再现。纸张管理的控制参数主要包括定量、白度、吸墨性等。纸张的白度是印刷品色彩鲜艳与否的基础，纸张的吸墨性能影响油墨的干燥速度及纸张上油墨的亮度，对印刷产品上的墨层密度的影响也十分明显。因此，在色彩管理中，要检查纸张，使其色度值、光泽度、亮度等符合标准要求。保证物料稳定、优良的性能，以此达到颜色的忠实再现。

2. 控制设备的相对稳定

设备的稳定性是印刷流程高效、精确的保障。设备的稳定性包括 CTP、打样机、印刷机的稳定性控制。

(1) 控制 CTP 的输出稳定性　应该定期检查其线性是否良好，并做好对其出版环境条件的监测。校准的方法可以输出一套印版，调整输出网点面积率，获得线性化的输出结果。

(2) 数码控制打样机的稳定性　严格控制其打样纸张、油墨，并定期检查其打样质量，定期进行数码打样机的线性校正，以保证数码打样机打样的稳定性、准确性以及定期做好设备的保养维护。

(3) 控制印刷机的稳定性　应对印刷车间环境严格控制，包括车间温湿度、印刷过程中纸张变形、水墨平衡、干燥、印刷压力等的控制，从而保证在同样纸张、油墨、放墨参数、印刷参数下能够得到相同质量的印刷品。

通过对印刷测控条的实地密度、网点增大、套准精度等内容的检测，判断印刷设备的状态。定期进行维护，检查印刷机是否运转正常，检查印刷的均匀性及重复性。

3. 控制印刷环境的稳定性

稳定的生产环境对保证印刷质量的稳定性有着不可忽视的作用，印刷车间需要严格控制温湿度。车间温湿度的变化会导致纸张变形，进而引起套印不准、影响水墨平衡和墨迹干燥等问题，最终影响印刷质量。

4. 控制印刷特性的要素

印刷特性控制要素主要有三方面。一是阶调即层次。在复制的不同阶段，阶调的概念和表现有所区别，一般可从两个方面理解，一是指画面从最亮到最暗的亮度范围，或者说是密度反差范围；二是指在可复制范围内能辨别的亮度等级，或者说层次的多少。从原稿到印刷品，阶调的传递经历了一系列工艺过程，由于受到各种条件的限制，阶调的传递是非线性的，为了获得满意的阶调再现，必须对其进行补偿。阶调传递控制要素包括微线段、高调和暗调网点以及用于密度测量的阶调色块等。二是灰平衡。灰平衡的作用就是通过对中性灰的控制，来间接控制整个画面上的所有色调。对不同类型的油墨和纸张来说，在其他印刷条件相同的前提下，它们的灰平衡曲线是不同的。对一个企业来说，一个符合本厂标准生产条件的灰平衡曲线是非常有用的，可以将其当作一个参考标准。三是相对反差 K 值（印刷对比度）。K 值是控制图像阶调的主要参数，利用印刷反差确定油墨最佳的实地密度，从而得到油墨的最大色域。这个印刷反差的定义是实地与暗调 75%或者 80%之间的对比。

5. 控制印刷质量的稳定性

稳定的印刷质量可以通过保证稳定的网点转移和稳定的油墨量来实现，稳定的网点转移可以通过保证稳定的印刷条件来实现，稳定的油墨量可以通过控制密度或色度来进行控制。

二、色彩管理工具

在进行色彩管理时，工具与配套软件的选择是十分重要的。Data color 和爱色丽都是致力于开发、生产、营销和支持包括色彩测量系统、配套软件、色彩标准及服务在内的色彩管理解决方案的公司。

1. 色卡工具

色卡是最常用的色彩管理工具，是国际通用的颜色语言。有了色卡，人们不再需要对颜色加以描述和寄送样品了，直接报一个色卡的号码，就能够统一物品的颜色，色卡在色彩管理上发挥了巨大的桥梁作用。

Color Checker Passport 是爱色丽公司推出的图像色彩再现色卡，它由标准型

24 色色卡、白平衡卡、创新型色卡三种摄影色卡以及配套使用的相机校准软件组成，可适应任何场景的拍摄。

标准型 24 色色卡中的每一个色标都代表自然物的真实颜色，如天蓝色、肤色、叶绿色，每个色标均为实地阶调，以便获得纯净、丰富的实地色。另外，与标配的相机校准软件结合使用，可以创建与环境照明相适应的数字相机 DNG 色彩配置文件，以便获得不同照片间和不同相机间一致的、可预测的、可重复的色彩效果。

白平衡卡是一套全新的光谱实地色色卡，它可在照片拍摄过程中的不同照明条件下提供中性参考点，从而确保捕获颜色的真实性。由于该套色卡在可见光谱中反射的光线都是等量的，因此可在相机上自定义正确补偿各种照明条件的白平衡值。

创新型色卡的中间两行是冷暖色调色标，可以把白平衡值改成预览中呈现的中性值。选择一个使照片符合要求的色标，然后保存该设置并将其应用于相同照明条件下拍摄的其他图片；灰度行包含 4 个暗调梯尺和 4 个亮调梯尺，可以快速判断阴影和高光的细节；HSL（色调、饱和度、亮度）行包括 8 个光谱色标，涵盖了可见颜色的主要色相，以确保所有色调的色彩保真度。

2. 校色工具

Spyder4 校色仪（图 3-27）是 Data color 公司发布的最新色彩管理产品。它采用了超大通光孔以及蜂巢结构，可以有效消除三色光；采用了 7 个高稳定传感器，改良型的滤镜能够提供更长的使用寿命和更好的一致性；运用了基于 CIE 标准的全光谱校准和色彩策略方法，针对广色域显示器的精度有了大幅度的提升。

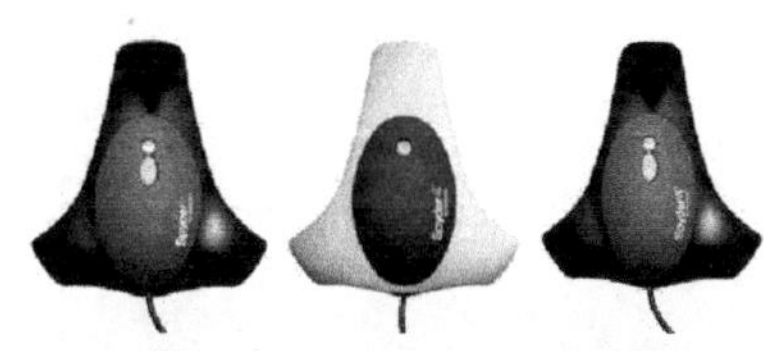

图 3-27　Spyder4 校色仪

Spyder4 校色仪分为 Elite、Pro 和 Express 三个版本。其中，Elite 版本最为高端，可以通过全新的 Spyder Gallery 软件校准 iPhone 以及 iPad 屏幕，并加入 Spyder Tune 调节工具，能够有效匹配硬件不同的显示器。另外，最大的特点就是引入了云技术分享和评分系统，可识别显示器信息与面板信息，联网查看其数值与其他显示器的对比结果，充分了解显示器的真正性能。

3. 色彩管理解决方案

爱色丽 i1Pro 2 是在 i1Pro 1 基础上最新研发的增强型色彩管理系列设备，它整合了爱色丽过去十年的技术和研发经验，迎合最新标准 ISO 13655，拥有更高的精确度、功能多用性、人性化设计，以满足新的市场需求。

i1Pro 2 是基于内部协议平台 XRGA 设计的，在确保稳定、准确测量颜色的基础上，解决了重复测量和台间差的问题；在总体设计上，对光学部件进行清理，保证了测量精确度，减小了噪声；在材料使用上，对 OBA 荧光增白剂等方面做了改进。

i1Pro 2 共分三款设备，分别具有不同的功能。i1Basic Pro 2 主要面向影像行业的户内外广告、打印、喷绘、摄像师的工作流程等；i1Photo Pro 2 更多应用于影像行业，可以校准惠普、爱普生、佳能等公司的数码打样机；i1Publish Pro 2 面向专业的印刷市场，可以校准四色分色的数据，校准四色打印输出设备等。

第四章　数字印刷材料

数字印刷的印刷适性与传统印刷有明显的不同，对印刷设备、印刷材料和印刷技术均提出了新的要求，为了达到良好的印刷质量和高速度生产，数字印刷材料的研发显得尤为重要。

第一节　数字印刷用纸

对数字印刷而言，理想的情况是应能在所有的普通承印物上进行印刷，但由于数字印刷的成像原理及印刷油墨的特殊性，并非任何类型的纸张都能用数字印刷印刷出理想的质量。例如，Xeikon DCP/32D、Agfa Chromapress 和 IBM InfoColor 70 类干粉式数字印刷机，选用光滑、高白度的纸张为好。典型选择为35.52g/m²～118.4g/m² 封面纸，可以是涂布或非涂布。Indigo E-Print1000＋湿粉式数字印刷机，需要特殊的涂层，以优化色粉的附着，所以从 74g/m² 的书写纸到 148g/m² 的封面纸，以及透明片基、商标、软片甚至鼠标垫都可以进行印刷。Heidelberg GTO-DI 和 Quickmaster DI 类型的胶印机，任何标准的纸都可以在其上很好地工作。目前，由于市场的需求，数字印刷的主要承印材料是涂布纸。

一、数字印刷涂布纸

1. 数字印刷涂布纸的性能要求

近年印刷实践表明，对涂布纸的一般性能要求主要集中在运行性能（走纸性）和印刷性能两个方面。运行性能即纸张顺利通过印刷机的能力，尤其是在双面印刷输纸过程中，其尺寸精度对能否顺利输纸非常重要。数字印刷涂布纸的挺度、平滑度和洁净度对运行性能影响最大。强度性能在自动给纸高速数字印刷设备印刷中，对涂布纸的运行性能影响也很大。印刷性能主要包括保真度和外观质量。外观质量包括亮度和颜色或色调，涂布纸表面平滑度对印刷性能影响较大。对数字印刷用涂布纸的具体要求包括以下几方面。

(1) 平滑度 纸张的平滑度是获得高分辨率印刷图像的关键因素。最新的数字印刷机可以多种分辨率的网点来印刷，目的是提高印品的质量感觉。一个平整而光滑的印刷表面可以表现精细的网点变化，相对印刷质量较高；而在相对粗糙不平的纸张表面上，图像质量将会降低，并可能导致实地与半色调质量的降低。特别对于激光静电照相型数字印刷机，墨粉通过热量和压力的作用转移至纸面，在纸面上某些凹陷的地方墨粉可能无法正常熔融定影，造成图像发虚或出现线条不连续等现象。所以在生产中不提倡使用表面带有纹理的特种纸作为承印物。当然太光滑的表面也会造成纸张打滑，给进纸带来问题。

(2) 强度 印刷过程中，纸张会受到来自于不同方向张力的作用，强度性能决定着纸张在印刷过程中受张力作用的结果。低克重、低挺度意味着纸张容易起皱或卷曲，印刷过程中增加了设备的卡纸率；高克重、高挺度又降低了纸张可弯曲性能，造成纸张不利于在感光鼓、反转器等其他传输装置部分上弯曲，导致卡纸率的上升。纸张强度不够会导致掉粉掉毛等现象，纸毛的堆积会玷污部件，并使印刷品的图像上出现白点等。如果纸毛中含有较坚硬的小颗粒，一旦这些颗粒进入设备内部，常造成硒鼓划伤，以至于最后出现印刷故障。通常数字印刷机的纸张适用的克重范围为80～220g/m^2。

(3) 光泽度 纸张的光泽度越高，其表面越能像镜子似地反射光线，越能显示出鲜亮的外观特性。实际上，纸张表面除了镜面反射外，还存在着漫反射，使纸张光泽度下降。纸张越平滑，光泽度越高，印品色彩的光泽度也越高，印品墨色越鲜艳，视觉效果也越好。纸张的光泽度和平滑度密切相关，但光泽度并非平滑度，纸张有光泽的表面，不一定就是平滑的表面。纸页光泽度越高，越容易获得理想的印刷密度。

在双面打印中，不透明度是重要的考虑因素。优质的静电复印纸必须不能透明，以防止能看到双面页面的反面或一叠纸的下页。通常而言，纸的重量越轻，透明度就越高。

(4) 含水量 纸张含水量的多少直接影响输出操作的稳定性和所得图像质量的好坏。含水量过大会导致过度卷曲、卡纸及质量等问题，而含水量过低则会引起静电问题，机器无法正常启动，从而导致卡纸、送纸不良等。工作环境的湿度条件是纸张含水量变化的关键因素，当工作间的湿度过高时，纸张吸收大量水分使得含水量过高，也将会影响数字印刷机的正常工作。如使用富士施乐公司的DT6135，在阴雨天气环境湿度较高时，服务器会提示因静电不足而无法正常启动，此故障可通过反复重新启动来解决。过度卷曲是生产中最常见的纸张问题，它会经常造成卡纸。选择具有适当含水量的低卷曲度纸对于提高生产效率具有重要意义。在静电干粉成像中，墨粉固着需加热到120～150℃，同时纸张要失去水分，通常情况下纸张的相对湿度会由50%左右，降低到15%～20%。由于水分的丢失，使纸张变脆、起荷叶边，在折页时容易折断或撕裂。为了解决这个问题，必须为数字印刷系统准备相对湿度为44%～45%的纸张或在有空调的条件下走纸。

(5) 导电性　均衡的、控制在一定范围内的导电性可以防止潮湿环境下的质量问题（斑点和条纹）和干燥环境下的静电，保持成色稳定性和颜料的良好附着性。为了避免纸张带电，要求纸张具有较好的导电性，这是因为数字印刷大多数是静电印刷，会造成纸张带电，具有一定的导电性才可将电荷导走，避免印张相互吸附，给后工序纸张输送带来问题。静电型数字印刷机是利用静电技术转移墨粉和控制纸张在机器中的传输，而导电性差的纸张可能造成纸张上的静电聚集，从而导致送纸不良、卡纸以及接收盘的堆纸问题。

(6) 纤维排列方向（丝绺）　纸张的丝绺是指大多数纤维分布的方向，判断纸张丝绺方向是为了配合后工序的完成。例如，印刷封面时，进纸方向应垂直于丝绺方向，这样印刷出的封面在装订时，书脊处才不易破裂。对于纸张输送来说，纸张的纤维排列方向相当重要，并且纸张纤维的排列方向要与所选纸张定量相适应，一般要求纸张纤维的排列方向和印刷机的运行方向一致。

(7) 耐热性能　胶印过程中由于采用了润版液可以保持纸张内水分的恒定，而数字印刷中由于对承印材料的加热温度能达到120～150℃，通常条件下纸张的水分通过印刷后部分丢失，将会导致纸张卷曲、干燥，有时还会出现起泡现象以及装订问题。如果是双面印刷，这样的过程就会重复两次，对纸张的损伤就会更大。

如Xeiko的卷筒纸印刷系统，在印刷前一般将承印材料放在一定温湿度环境下静置24h，目的是进行纸张的调湿处理。HP-Indigo数字胶印技术是采用“热胶印”工艺完成印刷复制，它不是对承印材料加热，而是对橡皮滚筒加热，在加热温度达到100℃时，将电子油墨向橡皮布上转移，电子油墨立即固化，紧紧地黏结在橡皮布上，然后转移到承印物表面。对于HP-Indigo数字印刷设备来说，印刷性能主要取决于油墨与纸张的兼容性。

2. 数字印刷涂布纸与数字印刷设备的匹配性

数字印刷中，纸张涂层的作用是防止墨水的过度渗透，从而避免印刷图像不清晰。经过特殊处理的数字印刷用纸能防止墨水渗入纸张内部，使其存留在纸面上，从而保证印刷图像的宽色域、高密度、高清晰度，防止渗色和透印。所以很多数字印刷设备制造商都要求使用其提供的经特殊处理的纸张。

不过，为了拓展数字印刷机对纸张的适用范围，许多数字印刷设备制造商都通过改进设备性能来降低对特殊纸张的依赖性。例如，在线涂布等处理方法就可以满足印刷企业在数字印刷中使用普通纸张的需求。此外，也有数字印刷机制造商通过研发新型墨水和墨粉及一些新方法来拓展数字印刷机的纸张适用范围。Canon公司的image PRESS彩色数字印刷机便不需要采用专用涂布纸，其采用了超细墨粉，可减少数字印刷机对纸张的特殊要求。Canon公司推出的V型墨粉，再结合光面优化技术，不论在何种纸张上印刷，通过对设备的调整，均能使印刷图像的反射光泽与承印纸张的反射性相匹配。此外，Canon公司的双重定影技术还能够实现有纹理纸张的高质量数字印刷。

HP公司推出的Indigo WS6600数字印刷机，配置了在线打底油（ILP）装置，可以选用普通胶版纸印刷，而无须对纸张进行特殊处理。其新近推出的HP Indigo 20000和30000数字印刷机也采用了ILP技术，可以在未处理的纸张表面印刷。Kodak公司推出的Prosper喷墨印刷技术可同时适用于未经处理和处理过的纸张。Prosper 1000喷墨印刷机在处理过的纸张上印刷能够很好地表现中间调层次，使用未经处理的纸张也可获得效果相近的印刷质量。Kodak公司推出的Prosper 5000XL喷墨印刷机需要使用处理过的纸张，但配备了在线优化系统（IOS）之后，Prosper 5000XL喷墨印刷机也可以对非涂布纸进行印刷。Kodak公司的NexPress成像技术是基于普通胶版纸而设计的。Kodak的NexPress印刷生产线虽可通过多种方法处理非涂布材料，但其目的并不在于增加油墨的附着力，而只是使印刷商在印品光泽度和印刷用纸方面可以有更多选择，例如，要获得水印涂层、高光泽和亚光效果时，便可以对非涂布材料进行处理。理光推出的InfoPrint 5000数字印刷系统可以在未经处理的纸张上印刷，而且该系统不支持某些经处理或涂布的印刷用纸。

Kodak公司认为当喷墨印刷用纸量达到造纸设备的生产阈值时，经处理的纸张将会以更低的成本成为常用材料。而且如果印刷商的业务种类更加灵活、多样时，经处理纸张的种类将会增加，这将会使小型特种纸制造商受益。理光公司一直与纸张制造商合作，帮助其研发高质量的涂布纸和经处理的纸张。Xerox公司预测，如今数字印刷的应用领域正在从单纯地复制信息向生产高价值的个性化印品转变，如照片、包装和标牌，而这些都将对数字印刷用纸种类等提出更高要求，进而促进涂布纸的放量增长。

二、喷墨印刷用纸

喷墨印刷的特性决定了它的承印物可以多种多样，如纸张、塑料和金属等，但印刷时必须选用与承印物相匹配的油墨。对纸张而言，为防止墨点在纸上扩散，一般采用涂布纸或高光相纸，这种纸既能快速吸取油墨，又能避免光的散射，喷上去的油墨墨点易成圆形，印出的图像清晰、美观，色彩均匀，不易褪色，从而取得理想的印刷效果。

喷墨印刷用纸与一般纸张有很大区别。喷墨印刷通常使用水基油墨，而一般纸张接受水基油墨后会迅速吸收扩散，结果无论从色彩上还是从清晰度上都达不到印刷要求（使用吸水性差的材料又不能吸收油墨）。而彩色喷墨打印纸经过特殊表面涂布处理，使之既能吸收水基油墨又能使墨滴不向周边扩散，从而完整地保持原有的色彩和清晰度。另外，由于现在喷墨打印机的种类很多，不同的打印机，其结构不同，对打印纸的要求也有所不同。

1. 喷墨打印纸的种类

目前市场上常用的喷墨打印纸有三种：普通纸、涂布纸和微孔型涂布纸。

普通喷墨打印纸是专门为一般的喷墨打印所设计的，属于喷墨打印机的低档打印介质，价格比一般的办公用纸（如复印纸、高级书写纸、证券纸等）高些，但其打印效果比使用复印纸要好。通常，普通喷墨打印纸是由各打印机厂商专门为自家产品设计的一类在造纸机上通过专用的内部施胶剂进行内部施胶，并且通过专用的表面施胶剂在纸机施胶压榨部进行表面施胶的高级纸张（一般是碱性施胶的纸）。普通彩喷纸的成本比涂布彩喷纸要低得多，主要用在打印效果要求不高的场合。

进行打印时，普通喷墨打印纸通常能够最小化油墨的吸收程度（因为油墨被纸吸收越多，字迹就会显得越模糊），同时可以防止未干的油墨被涂抹损坏，有很好的风干效果，使打印的图文比较清晰。如果打印的是高要求的文本，如合同、标书等，这时选择普通喷墨打印纸会比一般的复印纸更合适。普通喷墨打印纸主要是由纤维素组成的，印刷图像的清晰度不高。通过表面施胶使表面纤维胶黏，改进纸张的特性。以丙烯酸胶乳、丙烯酸丁酯醋酸乙烯醋共聚物和改性聚乙烯醇、淀粉及改性淀粉为表面施胶剂。我国使用最多的表面施胶剂是淀粉和改性淀粉、聚乙烯醇，碳酸钙、瓷土和二氧化钛等颜料也可用作表面涂层的组分，以降低油墨的毛细管现象，增强纸张白度。

由于普通喷墨打印纸没有进行专门涂布处理，只适用于单色打印，在要求高质量的彩色打印特别是照片质量打印时，使用普通喷墨打印纸极易出现洇色、渗透、粘脏等毛病，严重影响喷墨打印图像的质量。

喷墨打印涂布纸的发展相当快，已接近相纸图像的质量。涂布纸的涂料包括无机氧化物，像矾土、SiO_2、黏土、TiO_2、$CaCO_3$ 等；同时也有聚合物，如聚乙烯吡咯烷酮（PVP）、聚乙烯醇（PVA）、明胶、羧甲基纤维素和聚乙烯醋酸酯。涂布纸的接收层与着色剂能有效地相互作用，极大地增长了着色剂的黏着性能，可获得高印刷色度；不同颜色的湿油墨在两颜色的交界处不发生互相渗透模糊交界的渗色现象，同时可改进印刷图像的耐水性。

喷墨打印无光泽涂布纸，基本上采用二氧化硅或氧化铝作为涂布颜料，而很少采用聚合物涂层。它们比非涂布纸减少了各向异性，有较高的光学密度、较大的呈色范围、较好的耐水性，呈现出无光泽。聚合物涂布喷墨打印纸显示出均匀的表面、极好的光学密度、较大的呈色范围以及高光泽度。这些涂布的聚合物是明胶、PVP 或 PVA。聚合物涂布纸有两种类型，一是树脂涂布纸，在基纸上双面涂布聚乙烯（PE），接收层采用 TiO_2 填充 PE 表面，这种组合方式可提供很好的光泽度和耐光性，而且在使用水性墨时能够抗卷曲和褶皱，这种涂布纸就是传统的相纸；二是高光泽纸，主要采用硫酸钡或黏土和明胶施胶剂涂布于原纸表面。硫酸钡涂布的相纸有高反射性、明亮度和表面平滑度，具有理想的涂布接收层。硫酸钡层能提供额外的油墨吸收性能；因此，油墨的干燥时间受到影响，同时易发生起皱和卷曲。黏土涂布纸的白度和光泽度不及硫酸钡涂布纸的性能好，而且易于褶皱卷曲，但其仍是光泽度不错的相纸。

微孔型喷墨打印涂布纸具有特殊的微孔结构，其涂层吸墨力很强，即使是打印很深色调的部分也能表现很好的层次感；干燥速度很快；其涂层材料很细腻，不但亮度高，而且能够匹配高精度的照片打印；具备很好的耐水、耐光性能。微孔型或纳米级多孔纸张显示出均匀的涂层表面，具有极好的光学密度和耐水性，呈色范围广，表面光泽。但由于油墨的渗透性好，印刷光泽度降低，接触时图像容易蹭脏。

2. 对喷墨打印纸的要求

喷墨打印纸是喷墨打印机喷嘴喷出墨水的接受体，在其上面记录图像或文字。

因为喷墨 50%～90%是溶剂型的，而色料绝大多数为颜料的固体聚合物颗粒。喷墨技术所用墨料的液体性能对纸张有表面吸收性及吸收量的要求。当墨滴喷在纸面上后，颜料应留在纸面上不扩散，这就要求控制其溶剂被吸收的速度和量，并让被控制的溶剂最终从纸张上挥发掉，形成均匀一致的印迹。因此，喷墨数字印刷对纸张的表面性能、毛孔结构、化学成分及机械性能等均有较高要求，而且不同喷墨印刷机对纸张要求可能不一样，具体要求有以下几点。

(1) 良好的记录性　喷墨打印纸应具有印墨吸收能力强、吸收速度快、印墨干燥速度快的特点。墨滴在纸张上必须完整，不产生雾状扩散、不晕染，形成的点直径小，即“扩散因素”小。墨点形状要近似圆形才能保证高的分辨能力，充分体现图像的正确效果。

(2) 记录速度快　纸张应能够以最优的速度吸收墨水，吸收太快会造成“透印”等问题，而吸收太慢则会造成墨水向四方扩散，只有以最优速度才能使形成的图像具有高分辨率、色彩完美、立体层次感强，颜色的密度大、颜色鲜明，从而保证高质量的彩色打印效果。纸张还应该能够充分吸收印墨的毛细孔空隙量，并且大小和分布比较均匀。

(3) 涂层有一定牢度和强度　纸张应有一定的拉力、挺度和平滑度，特别是纸张的紧密程度，既不能太紧密也不能太疏松，因为这是直接影响印墨渗透、扩散和干燥的因素。当然，纸张的表面吸收性和施胶程度也是至关重要的性能。除此之外，还要求纸张容易输送和耐摩擦，涂层不易划伤，无静电，有一定滑度，耐弯曲、耐折抻。

(4) 保存性好　要求画面有一定耐水性、耐光性，在室内或室外有一定的保存性及牢度、不变色和不褪色等。

3. 喷墨打印纸的构成

通常，喷墨打印机专用纸的构成可分为三层：基质层、表面涂层、防卷曲涂层。

基质层又可分为纸张类、胶片类、纤维类，基质的不同直接决定了打印介质的透光性及抗拉力。一般来说，纸基主要成分由漂白浆与碳酸钙等组成。

表面涂层的作用是改进纸面均一性，提高成品适应性，以满足不同用途的性能要求。对喷墨纸而言，即吸收墨水要快，图形、图像要艳丽逼真，并具有一定的牢度。这种纸的涂层是由高吸收性的白色颜料和亲水树脂的混合物组成，主要成分有颜料、施胶剂和树脂。颜料主要是一些有吸墨性的多孔性的白色矿物质颜料，或能在涂层中形成多孔性结构的材料，可以是高岭土、碳酸钙、二氧化硅、氧化锌、氢氧化铝、二氧化铁等，使纸的表面形成一层良好的印墨接受层，改进纸面均一性，提高成品适应性，以满足不同用途的性能要求。

涂布纸所用的施胶剂种类很多，如聚乙烯醇、丁苯胶、羟甲基纤维素和吡咯烷酮等，施胶剂中加入适量低黏度羧甲基纤维素类，能防止颜料粒子的凝聚和沉降，以提高其涂料的流变性及混合均匀性。涂层中的树脂采用功能性高吸收树脂，具有很好的耐候性、光泽度、附着力和呈色性，是喷墨专用纸很重要的成分。

目前，喷墨纸张表面涂层分为粉质涂层和胶质涂层。粉质涂层为亚光面，表面较粗糙，着墨性能好、墨水附着力强、色彩不鲜艳，多用于户外环境，这是因为它的涂层是由一些白色的细粉再混入一些黏结剂做成，中间有许多小孔来吸墨。胶质涂层为高光面，表面平滑、墨水附着力弱、色彩鲜艳，用于户内环境。墨水滴上去后同时向纵深和水平方向扩散。与胶版纸比，水平方向的扩散小些，因此清晰度和色饱和度都比较好。另外其孔隙比较大，无论什么类的墨水都能吸收。但在墨水的水分挥发后，这些孔隙也成了空气进入的畅通渠道，因此涂布纸打印的照片褪色比较快。如用惠普打印机打印的图片，一年后就会褪去30%以上。涂布纸的涂层还很不结实，轻轻一划就掉粉，也无法用覆膜方式保护，而且表面粗糙结构形成的漫反射使得照片的最大密度达不到很高的程度，通常只能达到1.6的水平，用特殊黑墨有时可以达到2.0。但由于涂层不透明，暗部的层次表现也不大好，多用于户外环境；胶质涂层为高光面，表面平滑、墨水附着力弱、色彩鲜艳，好的涂层不是吸墨快，而是吸墨比较慢，涂层的表面张力也比较大，使墨滴在没有被吸入“胶”中时像荷叶上的水珠一样不向四周浸润，而是慢慢地吸入“胶”中，等水分挥发“胶”体收缩，将染料紧紧包裹起来。如涂层越厚，打印纸的吸墨能力就越强，扩散能力也就越小。可以用比较大的墨量进行打印，照片效果清晰锐利，暗部密度大，晶莹透彻，非常逼真。由于涂层是完全透明的，墨水可以形成较大的浓度，入射光到底层后才被反射，经两次过滤后，呈现很高的色饱和度。又由于墨点扩散小，可以最大限度地以纯粹的加色法成色，因此高亮度的红、绿、蓝色的饱和度非常高。

胶质涂层也有软硬之分，硬涂层吸墨比较慢，对墨水的种类也比较挑剔，墨水的溶剂稍不合适就不能吸收，但它的墨滴扩散小，形成的墨层厚，能印最好的照片，对爱普生原厂墨、佳能原厂墨和惠普部分打印机的原厂墨吸收不是很好。软涂层吸墨速度很快，几乎任何一家的墨都能吸收。但不同的纸对相同的墨表现的颜色有很大变化。这类纸的墨点扩散通常比较大，越软的纸，墨水适应性越好的纸扩散越严重，图片的清晰度和色饱和度也越差。但采用软涂料层的纸张通常都具有一定防水性，其吸墨主要是靠微孔，而不是“胶”吸水。因此，其“胶”可以是不溶于水的，具有一定的防水性，且表面张力可经特殊调制，让其只能被特定墨水浸润，而普通墨水到了其上就像落在荷叶上一样，无法进入这些微孔将墨带出，主要用于户内环境。

防卷曲涂层吸附在基质上，可以通过纸张两边的张力平衡达到防止打印过程中纸张卷曲的目的。

此外，在涂布纸料的配方中，还可以根据需要加入一定量的助剂，如分散剂、湿润剂、消泡剂、紫外线吸收剂、抗氧化剂、保水剂、荧光增白剂等物质。如分散剂可以使涂料中的颜料粒子充分分散；湿润剂可以改进涂料的流动性，使涂层颗粒分布均匀，涂层涂布均匀；紫外线吸收剂和抗氧化剂有助于纸张本身和图像色泽抗老化和耐褪色；而加入阳离子表面活性剂则有助于提高图像颜色的鲜明度和抗水性等。

4. 彩喷纸张性能分析

目前，涂布彩喷纸能满足彩色喷墨打印的各项性能要求，特别是照相质量的喷墨打印纸，其彩色喷墨打印后的彩色图像质量可与彩色相纸媲美。涂布彩喷纸可分为无光彩喷纸和光泽彩喷纸两类，彩喷纸张性能分析如下。

(1) 油墨吸收性 彩喷纸具有高的油墨吸收性能，即油墨微滴高速喷到纸面上后应快速被涂层吸收，而不能停留在纸面上，这一点对喷墨量大的图像非常重要。观察彩喷纸油墨吸收性最简单的方法是油墨喷到纸面上形成图案后的湿油墨光泽逐渐消失所用的时间。如果油墨不能被涂层快速吸收，根据墨量大小可能会出现以下情况。

① 珠化　珠化是指当纸张表面能很小时，油墨的细小微滴喷到纸面上不能使其润湿，而以液珠的状态停留在纸面上。这种现象可能是由于纸页紧度过大、涂层不当造成的，一般在涂布彩喷纸中不易出现。

② 较长的干燥时间　这种现象是墨滴喷到纸面后能够湿润纸面，但湿润后立即停止，不能在纸张内部进行适当渗透，原因是纸页紧度过大及施胶剂用量过大。

③ 印流　在喷墨量大、涂层吸墨性过小时出现印流。以青、品红青、黄套色成黑色为例，打印机墨头先喷出的是青色，然后品红覆盖在青色上，最后是黄色在最上面套色产生黑色，这时如果涂层吸墨性过小，第二或第三色油墨就有可能流到图像的外部，这种现象称为印流。

从以上几种情况可以看出，彩喷纸的吸墨性非常重要。当然，也不是吸墨性越大越好，吸墨性过大将会对其他性能产生不利影响。

(2) 洇渗和透印　合格的彩喷纸要求墨滴喷到纸面上应在整个轮廓上均匀地扩展，即应在纸面上有相同的扩展速度，在涂层内有相同的渗透距离，反之就会出现洇渗现象，也称毛边。洇渗情况的出现主要与涂层的吸墨性、结构紧密性、均匀性、颜料性能等因素有关。洇渗现象通常是影响无光彩喷纸图像分辨率的主要原因。

彩喷纸的图像应主要在涂层和基材上层形成，即油墨不能经过涂层和基纸透到背面，如出现这种现象即为透印。透印的产生通常是由于涂层吸墨量小和基纸紧度过大使得油墨的浸入路径变短所引起的。

(3) 图像分辨率　图像分辨率主要与彩喷纸涂层性能有关。在喷墨记录过程中，油墨以微小粒子形式喷向纸页表面，此时墨滴在涂层中的扩展程度主要取决于涂层的微孔性和颜料的粒径，通常粒径越小微孔性越好，墨滴扩散的程度越接近理论值，因此可以说在其他性能一定的条件下，选用小粒径的二氧化硅可以提高打印图像的分辨率。

一般地说，喷墨打印纸的性能取决于纸张组分。纸张中颜料的种类和性能对彩喷纸打印质量起决定性作用。粒径小、比表面积大、吸油量高的二氧化硅是较为适宜的颜料。施胶剂的种类和用量对彩喷纸的光密度、吸墨均匀性及吸墨速度影响比较大，施胶剂用量应根据所选用颜料的吸墨性能来决定，不同性能的颜料应对应不同用量的施胶剂。原纸性能对彩喷纸性能的影响也不能忽视。表面吸收性较大的原纸，可以辅助涂层提高吸墨速度，减少涂布量，降低涂料成本。背涂是防止彩喷纸翘曲和透印、提高产品平整度的一个重要手段。

三、静电印刷用纸

静电印刷技术按照显影方式可分为干墨粉型静电印刷和液态墨粉型静电印刷。

无论哪种显影方式，这类数字印刷机对纸张印刷适性的要求归结为纸张的导电性能、表面性能和湿度等。当静电印刷机采用卷筒供纸方式、双面印刷和一次通过设计方案时，电气性能的界定比常规复印机更困难。

1. **静电印刷对纸张性能的要求**

(1) 纸张的导电性能 印刷过程中，纸张的导电性能对生产中的静电控制、放电以及墨粉转移等密切相关。因此，对纸张的导电性能提出了要求。

(2) 纸张的含水量 纸张含水量的多少直接影响输出操作的稳定性和所得图像的质量。为了确保墨粉的均匀转移，防止纸张在静电印刷后期处理和高温熔化时发生卷曲现象，保证纸张的力学性能，必须控制纸张的含水量。含水量过大，导致纸张卷曲；含水量过低，又会发生静电问题，导致卡纸、送纸问题。卷筒供纸方式决定了纸张的尺寸变化沿卷筒的切线方向表现得更强烈，应该在表面整饰前考虑到这种特点。印刷时发生的大多数纸张问题与车间的温度和湿度有关，因此要控制好纸张与车间的温度和湿度。

(3) 纸张表面的光滑特性 纸张中纤维或填充料的分布必须均匀，表面平滑度对色料转移的优劣至为关键，特别是对那些纸面与色料接触很近的印刷方式。色料到达纸面上后，多靠热压固定，因此纸张表面的光滑度、表面化学性能及热处理性能等必须比较合适。

一般而言，纸张的光滑度较高时对改善印刷设备的运行有利，有助于印刷质量良好的图像。静电数字印刷机要求也一样，而卷筒纸数字印刷机对纸张的光滑度要求则更高。过分粗糙的纸张表面往往导致墨粉熔化不完整，甚至熔化工艺不能完成，印刷图像质量很差。

(4) 纸张的低吸尘性能 纸张表面的松散颗粒有可能导致图像质量退化，故要求纸张表面不粘灰尘。

(5) 纸张的耐高温能力 墨粉熔化是静电照相数字印刷的重要过程，这种高温熔化工艺导致在涂布纸表面转印墨粉的困难，因为在高温作用下涂层本身已经软化，某些部分甚至会黏结到印刷机上。所以，提供给静电照相数字印刷设备使用的涂布纸的涂层配方应具有防高温软化效应的性能。

(6) 纸张的高挺度 数字印刷越来越多地应用于明信片和商业卡片领域，所以要求选用挺度高的高密度涂布纸进行印刷。但在选用高挺度纸的同时要兼顾墨粉转移性能、摩擦力和导电率与纸张挺度的关系。因为卷筒纸挺度较高时，会出现纸张难与光导鼓实现正确接触的现象。对低克重涂料纸的挺度也应有要求，以防止在热压辊上挠卷。

(7) 其他特性 研究结果表明，除上面提到的特性外，还需要控制其他特性。例如控制纸张的表面电阻、无折痕和耐湿性等。正确的电阻和表面能对保持纸张的绝对湿度成分和平滑的表面形状至关重要，这些因素的组合对获得高质量的印刷图像有密切的关系。

2. 干墨粉型静电印刷对纸张性能的要求

干墨粉型静电印刷是基于墨粉对印刷纸张的黏着及脱离来实现的。以施乐公司（Xerox）的 iGen3 型静电印刷机为例说明其特点及对纸张性能的要求。

（1）主要特点　四色干墨粉技术；墨粉颗粒大（8μm 左右）；墨粉直接从色带传递到纸上；可识别磁性墨粉；印刷速度可达 33.5 m/min；分辨率可达 600dpi×600dpi。

（2）对纸张性能的要求

① 尺寸稳定性　控制合适的水分含量，避免纸张卷曲；厚度均匀，有一定挺度。

② 表面性能　平滑，一定光泽度水平；无磨损性。

③ 纸张结构/匀度　纸张成形；空隙率。

④ 光学性能　不透明度、亮度、白度。

⑤ 可加工性　切纸性能好，前印/后印相匹配。

3. 液态墨粉型静电印刷对纸张性能的要求

对以液态墨粉为调色剂的静电印刷来说，墨粉对印刷纸张的黏着性能最关键。此外，还要考虑纸张的掉粉、掉毛及毛毯上的色粉沉积。以惠普公司（HP）的 Indigo 型静电印刷机为例说明其特点及对纸张性能的要求。

（1）主要特点　液态墨粉技术；墨粉颗粒小（1μm 左右）；类似于平版胶印的色粉传递；印刷速度可达 32m/min（当用 6 色印刷时，印刷速度 15m/min）；分辨率可达 812dpi×812dpi。

（2）对纸张性能的要求　需通过罗彻斯特工学院（RIT）的认证，运转性能良好；墨水转移性能好，即能够瞬间附着；毛毯-底物相合性好，减少起毛和堆积；能适应毛毯的运行温度；墨水-纸张的相互作用（色粉附着）良好。

可进一步表面处理。与液态墨粉型静电印刷工艺有关的最重要的特性是纸张的表面强度、表面能和吸油性能。几乎所有的非涂布纸和大多数涂布纸必须在印刷前经过特别的表面处理，以获得良好的墨粉黏结能力。否则，墨粉很容易从纸张上剥离下来，形成了独立的墨粉薄膜，严重影响数字印刷质量。

以 HP Indigo 为代表的液态墨粉型静电印刷系统属单张纸印刷机，纸张以直线方式通过转印间隙，因而使用高密度纸张更容易。另外，低密度材料在液体显影数字印刷机上使用起来有困难，原因在于这种印刷机的真空给纸技术。液体显影数字印刷机要求纸张的疏松度很低，但仍需要考虑丝绺方向，以获得最优的设备运转性能。这种印刷机要求的另一个重要特性是纸张的静电性能，避免经常因低湿度导致的双张给纸。此外，印后加工也是有效地使用静电照相数字印刷技术要考虑的重要因素。

表面整饰通常与印刷品种类有关，小册子、折叠卡、明信片、请柬、产品目录、菜单、凭证和车票等对表面整饰的要求是不同的。在所有需要考虑的问题中，纸张是否折叠处于首位；考虑到版式安排的关系，必须选择正确的颗粒方向，即纸张纤维的丝绺方向，这与印张包含的页数有关；如果印刷时使用了高密度纸张，则纸张应该在折叠前预先划线，才能获得最好的结果。因此，为了确保生产链的有效连接而不致中断，有大量问题需要考虑。

四、电子纸张

1. 电子纸概念

电子纸（electronic paper 或 E-paper），或称“数字化纸”“数码纸”（digital paper），它是“像纸张（或纸板）一样，具备记忆功能并采用反射式的、可以重复变更的显示器”。这种新的平面显示平台，由于外观上好像一种较薄的片状物，重量轻，可适度卷曲或折叠，用来展示电子形态的文字与图画，成为实用性强、新型的阅读工具或载体，因此被广泛地称为电子纸。电子纸完全打破了原有植物纤维纸的结构，又具有与传统纸张相似的特点。从某种意义上讲，它是古代的纸形与现代高新技术结合的延伸、进步和发展，也是现代电子化社会的一种新型纸张。

由于电子纸适合人眼的阅读，所以可以用作电子图书、电子报纸、电子词典、掌上阅读器和智能型 IC 卡等。它的出现可以很大程度地改变人们的生活，尤其会对报刊图书出版、广告等行业产生重大影响。未来的某一天，人们订阅的报刊将只是一些涂有电子墨水的电子纸，报社、杂志社只要通过电脑或其他设备来传递无线电波即可使报纸日日翻新、杂志月月不同。

2. 电子纸材料

电子纸是内部装有芯片线路的显示屏，类似一种 IC（集成电路）芯的结构。电子纸采用的基材主要是聚酯类化合物，纸面上印有硅胶电路，以便能够控制好表面电荷的变化。电子纸具有多层性、细微化和精密型等特征，所采用的材料除了多种塑料外，也有特种玻璃材料、金属材料等。

3. 纸质印刷品、电子显示器和电子纸三者之间的比较

纸质印刷品的优势与不足：轻薄、价廉、使用方便、不用电源、利于阅读、易于长期保存（一般是 100～150 年，甚至长达 1000 年以上）、印刷或书写后固定、产生的废纸可回用再生，但难以满足信息化社会的需求，又因为是利用化学技术的制浆造纸过程，对树木和环境造成很严重的破坏。

电子显示器的优势与不足：信息易编辑、适于高速处理、反复使用、容量度

大，但需要使用电源，“视觉舒适度”欠佳。又由于液晶显示器（LCD）采用的是透射式显示，故需要背光，且信息储存寿命有限（一般是10～15年，需要重新复制保存）。

电子纸的优势如下。

① 可以反复重写。与只能一次“书写”的传统纸相比，它可以重写或录入几千甚至上万次。

② 阅读状况佳。即使长时间凝视，眼睛也不会感觉疲劳，且文字、图像清晰，无论从哪个方向看都没有变化，阅读舒适。

③ 对比度高。电子纸的对比度比电脑视屏还要高，与一般印刷纸相近。它靠环境反射光线来显示，不需要背光，环境光线越强对比度越高。反射率是LCD的6倍，对比度是LCD的2倍。还可以在表面上进行光感的调整。

④ 能耗低。电子纸具有双稳态特性（加载电场前后都稳定），有画面记忆功能，画面不变化则不耗电，其耗电量大约只有液晶显示器的十分之一甚至百分之一。

⑤ 分辨率高。可以达到200dpi的分辨率，实验产品分辨率更高。

⑥ 超轻薄外形。具有超薄、传统纸张一样的质感，不需要背光模组，所以厚度通常为0.5mm，而LCD至少需要约2mm的厚度。

⑦ 方便携带。它能够制成类似书、刊、报的形式，“可分可合”。与计算机相连后可即时下载各种信息。

⑧ 环保，节省纸张。不仅可以节约印刷、发行、运输等成本，还可去掉印刷环节，达到低碳环保的目的。

⑨ 具备低成本的潜力。不需要背光模组，不需要严格的封装，采用溶液处理技术印刷是可行的。

⑩ 基板灵活。可以是玻璃，也可以是塑料、金属等物质的表面。

⑪ 视角广。由于是微球体结构，反射面广，视角可以达到180°，LCD需要附加特殊的调整才能达到120°。

⑫ 电池寿命长。比起TFTLCD（薄膜晶体管液晶显示器）更容易实现roll-to-roll（卷到卷）生产，而且装上软性基板就可变成可挠式显示器。

⑬ 数字媒体容量大、便于检索。电子纸的放大功能也使它更适合老年人和残疾人阅读。

电子纸的不足如下。

① 量产产品响应速度慢，无法播放连续画面的节目。

② 目前只提供黑白屏幕，无法显示彩色内容。

③ 成本高。其主要制程是比较难控制的化学工序，目前还需要靠大量出货来

摸索提高生成率、降低成本的方法。

④ 寿命较短。电子纸的使用寿命大约只有 5～10 年。

⑤ 需要提供电源。

4. 电子纸技术

(1) 结构 电子纸张是由保护层、电极和电子油墨所组成。电极设在电子油墨的顶端和底端，形成电极时，为电子纸表面成像提供必需的能量，如图 4-1 所示。

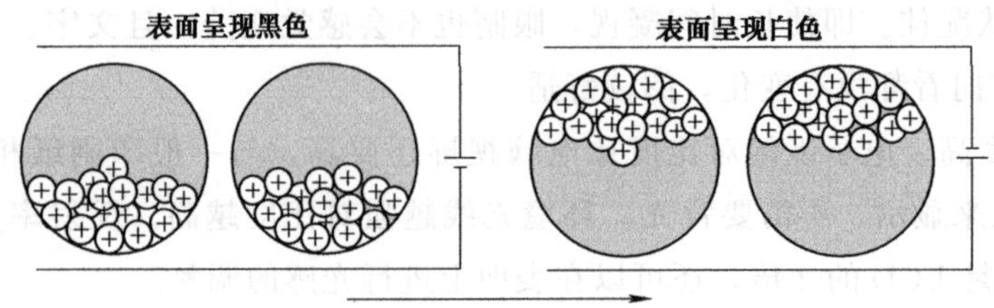

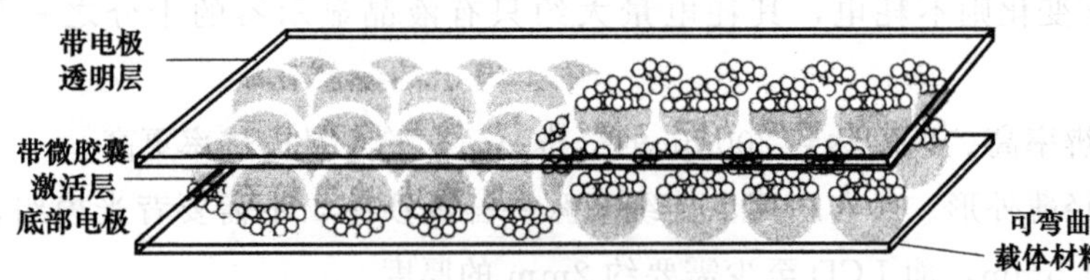

图 4-1 电子纸张与呈色原理示意

在电子纸的表面保护层下涂布有一层数以百万计的微小透明胶囊的电子油墨，电子油墨中的微胶囊直径只有 0.04～0.05mm，这种微胶囊内包含着更为细小的带负电荷黑色颗粒和带正电荷白色颗粒。电子墨薄膜的顶部是一层透明材料，作为电极端使用；底部是电子墨的另一个电极，微胶囊夹在这两个电极间。微胶囊受负电场作用时，白色颗粒带正电荷而移动到微胶囊顶部，相应位置显示为白色；黑色颗粒由于带负电荷而在电场力作用下到达微胶囊底部，使用者不能看到黑色。如果电场的作用方向相反，则显示效果也相反，即黑色显示，白色隐藏。可见，只要改变电场作用方向就能在显示黑色和白色间切换，白色部位对应于纸张的未着墨部分，而黑色则对应着纸张上的印刷图文部分。

根据电子油墨的显色功能，只要把涂布有电子油墨的电子纸，按照设定的图像与文字内容要求，在相应的部位给予适当的电极，就能使电子纸上的微胶囊改变颜色。目前使用的电子纸上的颜色只有黑色与白色。彩色电子纸还另外加有三种薄层，即红色、蓝色和绿色薄层。薄层中没有任何彩色过滤器或偏振器，而产生的颜色却比普通液晶反射屏的颜色更加明亮。当电子屏幕被弯曲或用手指挤压时，电子纸屏幕上的颜色不会发生“游动”，并且这种屏幕不会发生闪烁。

电子纸具有记忆功能，使用时只有在图像与文字元素变化时（即颜色变化）才需消耗电源，而关电源后电子纸上仍可以保留原有图像与文字信息的内容。

(2) 电子纸技术特征　目前国际上研究电子纸显示器技术的种类繁多，其中较成熟的电子纸显示技术可分为以下几大阵营。

1）电泳（EPD）

① E-Ink 微胶囊　目前由 E-Ink 公司提供的微胶囊（Micro-capsules）式电泳技术是电子纸市场的主流技术。该技术的具体原理是将带电的白色氧化钛颗粒和黑色碳粉粒子封装在微胶囊中，并将微胶囊和电解液封装在两块间距为 10～100mm 的平行导电板之间，利用带电颗粒在电场作用下向着与其电性相反的电极移动的特性，绘制出黑白图像。

② SiPix 微杯　其原理是在尺寸相同的微杯中填充白色颗粒和着色液体，通过切换贴在微杯上的驱动电极的电荷正负来上下移动颗粒，使颗粒颜色和液体颜色交替显现。比起 E-Ink 的微胶囊技术，SiPix 技术的反射率和对比度更高、价格更便宜，且能显示彩色内容。

③ 电子粉流（QR-LPD）　普利司通采用独创的电子液态粉末（ELP）技术，将树脂经过纳米级粉碎处理后，形成带不同电荷的黑、白两色粉体，再将这两种粉体填充进使用空气介质的微杯封闭结构中，利用上下电极电场使黑白粉体在空气中发生电泳现象。由于 QR-LPD 电子纸屏幕需要使用高压驱动电子粉流体，因此耗电量比 E-Ink 的微胶囊技术和 SiPix 的微杯技术更大。

2）胆固醇液晶（CLCD）　胆固醇液晶是一种呈螺旋状排列的特殊液晶模式，通过添加不同旋转螺距的旋光剂，能够调配出红、绿、蓝等颜色。该技术的原理是将胆固醇液晶放置在两片水平基板中，在不施加电场的情况下，胆固醇液晶会倾向成平面螺旋型排列，在符合特定光波长的反射情况下，即可反射出具有色彩的光线。胆固醇液晶采用软性基板，安全性更高，同时也具有双稳态的特性和能耗低的优点，不过在手写识别和白色画面的表现上不及电泳。

3）微机电系统（MEMS）　工作原理是反射周围环境中的自然光，通过控制照射到显示屏中的光线，使其一个像素一个像素地反映出所需的颜色，实现彩色显示。采用微机电系统技术的 Mirasol 电子纸比电泳式电子纸色彩饱和度更高、反应速度更快，还比液晶屏幕更加省电。

4）电湿润（electro wetting）　该技术借助控制电压来控制被包围液体的表层，通过液体张力的变化，导致像素的变化。采用电湿润技术制造的电子纸像素转换非常迅速，同时具有结构简单、省电，可用于柔性显示等特点，其亮度和对比度远超过现有的其他电子纸显示技术。

5. 发展电子纸存在的问题

电子纸今后如果要获得更大的发展，至少需要解决彩色、抗压、刷新三大技术问题。

① 目前电子纸主要还是黑白两色，多彩色还在研发中。E-Ink 电子纸当前最高也只有 16 级灰度，这对于期刊文字、图片等不太理想。提高灰度对阅读当然有利，黑色的显示不应低于 30 级灰度。至于彩色问题，虽然富士通公司已经研发出了 26 万色的彩色屏幕，但对实际应用也嫌太少了。

② 因为 E-Ink 电子纸太薄，耐压性差，必须设法提升 E-Ink 电子纸屏幕的抗压性。否则，要实现电子纸商品化将会困难重重。

③ 解决 E-Ink 电子纸的刷新过慢问题。因为它的显示不需要电子维持，使其耗电量极低，所以在翻页时需要进行全屏刷新。这样一来，就造成了翻页时刷新速度过慢，进一步制约了电子纸的应用（如视频、动画、网页都需要频繁刷新）。

此外，还必须能有效解决电子纸的价格问题。尽管电子纸的未来用途非常宽广，并从小尺寸扩展到大尺寸，但高额的售价很难扩大销路，更谈不上普及。

五、不适宜数字印刷的纸张

以下的纸张种类不适宜数字印刷，主要是由于它们会沾污数字印刷机。

1. 导电纸张

传导性较好的纸，如铝箔衬纸，绝对不适用于数字印刷系统。有铝箔的地方会产生电弧现象（不导电部分或空气意外地充电现象），导致机器的损坏和较差的印刷质量。

高水分含量或高盐分含量的纸张也能由于传导性太强不能使油墨有效迁移而充电，并有可能导致图像低色密度和少网点。

传导性的油墨预印时，传导性问题也会发生。传导性油墨含有炭黑或金属粉末，炭黑或金属粉末能与纸张作用，使纸张具有为适当调色剂迁移保持充足电荷的能力。

2. 含有滑石粉的纸张

滑石粉有时用于控制纸张中树脂（木材中含有的有机混合物，如果不从纸浆中抽提出来，这些有机物能够积聚并且会造成纸机的抄造问题）的影响。然而，含有滑石粉的纸张，即使含量很少，也会在数字印刷机上造成严重的问题。印刷时，这些纸张会脱落滑石粉颗粒，导致纸张与进纸传送带之间的摩擦。在小型印刷机上，经过少量印刷就有可能发生频繁的进纸阻塞。在大型印刷机上，这种影响也很难分析。

滑石粉引发问题的一些特征：增加进纸器、进纸间歇站、记录口和传输区域阻塞及进纸错位的概率。脱落的滑石粉粒子造成印刷品背景上的污点。即使是在装备很好的实验室，滑石粉问题也很难确切地判断。通过使用专门为数字印刷而优选的纸张有可能避免与滑石粉相关的故障。

3. 含有蜡、硬脂酸盐或增塑剂的纸张

纸张中含有的蜡、硬脂酸盐（有润滑和稳定作用的一种白色粉末）和增塑剂能够造成纸张传送问题，因为它们减小了纸张和进纸传送带之间的表面摩擦力。这些物质也会使数字印刷机感光器上存在污点，从而造成印刷品质量的缺陷。

在很多种纸张中都能发现硬脂酸和增塑剂，如压光纸，一些牛皮纸和涂布纸。然而，这些种类的纸张可以是数字印刷优选的类型，经过优化后能够安全地通过数字印刷机。

即使为数字印刷经过专门优化设计的纸张，如果没有适当的措施，也会在数字印刷中产生问题。正确的运输和储存对于纸张性能是必要的。纸张一般用纸箱运输，如果订货量很大，纸张要用木制货盘运输。对这些货盘和纸箱应该小心操作，防止它们被扔、推、跌落、撞击而损坏。纸张的储存地点也很重要，纸张应当存放在货架、货盘或橱柜上，避免纸张增大水气吸收而使纸张边缘的变形或导致其他破坏。

对大多数纸张来说，夏季炎热天气是一个实际的考验。纸张存放和印刷操作的最佳温度是 20～25℃，相对湿度为 35%～55%。湿度的增大会导致纸张形成波浪形边缘；当空气湿度大幅度降低时，纸张边缘就会蒸发出水气而收缩“绷紧”；在印刷过程中都会出现阻塞、记录错误以及褶皱。

选择纸张种类时要考虑其特性，如尺寸、定量、涂布和未涂布等。选择过程会非常烦琐，但必须牢记的是，最佳的着手点是从专门为数字印刷的需要和侧重点而设计的纸张开始。

六、其他数字印刷承印材料

数字印刷材料除了纸张外，还有很多其他承印材料。如布匹、金箔、标签、塑料、陶瓷制品、地毯、皮革、木板、大理石、玻璃、电路板及有机板材在内的、厚度不超过 80mm 的任何材料基本上都可以用来进行数字印刷，材料的最大重量可达 250kg/m^2，喷印速度可达 200m^2/h。

1. 纺织品

织物等柔软的承印物是除了纸张之外另一类重要的承印材料，纺织品印刷是数字印刷的一个巨大的市场。统计资料表明，全世界每年需要印刷 3000 亿平方米以上的纺织品。目前纺织工艺以传统工艺生产纺织品，其中大约有一半用颜料印刷，另一半则采用染料。棉布印刷工艺主要通过活性染料形成颜色纤维，丝绸和麻布适合于用酸性染料印刷，聚酯纤维则采用分散染料，这或许是纺织品印刷称为印染的原因。如果成本和手的保护比色彩的表现更为重要，那么颜料印刷是理想的，对那些耐光性要求高的织品也如此。纺织品通常要求很高的颜色覆盖率，其中有相当数量为单色印刷品。这些要求给数字印刷带来一定的困难，速度和可靠性或许是纺织品印刷生产环境下数字印刷技术的两大弱点。尽管面临着如此大的挑战，许多公司看到了纺织品印刷的市场和潜力，大力开发适合于纺织品喷墨数字印刷的技术。发展到现在，印刷对象可以细到薄纱纤维，厚到麻纱，都有了很广阔的印刷范围。

2. 合成材料

最近 Xerox 公司开发了三种特殊类型的耐用纸投放市场，主要用于彩色及黑白数字印刷领域中。这三种类型的纸是由合成材料制成的，并且可用来制作多种产品，如防腐蚀标签，印有“请勿打扰”等字样的酒店客房门把手标签，以及可移动式窗口标签。这三种类型的 Xerox 纸分别是 Polyester 纸、Dura 纸和可移式标签。由于是为印刷专业人士设计的纸品，耐用性很强。

Xerox Polyester 纸是专门为生产轻重量的技术手册等设计的，手感同塑料一样，并且抗空气腐蚀、化学品腐蚀及抗撕裂性很强。Xerox Polyester 纸的厚度范围是从 94～356μm。

Xerox Dura 纸同样也具有抗空气腐蚀、化学品腐蚀及抗撕裂性。目前，Xerox 公司拓展了 Dura 纸的厚度范围，从 254～356μm。由于 Dura 纸更柔软，耐用性更强，所以 Dura 纸可以用来印刷地图及小册子等。

Dura 可移动标签由聚酯材料构成，可用来制作产品广告牌及商店橱窗广告。Xerox 可移动标签能够在 Xerox 办公用彩色印刷机以及多功能系统上进行高品质彩色印刷。

随着人们生活水平及消费水平的提高，个性化印刷成为人们的一种必需。对于像企业 IC 手册、产品宣传单、饭店菜单、通行证、车牌、贺卡、胸卡、请柬、直邮广告等印品将加大需求，这将直接导致数字印刷的承印材料大大扩展，从普通的纸张到一些根本就想象不到的承印物，将极大地丰富我们的生活。

3. 非织布

非织布主要用于室外喷墨打印基材，将会拓展应用到某些特殊工艺美术效果的室内展品。非织布有干法（纺织法）和湿法（造纸法）两种制造方法。湿法工艺是以高的生产率为特征，它可在某些改型的普通造纸机械上抄造。多种类型和尺寸的纤维可利用湿法非织布抄造，既可生产纤维任意取向的、各方向抗张强度几乎相等的宽幅非织布，也可生产纵横向抗张强度比为 20：1 的定向产品。

第二节　数字印刷油墨

数字印刷油墨是数字印刷的重要成像材料。根据数字印刷的成像原理可知，每一种数字印刷方式都采用了特定的成像材料，每种成像方式所用的油墨都是根据所采用图文工艺的作业方式来确定的。

数字印刷油墨因受使用环境的制约，如多在学校、医院、机关单位等办公环境使用，因此油墨要具有环保、无毒性、无异味、纸张渗透性强、树脂溶解性和释放性好、黏性小、温变小等特点。为了保护环境和人类的健康，环保、无污染已成为越来越多的用户在选购油墨时的一个重要标准。

一、数字印刷油墨概述

1. 数字印刷油墨的种类与组成

数字印刷油墨的种类很多，根据数字印刷油墨的形态，可分为液态数字印刷油墨、固态数字印刷油墨、粉末状数字印刷油墨、电子油墨、UV/EB 油墨等。

数字印刷机的使用基于快速和低成本要求，使用的油墨具有价廉、环保、稳定、快干等特点。数字印刷油墨在组成结构上均为油包水型乳液，属于渗透挥发干燥型油墨。油相由连接料、颜料、助剂、乳化剂等组成，考虑到数字印刷油墨的流动性和滤过版性，一般不加入填料。水相组成有纯水、吸水剂、保水剂（防干剂、保湿剂、抗冻剂）和防腐防霉剂。针对数字印刷机的特点，油墨要满足以下条件：配方中各种组成整体结构的内在合理性；印刷的适用性（不同机型使用不同性质的油墨）；印刷图文的实用性（黑度、快干等），即在印版上容易涂布均匀，并在印版与承印物分开时不产生拉丝、飞墨现象；在承印物上干燥速度快，不产生蹭脏和粘连现象；水的含量较高，要求油墨的存放稳定性极好，不会出现油水分离，油墨变质。总之，数字印刷油墨必须稠而不黏，有适当的渗透能力，固化速度较快，不含有机溶剂，是污染性小的软性油膏状的胶凝态分散体。

2. 数字印刷对油墨的要求

为使数字印刷能顺利完成高质量的印刷转移成像过程，数字印刷油墨必须具备与相应数字印刷技术相适应的性能，这些性能主要包括以下几方面。

(1) 光泽度高　油墨光泽度是指墨层有规律地反射出来的能感觉到的细孔结构和平滑度，以及油墨微观不平整度和墨层厚度，一般要求油墨光泽度要好。然而适合静电数字印刷的油墨光泽度一般不高，因为油墨颗粒的直径比较大，所以在图像的暗调和亮调区域会产生不同的光泽度表现。

(2) 耐水、油和溶剂　数字印刷要求墨膜在水、油、溶剂等物质侵蚀下，能保持相对的稳定性。耐水、耐油性不好的印刷品在遇到水和油这类物质时，会发生变色，影响印刷复制效果。耐溶剂性不好的印刷品将无法完成后续工序，如上光、覆膜等。耐溶剂性对于静电数字印刷术来说也是极其重要的。

(3) 耐光、热　数字印刷品需要长期暴露在日光下，所以要求油墨具有较好的耐光性。有些数字印刷方式在印刷过程中或油墨干燥时需采用加热方式，因此要求油墨颜料必须能够承受高温而不变色。

此外，各种数字印刷油墨还必须在稳定性、pH 值、电导率、黏度、渗透性、表面张力、密度、不溶物、色差等方面与该复制技术相适应，并且还要求无毒、环保。从成像质量的角度考虑，数字印刷油墨经印刷成像后，要能在图文边缘清晰度、光学密度、油墨的干燥时间、与基材的黏附性、油墨墨滴的不偏离性、干燥油墨的防水性、防其他溶剂性及存放稳定性等方面满足相应要求，并要求长期使用不腐蚀或阻塞印刷器件如喷嘴等。

3. 喷墨印刷对油墨的要求

大多数喷墨成像都采用水基油墨，而且最终影像的形成取决于油墨与承印物的相互作用。因此，喷墨成像系统一般需要使用专用的承印物，以便实现油墨与承印物在性能上最佳匹配。

(1) 喷墨印刷对油墨的要求 喷墨印刷油墨是一种要求很高的专用墨水，特点是稳定、无毒、不堵塞喷嘴、保湿性和可喷射性好、对喷头等金属物件无腐蚀作用、不易燃烧和褪色。因此，其使用的油墨必须符合喷墨印刷特殊的性能要求。

① 印刷适性 由于喷墨印刷装置的特殊性，需要将直径仅为 1μm 左右的微小墨滴以 30000～50000 滴/s 的喷射速度从喷嘴中喷出，这就要求喷墨印刷所用的油墨必须具有适合喷墨印刷的某些特殊性能。如油墨要求是低表面张力、低黏度、低密度，具有适当的电阻性、干燥性能好等。

② 干燥性能 油墨要能在吸收性和非吸收性的材料上干燥，而不在喷管上干燥。喷墨印刷油墨必须具有适合喷墨印刷的一些特殊性能。如从印刷厂的角度考虑，印墨的黏度一定要低，并能导电，印墨里不能含有影响印刷或堵塞喷嘴的颗粒，停机后再次开机不致产生任何故障。从应用角度讲，印墨必须干燥快，在记录面能准确形成所需点子的尺寸，以构成一幅清晰的图像。

③ 色彩和耐久性 油墨要具有合适的色彩和足够的耐久性。如果某些部分是为了供计算机识读处理的，就要求所印刷的纸具有良好的紫外吸收性能或在紫外线刺激下产生明亮荧光等特性。当光致色变材料应用到喷射油墨中时，应特别考虑到其黏合剂、溶剂、添加剂等问题，因为这些油墨的内在物质组成不同，也会引起光致色变材料发生反应。

因此，对喷墨印刷油墨的印刷适性应进行合理调整，以便印刷时油墨不产生堵塞喷嘴，而且在承印物上能准确地形成所需大小的点子，以便构成清晰的图像。

(2) 喷墨印刷油墨的性能参数 喷墨印刷油墨的主要性能参数包括油墨的密度、颗粒尺寸、黏度等。密度为 0.8～1.0g/mL，颗粒尺寸＜0.1μm，黏度控制 1～5mPa·s，表面张力 $(22\sim72)\times10^{-3}$ N/m，能导电且电阻率为 1～5Ω·m，干燥时间0.1～50s，耐－20℃低温，pH值6.5～8.5，同时还应具备无腐蚀、不易燃烧、不易褪色、性能稳定、无毒等特性。

喷嘴被颗粒物堵塞是造成可靠性差的主要问题，喷嘴堵塞的原因不仅包括大颗粒，而且也包括小颗粒聚集而成的大颗粒。理想的油墨应该具有足够的流动性，并能够顺利通过喷嘴，在喷到纸上后迅速干燥。但也不能干得太快，以免在喷嘴内干燥引起堵塞。所以喷墨油墨最理想的应该是水基油墨，同时含有溶解性很好的染料。因此，喷墨系统使用的油墨都是低黏度油墨，黏度一般要求为3～30mPa·s。

二、液态数字印刷油墨

1. 液态数字印刷油墨特性范围

液态数字印刷油墨主要用于喷墨印刷，是一种能由于喷墨印刷机的喷墨口与承印物间的电场作用而按要求喷射到承印物上产生图像与文字的液体油墨。该油墨必须性能稳定、无毒、环保，保湿性和可喷射性要好，对喷头等金属物件无腐蚀作用，并不易燃烧和褪色。油墨的表面张力、黏度、弹性和密度是液态数字油墨的重要性能，如连续性喷墨印刷的液态数字印刷油墨必须具备黏度低、流动性好、电导性好等性能。特性范围见表4-1，要求液态数字油墨在吸收性和非吸收性材料上印刷和干燥，但是在喷管里和喷射口边则不能干燥。

表4-1　液态数字印刷油墨特性范围

性能指标	指标范围	性能指标	指标范围
表面张力/(10^{-3}N/m)	22～72	相对密度	0.8～1.0
黏度/10^{-3}Pa·s	1.5～4	油墨颗粒/μm	＜0.1
电阻率/Ω·m	1～5	干燥时间/s	0.1～50

2. 液态数字印刷油墨的组成

一般根据连结料的不同将液态数字印刷油墨分为水基油墨、溶剂基油墨、油基墨和热固型油墨等，最重要的因素是油墨的类型与打印头和承印物要匹配。

(1) 水基油墨　水基油墨主要由着色剂（相当于普通油墨中的色料）、溶剂、表面活性剂、pH值调节剂、催干剂及其他添加剂组成。

① 着色剂　着色剂主选染料，因其在水或溶剂中是完全溶解的，可以以大分子的形式与水或溶剂很好地融合而显现出良好的着色性，特别优选油溶性染料。

对于以颜料为着色剂的水基油墨来说，由于颜料不溶于溶剂，所以保证其在溶剂中的分散稳定性及发色效果还需要其他成分和更高的技术要求。

选用的着色剂可以单独使用，也可将两种或两种以上的颜料或染料组合使用，颜料粒子的平均直径优选50～500nm，其含量根据油墨用途或印刷特性适当选择，为油墨总重量的1.0%～10.0%。

② 溶剂　水基油墨的溶剂一般以去离子水为主溶剂，再添加适量的有机溶剂，有机溶剂含量为油墨总重量的 0.1%～1.0%。主要采用下列几类：多元羟基醇、二醇酯、醇胺类、酰胺类、酮或酮醇类、醚类。

③ 表面活性剂　通常使用的表面活性剂以苯磺酸盐、烷基氧化胺、炔二醇及含氟表面活性剂为主，一般为油墨重量的 0.1%～1.0%，优选 0.5%。

④ 分散剂　对于颜料基水基油墨来说，为了保证其在水中的分散稳定性，需要在油墨中添加分散剂，通常使用水溶性颜料分散树脂。相对于油墨总重量，分散树脂的浓度优选 0.05%～2%（质量分数）。

⑤ pH 值调节剂及其他调节剂　pH 值调节剂也叫作缓冲剂，可以采用无机酸或无机碱。常用无机酸包括盐酸、磷酸或硫酸；有机酸包括甲磺酸、乙酸和乳酸；无机碱包括碱金属氢氧化物和碳酸盐；常用有机碱有氨水、三乙醇和四甲基乙二胺。

其他添加剂可根据油墨的具体使用要求加入，如可添加紫外线吸收剂、金属螯合剂、消泡硅油等。这些添加剂的含量一般为油墨重量的 0.1%～1.0%，优选 0.5%。

液态水基油墨的组成配方实例如下（质量分数）。

染料	4.0%	苯磺酸钠	0.5%	螯合剂	0.5%
硼酸钠	0.5%	乙二醇	20.0%	去离子水	余量

水基油墨的最大优点是可以实现非常精细的图像再现；含水溶剂大大减少了 VOC（有机挥发物）的排放，减轻了空气污染，改善了印刷操作人员的环境，有利于职工健康和环境的保护。此外，还可以降低由于静电和易燃溶剂引起的火灾隐患，减少印刷品表面残留的毒性，使印刷设备清洗更方便。因此，近年来水基油墨设备普遍应用于替代胶印的短版解决方案及数字打样。当墨滴附着在承印物上时，油墨中的溶剂（水）快速地渗透扩散到承印物中，同时呈色剂中的染料被有效地固定在承印物的表面。这样不仅避免了高受墨区产生“流汤、糊版、透印和蹭脏”等故障，还可保证图像有足够的色彩饱和度和清晰度。但水基油墨耐性差（如不耐晒、不防水），对承印物的要求比较苛刻，所以其应用受到一些局限。例如为了保证室内及户外印刷品的使用寿命，水基油墨印品必须进行覆膜处理以保证印刷图像的质量，需在有涂层的承印介质上印刷。

水基油墨通常用于带孔和非涂布的承印材料上，如纸板和纸张，也常用于直邮产品的印刷和其他商业印刷。水基油墨可以分为颜料型和染料型。颜料本身的耐候性、耐光度、耐水洗牢度、耐磨牢度都非常好。染料的优点是溶解度好、色彩种类多、鲜艳度较好，但是牢度较差。

水基油墨通常用于家庭或者小型办公室的喷墨打印机，例如惠普或者佳能、爱普生等。水基油墨中墨滴的特定性质，如低黏度、干燥时间长、树脂含量低等都与其内在特性有很大的关系，油墨被喷到纸张上后，倾向于沿着纸张纤维的方向扩展，最后渗透进入纸张内部。水基油墨实际上依靠其渗透和吸收能力来完成整个干燥过程。当然，在这个过程中水分挥发还会同时伴随发生，但是总体来说干燥行为通常是很慢的。这种墨水自身的性质降低了色密度，同时因为油墨会渗透进入基材的深层，会导致网点变大，降低油墨在纸张上的分辨率。当然，可采用不同的方法来避免褪色和污点，一是在配方中使用成膜助剂，这些成膜助剂可以降低最小成膜温度，使用于油墨基料的乳液更快地在基材上面形成干燥的聚合涂膜。二是控制渗透和网点增大，这需要对承印物本身下功夫。众所周知，纸张或者其他基材，涂装一层亲水性表面涂层，就可以控制油墨的扩散，防止油墨向内部渗透，从而大大提高色密度和印刷分辨率。

(2) 溶剂基油墨　溶剂基油墨是指用有机溶剂如醇、酯、酮、苯类来溶解油墨中的树脂连接料，用高溶解性物质溶解颜料颗粒的一种油墨。溶剂基油墨主要由着色剂、溶剂、分散剂及其他添加剂等组成。

① 着色剂　溶剂基油墨中的着色剂可以使用与水基油墨种类和品名相同的颜料或染料。

② 溶剂　溶剂基油墨用溶剂一般以有机溶剂为主溶剂，添加适量的水。常用有机溶剂是常温常压下为液体的二乙二醇化合物和二丙二醇化合物，其化合物的混合比（质量比）在（20∶80）～（80∶20）之间，相对于油墨总质量，含量优选50％～99％（质量分数），更优选85％～95％（质量分数）。

③ 分散剂　使用颜料作为着色剂时，应在油墨混合物中添加聚酯类高分子化合物作为分散剂。其优选用量为着色剂（特别是颜料）质量的30％～120％（质量分数）。

④ 其他添加剂　其他添加剂包括稳定剂（如抗氧化剂或紫外线吸收剂）、表面活性剂、黏合剂树脂及润湿剂。使用润湿剂有助于防止油墨在喷头内干固或结皮，常用润湿剂有多元醇，如乙二醇、二甘醇、三甘醇、丙甘醇、四甘醇、聚乙二醇、甘油等，其用量为油墨混合物总质量的5％～60％（质量分数）。

溶剂基油墨的组成配方实例如下（质量分数）。

配方1

颜料	4.0％	聚酯类高分子化合物（分散剂）	2.4％
聚环已烯衍生物	0.5％	混合有机溶剂	93.1％

配方2

油性染料	1.0％	油	30.0％
丙醇	29.0％	甲酰胺	40.0％

当油墨喷射到承印物表面时溶剂渗透和挥发，油墨迅速在材料表面干燥。在印刷过程中还可根据需要加入不同的溶剂调节干燥速度，一般不需要热风干燥装置。而且，油墨干燥后的印刷品对承印物的附着度高，对环境的温度湿度不敏感，光泽度好，印刷产品的种类非常广泛。由于颜料颗粒不溶于水，还可以防止紫外线照射发生颜色变化。但因为溶剂基油墨中可挥发有机物含量高，一般有较浓的气味，污染环境，对人体有一定毒害，按国家的有关规定这类油墨的使用应有一定的环境保护措施（如强排风、溶剂回收等），并且这种油墨还存在一定的火灾隐患。在这种情况下，环保溶剂基油墨便应运而生。环保溶剂基油墨的成像机理和溶剂基油墨没有太大区别，最重要的就是它能减少蒸发量，用无毒无污染的溶剂来取代以前的普通溶剂。

(3) 热固型油墨 热转移成像技术在数字印刷中的应用比较广泛，其中又以热升华技术为主。热固型油墨既可以是水基油墨，也可以是溶剂基油墨，与前面两种油墨的主要区别在于着色剂的不同。这里介绍一种热升华油墨的组成，其主要成分包括热升华染料和颜料、溶剂（转印剂、水基或醇基乳液）、表面活性剂、水性黏合剂、润滑剂、分散剂、消泡剂。按照质量分数，热升华染料和颜料分散蓝（或品红、黄、青、黑）占10%～35%，水性防腐剂1.0%～6.0%，表面活性剂1.5%～6.0%，水性黏合剂1.0%～7.0%，润滑剂1.0%～4.5%，分散剂0.5%～4.0%，消泡剂1.0%～6.5%，其余为水或水与醇类的混合物。

热固型油墨的种类和组成配方实例如下（质量分数）。

分散蓝 AC-E	10%	乙二氨四乙酸	3.0%	多元醇	2.0%
乳化硅油	2.2%	三氯甲烷	2.5%	羧甲基纤维素钠	3.3%
焦磷酸钾	1.0%	蒸馏水		余量	

当然，也可以根据具体印刷材料的特性改变配方组分比例。

(4) 油基油墨 油基油墨最适合在带孔的材料上印刷，因为它是通过吸收进行干燥的。其配方是植物油或矿物油，不适用于密闭的办公室空间，因为会产生空气污染。所用色料又可以分为颜料型和染料型两种。油基油墨的特点是干燥快，所以在工业方面应用较多，在纸板包装领域的应用尤为突出。油基油墨既不能加快干燥，又需要承印材料的表面给予特殊处理。

三、固态数字印刷油墨

固态数字印刷油墨主要用于喷墨印刷，在常温下呈固态，使用时需经过加热，使油墨黏度减小后喷射到承印物表面。其主要成分有着色剂、颗粒荷电剂、黏度控制剂和载体等组成。

(1) 着色剂 采用液态油墨中的颜料和不溶性染料作为着色剂。

(2) 颗粒荷电剂　固态数字印刷油墨中的颗粒荷电剂包括金属皂、脂肪酸、卵磷脂、有机磷化合物、琥珀酰亚胺、硫代琥珀酸盐、石油磺酸盐或其混合物，主要作用是辅助荷电形成。

(3) 黏度控制剂　包括乙烯乙酸酯共聚物、聚丁二烯、聚异丁烯或其混合物。

(4) 载体　在固态数字印刷油墨中，载体的作用与液态油墨中溶剂的作用相同，包括低熔点的蜡或树脂。蜡或松香选自低分子量的聚乙烯、氧化蓖麻油、石蜡、松香以及乙烯乙酸酯共聚物或其混合物。

根据不同的承印物和印刷特性，固态数字印刷油墨的配方实例如下。

石蜡　81g　黏度控制剂　9g　6%辛酸铬　5g　颜料　5g

四、粉末状数字印刷油墨

粉末状（墨粉）数字印刷油墨主要用于数字印刷机和静电复印机。该油墨是由颜料粒子、可熔性树脂与颗粒荷电剂混合而成的干粉状油墨，带有负电荷的墨粉被曝光部分吸附形成图像，转印到纸上的墨粉图像经加热后墨粉中树脂熔化，固着于承印物上形成图像。与固态数字印刷油墨的最大区别在于，在油墨到达纸张之前，粉末状数字印刷油墨始终保持粉粒状，而固体印刷油墨在喷射出的时候已经被液化。

墨粉又称碳粉、色调剂、静电显影剂，是用于静电成像的粉末状印刷油墨，它与载体组成显影剂，参与显影过程，并最终被定影在纸张上形成文字或图像。墨粉生产制备涉及超细粉体加工、复合材料、化工等领域，是世界上公认的高技术产品。墨粉是电子成像显像专用信息化学品行业在复印和打印领域的主要耗材。

1. 墨粉的分类

数字印刷用墨粉材料主要分为单组分和双组分。单组分墨粉既是着色剂，又是色粉本身，同一种色粉分别带正负两种电荷，转移过程无需载体，黑白数码印刷机的色粉多采用由氧化铁组成的单组分墨粉。双组分墨粉由载体颗粒和颜料颗粒（着色剂）组成，着色剂颗粒不带电，带电的是载体颗粒，细小的着色剂附着在载体颗粒上，完成印刷着色。因为显影时载体颗粒不转移，真正转移的是着色剂，可见着色剂就是墨粉，只是为了与载体区别。彩色数码印刷机一般都采用双组分的墨粉。

墨粉按生产方式分为熔融法（物理墨粉）和化学聚合法（聚合墨粉）；按打印机成像方式分为负电磁性墨粉、负电非磁性墨粉、正电磁性墨粉、正电非磁性墨粉；按应用分为复印机、打印机、传真机、多功能一体机等多种。

(1) 单组分墨粉　单组分墨粉按照物理性能划分为磁性墨粉和非磁性墨粉两种。单组分墨粉显影的明显优势在其简单性，体现在成像系统的部件减少，而且设备体积小，由此带来的整机生产成本降低，目前主要用于低输出速度和低输出成本的数字印刷。使用单组分墨粉显影系统时需要面对的主要挑战是如何对墨粉充电，如何将墨粉颗粒传送到静电潜像的邻近区域。单组分墨粉显影技术能否渗透到中等速度和高速复印机市场还需做进一步研究。

1）单组分磁性墨粉　墨粉核由氧化铁和着色剂（包括颜料、交联剂和添加剂）构成，其中着色剂分布在磁核周围，形成类似于双组分墨粉的结构。单组分磁性墨粉显影能以相对简单的形式进行，无需使用通过磁辊使墨粉颗粒与载体颗粒混合的显影系统。单组分磁性墨粉中含有颜色比较深的氧化铁，对于黑色颜色复制不存在任何问题，但对于彩色产品的颜色复制就有明显的缺陷。这是因为磁核的形成需要大量的氧化铁，而氧化铁的颜色往往较深，再加上氧化铁与着色剂的质量比较大，导致彩色磁性基单组分墨粉的色质无法与套印色要求的色质一致。

2）单组分非磁性墨粉　单组分非磁性墨粉生产成本要低于磁性墨粉，目前主要用于速度较低的复制系统，主要缺点表现在，对于需要大面积输墨的区域作均匀的墨粉转移较困难，主要原因在缺少磁力帮助的情况下，转移效率很难提高；单组分非磁性墨粉颗粒尺寸很难做得很小，否则有形成灰雾的倾向，无法对墨粉颗粒作有效的控制，导致印刷质量降低。

（2）双组分墨粉　双组分墨粉由着色剂颗粒和载体颗粒构成，由于着色剂颗粒比载体颗粒的尺寸小得多，因而载体颗粒好比是运载工具，着色剂颗粒则类似于“乘客”。双组分墨粉在使用时的主要问题归结为充电和混合两种工艺步骤。双组分显影具有高的分辨率、耐环境能力，在高速数字印刷设备上应用普遍。

（3）单组分与双组分墨粉的区别　喷流式显影、绝缘型磁刷显影和导电型磁刷显影均使用双组分墨粉，对于着色剂的充电在混合载体颗粒和着色剂颗粒时完成。因此，单组分墨粉显影与双组分墨粉显影间的区别首先体现在充电方式上。单组分墨粉颗粒类似于双组分墨粉的着色剂颗粒。以黑色双组分墨粉为例，载体是聚酯基颗粒，以炭黑作为着色剂添加到聚酯基颗粒上。显影工艺要求墨粉带磁性时可添加四氧化三铁或类似材料，需要导电时则可增加炭黑的数量。

2. 墨粉的结构及组成

墨粉的主要成分为树脂、着色剂、电荷控制剂（CCA）、添加剂、磁粉（单组分墨粉使用）/载体（双组分墨粉使用）。

（1）树脂　构成墨粉的主体组成部分，起黏结作用，使墨粉满足基本的定影性能和带电量要求。树脂在双组分墨粉中约占80%左右，在单组分墨粉中占60%左右。树脂的性能对墨粉的质量和稳定性至关重要，通常选用黏合性能和热熔性能好、化学稳定性好的合成树脂，如丙烯酸类、苯乙烯类、酚醛树脂等。

（2）着色剂　包括颜料和染料，在墨粉中使用颜料占优势，黑色着色剂一般采用炭黑，主要是鉴于其具有极好的耐热性、耐光性以及良好的性价比，具有调整颜色深浅的功能，在墨粉中所占比例约为10%，彩色墨粉着色剂可用偶氮类和多环类颜料。

(3) **电荷控制剂**　改变墨粉的带电量、电荷分布曲线及带电速度，起控制墨粉带电性能的作用，所占比例约为5%。正电性的电荷控制剂有苯胺黑或季铵盐，负电性的有金属-染料复合物等。

(4) **辅助添加剂**　起调整带电量，防粘辊，改善流动性等作用，一般在墨粉中所占比例为5%。

(5) **磁粉**　起染色作用，在形成磁穗时作动力，在显影过程中阻止低电量粉显影，一般为黑色磁铁矿粉末或用化学方法生成的磁性粉末，在墨粉中约占30%～40%。

(6) **载体**　以磁铁粉、塑料珠和玻璃珠为原料制成，其中以磁铁粉最为常用。

另外，一般墨粉配方中含有蜡，用于改善被熔融的墨粉从定影辊中的分离性能。总之墨粉的结构应能较好地完成静电摄像过程，最终在打印介质上形成高质量图像。

墨粉是高分子聚合物，颗粒的平均直径更加精细化（平均粒径5～6μm）、均匀化、球形化及成像高速化，使得印品图像质量也更加细腻、更加完美。

目前市场上的墨粉主要有OEM墨粉与兼容墨粉。OEM墨粉质量高，图像逼真、清晰度高，受到用户的信赖，但由于价格高，用户难于接受，使得兼容墨粉具有一定的市场，但兼容墨粉质量良莠不齐，假冒伪劣产品充斥市场，极大地损害了用户利益，因此墨粉质量评价显得尤为重要。

3. 墨粉制备技术

目前墨粉制备方法主要是熔融法（物理法）和聚合法（化学法）。熔融法是将已合成好的树脂与颜料及添加剂进行混合、高温熔融，然后挤出、冷却、破碎、分级，再加入一些改变其流动性的外部添加剂得到成品。聚合法是指将单体树脂原料、颜料颗粒及添加剂混合在反应器中，采用聚合的方法直接得到颗粒状墨粉的成品。聚合法又分为悬浮聚合法、界面/自由基聚合法、分散聚合法、半悬浮聚合法、微悬浮聚合法等。

随着打印机的普及、打印图像质量的提高，对墨粉的要求也不断提高，聚合法制备的墨粉粒径更小、粒度分布更窄、墨粉的形状更均一，低温定影方面也比传统的物理粉碎法制得的墨粉更具优势，并且要求的生产设备简单，工艺流程也更少，所以聚合法越来越受到墨粉制造厂商的重视与青睐。

五、电子油墨

电子油墨是数字印刷领域出现的一种新型油墨，是用于印刷涂布在特殊片基材料上作为显示器的一种特殊油墨，通过电场定位控制带电液体油墨微粒的位置，形成最终影像。

1. 电子油墨的定义

电子油墨由一些极其微小的微胶囊（纳米级）所组成，如图 4-2、图 4-3 所示。这些微胶囊内有许多带正负电荷的白色和黑色（或彩色）的颜料颗粒。当把这种电子油墨涂布到纸张表面或塑料膜上时，这张纸或塑料片就成了电子纸张。电子油墨就在纸或塑料表面形成了由微胶囊组成的，如同彩色印刷形成图像的网点像素，把这种涂布电子油墨的纸张放进一种专门的电子打印机里，改变电子油墨中的电荷分布，使胶囊内的微粒充电。当白色颜料颗粒带正电荷转移到微胶囊的顶端时，电子纸张表面呈现白色。而当黑色（或彩色）颜料颗粒带负电荷在电场作用下转移到顶端时，电子纸表面呈现黑色（或彩色）。将这些具有不同颜色的胶囊进行适当的排列与组合，就可以形成各种各样的文字和图像。

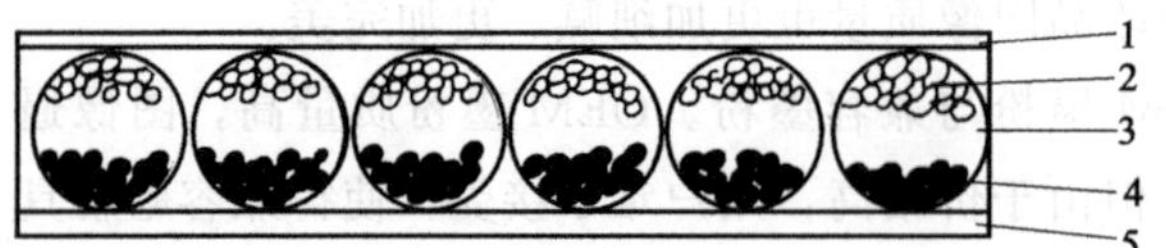

图 4-2 电子油墨微胶囊（剖面）结构示意（一）

1—面层透明体（带有正、负电极）；2—带有正电荷的白色颜料微粒；3—内含白色与黑色（彩色）颜料微粒的微胶囊；4—带有负电荷的黑色（彩色）颜料微粒；5—底层（带有正、负电极）

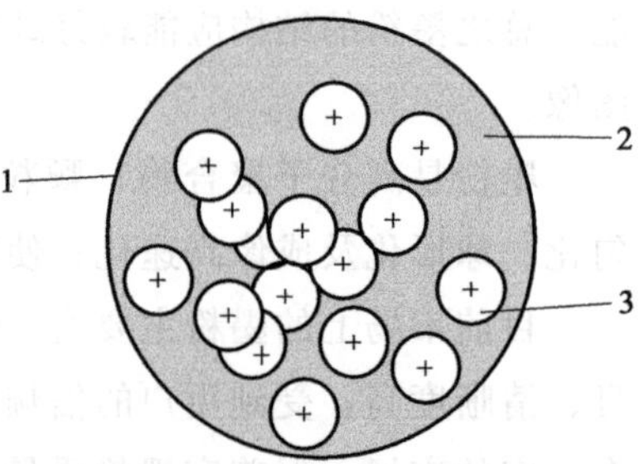

图 4-3 电子油墨微胶囊（剖面）结构示意（二）

1—微胶囊透明层；2—黑色或蓝色液体；3—带正电荷的白色颗粒

电子油墨具有分辨率高、功率消耗低、可阅读性强的特点，同时还有记忆效应，图文在电子纸张上显示后可保持相对稳定。

HP Indigo 电子油墨是一种悬浮于液体中的带电的色素基微粒，颗粒的形状比较特殊，在放大镜下观察是多边形，在压力作用下不像传统油墨那样容易扩散，而是紧密结合在一起，这样与纸或其他介质接触立即固化，印出的图像更加清晰，网点边缘没有虚化及扩散，而且油墨颗粒呈现有触角的形状，每个颗粒有一个相对大的表面，当受到挤压时，颗粒会相互粘连，不像球形颗粒会趋于分散。图 4-4

图 4-4 电子油墨颗粒形状

是 HP Indigo 电子油墨的颗粒形状。与其他数字打印技术类似，即干式 EP（或静电复印），HP Indigo 电子油墨以电子方式控制打印微粒的位置，实现数字打印。但是，与干式 EP 不同的是，HP Indigo 电子油墨的微粒尺寸非常小，只有 1～2μm。在液态中这么小的颗粒能够实现非常高的印刷精度、均匀的光滑度、锐利的图像边缘和非常薄的图像层。电子油墨能使印刷品质达到胶印的效果，而碳粉色剂的颗粒则不能够做得太小，原因是于的小颗粒在空气中传播会变得无法控制。因此采用碳粉技术的数字印刷机印刷速度越高，碳粉颗粒就越大。而电子油墨可以根据印刷品质要求，控制最小的油墨颗粒。HP Indigo 电子油墨提供给客户时为浓缩形式，并采用“无污染”的罐式包装装入打印机。在设备内部，它在墨坛中与图像油充分混合稀释，形成用于打印的图像油与油墨颗粒的混合液。

2. 电子油墨中的微胶囊化

电子油墨显示被认为是当前最具发展前途的电子纸显示技术之一。电子油墨由数百万个尺寸极小的微胶囊构成，每个微胶囊内有许多带正电的白色粒子和带负电的黑色粒子，这些微粒子都分布在微胶囊内透明的液体当中，如图 4-5 所示。微胶囊夹在两个电极板之间，当受负电场作用时，白色颗粒带正电荷而移动到微胶囊顶部，相应位置显示为白色；黑色颗粒由于带负电荷而在电场力作用下到达微胶囊底部，使用者看不到黑色。如果电场的作用方向相反，则显示效果也相反。白色部位相当于纸张的未着墨部分，而黑色则相当纸张上的印刷图文部分。

电子油墨微胶囊制备实例如下

(1) 囊芯的制备　将油溶黑溶解在四氯乙烯中，过滤除去残余物；称取 30mg 经聚乙烯表面改性的大红粉；以 45mg Span80 为分散剂；超声分散于 6mL 含有油溶黑的四氯乙烯中。

(2) 微胶囊的制备　将 0.75g 明胶和 0.75g 阿拉伯胶分别溶解于 100mL 蒸馏水中，保持 40～45℃，搅拌下将两种溶液混合。精确称量一定量的十二烷基硫酸钠（SDS），使溶液中 SDS 保持一定浓度，然后加入 2mL 囊芯。缓慢开启搅拌，使搅拌速度达到 800r/min，时间在 40min 左右，使囊芯分散均匀。然后，用 5% 的乙酸溶液调节使溶液的 pH=3.7。此时明胶和阿拉伯胶发生凝聚反应。当凝聚相形成后，使混合物体系离开水浴自然冷却至室温后，再用冰水浴使体系降温至 10℃以下，加入 5～10mL 甲醛溶液固化 60min，得到电子墨水微胶囊乳液。

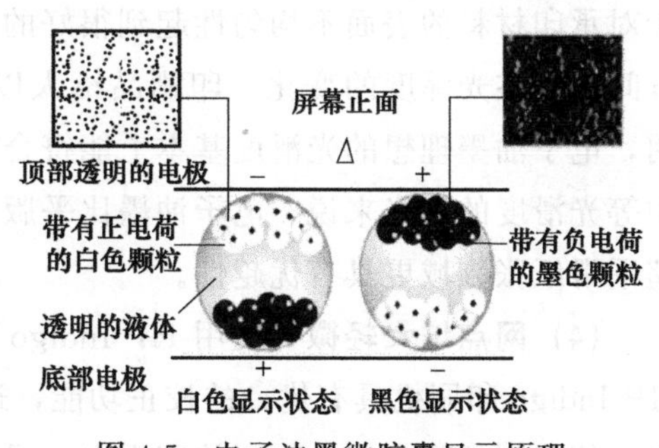

图 4-5　电子油墨微胶囊显示原理

3. 电子油墨的特点

电子油墨能达到极微小的颗粒（1～2μm），这样小的微粒使印刷能达到更高的分辨率和光滑度、锐化的图像边缘，形成极薄的图像层。独特的电子油墨技术可使各种纸质表现出极为出色的彩色影像，使印刷的图文质量能在纸张上完美地呈现。电子油墨由于其成像过程的特殊性，与传统油墨有所不同，主要表现在以下几个方面。

(1) 图像边缘锐化 电子油墨印刷的图像比碳粉技术的图像要锐利，在网点或字体的边缘，这种锐利程度更加明显，原因在于两者的成像方式和颜料不同。HP Indigo的成像方式和传统的平版印刷基本相同，而使用碳粉技术的印刷则要最后在碳粉上附上一层高温硅油，以防止碳粉脱落，因此在这种热附状况下，碳粉就会浸入图像的边缘，造成无论何种承印物，印品的图像边缘精度都差。而HP Indigo电子油墨颗粒小，且没有扩散，边缘锐利清晰，如图4-6所示。

(a) HP电子油墨

(b) 碳粉色剂

图4-6　Indigo电子油墨与碳粉印刷图像边缘对比

(2) 油墨颗粒细微、大小可调 HP Indigo电子油墨颗粒大小只有1～2μm，油墨颗粒的形状呈多触角形式，每个颗粒均有相对大的表面积，当受到挤压时，颗粒互相黏结，能够在承印物表面形成极薄的油墨层。HP电子油墨可以根据印刷品质要求，得到最小的油墨颗粒。

(3) 亮度高、光泽度好 电子油墨的组分类似于胶印油墨，保留了胶印油墨高亮度的特点。适合于静电数字印刷的墨粉因为颗粒的直径比较大，在图像的暗调和亮调区域产生不同的光泽度表现，因此，光泽度一般不高。电子油墨因颗粒细小，能对承印材料的表面不均匀性起到很好的补偿作用，在印有电子油墨的图文和非部分间不存在光泽度的变化，印刷品给人以表面高度均匀的视觉感觉。实际操作表明，电子油墨理想的光滑度基本上能符合除了超光滑纸以外各种纸张的要求。对于中等光滑度的纸张来说，电子油墨比平版印刷油墨更有优越性，但是平版印刷墨在超平滑纸张领域更具有优越性。

(4) 网点增大轻微 使用HP Indigo电子油墨能够有效地控制网点增大。因为HP Indigo印刷机具有优良的校正功能，通过内置的网点增大补偿来校正变化的网点，使印刷的网点能在需要的范围内。另外，HP Indigo数字印刷机能够自动调整最佳密度和网点的尺寸，从而保证每一张印刷品都有一致的色彩效果。图4-7所示是电子油墨印刷的网点和传统胶印网点的形状对比。

(5) 色彩再现好、色域宽 电子油墨的成分与传统墨相同，而仅仅是充了电的油墨，因此电子墨阅读起来就类似于传统印刷于纸张上的油墨，但与纸张相配时亮度与对比度都很高，并且视角可达180°，在任何方位观察图像与文字效果一致。同时由于电子油墨具有色彩唯一性以及对专色的支持，不仅可以保持色彩的稳定性，还可以将颜色拓展到基本色所不能达到的色域，最终达到增加色彩层次的目的。

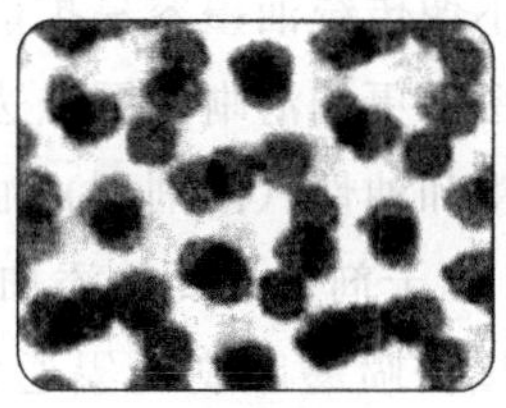

(a) 电子油墨

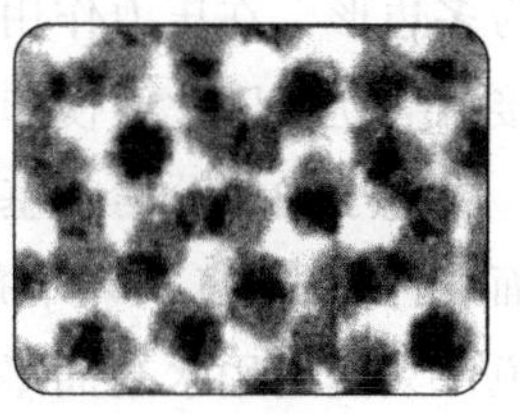

(b) 胶印

图 4-7　电子油墨印刷的网点和传统胶印网点的形状对比

HP Indigo 电子油墨是唯一被 PANTONE 认可的数字印刷颜色，可实现 95％ 的 PANTONE 色域的颜色。HP Indigo 电子油墨主要有标准 CMYK 色；满足超常规复制要求的 Indi Chrome 宽色域六色成套油墨，在普通套印色基础上增加橙红色和紫色，可以复制出常规四色套印无法复制的颜色；满足专色复制要求的 Indi Color 专色，利用基本油墨颜色的调和合成，可与 PANTONE 定义的专色范围中大多数颜色匹配。为了提高客户的印刷附加值，HP Indigo 还开发了不透明白色油墨、荧光油墨、特殊的防伪油墨等多功能电子油墨。现在 HP Indigo 电子油墨还应用到了卷筒纸印刷领域，在其他领域的应用也在不断地探索中。

平版印刷根据不同的标准使用不同的油墨公式，而电子油墨对不同的标准只采用一套色彩。电子油墨通过电子调整油墨的浓度（色彩的浓度）以适合不同的需要。电子油墨的特殊性质及其油墨的带电特性决定了它在四色基础上的独特功能。

(6) 物理性能稳定、即时干燥　电子油墨可以进行无排放物的固化，干燥及时迅速，同时封装在电子油墨塑胶树脂中的色素颗粒会阻止色素化学成分被氧化或受湿气的影响，特别是在强烈的紫外线照射下，电子油墨比传统油墨更有优势，它还在水、酸性或碱性溶液中浸泡都不会褪色。电子油墨在完成印刷之后，附着在承印物上，无需进一步干燥处理，且不会产生任何排放物。因为电子油墨的熔化温度100℃，低于色粉定影的温度，且相对低的温度使承印物不会因加热损坏或弯曲。

(7) 承印材料广、适印性强　电子油墨几乎可以适用于所有的材料，如纺织品、纸张、塑料等许多材料，成像质量的好坏与承印物表面的光滑度关系密切。目前电子油墨的光滑度符合除超光滑纸以外各种纸张的要求，尤其在中等光滑度纸张上更有优越性。液晶显示器显示于玻璃上，可它又重又易碎；而电子油墨可以在塑料表面显示，可使其超薄，富有弹性而不易碎。如今电子油墨已在标准基本色色域基础上增加了橘红、紫，使色彩再现能力远高于在原有四色上的色彩再现能力。

与传统油墨不同的是，电子油墨在介质上的固化不依赖于墨膜干燥时间，而是遇到高温（130℃）橡皮布立即固化在橡皮布上，橡皮布上的油墨图文再 100％地转印到纸或其他介质上。另一方面，电子油墨的基材是新型树脂材料，其微观形状为多边形。在压力作用下不像传统油墨容易扩散，而是结合紧密与纸张或其他介质接触后立即固化，使印刷图像更加清晰，网点边缘稍有虚化及扩散。

电子油墨分为水基油墨和油性（溶剂型）油墨。水基油墨由溶剂、着色剂、表面活性剂、pH 值调节剂、催干剂及必要的添加组成。对于热压式喷墨印刷系统来说，只能选用水基油墨，按需喷墨印刷油墨通常也是基于水基油墨。油性（溶剂型）油墨由着色剂、溶剂、分散剂等其他调节剂组成。

4. HP Indigo 数字印刷机颜色的成像过程

HP Indigo 数字印刷机某一个颜色的成像过程：首先给成像板上均匀地充电，然后激光头根据 RIP 后该颜色的点阵格式用激光束在成像板上放电（成像板该点电位变为零），然后该色的电子油墨就会在电场力的作用下附着在成像板的成像区域形成图像层。该图像层同样通过成像滚筒和橡皮布滚筒的电位差转移到橡皮布上。电子油墨在橡皮布上加温后部分溶解，通过压力转移到承印物上，然后固化并附着在承印物上。其他颜色的成像过程一样，而且在一组滚筒上实现（色彩转换技术）。

与静电数字印刷系统不同，HP Indigo 数字彩色胶印系统没有专用的定影部分，其印刷过程采用了“热胶印”工艺来改善电子油墨的转移效果，同时加快油墨的干燥速度。印刷时不对承印材料加热，而是对橡皮辊筒加热，加热温度达到 130℃时，电子油墨内部形成特殊形状的带有颜料的颗粒，在热量作用下，颜料颗粒熔化并与液体油料混合为平滑的胶状液体，然后向温度不高的橡皮布上转移，电子油墨立即固接在橡皮布上，然后转移到承印物表面。

六、紫外线（UV）和电子束固化（EB）油墨

UV/EB 油墨同属于能量固化油墨，将这两种油墨应用在喷墨数字印刷上最大的优点是稳定性好，只在紫外线或电子束照射下固化的优势可以有效避免打印头堵塞，延长打印头的实际使用寿命。不足之处是采用 UV/EB 油墨打印将导致印刷速度降低，比如说油墨供应环节的限制以及大量油墨通过打印头的速度等。目前，Xennia 的新型 XenJet Vivide 系列 CMYK 颜料型 UV 固化油墨已经通过 Xaar 公司的认证，并将这种新油墨用在 Omni Dot 760 打印头上。

随着技术不断发展，辐射固化体系，尤其是紫外光和电子束固体体系，在印刷油墨中正获得越来越多的应用，特别是在上光油、金属软管油墨、表格印刷油墨中应用很广，其特点及组成介绍如下。

1. 紫外线干燥（UV，Ultraviolet Drying Printing Ink）油墨

UV 油墨是一种环保性油墨，不包含挥发性的成分，如溶剂或水，不会使色彩和印刷特性产生变化。在印刷过程中，UV 油墨易保持色彩和黏度的稳定，一旦在

印刷前将墨色调整好后，在印刷机上的调整工作量就非常小，也无需再加入其他的添加剂。印刷中途停机时，在墨辊和网纹辊上的油墨也不会干燥结皮。干燥后的UV油墨层表面具有极高的耐磨性和化学稳定性，且具有很高的遮盖力和光泽度。UV技术能带来较高的经济效益，如提高产量、交货期缩短、节省空间、印刷品质色彩鲜艳、图像清晰度高等，无论从环保的角度还是技术发展的角度考虑，UV油墨都有较广阔的应用前景。随着各项技术的发展，充分的专业处理知识、高质量配套设备以及相应的原料，如特别研发的橡皮布以及清洁溶液，将使UV油墨及其固化干燥系统技术日益完善。

2. 电子束干燥（EB, Electron Beam Drying Printing Ink）油墨

EB油墨，无光引发剂（如二苯甲酮和安息香醚），其他成分基本与UV油墨相同。

EB油墨需要电子束照射源和隔断氧气（充满惰性气体）的辐射炉，电能消耗少。但为了保障人身安全，需要昂贵的辐射防护装置，所以虽然在理论上有一定优点，实际使用的例子却很少，目前国内正在引进应用于印刷行业中。由于这种干燥方式能使较厚的墨膜彻底干燥，今后可能在金属软管与金属薄板印刷中首先实用化。

第五章　数码打样

数码打样技术是模拟实际印刷机的颜色复制，能够起到预测印刷效果、指导印刷车间调色的作用。高质量的数码样张不但能够帮助客户真实还原原稿，还能大大节省印刷机台的跟色和开机准备时间，减少浪费和避免客户投诉。随着数字化印刷工作流程的广泛使用，一些解决方案供应商也开始研发数码打样系统，这些打样系统输出的样张完全可以模拟网目调网点的效果。

第一节　数码打样原理及类型

一、数码打样及数码打样系统

1. 数码打样

数码打样是将彩色桌面系统制作的页面/印张数据，直接经数字打印机（喷墨、激光或其他形式）输出样张，用以检查印前工序的图像页面质量，为印刷工序提供参考样张，并为用户提供可以确认签字的依据。

2. 数码打样系统

数码打样系统主要由数码打样输出设备和数码打样控制软件组成，采用色彩管理与色彩控制技术实现印刷色域同数码打样色域的一致。数码打样输出设备是指能以数字方式输出的彩色打印机，如彩色喷墨打印机、彩色激光打印机、彩色染料热升华打印机和彩色热蜡转印打印机等。数码打样控制软件是数码打样系统的核心和关键，主要包括 RIP 驱动、色彩管理软件、简单的拼大版软件，主要完成页面的数字加网、页面的拼合与拆分、印刷色域与打印色域的匹配等。数码打样控制软件中又以色彩管理技术的应用最为关键。色彩管理技术要为数码打样输出设备以及印刷机生成的特性化文件，并完成其中的色彩匹配与转换。这就要求色彩管理软件能够较准确地生成各个不同设备的特性化文件，然后利用色彩转换引擎将不同设备的色彩空间进行转换与匹配，最终达到准确颜色模拟的目的。

数码打样的核心功能在于使用数字化的打样方式实现对印刷品的色彩、层次、清晰度、版面的准确和安全再现，为大批量印刷复制提供质量依据。因此，数码打样技术的优劣其实就是数码打样样张与实际印刷品的差距大小。数码打样的效果与最终印刷效果一致是各种数码打样色彩管理系统追求的主要目标。

二、数码打样原理

数码打样的工作原理与机械打样和印刷的工作原理不同。数码打样是以数字印刷系统（CIP3/CIP4）为基础，在印刷生产过程中按照印刷生产标准与规范处理好页面图文信息（RIP 数据），不经过任何模拟处理方式，由计算机及其相关设备与软件以数字方式直接输出彩色样张的新型打样技术。数码打样工作流程见图 5-1。

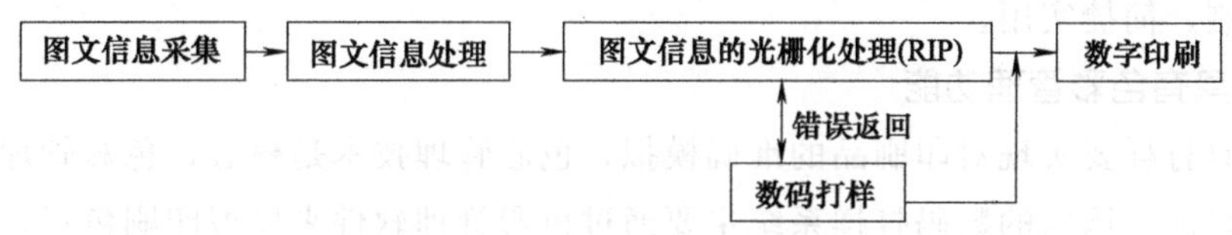

图 5-1　数码打样工作流程

三、数码打样的特点

数码打样集成了印刷领域最新的理论与技术，因此具有很强的技术优势。数码打样既是以印刷品色彩的呈色范围与印刷色彩相近的色域空间的方式来再现印刷色彩，不需任何转换就能满足平、凸、柔、丝网等各种印刷方式的要求，能根据用户的实际印刷状况来制作样张，具有极强的灵活性和适应性。数码打样跟传统打样相比，有以下特点。

1. 数据化

数码打样系统是由数字页面文件直接送至打样系统，是以数字化进行色彩管理。在输出样张之前，全部由数字信号控制和传输，实现了生产过程的数据化。

数码打样在设备校准、状态稳定的情况下，可以随时调用调试好的曲线，用同型号批次的打样纸张，完全可以保证多份样张数据的一致性。而传统打样技术除了纸张、油墨、PS 版应该保持稳定，设备的状态应保持正常外，传统打样的效果还受环境条件、墨量及水墨平衡等诸多因素的影响，而且人为因素也不可忽视。相对于传统打样，数码打样几乎不受环境、设备、工艺等方面的影响，更不受操作人员的影响，其稳定性、一致性十分理想，优势明显。

2. 个性化、多样化

数码打样可以针对不同的印刷设备、油墨、纸张，制作特定环境下的印刷特性曲线，实现特定条件下的打样要求。数码打样也可以满足用户对采用不同承印物进行打样比较的要求，通过对不同承印物制作不同的特性化文件，实现同一文件在不同承印物上打样，例如在宣纸上进行国画复制打样，甚至还可以对某个产品制作特定的打样效果，以满足不同客户的需求。

3. 模块化、流程化

数码打样模块化、流程化的发展，优化了色彩管理、RIP 等印刷生产资源的配置，更有效地发挥了这些资源的效率。在实际生产中，应充分利用数字化工作流程中的相关资源，配置高效的数码打样流程。

4. 实现了远程打样

客户可以通过网络将处理好的数字文件传输到远程站点，利用经过校准的打印系统可实现远程网络打样，从而为用户提供数字样张。这种异地数码打样突破了时空的限制，简捷实用。

5. 具有色彩管理功能

数码打样要实现对印刷品的准确模拟，色彩管理技术是核心，色彩管理模块是必备。目前，国内的数码打样系统主要通过色彩管理软件来模拟印刷色彩，并使打印机获得的样张与印刷样张色彩相一致。无论何种色彩管理软件，必须要有相关的设备、材料等的基础数据，也就是该设备、该材料在稳定的工艺条件下所能表现出来的最大色域。例如阶调再现规律、网点扩大规律、最大墨量，以及纸张与油墨的印刷适性等。只有了解这些基础数据，才能通过色彩管理软件来控制，补偿在某一特定条件下图像信息转移过程中颜色和层次的误差。

6. 幅面大、分辨率高

现在数码打样系统能完成各种输出幅面，最宽幅面超过 1m，完全满足后端印刷的要求。

数码打样分辨率一般最高可到 1440dpi，而打印校样一般最高到 600dpi，这是由不同的打印目的决定。数码打样系统通常采用喷墨打印或激光打印技术，一般输出的是调频网点或连续色调结构，因此只要有 600dpi 以上的输出分辨率，其打样的样张即可达到调幅网点 150lpi 的效果。而现在大多数彩色打印机均可达到这样的图像分辨率。

新一代数码打样系统的 RIP 可以输出与实际印刷效果一致的调幅网点，因此要求打印机有更高的分辨率。目前，EPSON 喷墨打印机和 HP 喷墨打印机均可达到这样的分辨率，输出与实际分辨率效果一致的调幅网点图像。当然样张上的网点与实际网点在边缘部分还有细微的差别，只不过用肉眼看不到，完全符合人们对于图像的视觉分辨率与印刷相同的要求。传统打样有可能会出现套印不准而造成图像清晰度下降，而数码打样不存在套印不准的问题。

7. 输出速度快、系统成本低

随着大幅面、高分辨率喷墨打印机的问世，多喷嘴喷墨打样技术的开发和快速RIP打样以及服务器的功能化（有的打样服务器可以同时控制4台数码打样机），输出一张大对开（102cm×78cm）720dpi样张的时间，有多种机型可在5min之内完成，输出速度远远快于传统打样的时间（一般单色打样机完成四色大幅面打样的时间需2h左右）。

数码打样系统的硬件只有彩色打印机、控制计算机以及配套RIP和彩色管理软件，总成本明显低于传统打样。同时，数码打样系统所占空间非常小，更不需要严格的环境条件，且节省了大量的原材料，大大缩短生产周期，还可以避免传统打样发现错误返工时造成的浪费。

目前数码打样与传统打样相比，图像再现性能较好，在人员素质方面的要求也没那么高，成本较低且可快速输出。但在实际的印刷过程中，还存在一些不足。

（1）对于一些有特殊要求的专色打样还无能为力 虽然有的数码打样系统支持专色，但实际上是将专色用四色来表示，与印刷使用的专色不完全相同，类似于印刷中专色的调墨。还有一些数码打样系统本身就有专色，但专色是固定的，与印刷使用的专色并不相同，因此数码打样在专色表现方面普遍有困难。另外数码打样在特种纸上的打样和金银墨的打样上也有一定局限性，这不是软件本身的问题，而是在硬件上无法实现。

（2）网点结构不同 数码打样基本使用调频网点或者无网点技术，个别数码打样软件除外。但印刷中的颜色重现一般采用调幅网点，这样就比较难检出加网过程中所隐藏的鬼影故障，在印刷过程中，操作人员一定要通过色调匹配控制法对印刷质量进行检查。

（3）颜色匹配 数码打样所采用的一般是比印刷纸白的高光纸、半高光纸与亚光纸，所用墨水与印刷墨水的光谱特性也有差别，这样就会使数码打样与印刷可重现的颜色范围有差别。通常情况下，数码打样的色域要相对大一些，所以要进一步验证其颜色匹配度。加上我国印刷厂的设备一般来自欧洲，而采用的油墨却是日本的标准，且南北方的气候差别很大，也就导致了数码打样与实际印刷的配合度不是很好。

四、数码打样分类

根据数码打样流程工作过程的不同，可以将其分为RIP前打样和RIP后打样两种。

1. RIP前打样

RIP前打样是指数码打样管理软件先接受RIP前的PS、PDF、TIFF等数据，再依靠数码打样系统的 RIP 来直接解释电子文件（一般为 PS 文件），在色彩管理的控制下，由打印机打出印样张的过程，其工作流程如图 5-2 所示。

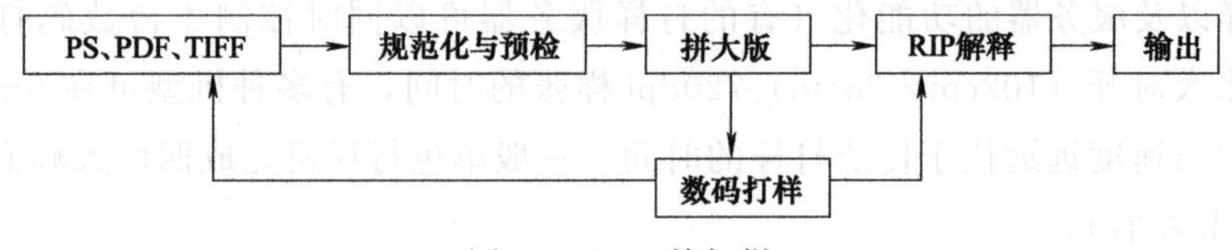

图 5-2　RIP 前打样

RIP 前打样的工艺流程采用调频网点打印，图像、图形及文字信息都可以被准确地反映出来，但不能完全准确反映最终输出 RIP 的结果及印刷网点的结构状况。其特点是被处理文件的数据量相对较小，处理速度快，生产效率高，应用技术相对成熟，对软硬件要求低。主要应用在设计打样、印前过程打样和部分合同打样，是目前应用较多的数码打样工艺。由于不是最终输出 RIP 生成的文件，在生产过程中，要采用多次 RIP 输出的工艺，而且不能实现真实的网点打样功能，因此 RIP 前打样文件如何与最终 RIP 后文件保持一致与统一，是首先要考虑的问题。

2. RIP 后打样

RIP 后打样是指数码打样管理软件直接接受其他系统 RIP 后的数据，将这些文件直接处理生成 1-bit TIFF 文件（即挂网后的 TIF 文件）进行输出，在色彩管理的控制下，实现数字样张与印刷品的一致，其工作流程如图 5-3 所示。

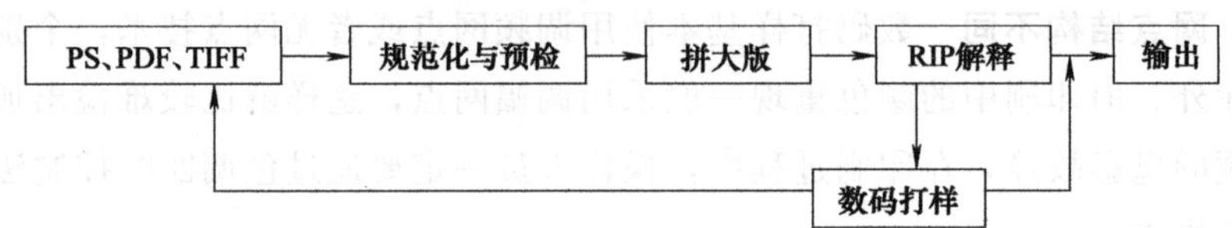

图 5-3　RIP 后打样

RIP 后打样的特点：1-bit TIFF 文件包含输出版面的全部信息，包括文字、版式、图像、图形及印刷网点结构（网线数、网点形状与角度）等，据此输出的数码打样样张最忠实于最终印刷效果。但 RIP 后数码打样软件价格昂贵，需专业输出人员操作，工序多，需专业 RIP 解释后才能使用。而且 1-bit TIFF 文件数据量大，对软、硬件配置要求非常高，处理时间几倍甚至十几倍于 RIP 前打样，实际生产效率相对较低，所以一般小型输出中心很少使用。

3. RIP 前打样与 RIP 后打样的比较

RIP 前打样与 RIP 后打样的主要区别，首先，RIP 后打样相对于 RIP 前打样在输出结果上更具有安全性。RIP 前打样的数据处理时，打样和输出走的是两条线，这就意味着打样和输出的结果在理论上有不一样的可能。尽管流程处理技术不断完善、改进，但这种对文件处理结果的差异性还是存在的。而 RIP 后打样和输出处理所用数据是同一套点阵数据，而点阵数据是不会在解释过程中发生问题。因此，可以认为RIP后打样是最安全的打样方式，可以用作印刷合同打样。其次，RIP前打样数据还没有光栅化，没有办法打印调幅网效果，给印刷追样造成困难。最后，RIP后数据的色彩描述同RIP前数据的色彩描述之间存在差别，RIP后色彩描述形式和内容更适合于数码打样色彩的需要，在色彩、阶调层次、精度等最终表现上更加符合印刷打样的需求。而RIP前数码打样比较适合于版式打样和样张打样，但要作为合同打样，还存在一些问题。

在实际生产中要求数码打样系统同时具有RIP前打样和RIP后打样功能，并对RIP类型没有限制，能真正接受不同RIP后的数据，还能发现印前的问题。

五、数码打样技术的发展

1. 数码打样技术的现状

随着数码打样技术应用的全面普及，越来越多的印刷行业用户正在受益于其高效率、低成本、高品质的特性，同时业界对数码打样的需求也在不断提高，不仅是期望普通的商业合同打样，而且包括了版式打样、蓝纸打样、报纸打样、屏幕打样、远程打样，甚至是包装打样的全套解决方案。传统打样被数码打样替代已是不可逆转的趋势，许多数码打样系统供应商都不断地向市场推出新一代的数码打样技术。

(1) 硬件

① 数码打样机　市场对数码打样机的要求是快、准、精。快是企业选择数码打样的一个重要原因；准是颜色的准确，印刷过程概括说其实是一个颜色的复制过程；精是精确程度，也就是分辨率要高，分辨率高低决定了样张的清晰度，也是客户判断签样的关键因素。

针对当前市场对数码打样的要求，像爱普生、惠普、佳能等知名品牌都推出了新一代的数码打印机。爱普生推出了专门针对数码打样的Epson Stylus Pro 7910/9910/7910专业版/9910专业版11色大幅面喷墨打印机，在原有4色系列打印机的基础上在速度、油墨甚至在介质方面都有很大的改进。惠普推出了全新概念的Design jet Z2100/Z3100大幅面喷墨打印机，除了采用12色油墨大色域技术外，还创新地内嵌了使用格灵达il技术的分光光度计测量设备，提高了色彩管理效率。佳能推出的image PROGRAF 5000/9000，采用了12色油墨大色域技术，而且还采用了数量高达30720个的喷嘴，实现了高精度打印。为了抢占数码打样的市场，设备商家都努力改进技术，降低成本，从而使印刷企业进入数码打样领域的门槛降低。

② 显示器　要进行屏幕打样，最重要的就是显示器色域要广、稳定性要高。

到目前为止，屏幕打样使用的显示器多是苹果和艺卓的产品，这类显示器做到了大色域和高稳定，且由于这两个商家的某些系列显示器已经通过了权威的 SWOP 认证。此外，索尼等品牌显示器也开始进军屏幕软打样市场。

③ 测量设备　测量设备是检验数码打样色彩还原是否准确的关键，而测量设备的精确性又影响到色彩管理的效果。所以，测量设备也成为有待改进的又一重要对象。现在一般使用的测量设备主要是爱色丽的产品，常用的测量设备有 Eye-One 分光光度仪，DTP70、500 系列分光密度计及最新推出的 Eye-One Isis。这些设备除了在精度上有了很大的提高外，还在原理上如色差公式、颜色空间等方面进行了一系列的改进，使得测量的效果更精确，数据使用的范围更广泛。

(2) 软件　数码打样系统的软件配置是指色彩管理软件。当前最流行的色彩管理软件有 EFI、GMG、BlackMagic、StarProof 和方正写真等，这些软件都有自己的核心技术和操作方式。目前国内数码打样软件比较多，主要介绍以下几种。

① EFI Best Color Proof XF　在目前的商业印刷领域中，EFI 的 Best 打样色彩管理软件应用最为广泛。自 1999 年，德国 Best 公司（已被 EFI 收购）推出了基于 ICC 色彩管理技术的 Best Color 数码打样系统后，一般的喷墨打印机也具备了输出高质量的数字样张的性能，使数码打样系统的性能得到了彻底的改变。最新推出的 EFI Color Proof XF 数码打样软件，可根据网络容量和功能性进行升级，并使用了开放的标准。

② GMG Color Proof 05　GMG 为国内打样市场带来了高端色彩管理流程解决方案，其数码打样产品主要有三类，即 GMG Color Proof（色彩打样）、GMG Dot Proof（网点打样）和 GMG Flexo-Proof（包装/柔印打样）。据悉，GMG Color Proof 软件在国际性的打样竞赛中表现出色，现已升级到 GMG Color Proof 05，在功能上有很大提升。该公司利用闭环校正技术，为用户提供了色彩一致的远程打样解决方案。

③ 高术 BlackMagic　高术 BlackMagic 数码打样解决方案包括商业、报业、包装印刷数码打样解决方案，CTP 制版屏幕虚拟打样及机台屏幕软打样解决方案等。BlackMagic 包装数码打样系统为柔印、凹印以及胶印等提供了打样解决方案。其所特有的“真网点技术”“专色管理技术”“陷印检查技术”“墨滴控制技术”可以满足包装印刷的多种工艺需求，最新推出的 Veripress 虚拟打样系统已用于屏幕软打样的实际生产中。

④ 方正写真 4.0C　北大方正在国内率先推出了基于方正世纪 RIP 的数码打样插件。2007 年推出的方正写真 V4.0 商业版是一款 RIP 后的真网点数码打样软件，结合方正 30 年来在 RIP 领域的挂网技术优势，通过读取 1-bit TIFF 中的挂网数据，能够精细控制打印的网点大小，模拟印刷的网点，再现印刷色彩。

⑤ ICS Remote Director 系统　拥有全球无纸远程打样最高端技术的 ICS（美国）公司发布全中文版 ICS 无纸远程打样系统 Remote Director，该系统提供的一整套解决方案，能够极为方便且有效地融入到现有的生产流程当中，无论是广告公司还是印刷厂，Remote Director 都能做到即时协同工作，对客户端数量无限制；所有客户端均能获得精准色彩以及与实际印刷相匹配的数字式打样；全开放式系统结构，允许与所有现行的工作流程驳接；工作平台（指计算机和显示器等）无须定制，硬件成本非常低；真正的跨平台性；色彩精度已获得国际印刷标准 SWOP 认证。

2. 数码打样技术的发展

数码打样最大程度地结合了灵活性、集成度及生产效率，可提升客户满意度，优化工作流程，从而节省时间和成本，正被越来越多的印刷从业者采用。

纵观印刷行业的发展，欧美等发达国家已全面普及数码打样。经过多年的发展，国内数码打样的应用也全面展开，尤其在出版及商业印刷领域的应用超过 70%。在包装印刷领域，因专色及金、银色打样还没有完美的解决方案，因而传统打样的应用多于数码打样。数码打样技术的发展呈现以下特点。

(1) 标准化是数码打样的应用基础　由于油墨、纸张等印刷材料的品种繁多，印刷工艺有差别，反映印刷适性的色彩特性描述文件也各不相同。因此，各种印刷品的质量标准化是数码打样能够顺利应用的一个基本条件。所以在数码打样推广的过程中，配合传统印刷工艺管理的数据化、规范化工作需要得到足够的重视。只有这样，数码打样才会有实际的应用价值。

(2) 色彩标准和优化校色工具　在印刷业广泛实施数字化之后，很多企业的数码打样系统面临新的挑战，即印刷企业拥有更大的工作组，网络环境更加复杂，人员更多，整个系统需要支持通用的 ICC 色彩流程，多人、多地协同工作。同时随着喷墨打印技术及数码打样材料的发展，印刷企业对数码打样的色彩也有了新的要求，很多客户希望自己的产品能够实现色彩统一，达到国内外的色彩标准，更好地完成海外订单的制作，与客户、分印刷点、外发加工点更好地沟通，实现符合国际标准的数字色彩。

为了满足用户的需要，数码打样软件的色彩校正能力提升，新推出的循环校色工具，如 EFI Best Color 推出了采用 ICC 技术标准的闭环校正工具，通过此工具可以在 EFI Color proof XF 中实现 RGB、CMYK 或多通道高保真色彩的循环校正。GMG 公司也推出了基于 4 色印刷的循环校色工具，各大数字软件公司都大大提升了数码打样的追色能力，也相继推出能够实现多台打印机色彩统一的优化校色工具。EFI 公司的 color Proof XF 3.0 软件直接支持色彩标准的校正，同时可以通过内嵌工具完成多台打印机的色彩统一和一致性调整，满足了广大印刷企业对色彩的更高要求。很多企业都直接使用PDF文件和ICC特征文件完成数码打样，所以对PDF文件和ICC通用标准的支持也成为广大企业选择数码打样系统的一个主要参考点。

(3) 数码打样专色解决方案 数码打样技术更好地支持专色和多通道高保真数码打样。在包装印刷企业中，数码打样将面临严格的专色打样的考验。首先在数码打样软件的色彩引擎上，各大软件公司都推出了符合Pantone数字专色标准的颜色库，同时相继开发了多色高保真色彩引擎EFI Color Proof X7，支持6色多通道图像的输入和输出，ORIS和GMG公司推出的最新软件也可以完成6色高保真图像的输出打印，这些功能大大满足了包装印刷企业的需求。数码打样使用的硬件大致分两类，即通用的喷墨打印机和特别开发的数码打样输出设备。我国目前使用较为广泛的是爱普生、惠普、佳能等系列大幅面打印机，其拥有完整覆盖4色印刷的油墨色域，但在专色打样中，某些颜色（如荧光橙色、绿色等）在喷墨打印机油墨色域之外。目前基于普通喷墨的数码打样设备能够还原80％～85％的Pantone专色，爱普生最新推出的Epson Stylus Pro7910/99l0/7910专业版/9910专业版11色大幅面打印机扩展了再现的色域。另外一些专用设备，如Kodak Approval XP4及富士公司的Final Proof等设备有更宽广的色域，但这类系统的成本更高。

(4) 屏幕软打样是数码打样的新生力量 数码打样向屏幕软打样方面扩展是未来的一个发展方向。在美国IPA评测中，很多厂家都提供了新一代的屏幕软打样方案，DALIM公司的Dialogue、ICS公司的Remote Director系统都有非常好的色彩表现，他们在苹果或艺卓彩色显示器上都可以准确表现4色和专色色彩。

近年来，随着显示技术不断发展，艺卓、索尼、苹果等公司推出的多款针对软打样系统的高端显示器已经获得了SWOP认证，能够呈现与印刷品非常接近的色域。不仅如此，屏幕校正仪器的生产厂商也具备了提供先进校色仪器的能力，如Greta Macbeth公司（现已被X-Rite公司收购）针对专业用户开发的Eye-One分光光度计可以帮助屏幕进行校正，并获得十分准确的显示效果，使屏幕与印刷标准之间的色差控制在人眼所能接受的范围内。可以预言，屏幕软打样将会成为彩色校样的新生力量。

(5) 定制模块化产品 在现代数字化工作流程中，数码打样系统以模块化方式嵌入其中，并可以共享数字化工作流程中颜色转换、页面解释、渲染等资源。如在Prinect数字化工作流程中，数码打样系统嵌入到流程中，色彩管理特征文件、色空间转换引擎、页面控制、标记、尺寸等参数均可在其中设置。根据功能的不同，Prinect共提供单页打样（Page proof）、拼版打样（软打样，Soft proof）、版式打样（Form proof）和小册子打样（Booklet proof）四种打样方式。

(6) 真网点打样技术 真网点打样技术的最大优势就是可以直接使用照排机或

CTP RIP 后的 1-bit TIFF 文件进行彩色打样。整个过程中不去网，不重新挂网，真正保留了所有的输出信息。这种打样方式极大地提升了数码打样的安全性，同时也将数码打样融入了印刷企业的制版工作流程中。因为真网点打样技术的输入文件是 RIP 后的 l-bit TIFF 文件，用户不用担心各种各样的 RIP 输出陷阱，直接打样 RIP 的结果。

例如，EFI XF 中 ONEBIT 选件，使用 One Bit Option，可以处理由图像集成机、版上成像机或印前行业中的数字打印解决方案生成的 1 位文件，使用 One Bit Option 输出的数字校样不仅颜色精确，而且能提供真实反映最终打印结果的屏幕显示。

(7) 数码打样提升通用性　数码打样技术的发展将走向流程化，同时提升通用性和简易度也是各大厂家的开发热点。新一代 PDF1. 6 版本的文件有更好的安全性和完整的印刷信息，完全能够满足现代印刷的要求，越来越多的人将使用 PDF 直接进行数码打样。

第二节　数码打样系统

一、数码打样系统的构成

1. 数码打样控制软件

数码打样控制软件是数码打样系统的核心和关键，主要包括 RIP、色彩管理软件、拼大版软件等，完成页面的加网、页面的拼合、油墨色域与打印墨水色域的匹配。

(1) RIP　采用 RIP 后的数据进行数码打样的优点在于保证了打样数据同输出制版数据的一致性。RIP 后打样还可检查排版、转换 PS 文件及 RIP 解释等工艺过程的错误，也可以对扫描分色参数的确定、印刷质量的控制等起到核心的控制作用，完全满足现有工艺的需求。同时 RIP 后的数据经过光栅化处理，可以打印出同印刷调幅网更接近的真网点效果，在色彩、细微层次等方面表现得更加逼真，提高了印刷追样的质量和效率。

(2) 色彩管理　由于数码打样设备采用的墨水、纸张同传统印刷的油墨纸张性能存在很大差异，导致其色彩再现存在较大差别。传统打样主要通过控制实地密度和网点值的方法实现对色彩的控制，而数码打样则采用色彩匹配的色彩控制方法来实现印刷色域同打印色域的一致，即建立 ICC Profile。数码打样的 ICC Profile 既可以通过专门的色彩管理软件建立，如 Gretag ProfileMaker，也可通过打样软件中的色彩管理模块进行，如 EFI Colorproof 中的 Colormanager 模块。

(3) 拼大版 打样幅面一般应与印刷幅面一致，但通常制作的页面文件是单页的，如果直接打印，必然造成纸张的浪费和打印效率的降低，因此要由专门的拼版软件进行拼大版和折手的操作。拼版软件可以是独立的，也可以是内置在打样软件中的一个功能，既可以对RIP前的PS文件进行拼版，也可以对RIP后的点阵文件进行拼版。

2. 数码打样设备

目前，国内大部分的合同数码打样系统都是由普及型喷墨打印系统构成的，打印设备影响数码打样输出效果的主要因素是打印头的工作情况。打印头能够达到的打印精度决定数码打样的输出精度，低分辨率的打印机无法满足数码打样的要求。打印机的横向精度是由打印头分布状况决定的，纵向精度则受步进电机影响，如果走纸不好会对打印精度造成影响，打印时可能出现横纹，必要时需要校正打印头。生产过程中打印头出现堵塞时，样张上就会出现断线现象，需要清洗墨头。

3. 数码打样耗材

获得高品质的数码打样样张不仅需要好的打样控制软件及设备，还需要具有与之匹配的打印墨水及纸张，其性能对打印质量有很大的影响。

打印墨水对打样色彩的还原起到决定性作用，喷墨打印机的墨水有颜料型和染料型两种。颜料型墨水不易褪色，其墨水原色同印刷油墨更加接近，但光源环境对样张色彩影响更加明显。染料型墨水成本较低，且对打样纸张的使用范围更广。

数码打样纸张一般为仿铜版打印纸。仿铜版打印纸与印刷用铜版纸具有相似的色彩表现力，更易达到同印刷色彩一致的效果，且纸上具有适合打印墨水的特殊涂层，涂层的好坏决定样张在色彩和精度等方面的表现。同时打样纸张的吸墨性和挺度也会影响打样质量。

二、数码打样的色彩特性

1. 影响打印色彩特性的因素

打印机的色彩特性可以从打印机使用的原色、黑白点、阶调复制特性来描述。

(1) 原色（着色剂） 原色对设备的颜色复制效果有非常明显的影响。显示器的着色剂为荧光粉；扫描仪或数码相机则是通过滤色片、传感器而采集图像颜色；对于打印机和印刷机，其原色则为附着在纸张上的油墨、颜料或染料。原色的颜色特性决定了设备可以复制的颜色范围。

喷墨打印机使用的着色剂为染料或颜料型的喷墨墨水，其性能与印刷用油墨有很大差别，再现的色域要大于印刷机的色域，而且大部分的数码打样设备在最初的CMYK四色墨水的基础上又增加了淡色的C、M或K墨水，这样一来又扩大了打印机的色域。评价原色对打印色彩特性的影响，需要打印一系列连续变化的单色、二次色的色块，然后利用密度计测量其密度情况，用密度来量化原色的色彩特性。

(2) 黑白点 打印机黑点决定其动态密度范围，即设备能够复制的最大最小亮度颜色的范围。而白点则是眼睛观察其他颜色的参考。观察颜色时，人眼会不自觉地进行白点适应，因此白点颜色会影响打印样张上其余颜色的感觉。

打印机的白点是照明光源和纸张自身颜色综合作用的结果，因此打印样张前首先需要评定纸张的白度，观察样张时需要在标准光源下进行。打印机的黑点则是通过 CMYK 四色墨水的叠印来实现的，确定打印机的黑点需要打印一系列的四色叠印的色块组合，利用密度计分别测量其密度情况，将密度不再明显变化的色块组合作为打印机的黑点。

(3) 阶调复制特性 原色、白点和黑点的颜色和密度只能表示设备的极端状态，即最饱和的颜色，最明亮的白和最深的黑。为了全面地描述设备的色彩特性，还需要了解其阶调复制特性。打印机的阶调复制特性十分复杂，受纸张、墨水等综合因素的影响。因此在对其进行评价时需要采集从高光到暗调部分大量的具有代表性的阶调值。

我们制作打印机特征文件的过程实际上就是采集具有上述色彩特性的大量色块信息的过程，而输出的色标文件就是根据上述特性来设计制作的。

2. 打印机色彩特性与印刷机色彩特性的比较

打印机和印刷机都是基于 CMYK 四色减色空间工作的，其颜色表现方法基本相同，但由于两者使用的纸张、油墨或墨水特性的差别导致其色彩特性有较大差异。通常打印机的色域要远远大于印刷机色域，而且几乎能够包含其所有的色彩范围。

数码打样的目的在于模拟和预测印刷品的最终表观效果，实现纸张、油墨以及印刷适性等多方面的匹配与相似。然而由于数码打样与印刷所采用的成像方式以及印刷材料的不同，导致其色彩特性存在较大差异。因此我们需要建立色彩管理系统，实现打样与印刷色彩的匹配。

3. 数码打样与色彩管理

色彩管理包括三个步骤，即设备校准、设备特性化与色彩转换。对数码打样系统实施色彩管理也要遵循这三个步骤。

首先要对设备进行校正，目的在于稳定设备的工作状态，对于打印机还要保持其输入输出的线性关系。数码打样系统在完成自身的基本校正后，打印色域与印刷色域还不能达到一致，需要通过色彩转换引擎（PCS）的转换将打印的色域映射到印刷的色域内，实现数码打样色彩同印刷色彩匹配。首先要采集印刷工艺数据生成印刷特征文件，同时，分析打样系统自身的特点生成打样系统的特征文件，然后通过 PCS 完成色彩匹配。

三、数码打样色彩管理流程的实施

数码打样设备与印刷机之间颜色匹配的准确性决定了数码打样的效果。数码打样的色彩管理系统是通过调用打样设备和印刷机的特征文件来进行颜色匹配，特征文件制作的好坏将直接决定数码打样中颜色匹配的效果。做好数码打样的色彩管理，关键是要建立能够准确描述数码打样设备和印刷机特性的特征文件。

1. 建立印刷特征文件

(1) 印刷机的校准 选择合适的印刷规范后，采用指定的纸张和油墨上机进行印刷，用密度计对印刷样张进行测量，确保印张上的实地密度达到我们选择的规范要求，当实地密度达到要求且印刷机工作稳定后，这时网点扩大并不一定能达到规范的要求，还需要进一步校正。用密度计测量四色梯尺50%处的网点百分比，与所选规范比较，计算出网点增大量。根据网点增大量校正印版，输出校正后的印版上机印刷，调节印刷机使印张上的实地密度、网点扩大、印刷反差达到所选规范的要求，这样印刷机的工作状态就基本稳定了。

(2) 制作印刷特征文件 印刷机工作状态稳定后就可以印刷色标文件了。输出色标文件的同时仍要不断地监测印品的实地密度、网点扩大以及印刷反差，使之在规定的范围内变化。挑选一组色彩稳定的印张制作印刷机的特征文件。具体过程为：待印张干燥半小时后，通过分光光度计测量色块的色度数据。将获得的数据发送至相应的特性化软件，软件将根据测量得到的数据进行分析、计算后得到该印刷机特定纸张油墨的设备特征文件。特征文件中往往包含有印刷机的诸多因素，如纸张、墨水、实地密度、总墨量限制、黑版生成等。

2. 建立打样特征文件

打印机特征文件的制作过程同印刷机的基本一样，所不同的是样张的输出方法。

(1) 打印机线性化 线性化的目的是解决不同墨水在打印介质上的呈色特性、墨量与密度、墨量与色度在表现效果上的差异，使输入与输出值保持基本线性特征，将打样系统调整到符合生产标准的基准上。对打印机进行线性化实际上是通过测量打印机输出的各个原色、叠印色（二色/三色/四色）、实地色块的最大墨量来实现的。做打印机的线性化时需要特别注意打印机的总墨量设置以及各通道的墨水设置。总墨量的设置确定打印机在生成CMYK图像时的最大密度。如果该值设定过高，在纸上就会出现过多的墨水，产生溢墨故障；若设定过低，图像就显得不饱满。事实上，大多数喷墨打印机在总墨量大约为50%时就会获得最大的颜色密度值，此后即使墨量增加，颜色密度也不会发生明显变化。不仅如此，反而会引起一系列的打印故障，如各色块间没有明确界限、墨水堆墨、墨水覆盖不均匀等。通常彩色激光或喷墨打印机的总墨水限值在220%～270%之间。

各通道墨水限值确定每一种基本颜色达到最佳颜色密度值时的墨量限值。如上所述当墨量超过一定范围后再增加，产生的颜色最大密度不会再有显著增加。以品红色块为例，打印图表并测量会发现喷墨量在0～50%范围内时密度变化明显，而超过50%后密度基本不变。所以在对打印机做基础线性化时，输出密度范围变化小的区域将被忽略，而将剩下的部分做平均分配，所以打印出来的品红色块范围似乎是在0～100%间平均分配，表现为密度的线性变化，既打印机的输入密度值近似等于输出密度值。

黑色墨水设置决定打印机将产生黑色的最大密度值，一般默认值100%。但是由于黑版墨量设置与总墨量设置有直接的关系，当黑版墨量提高时，YMC墨量会降低，总墨量会减小，反之增加。因此通常将黑版墨量设置在60%～100%之间，正常应用时一般设置在60%～70%之间。

(2) 打印机特性化　对于特定的打印机，使用纸张与墨水不同，其打印效果有很大差别，因此对打印机进行特性化的过程实际上是建立打印机特定纸张、墨水的特征文件的过程。确认打印机的工作状态正常后，打印特性化色标，通过分光光度计测量色块的色度数据。将获得的数据发送至相应的特性化软件，软件将根据测量得到的数据进行分析、计算后得到该打印机的设备特征文件。特征文件中往往包含有打印机的诸多因素，如纸张、墨水、实地密度、总墨量限制、黑版生成等。

四、Agfa：ApogeeX数码打样的工作流程

Agfa：ApogeeX数字化工作流程主要包括Prepress、Colortune和QMS等几个功能模块。其中，Prepress主要负责文件预检、解释、加网、输出等工作；Colortune主要完成ICC导出编辑、测量、专色转换等功能；QMS则是一个质量管理系统，可以对打印机、印刷机、显示器等一系列设备进行校正和检测。

1. 打印机的校正

Agfa：ApogeeX数字化工作流程中的打印机校正由QMS完成。QMS会生成单通道颜色色标，借助数字化工作流程传输给打印机，并驱动打印机打印并测量如图5-4所示的色标，之后对打印机进行线性化。

图5-4　Agia打印机校正评价色标

完成打印机线性化后，需判断打印机当前状态是否达到Agfa的内部标准，可通过QMS提供的Proof Check功能实现，得到评价结果表。当达到要求时，即说明当前打印机处于校准状态，各重要色块色值与标准值的色差在可接受范围内。在

测量色块过程中，需要注意 Eye one IO 平台的水平定位，以防止漏光，同时还要注意版面的清洁及静电吸附功能的开启。

2. 打印机和印刷机 ICC 文件的生成

对于打印机，完成打印机的校正后，就可以打印用于生成设备 ICC 特征文件的标版，然后利用 QMS 即可生成 ICC 特征文件，同时也可通过 Color tune 模块对生成的 ICC 特征文件进行循环校正，得到优化后的 ICC 特征文件。

对于印刷机，则需要在印刷机处于校准状态时获得含有标准色卡的标版，利用测量仪器得到各个色块对应的 CIELAB 值，然后在 Profile Maker 中生成其对应的 ICC 特征文件。

3. 数码打样流程参数的设置

打印机及印刷机特征文件制作完成后，可按照图 5-5 所示的流程进行数码打样，其中涉及色彩管理的主要包括 PDF Render 模块参数设置、Epson 9880 输出模块参数设置和曼罗兰 R705 单张纸印刷机数码打样模块参数设置。由于实际生产中，大量客户在文件中嵌入的 ICC 都属于误操作，并非真正希望将原稿有效映射至某一目标色空间。因此在实际生产中，PDF Render 模块的参数设置应采用通用性较强的转换方法进行。各参数的具体设置方法如下。

① 采用前端软件的设定，不勾选。

② 在 RGB 页面中“没有标签的”选项中选择“应用默认特征文件”；默认 ICC 特征文件，选择 sRGB。

③ CMYK 页面中的“没有标签的”选项，选择“应用默认特征文件”；默认 ICC 特征文件，印刷机特征文件。

④ 专色选块中的“应用程序设定值的颜色空间”，选择“当作 CMYK 输入处理”；其余各参数保持默认值即可。

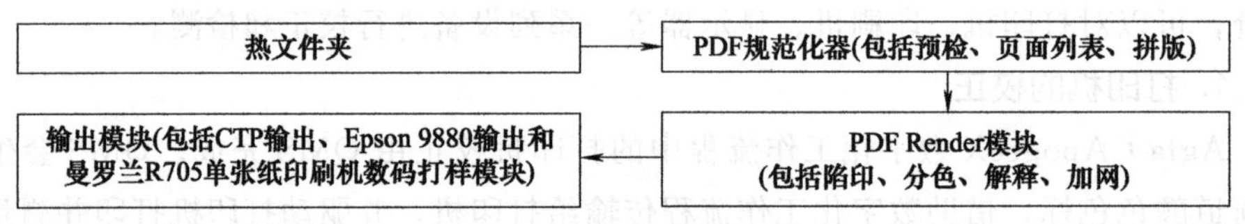

图 5-5　数码打样流程图

打印机 Epson 9880 输出模块的设置方法如下。

① 介质类型　选择“AMDP250 610 毫米”。

② 数码打样特征文件　选择目前使用的打印机的 ICC 特征文件（如果要更改特征文件，而该文件没在列表中，则要在特征文件界面进行 ICC 特征文件的导入）。

③ 复制意图　选择“相对比色法”。

④ 勾选“高级的 CMM” 其余各参数保持默认值。

曼罗兰 R705 单张纸印刷机数码打样模块中的设置中的特征文件，应选择印刷机 ICC 特征文件。当各参数都按要求设置好以后，即可利用这一流程实现数码打样。

4. 打印机颜色特征文件的修正

在上述 ICC 特征文件的生成及数码打样流程参数都正确的情况下，如果四色阶调与印刷样张相比仍有偏差，可尝试利用 Profile Editor 软件对相应 ICC 特征文件进行编辑，其步骤如下。

① 测量测试图标中四色单通道的网点分布。如观察发现品红色在从中间调到暗调过渡的区域中印刷网点与数码打样网点差别较大，需对此进行调整。

② 根据打样流程设定在 Profile Editor 中建立模拟的生产流程，在“Source profile（源特征文件）”处打开所要模拟的印刷机特征文件，在“Destination profile（目标特征文件）”处打开打印机的特征文件，同时点击软件界面下方的“Open Image”按钮，打开印刷测试样张的数字文件，在修改各项参数时，可用吸管吸取相应颜色信息获取需要修改颜色输出值的范围，同时也方便预览修改后的效果。

③ 判断需要改变的输出值范围，并按照要求修改打印机特征文件，使输出值达到预定要求。如观察到品红色在 60％～80％处数码打样网点明显小于印刷网点，需要增大这一区域的输出网点面积率。这时可使用吸管工具，在打开的图像上找到 60％～80％区域，得到其输出值在 33％～55％之间，可调高这一部分输出曲线，使得输出网点增大。调整方法是打开 Profile Editor 的“Tool”工具条，选择“Gradations”工具，勾选右上角的品红色通道，就会看到品红色和灰色两条曲线，灰色曲线是原始曲线，保持其固定不动，品红色曲线可根据需要调整，可选择右下角的“alt＋shift”工具，在 33％和 55％两点处设置截点，然后再利用“alt”工具选中该段曲线的中心点 44％，提高该中心点的输出值，调整时还要注意调节区域的边缘处不要出现锐点。使用修改后的 ICC 特征文件输出带有单通道梯尺的数字样，测量数字样上品红色的阶调分布，使其分布和印刷样张比较接近。

第三节　屏幕软打样

屏幕软打样是以计算机为基础，将数字页面直接在屏幕上仿真显示印刷输出效果的打样方法，适合数字、网络环境，特别适合于远程打样的要求。近年来，随着色彩管理技术、高品质显示技术以及网络传输技术的提升，软打样技术正越来越被印刷、出版、广告设计等多个行业所关注。

一、屏幕软打样概述

1. 屏幕软打样的概念

屏幕软打样（即在屏幕上表现 CMYK 颜色）又称虚拟打样，就是在屏幕上仿真显示印刷输出的效果。软打样一般是通过软硬件对输入设备、输出设备和显示器进行色彩管理，利用相应的转换表来显示复制品中最终出现图像的精确样式，从而实现屏幕显示颜色与印刷品颜色的一致性，使用户得到满意的、高品质的、与设备无关的色彩再现效果，真正实现“所见即所得”。

2. 屏幕软打样的特点

基于显示器的屏幕软打样技术具有速度高、运行成本低的特点。其主要优点体现如下。

① 灵活方便、再现直观。使用屏幕软打样可以直接在显示器上仿真印刷输出的效果，省掉了硬打样的繁重工作。

② 成本低、时间短。软打样过程没有模拟样张的输出，不需要购买大幅面彩色打印机、专用纸张和墨水等，降低了成本；也不需要对打印机进行线性化校正，大大缩短了时间。

③ 减少了打样次数，提高了劳动效率。硬打样过程在实现印刷色域与打印色域匹配的过程中，要经过无数次的校正才能使色彩匹配，劳动量大，而使用软打样则极大地减少了打样次数和每次打样的劳动量。

④ 适合于数字印刷、数字化工作流程的发展需要。数字印刷、数字化工作流程的发展是伴随着 CTP 技术不断完善和发展的产物，其未来趋势不可阻挡。过程的优化易于整个流程的控制，这正是印刷人员所向往的。

其缺点如下。

① 显示器与印刷品的呈色方式不同。屏幕显示与印刷品实际效果差很多，显示器的成像机理是基于色光三原色发射光线形成图像，而印刷品的呈色机理则是基于色料减色法，这样在色域转化的过程中色彩管理就显得尤为重要。

② 稳定性差。屏幕显示本身稳定性就受到限制，普通计算机达不到要求，这样在仿真的准确性上就遇到了问题，而且同一次打样由于时间间隔长很难保证显示器处于相同的状态，一些参数如色温等也会发生变化。

3. 屏幕软打样的应用

完整的技术方案，将打样的概念向上下延伸。就应用环节来说，从印刷品的设计制作开始（如出版社的设计制作部门、广告公司创意工作室等进行设计打样），到印前阶段的内容打样、合同打样，甚至延伸到了印刷车间的看样台上；就打样的内容来说，从页面元素（如图形、图像等）的设计，到即时查看屏幕调整效果，再到完整页面整体效果的屏幕预览、批签、甚至到整个印张在印刷机台上进行屏幕看样、监印等；就涉及的打样软件来说，从 Photoshop、I11ustrator、InDesign 等设计和排版软件，Adobe Reader、Aerobat 等 PDF 编辑软件，到 KPG MatchPrint Virtual 和 ICS Remote Director 等远程校对、批签的合同打样软件；就打样功能来说，从设计过程中的即时检查，到完整页面的内容、版式打样，到包含颜色、裁切尺寸等完整信息的印前合同打样最新的软件版本，还包含同一页面不同修改版本之间差异的自动查找和标识功能，为校对工作提供了可靠的、自动化的手段。应该说，积极采用屏幕软打样技术对改进工作效果和提高工作效率有很大帮助。

屏幕软打样应用的最高境界是完全取代数码打样，即在印刷机旁边安装显示器工作台，按照屏幕显示的颜色进行印刷调色，操作者将印刷品与屏幕影像进行对照的过程就相当于对颜色的二次校准。虽然国外对软打样的应用已经达到了较高的层次，但是进一步提升的难度很大。现今提供色彩管理软件的厂家主要有 Adobe、ICS、爱色丽等知名厂商，尽管技术研究在不断努力当中，但是遇到了一些难以解决的问题。其中最根本的原因是显示器的显色原理与印刷品的漫反射显色方式存在本质的区别。从基础的层面上来讲，两者的色域并不重叠，所以要想实现软打样与印刷品完全、稳定地相似是不可能做到的。但在业内人士的共同努力之下，相信不久的将来软打样无论是在技术方面，还是在应用方面都将取得不错的成果。

北美地区目前有 70%的广告客户均采用软打样，最成功的案例是时代杂志在 2007 年已经全部采用软打样。时代杂志采用软打样技术使作业标准规格，网络传递广告和彩色 LCD 屏幕软打样，不但软打样测试结果更符合印刷成品，而且还大大延后了广告截稿时间，即使是不同的印刷厂也可以得到较相近的印刷结果。软打样帮时代杂志节省了大量人工费用和其他开支，缩短了出版周期，从而为其客户提供更好、更快的服务。在国内，一部分对质量要求高、自身条件好、对软打样认识比较深的企业已经离不开软打样了。

当前，软打样在远程打样应用方面的优势尤为突出。像当纳利这类大的印刷集团早已应用软打样来进行合同签样了，还有一些报业集团也都采用了基于软打样的远程打样技术。基于软打样的远程打样技术的成功应用不仅取决于软打样技术在颜色准确性、稳定性和可靠性等方面满足印前签样的要求，还必须具备高速通讯网络保证数据文件的快速传输，同时系统本身还应该具有方便、可靠的交流工具，保证对样张的修改和确认可以准确无误地进行，并记录相关过程。

二、屏幕软打样的技术实现

1. 屏幕软打样原理

屏幕软打样是通过一套色彩管理系统软件、专业显示器以及色彩测量仪器所组成的系统来完成的。软打样过程要经过两次色空间转换，即从源文件到印刷机色彩空间的转换和从印刷机到显示器色彩空间的转换，其基本原理如图 5-6 所示。

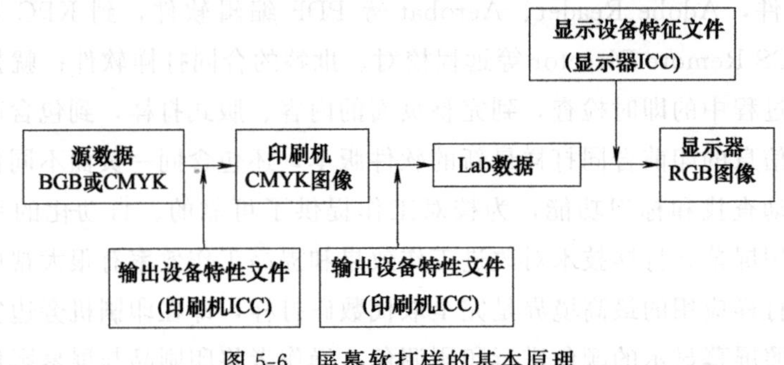

图 5-6　屏幕软打样的基本原理

屏幕软打样要求所用显示器的色域必须大于印刷机所能呈现的色域，能够准确、稳定地模拟印刷品的颜色；同时，正确设定显示器和印刷样张的观察条件，对屏幕软打样色彩的匹配与评价十分重要。

2. **屏幕软打样的技术实现**

屏幕软打样实际上是通过色彩管理技术，根据输出设备特征文件和显示器特征文件，建立彩色图像数据与输出设备与显示器颜色信息的对照关系，并在显示器上正确还原输出设备色彩的过程，使同一图像的色彩在输入、显示、输出过程中所表现色彩外观的匹配和一致。

屏幕软打样的关键技术是实现包括显示器、印刷机等设备的校准、特性化以及显示器色域与印刷机色域之间的匹配。屏幕软打样的技术实现过程可分为校准显示器和印刷机，生成显示器和印刷机的特征文件；编辑显示器、印刷机的特征文件，使显示效果与印刷效果一致；以及生产试验，确定印刷机参数，使印刷图像与显示器图像一致。

(1) 设备的校正及特征文件的生成　显示器的校正是借助屏幕校正软件与测量仪器进行的，根据提示校正完毕后会自动测量特性化色块，测量完成后会自动生成一个设备特征文件。

印刷机的校正需要借助目前的 G7 或者 GATF 工艺，校正好后印刷 IT8. 7/4 标版，并利用 Profile Maker 得到的 IT8. 7/4 数据生成特性化文件。

(2) 色空间的转化　色空间必须先转换成印刷色空间进行约束后，再转到色空间来显示受约束后的色彩和图像效果，从而为编辑提供具有印刷效果的屏幕显示。需要注意的是显示器的色域一定要大于印刷品的呈色色域，因为要利用大色域匹配小色域的方法来实现显示器与印刷品颜色的一致性，如果这一点没有得到保障，那么就会造成色彩失真。

(3) 软打样结果数据的获取与分析　测量完成后，软件会计算出显示器显示色块的 Lab 值，记录特征色块的 Lab 值信息。印刷的特征色块色度值的获取是使用测色仪器测量印刷机校正好后的标版来得到 Lab 值。通过计算得到所取特征色块的平均色差、最大色差，平均 $\Delta E<5$ 满足色差评价的国际标准，说明对显示器的校正以及对显示器和印刷机的色彩管理操作是比较合理的，可以实现精确的屏幕软打样。

3. 使用 Photoshop CS4 进行屏幕软打样

常见的 Photoshop 图像处理软件都具有色彩管理和屏幕软打样功能，充分利用这两项功能对提高图像质量、更准确重现色彩、确保有最佳图像色彩输出（或印刷）效果会起重要作用。

选择打开“视图”/“校样设置”选项，在“校样设置”对话框上为图像选择输出用的 ICC 色彩配置文件。需要自行设定 ICC 色彩配置文件，可以选择“自定”选项。在“校样设置”对话框中，选择该图像所要输出的设备色彩配置文件，Photoshop 图像处理软件就会为我们模拟最接近的图像色彩打样的效果。

此菜单用于在屏幕预览当前图像文档在特定输出设备上输出时的颜色效果。颜色的准确性除了依赖于显示器的品质、显示器配置文件的准确性和环境的灯光布置等条件外，还极大地依赖于假定的输出设备色彩配置文件的准确性。为了能即时在屏幕上看到校样效果，应先将“视图”/“校样颜色”菜单选上，如图 5-7 所示。

打开“视图”/“校样设置”，弹出一个子菜单，选择“工作中的 CMYK”，使用的是“颜色设置”对话框中定义的当前 CMYK 工作空间作为输出设备的颜色空间进行校准显示（图 5-8）。

图 5-7　“自定校样条件”对话框

图 5-8　选择“工作中的 CMYK”

选择“工作中的青版”“工作中的洋红版”“工作中的黄版”“工作中的黑版”或“工作中的 CMY 版”，使用的是当前的 CMYK 工作空间作为输出设备的颜色空间校样显示指定的单色版或三色混合版的校样。

“Macintosh RGB”或“Windows RGB”使用标准的Mac OS或Windows显示器的配置文件作为校样输出设备的配置文件，对输出效果进行模拟。这两个选项都不适用于CMYK模式的图像文件。

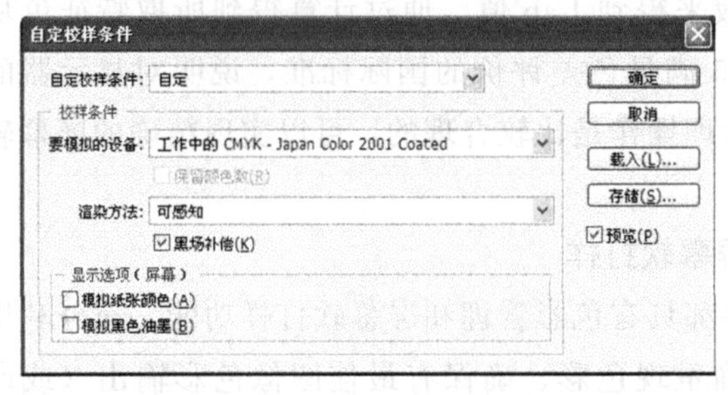

图 5-9 “自定校样条件”对话框

“显示器RGB”使用当前显示器的配置文件来预览RGB模式图像文件中的颜色。此选项不适用于CMYK模式的图像文件。

另外，还可以选“自定…”菜单，这时会出现如图示的“自定校样条件”对话框（图5-9）。

首先应确保选中“预览复选框”，这样可以随时在屏幕上观察图像的颜色变化，并可以随意选择其他配置文件直接在显示器屏幕上观看图像颜色变化。

在“要模拟的设备”下拉菜单中，可以在配置文件下拉中选择目标输出空间，即找到“要模拟的设备”的目标色彩配置文件。

“黑场补偿”选项复选框取的功能是保存图像暗部细节。通常“黑场补偿”选项的复选框选择，使输出的图像有更丰富和更饱和的黑色影调。

“模拟纸张颜色”和“模拟黑色油墨”复选框不是对所有的配置文件都适用，因为不是所有的配制文件中都有相关信息。当这两项都不选时，“模拟纸张颜色”和“模拟黑色油墨”为默认设置状态，此时从模拟色空间到显示器的再现就是“相对比色”，并具有黑场补偿功能。也就是，模拟的白场是显示器的白场，模拟的黑场就是显示器的黑场。

如果选中的配置文件与当前图像文件的色彩模式一致，比如都是RGB类型的或都是CMYK类型的，那么“保留颜色数”检查框就会可选。假如选中“保留颜色数”检查框，屏幕显示将会模拟不对当前图像文件进行色空间转换的情况下，图像文档的颜色数据在上述目标输出空间中的颜色外貌。它模拟了当使用校样配置文件而将当前图像配置文件解释颜色值时可能出现的颜色改变。若不选“保留颜色数”，屏幕显示将会模拟将当前图像文件的颜色数据转换到目标色空间的情况下的颜色外貌，转换时使用的是下面“渲染方法”下拉选单中当前选择的复制方案。

“渲染方法”下拉菜单中可选择可感知、饱和度、相对比色和绝对比色。“渲染方法”按图像色彩再现意图决定进行色空间转换时采用的方案，可以得到不同的再现意图产生的不同色彩效果。

完成屏幕软打样后把图像重新保存，然后把原图像和打样模拟图像同时在

Photoshop CS4 上打开，可以比较色彩转换后重现效果，如果不合要求需寻找原因，或重新进行图像设备的色彩管理，建立新的 ICC 色彩配置文件，或使用不同渲染方法转换图像。必要时应查看“视图”/“色域警告”，超出 CMYK 色域无法转换重现。此时，需继续调整图像色彩直到色彩显示正常或重选“渲染方法”。

注意：颜色准确性不是决定打样方法可用性的唯一因素，屏幕软打样缺乏某些应用所需的轻便性及耐久性，它不能在不同的照明条件下进行评价，也不能把它们拿在手上或挂在墙上。目前，存在于屏幕软打样中的最大的问题是仿真显示的准确性有待进一步提高。现在专业级的显示器的软打样系统质量已经有了保障，但在普通电脑上，显示器仍然无法满足屏幕软打样的种种高质量的要求，阻碍了软打样的进一步普及及其发展。

第四节　远程打样

远程打样系统是以网络技术、数字色彩管理技术为基础的打样，实现了跨时间和空间的打样生产结构形式，是印刷生产向信息化迈进的重要步骤。它不仅实现了异地打样，而且实现了远程校对、异地印刷，带动了整个印刷生产模式的网络化发展。

一、远程打样的概念

远程打样（Remote Proofing）是指利用网络环境将数字文件传送到客户处，直接通过安装在客户端的数码打样设备输出样张的打样方式。虽然远程打样正在成为未来打样方式的主流，但要成功实现远程打样，不仅涉及到数码打样的相关问题，而且对数据通信和文件传输也有很高的要求。

狭义的远程打样是指通过色彩管理使处于异地的显示器之间或打样样张之间的色彩达到一致的系统，分为远程屏幕软打样和远程数码打样两种；广义的远程打样系统不仅包括上述色彩管理系统，还包括通过网络传输实现异地电子数据交换和异地输出或打样的过程。

二、远程打样的数据传输途径

远程打样的基本工艺流程是生成远程打样机文件⟶通信传输⟶远程终端输出设备获得文件⟶数码打样。输出的同时检测相关数据，看是否与发送端的数据一致，并作实时的调整控制。

远程打样实际是一种特殊目的的文件传输，要将生产部门的创意在远程打样的终端上再现，就必须很好地解决文件的传输问题。因此，远程打样系统顺利实施的核心是数据通信。利用网络实现电子数据在客户与企业之间的高速可靠的传递是其他一切业务的基础。实现远程打样必须实现数据在跨平台环境下的可靠传输，以及数据在最基本的网络链接环境下的高速传输，常见的数据传输方式有以下两种。

1. 打样终端与服务器直接交换数据

这种数据传输方式是通过网络将打样终端与服务器直接连接，实现对打样数据及信息的实时控制。

如图 5-10 所示，打样终端与印刷厂通过 ISDN 或高速的 T-1 线路直接把文件输出到打样终端的彩色打样机上，实现对打样数据及信息的实时控制。印刷厂接收打样数据后嵌入色彩特性参数，将数据压缩后传输到异地进行打样。这种传输方式要求打样终端有固定的 IP 地址，打样数据将根据 IP 地址寻找对方主机，同时根据对应的端口号将数据提交给数码打样远程数据接收端。有些数码打样系统可以实现一个打样中心支持多个远程打样工作平台。

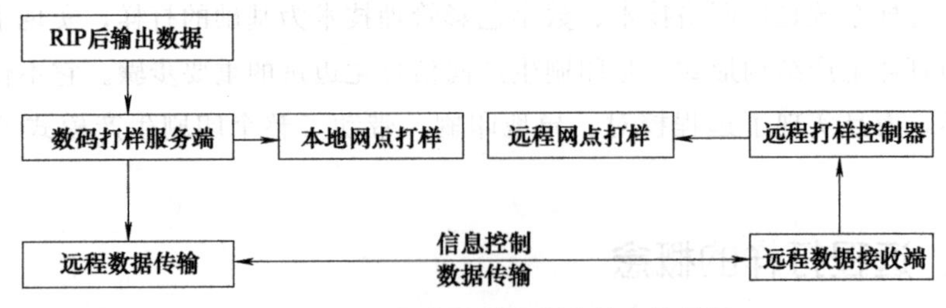

图 5-10　打样终端与服务器直接交换数据

2. 打样服务端及打样终端都与网络服务器直接交换数据

如图 5-11 所示，对技术颇为敏感的印刷和印前厂商已经建立了 Internet FTP (File Transfer Protocol，文件传输协议）站点，这些站点经常是建立在印刷厂的 Internet 服务器上，印刷厂及打样终端都与网络服务器交换数据。客户把自己的文件上传到印刷厂的 FTP 服务器上，印刷厂完成了印前制作后，再把工作数据传输回服务器，打样终端可以从服务器上下载制作完成的文件，并在自己的彩色打样机上输出，完成远程打样。这种方式的特点是打样系统并不直接连接，而是通过服务

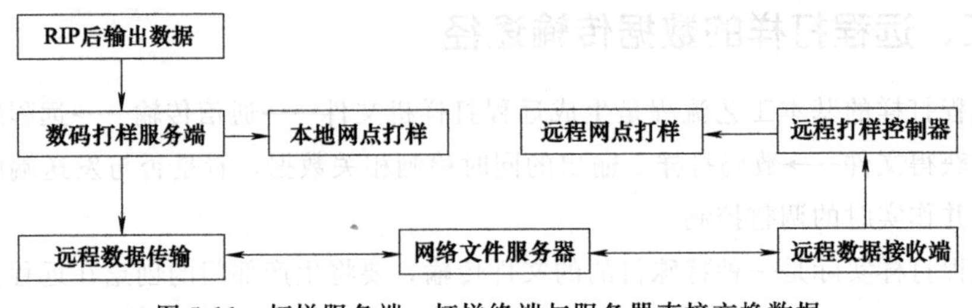

图 5-11　打样服务端、打样终端与服务器直接交换数据

器中转，对接入网的方式要求不高，也不需要固定的 IP 地址。通过网络服务器的路径，将工作数据直接传输到网络服务器，同时数据接收端通过该路径自动下载，接收数据，自动完成打样。

FTP 远程打样方式已成为数码打样的发展趋势，它可以让印刷厂和客户在文件发出数分钟后看到一样的样张，能够以合理的成本给客户提供可变数据、短版和按需印刷服务。

三、远程打样的文件传输方式

远程打样除了要解决数字传送途径问题外，还涉及文件怎样进行远程传输的问题。远程打样传输文件的方式主要有三种。

1. 热文件夹

远程打样的文件通过热文件夹的方式传送到异地。采用这种传输方式，首先要在机器上建立一个热文件夹，由 RIP 软件监控这个文件夹，将文件调入 RIP 软件，RIP 识别并对文件进行处理（特别是传送到热文件夹上的文件是 PostScript 文件时）。在采用热文件夹传送文件时，必须在生成文件的连接终端按 PPD（PostScript Print Description）与目标输出设备相匹配，并打印出一份文件。因为如果不设定 PPD 来与目标打样机相匹配，那么打印活件时设备出错的可能性会很大，以致不得不重新生成并发送这个文件。

2. Macintosh 机的“桌面打印机”

基本上是把文件拖放至桌面打印机上，桌面打印机随后把文件发送给打样设备，使用这种方式可以将文件传送给绝大多数输出设备。

3. 远程方式打印机 LPR（Line Print Remote）

标准的 Unix 方式，即 Unix 及其 RIP 都支持这种文件传送方式。

四、远程打样系统的组成

远程打样系统是由本地和远端各备一套数码打样系统通过网络连接以及专业的远程打样软件建立起来的，两端的数码打样也各自是一个由数字化色彩管理软件和专业数码打样机组成的应用系统。一般的远程数码打样系统配置如下。

本地（印刷厂印前车间）：喷墨数码打样机、色彩管理软件（如 Profile Maker）、Remote-proof 软件工具包、数码打样软件（如 EFI colorproof XF）、分光光度计等。

数码打样远端：喷墨数码打样机、色彩管理软件（如 Profile Maker）、Remote-proof 软件工具包、分光光度计等。

第五节　数码打样的质量控制

数码打样的质量取决于两方面的因素，一是数码打样系统及材料的性能，二是打样过程中对图像再现性的控制，两者相互关联。

一、数码打样系统及材料的性能要求

数码打样的质量同打样软件、打样设备及打样材料相关。数码打样系统和打样质量的稳定性是任何一个数码打样用户追求的目标，为了确保数码打样系统的正常和平稳工作，必须确保以下几点。

1. 确保数码打样所用的计算机“专机专用”

为了确保系统的稳定性，每隔 2 周要对系统进行安全补丁检查以及杀毒软件病毒库的更新。打样机更要做到“专机专用”，不能用于非数码打样的用途，不要安装与数码打样无关的任何软件。建议为版式打样和色彩打样各自指定专门的打样机。

2. 使用“单向”的打印模式

为了确保数码打样的颜色标准性和高精度输出，在调试数码打样时都是用“单向”的打印模式。同样，调试完成后都是要用“单向”的打印模式进行生产，不能为了加快生产效率而使用“双向”的打印模式。

3. 确保印刷 Profile 的准确性

制作印刷 Profile 时，要针对特定的印刷机、特定的印刷纸张和油墨进行，命名时也要写上机型，以便调用时区分。印刷机型、纸张或者油墨参数一旦改变，印刷 Profile 必须重新制作。

4. 保证打样机的色域比印刷机的色域大

打样时尽量采用原装的打印油墨和专用的打印纸，以保证打样机的色域比印刷机的色域大，此为实施色彩管理的保证。一般是先将打样色域去匹配印刷色域，然后实际印刷生产时再反过来用印刷追打样样张。即先完成色彩管理中的正向匹配标定打样系统，再进行逆向匹配追样。

5. 确保颜色测量方法的准确

首先测量仪器要校准，其次测量方法要正确。比如用 EFI Spectrometer ES-1000 进行测量时，必须根据系统提示进行校准，样张下面最好垫上干净的厚白纸以阻挡复杂的背景光通过，测量速度要均匀，力度大小要合适，避免刮伤色块。测量后的样张要有数据记录和标注，以免以后调用和比较时混淆。建议命名时标上标版用途以及打样时间。

二、数码打样对图像再现性的控制

1. 输出分辨率的控制

数码打样的分辨率有着双重的控制标准，既要达到一定的输出精度要求，真实地还原图像，又要满足印刷输出的精度要求。在打样设备和耗材满足基本精度要求的情况下，要实现数码打样与印刷的精度匹配，必须通过数码打样软件采用相关的加网技术来完成。数码打样分辨率的控制比较简单，只要选择合适的打样控制软件、打样设备和介质就能满足打样的要求。

2. 阶调再现性的控制

控制数码打样阶调传递的第一步是要确定数码打样输出的密度范围，即墨水和纸张相互配合所能够表现的密度范围。可通过数码打样软件控制打样机的最大给墨量，确定 CMYK 四个通道的最大密度及双色、三色和四色叠加的最大密度。打样最大密度确定了，整个打样输出的阶调密度再现范围也就确定了。再在此基础上控制调整打样输出图像对原稿各阶调的再现效果，包括灰阶级数的确定、对图像高中低调的压缩拉升等处理，以及灰平衡控制等。阶调的传递主要包含以下几方面的内容。

(1) 满足阶调的连续变化　打样输出图像的明暗变化是依靠密度的变化来体现的，打样输出设备和打样加网方式决定了打样密度变化的灰阶级数，灰阶级数是满足阶调连续变化的前提条件，灰阶级数达到一定数量时，人眼观察的结果就呈现连续阶调效果。

在灰阶级数满足条件后，还要求网点的积分密度与连续变化密度等价。在单位面积里，网点面积的大小决定了网点覆盖率的多少。在印刷过程中，由于油墨传递方式的限制，无论网点面积大小，油墨的密度都是相同的（理论上应该等于实地密度）。除实地之外，还有两种密度存在，一是油墨的高密度区，二是油墨的低密度空白区。这两种密度差距很大，但人眼在明视距离之外分辨不了它们。它们共同作用的结果就是积分密度。网目调图像中，网点的覆盖率理论上在 0～100%之间变化，一旦把网点密度变为积分密度后，对应原稿的连续变化密度，复制的网目调的积分密度也会产生连续变化的感觉。数码打样网点覆盖率随阶调的变换而连续变化是阶调连续变化的基本条件。

在讨论网点的积分密度时，还应该考虑纸张的表面情况和加网方式对积分密度的影响。

(2) 忠实还原原稿的阶调层次　理想的阶调复制是原稿的图像传递到样张时，阶调层次完全再现。由于原稿的密度范围不是统一的，原稿的阶调分布也是千变万化的，因此在阶调复制时需要对亮调、中间调和暗调的分布作压缩、拉升等处理，保证数码打样样张很好地再现原稿的阶调层次。

(3) 打样系统的色彩平衡 不同颜色打印墨水的化学成分不同，因此各通道的输出特性不一致。除满足 CMYK 四个独立通道的阶调传递要求外，还必须考虑几个通道合成彩色时的色彩平衡关系和整体阶调层次的体现。每个通道对不同特点图像的层次再现有不同程度的影响，如蓝通道的阶调变化对人物肤色的影响最为明显。在做打样系统的线性化时，必须进行整体的色彩平衡和阶调校正，使灰平衡关系达到数码打样的要求。

3. 颜色再现的控制

色彩的传递建立在阶调传递的基础上，但由于数码打样的工艺原理和使用的墨水、纸张与印刷是不同的，因此还需要对数码打样的色彩传递做进一步控制。数码打样的目的是为印刷提供标准，必须对用户实际生产工艺特点进行数据化分析，然后以这些数据为基础，使数码打样系统达到打样与印刷相匹配的要求。数码打样系统在完成自身的基本校正后，打样色域与印刷色域还不能达到一致，需要通过色彩转换引擎（PCS）的转换将打样的色域映射到印刷的色域内，实现数码打样色彩与印刷色彩匹配。首先，要采集印刷工艺数据生成印刷特征文件，同时，分析打样系统自身的特点，生成打样系统的特征文件，然后通过 PCS 完成色彩匹配。

数码打样软件的转换引擎在进行 PCS 色度空间转换时，必须依照国际 ICC 标准委员会规定的 D_{50} 标准白点。数码打样各种墨水的光谱特性不同，而印刷的油墨也有不同的光谱特性，同时测量仪器的标准光源和光谱采集的分析计算等存在一系列差别，因此要求在采集印刷和数码打样的特性数据时要满足一定的条件和做出不同的设置。

三、数码打样的质量评价

数码打样效果的好坏必须经过一定的评价方式来检验，评价的方法有主观评价法和客观评价法。

1. 主观评价法

主观评价法是由不同印刷操作人员对印刷样张与相应数字样张进行对照，凭人眼观察色差是否在可接受范围。

评价内容：实地密度，色彩一致性、饱和度再现，高调、中间调和暗调部分的层次、细节再现等。

评价要求：具体操作是将数字样和印刷样放置在 D_{50} 标准观察台上，每幅图观察不超过 60s，然后按照表 5-1 的方法对数字样张打分。

2. 客观评价法

客观评价法是借助于测量设备和软件对数字样张进行测量，分析印刷样张与数

表 5-1　数字样张评分标准

质 量 尺 度	分数
印刷样张与数字样张毫无差别,数字样张效果极佳	5
印刷样张与数字样张有微小差别,数字样张效果不错	4
印刷样张与数字样张有差别,但不影响观察,数字样张效果可接受	3
印刷样张与数字样张有较大差别,影响观察,数字样张效果勉强可接受	2
印刷样张与数字样张有差别极大,严重影响观察,数字样张效果不可接受	1

字样张的密度、网点扩大、色差、色域、中性灰的关系，对打样质量进行定量的评价，并根据评价结果指导实际生产。

一般来讲，色彩再现性的客观评价采用基于色度值的客观评价方法，即采用分光光度计对色彩再现性进行客观评价，主要是对匹配印刷色标后的数码打样样张与印刷样张的色度测量值进行比较，比较两者之间的色差，并将允许色差的色彩数量控制在规定的范围内。具体方法是使用分光光度计，对样张表面色进行测量，得到CIEXYZ表色系统中的三刺激值 X、Y、Z 值，或 CIEL＊a＊b＊表色系统中的色度坐标 $a*b*$ 和明度值 $L*$。再现色与标准稿的色差采用 CIE1976L＊a＊b＊色差计算公式如下。

$$\Delta E=[(\Delta L*)^2+(\Delta a*)^2+(\Delta b^*)^2]^{1/2} \tag{5-1}$$

虽然测色值不能代表色觉值，但它仍然可以作为一种工业标准来使用，从一定意义上讲，色觉值与测色值是有一定的对应关系的，色觉与视觉感受的关系见表5-2。

基于以上色度值的客观评价方法，我们可以建立一个色彩复制再现的绝对比较标准，以绝对数值来衡量两者色彩的差别程度，可给综合评价印刷色彩再现提供参考依据。这种方法能对数码打样的色彩再现性进行较好的评价，以满足打样与印刷之间的色彩匹配。

目前，市场上很多的数码打样系统，都已经在各自系统内开发了进行数码打样标准化评估的功能模块，如 GMG 的 Proof Control、EFI 的 Color verifier 等。这些功能模块，一定程度上促进数码打样的标准化评估，如果能附上评估报告，将会大大方便各方对数字样的认定，改善业内供求双方的沟通与交流。

(1) 色差评价

① 色差均值评价　整体的匹配效果最直接的方法就是给定一个匹配效果的数值，那就是色差均值，它代表了印刷和打样出的 ECI2002 色表（1485 个色块）或 IT8.7/3 色表（928 个色块）之间色差的平均匹配程度。而这 1485 个色块几乎包含了色度空间的各个位置，包括色相、明度和饱和度，所以这些色块的平均值大小可以代表对所有色彩的整体复制能力。

最大值代表了颜色复制最差的色块差异程度，最好的90%和最差的10%的色差均值大小可以基本反映色差的分布情况。如果最好的90%平均色差较大，最差的10%平均色差较小，那么色差分布均匀，整体上的匹配效果也比较平均；如果在最好90%平均色差较小，最差10%平均色差较大，那么色差分布不均匀，大致就可以断定在空间中的某一个或几个区域的色度匹配出现较大的偏差，对这些地区的匹配效果较差。

② 色差CRF评价　CRF（Cumulative Relative Frequency）是从实地色块的复制能力来推断图像复制能力的分析方法。两个颜色的视觉匹配可以通过CRF曲线来表达，x 轴代表两色间的色差 ΔE（在本文中代表印刷品和样张之间的色差），y 轴代表在 x 轴色差范围之内的色块百分比。CRF曲线在对比分析中最常用，可通过CRF曲线方便地对样张匹配效果进行评价。

图5-12和图5-13是试验使用亚粉纸PDF打样、铜版纸PDF打样和铜版纸网点打样所得到的ECI2002的1485个色块，以此测量绘制而成的CRF曲线之间的对比。假如对铜版纸印刷进行的PDF打样，色彩匹配效果刚好能够满足客户的需求，那么在生产中就以此样张与印刷品的CRF曲线为标准，对其他纸张印刷进行的打样或其他方式进行的打样也绘制出CRF曲线与标准曲线进行对比，曲线整体落在标准曲线左侧的满足色彩质量要求（图5-12），反之就不能满足要求（图5-13）。

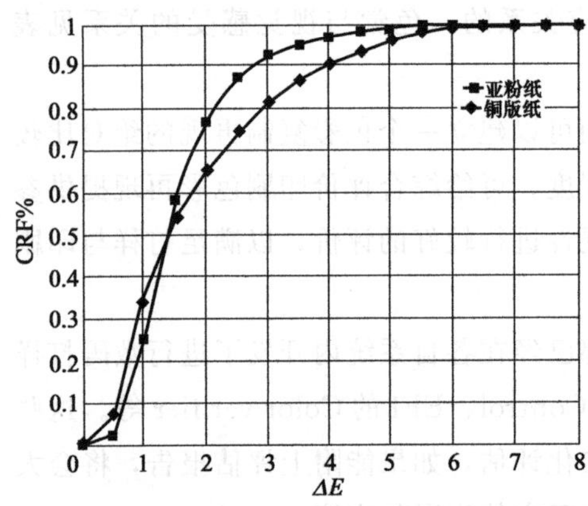

图5-12　亚粉纸PDF打样与铜版纸PDF打样CRF曲线之间的对比

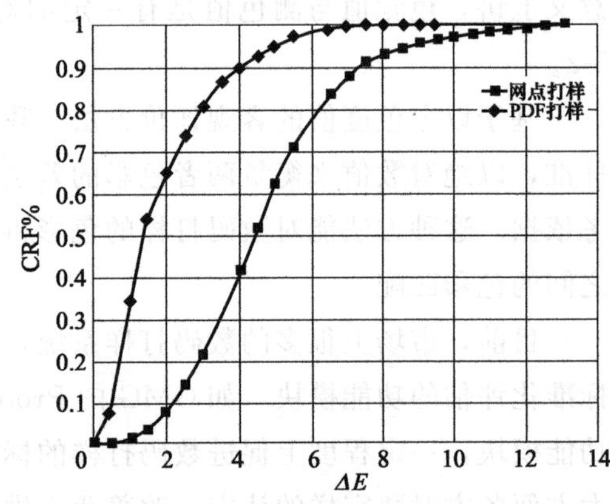

图5-13　铜版纸网点打样与PDF打样对比

对于标版之间的色差，可以通过相应的打样软件进行优化。EFI打样软件的优化特征文件过程如图5-14所示。制作出打印机的特征文件之后，以印刷特征文件为参考特征文件，对打样特征文件进行优化，优化后的特征文件能够更精确地调整打印机。

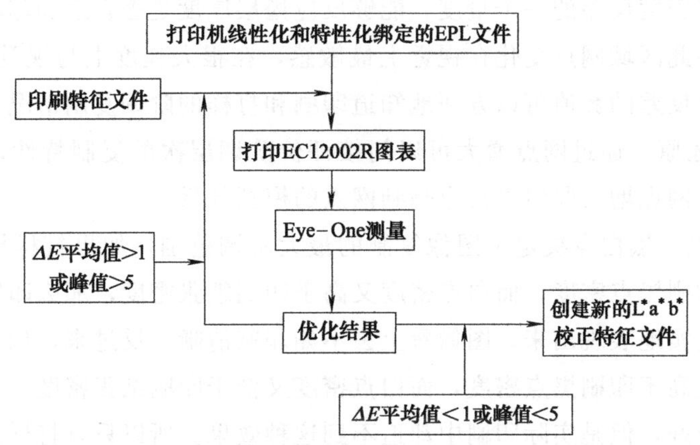

图 5-14　优化特征文件过程

制作特征文件时，需要注意的控制要点有 ICC 特征文件的准确生成；测量精度的一致性；再现意图的合理选择及总墨量、黑版的生成及始点设置。

(2) 色域评价　看印刷与打样模拟色域之间的差别，主要评价色彩最高彩度色彩在彩度上的拟合程度，如果打样和印刷色域的边缘接近，那么表示打样对印刷在各色的最高彩度色彩匹配上较好，如果色域的边缘在某一区域相差较大，那么表示在此高色彩的模拟上不理想。

也可以采用各色相处饱和度差的方式来评价，在 Lab 色度空间中，打样与印刷的饱和度差计算方法如下。

$$\Delta C^* = C^*_{\text{proof}} - C^*_{\text{print}} = \sqrt{(a^*_1)^2 + (b^*_1)^2} - \sqrt{(a^*_2)^2 + (b^*_2)^2} \tag{5-2}$$

对于超出色域的颜色，任何打样系统都无能为力。因此对于成功的打样系统，需要有色域上的要求，不能和印刷差别过大。在做打印机线性化时，通过对墨量控制设置的改变可以适当地增加打印系统的色域，但更为重要的是打印纸张的选择，可以通过一些软件工具中的色域比较功能来辅助分析色域的大小，选择适合自己需要的打印纸张。

(3) 阶调层次评价　如果色彩的阶调变化不同，那么就有可能使得样张比印刷品或亮或暗，另一问题是使得亮调的色彩消失，也就是说色彩的数字信息有，但是并没有打印出来，引发复制问题。例如在数字原稿中有淡色的绿存在，但是在打样出来的样张却是白色，然而此绿色信息在数字原稿中依然存在，并且会传递给印版，并通过印刷在印刷品上显现出来，这就造成了打样问题。

① 密度评价　以印刷 CMYK 四色密度为横坐标，以亮度为纵坐标绘制样张和印刷品的阶调变化曲线。两个色彩的阶调曲线越接近，复制质量越好。

② 相对反差　相对反差是控制复制图像阶调层次的参数，对比印刷和打样不同色相间的相对反差可以间接评价出打样对图像的阶调层次复制特性。相对反差是

暗调区域油墨密度反差的一个量度，能够反应墨层厚度是否合适和印刷品是否有足够的反差。在此区域网点变化在视觉上最敏感，在很大程度上与视觉评价相符合。所以通过相对反差的数值可以方便地知道印刷和打样的阶调复制情况。

③ 网点还原　通过网点增大可以间接评价阶调层次的复制特性，特别是在网点打样时，其网点增大曲线直接影响到网点的模拟效果。

④ 黑白点　黑白点决定了图像复制的最大阶调范围，如果打样模拟印刷的黑点密度低于印刷黑点密度，而白点密度又高于印刷纸张密度，那么印刷品中的一些细节就不能真实地表现出来，图像看上去不如印刷清晰；反过来，如果打样的黑点模拟印刷密度高于印刷黑点密度，而白点密度又低于印刷纸张密度，那么打出的样张效果一般较好，但是实际印刷中却追不到这种效果。所以只有打样的黑白点和印刷的黑白点匹配起来才能有较好的效果。对于打样和印刷来说，白点的密度相差不大，影响阶调再现性能的因素还是黑点的密度。

虽然印刷和打样在白点区域的色度相差不大，但是视觉在亮调区域比较敏感，在这些区域如果有色度偏差，很容易就能被视觉系统察觉出来。并且在观察其他颜色时，人眼也会不自觉地以这最亮的标点为参考，影响到整个样张上其他颜色的感觉，所以它的色度对打样质量的影响较大。

⑤ 中性灰平衡　人眼视觉系统对中性灰的色差变化极为敏感，要想达到图像色彩的复制尽量准确，保持中性灰平衡也是色域映射计算方法中的重要方面。样张与印刷品的中性色越接近，两者之间的色彩也就越接近，所以中性灰的匹配被视为印刷品和样张达到匹配的指标。具体绘图方法是以 x 轴为 CMY 或 K 的中性灰度值为横坐标，以印刷品和样张在此灰度上的色差 ΔE 为纵坐标绘图，评价的方法很简单，就是色差越小越好。

因为中性灰主要是在色相和彩度方面反映出图像的整体色偏情况，所以在评价时也主要考虑这两方面的因素，方法为绘制出印刷和打样中性灰色在色度图上的位置，并计算出两者之间的距离。

四、远程打样的质量控制

1. 远程打样的质量要求

打样样张必须具备的条件是打样样张和印刷样张页面内容信息的一致性和页面色调的一致性。目前，市面上所有的数码打样系统一般均看实现打样样张和印刷样张的一致性，因此，对远程打样质量评价主要通过评价远程两端输出样张的一致性来完成。输出两端样张的一致性一般通过色差 ΔE 的大小来评价。若两地打样样张的色差在用户设定的范围内，远程打样就算完成。

Best Remote-proof 提供了三种计算色差的方式，即 CIELAB、CMC、CIE94

公差方法。其默认设置是采用的CMC色差方式，两组颜色测量数据完成后，软件自动计算出ΔE的值，并生成色域图，可以直观地看出色域大小区别。通常采用表5-2的鉴定标准来对色差进行评价。

表5-2　色差程度的鉴定标准

视觉感受差异	ΔE	视觉感受差异	ΔE
几乎感觉不到色差	$0<\Delta E\leqslant 1$	对色差感觉明显	$3.0<\Delta E\leqslant 6$
对色差感觉很小	$1<\Delta E\leqslant 2$	对色差感觉强烈	$6<\Delta E\leqslant 12$
对色差感觉中等	$2<\Delta E\leqslant 3.5$		

2. 远程打样的质量控制

影响远程打样质量的因素是多方面的，包括打样系统的稳定性、两端的色彩管理等。下面主要从稳定的打样、工作环境、耗材、员工素质等方面加以分析。

（1）稳定的远程打样系统应具备的条件及主要功能　稳定可靠的远程打样系统是保证数码打样质量的基本条件。稳定可靠的打样系统中，数字打印机及远程打样软件应具备的条件如下。

1）打印机的要求

① 应具备足够的打印精度。打印图像要达到印刷品的视觉效果，目前很多彩色打印机采用调频加网打印，要求打印机具有1200dpi以上的打印分辨率。

② 应具有足够大的打印幅面，以及足够快的打印速度。

③ 应具有宽广的颜色再现范围，它关系到能否完全模拟印刷品颜色。为了能够用数字化打样方式模拟各种印刷条件和方式，要求打印机的颜色再现范围大于各类印刷的颜色再现范围。

④ 设备价格及其打印耗材的成本应较低廉。

2）远程打样软件的要求　要将印刷的电子文件直接采用打印机打印，并且要达到与传统打样样张相同的视觉效果，整个系统就必须通过色彩管理软件来实现。远程打样软件应具备以下功能。

① 能接收彩色桌面系统各种应用软件制作的各种文件格式，常用的格式有PS、PDF和TIFF等。

② 能够准确再现颜色。颜色再现的准确性取决于软件中色彩管理功能的强弱和系统颜色调整的正确性。

③ 具有模拟专色的功能。专色印刷在包装印刷中占有重要地位，远程打样能否替代传统的凹印和柔印打样，很大程度上取决于专色打样的能力。目前只有Black Magic等少数数码打样系统在这方面比较成功。

④ 具有检查版面颜色的功能。

⑤ 具有“一次RIP，多次输出”的功能。为了确保打样样张与印刷品视觉效

果的一致性，打样与最终输出所使用的 RIP 必须一样，甚至要求使用同一个 RIP 后的文件进行打样和印刷。

⑥ 具有拼大版和折手功能。打样幅面一般应该与印刷幅面一致，但通常制作的页面文件是单页的，这就要通过专门的拼版软件进行拼大版和折手的操作，来避免纸张的浪费，提高打印效率。

同时，远程打样系统与数字化工作流程的整体配合也十分重要，它直接关系到打样的工作效率。将远程打样系统融入到整个数字化工作流程中（如远程打样与制作和出片的配合等），对提高整个印刷作业的效率都非常有利。

3）在远程网站上校准和预测色彩精确度的方法　本地打样与远程打样的一致性是建立在远程打样系统处于校准状态的基础上，而且远程打样系统须针对印刷商的特定印刷系统进行校准。用户只需对其进行少量的基本校准和维护工作，但最好无须用户干预，让系统自动完成。

惠普公司的 HP Designjet 10PS 打印机中就采用了自动色彩闭环校准系统，打印机内置的色彩传感器使打印机可测量输出结果，并在系统控制下自动调节以适应实际的打印环境（包括打印材料以及环境的变化）。HP Designjet 5000PS 大幅面打印机还配有温度和湿度传感器，可感知环境变化并自动进行调整，从而保证打样质量的稳定性。

（2）稳定的工作环境　稳定的工作环境是远程打样质量保证的前提条件　远程打样的本地和远端两套系统一般位于不同的地区，由于地区的差异，导致色彩标准无法统一。为尽可能的消除外界因素的影响，数码打样系统的工作环境应尽可能的稳定，一般要求车间温度在（23±2）℃，湿度为50％±10％。

印刷环境因素的变化同样可以引起印品质量的变化。在远程两端数据信息进行传输之前，用户端对数码打样进行色彩管理的过程是由后往前推进的，即首先要产生一个参照印刷品的色彩特征参数文件，以确定印刷机的色彩范围，然后生成数码打样机的色彩特征文件，色彩管理软件使用这两个 ICC Profile 通过色彩管理模块 CMM 进行颜色空间的数据转换，使数码打样机打出的样张和对应的印刷适性印刷出来的标准样张达到颜色一致或满足一定精度要求。因此，一旦数码打样的参数固定下来，必须确保印刷机处于印刷测试色块时的标准状态。只有印刷机的环境因素保持稳定了，印刷机才可能一直处于标准状态。因此，在远程打样工作流程中，稳定的印刷工作环境是必需的。

另外，为保证远程打样的质量，因墨水、纸张质量产生的色彩变化要尽量小，一般要求使用原装墨水和纸张，而且打样两端一定要用同样的墨水和纸张，打样两端一般用同样的数字打印机。

(3) 具有较高专业素养的操作人员　具有较高专业素养的操作人员是远程打样顺利实施的保障。同时，适中的价格也是保证远程打样迅速被接受的关键所在。

综上所述，远程打样是互联网时代兴起的一种打样方式，由于其效率高、质量稳定的特点，将会在越来越多的领域得到广泛的应用，成为未来打样市场的主流。

第六章　数字印刷质量检测与评价

目前传统印刷质量的评价常采用主观目测与客观测量相结合的方法。在质量分析与评价过程中，通常利用密度计和分光光度计对色彩信息进行客观分析，注重色彩复制再现原稿的效果与准确性。而文字和线条轮廓的清晰度、实地和网点复制质量、条杠等缺陷则只能通过目测后给出定性的描述，缺少评价结果的一致性和科学性。

数字印刷品的质量同样也可采用主客观相结合的方式，其颜色的复制效果和质量检测可沿用传统的印刷质量检测方法。但是考虑到目前数字印刷机的输出精度达不到胶印的水平，对线条和文字轮廓的清晰度会有一定的影响。同时，喷墨印刷类数字印刷由于承印材料对墨水的吸收而出现边缘扩散等现象，干粉型数字印刷设备在大面积填充区域出现明显的颗粒感、印刷品的实地区域会出现空洞或缝隙，或因机械故障而出现条杠现象等。因此，数字印刷质量评价不应局限于传统印刷的质量评价要素，应考虑到其工艺特点而提出更合理有效的质量属性要求与检测指标，并在此基础上开展数字印刷质量评价方法与检测技术研究。

目前可供讨论的数字印刷标准有 ISO 13660 和 ISO 19751 两个，用于帮助数字印刷机的操作者评价数字设备生产的印刷品质量，其中 ISO 13660 标准已正式颁布，而 ISO 19751 还处于开发过程中。

第一节　概　　述

一、数字印刷品质量评价研究现状

欧美等发达国家的数字印刷发展较早，数字印刷品客观评价标准相对成熟，对印刷品质量控制方面的工作也远较国内规范。目前国外普遍采用色彩管理系统和流程技术控制数字印刷品质量，其采用的国际色彩组织 ICC 开发的描述设备色彩表现的标准（ICC Profile），可以实现跨平台的色彩交流和转换，版面图文在不同载体上能够做到基本一致，即通常所说的“所见即所得”，数字印刷品质量能够得到较好控制。

ISO 13660是首个国际性的图像质量客观评价标准，尽管ISO 13660标准针对单色印刷而制定，但数字印刷设备制造商和数字印刷企业已经将该标准扩展应用于彩色数字印刷中。另外，ISO 17951标准在ISO 13660的基础上也在不断完善和扩充。

国外学者对数字印刷的质量评价进行了大量研究，并且在色彩、清晰度和精确度等方面形成了较为完善的理论体系。相对而言，国内科研院所的研究主要集中在检测方面，对模型的研究较少。

二、数字印刷品质量影响因素

数字印刷与传统胶印间存在着本质区别，因此对数字印刷品质量检测的指标不能够完全使用传统意义上的实地密度、K值、套准检测等评价质量。与数字印刷质量有关的材料、设备、工艺、环境等元素，构成一个复杂统一的系统，该系统对于数字印刷品质量的影响可以概括为以下三个部分。

1. 耗材部分

印刷品的呈现是通过油墨附着在纸张上来实现的，因此纸张和油墨因素是该部分的主要内容。

无论是静电成像印刷还是喷墨印刷，纸张的物理性能（定量、厚度、紧度、平滑度、吸墨性等）、光学性能（白度、光泽度和不透明度）、化学性能（水分、酸碱性和耐久性等）和机械性能（抗张强度、撕裂度和耐折度）等均会对数字印刷品的质量产生影响。但是，相对传统印刷工艺，这些因素对于数字印刷品的影响是有差别的。例如，传统胶印过程中，纸张受润版液的影响会吸收水分；而在静电数字印刷过程中，纸张不仅不会吸湿，反而会脱水，因而会改变纸张的尺寸和平滑度，进而影响图像复制的精度和色彩。目前数字印刷的耗材基本由数字印刷机制造商提供或指定，被指定的耗材生产商通常是根据具体设备厂商的要求，制定专门的工艺进行生产。

2. 硬件部分

硬件部分主要包括影响纸张输送、定位的输纸组件，影响油墨或墨粉供应的输墨组件，以及成像核心器件，如静电成像印刷的核心器件感光体、喷墨印刷的核心器件喷墨头等。

3. 软件部分

软件部分主要包括功能软件和系统软件。功能软件中的各种算法以及参数设置是数字印刷工艺控制的关键节点，其结果将直接决定印刷图像的精度、色彩和阶调再现。系统软件负责管理计算机系统中数字印刷部分的硬件，协调它们彼此之间的关系，因此每个设备制造商的系统软件相对独立。

上述三个部分为数字印刷品质量的影响因素，如果能够对其进行测量分析，就可以得到数字印刷影响因素与印刷图像的定量关系，而这种关系可以通过建立一定的模型来完成。

三、数字印刷品质量检测的评价理论与评价方法

印刷品是一种视觉产品，其客观测量与主观评价同等重要，二者是不可分割的统一体。主观评价与客观测量对于数字印刷品质量的评价存在必然的关系，这种关系可以用一定的层次结构或者数学模型来描述。

1. 视觉模型

基于视觉系统所建立的模型称为与设备无关的质量模型，主要用来预测客户对图像质量的判断，其总体思路是按照人眼视觉系统感知质量的不同方面来建立模型，用来预测质量在视觉系统中的响应模式，通常要求这些模型仅模拟人眼视觉系统中的某种独立感知状态，如锐度、彩度、颗粒度等。视觉模型建立的基础是视觉评价方法，目前视觉评价方法有目视评价方法和定性指标评价方法。无论哪种评价方法，都是通过人的视觉系统来完成的，易受到评价者身份、性别、心理和喜好等因素的影响，其评价结果对于数字印刷品而言具有一定的局限性和不一致性。因此，不宜孤立地采用视觉模型评价数字印刷品质量，而应与客观质量指标通过视觉算法建立某种相关性，它能够反映人眼视觉系统对图像物理属性的感应特性。但是由于人的视觉感知与大脑反映之间的联系与区别复杂难辨，因此要建立良好的视觉模型，并且能够与客观测量物理量对图像的描述产生一致的效果，是一项巨大的挑战。

2. 物理参数模型

基于数字印刷中硬件与软件系统所建立的模型称为与设备相关的质量模型，也可称为物理参数模型，其变量可以理解为分辨率、色域、噪声、对比度和 MTF 等技术参数。基本的数字印刷过程包括图文输入、RIP 处理、成像、输墨、图文转移及后处理等内容，而每一个过程的关键步骤均会对数字印刷品的质量造成影响，因此依据这些关键步骤和主要影响参数可以建立数学模型。目前，ISO 19751 的适用范围比 ISO 13660 更广，其采用与视觉感受相关的质量指标，可用于评价单色和彩色、二值和灰度等级数字印刷品。ISO 17951 标准对于数字印刷品的质量检测内容包括光泽度和光泽度均匀性、宏观均匀性、微观均匀性、色彩表现和阶调梯尺、文本和线条质量、有效分辨率和有效阶调水平以及相邻区域引起的属性等七个部分。

这七个部分分别定义了各自相关的子属性用于评价该部分内容，而这些子属性也是建立物理参数模型的基础。数字印刷品质量检测与评价注重质量问题的预防，而不是事后的检查，因此不能单一地依靠视觉评价或客观评价，而应分别建立数学模型，并且让两个模型产生一定的相关性，使两种评价更具统一性。数字印刷品质量影响因素涉及到多个研究领域，因此需要更广阔的基础算法模型进行分析研究，从而为数字印刷设备、承印材料和油墨等质量的改进和提高提供科学依据。

第二节 数字印刷质量标准

由国际标准化组织和国际电工委员会联合颁发的 ISO/IEC 13660 标准（简称为 ISO 13660 标准）定义了较为完整的页面对象印刷质量属性，提出了一套能客观地测量与分析数字印刷质量的方法。尽管 ISO 13660 标准针对单色印刷而制定，但数字印刷设备制造商和数字印刷企业已将该标准扩展应用于彩色数字印刷。

ISO 13660 标准为定量而多方面地测量印刷图像质量规定了指导准则，已经并将继续深刻地影响印刷质量检测和评价领域。然而，大多数衡量印刷系统性能和测量结果差异的视觉（主观检验）要素没有体现在 ISO 13660 标准中，导致该标准的应用范围受到相当程度的限制。为了弥补 ISO 13660 的不足，使该标准提出的测量和评价方法能适用于成像能力更强的数字印刷系统，目前正在开发应用范围更广的 ISO 19751 标准。

一、ISO 13660 标准简介

ISO 13660 标准制定的目的在于表示客观而可测量属性的集合，给出与观察者在标准观看条件下产生的图像感觉质量的相关性，使印刷品的使用者能将试验样本归类成从最好到很差的几个组。属性及其评估方法基于下述假设：图像是传播意图的表示；在同一图像单元内阶调表现是均匀性的；字符图像、符号和图形单元都是有规则的，即使发生变倍操作时仍然是相同的，意味着符合相似性原理；已经筛选掉了有极端总体缺陷的样本。

ISO 13660 适用于由文本、图形和其他对象构成的图像，只有两种阶调等级（单色图像），典型例子为白纸上的黑色图像，由该标准建议的工作程序限制于裸眼可察觉的图像质量属性。标准起草工作组选择了简单的方法和有效的度量指标，建议完整的评价系统应该由图像捕获设备、评价软件和针对应用的质量标准（包括样本采集计划）三部分构成。

二、ISO 13660 的主要内容

ISO 13660 标准划分为范围、引用参考标准、术语与定义、结果报告与采样规则、属性及属性含义、系统验证性试验六部分，其中属性及属性含义部分是重点。

在 ISO 13660 的适用范围方面，只是说明该标准没有考虑到对于画报一类出版物的适用性，也不计划用于打印在透明薄膜或类似记录介质上的图像，而是针对白色承印物上的黑色图像作优化处理。起草小组认为，评价由彩色油墨或承印材料产生的图像比起黑白图像来更困难，因为评价结果与照明条件的变化有关，因而 ISO 13660 建议的工作规程很有可能不适用于传统印刷工艺或彩色图像，即使采用也须小心。

ISO 13660 引用的参考标准包括 ISO 5-1（1984）摄影/密度测量/第一部分：术语、符号和标记约定，ISO 5-3（1995）摄影/密度测量/第三部分：特殊条件，ISO 5-4（1995）摄影/密度测量/第四部分：反射密度测量几何条件，CIE 15.2（1986）色度，TAPPI T480（1992）纸张与纸板 75°几何条件下的镜面光泽度和 TAPPI T452（1992）纸浆、纸张和纸板亮度。

由 ISO 13660 标准定义的术语除解释二值、二值图像、单色图像、图像单元、字符图像、像素、边界、着色剂、承印材料、页面、畸变、硬拷贝、标称值、标准观察距离、光学密度、可阅读性、伪随机、随机和等边缘清晰度基本概念外，也包括测量和评价/计算图像质量属性所需的边缘阈值、边缘梯度、图像分割区域、内边界边缘、线条宽度、法线边缘轮廓、外边界边缘、阈值等高线、反射系数和相对反射系数等，以及针对测量和计算方法定义的兴趣区域、兴趣区域最大反射系数和最小反射系数、每英寸光斑数或每英寸样本数、“瓷砖”和规则“瓷砖”排列等术语。

在结果报告和样本采集方案部分，ISO 13660 标准规定评价结果报告可以选用任意采样、随机采样和页面整体采样方案之一，同时也描述了实现三种采样方案所需的信息，且规定评价报告必须包含能够由采样方案准确复制且数量足够的专门信息。例如，大面积填充区域属性测量至少选择包含最明显斑点的 10 个兴趣区域，而字符、线条属性评价则需要找到 3 幅最亮的字符图像和 3 幅最暗的字符图像，在此基础上满足预定准则的页面和选择区域执行视觉检查，并在每个选择区域内对属性作出评价。

属性及其度量指标是 ISO 13660 的主体部分，分成大面积填充区域密度属性和字符/线条属性两大类型。按 ISO 13660 规定，大面积填充区域的密度测量数据应该来自面积不小于 21.2mm×21.2mm 的兴趣区域，测量仪器的光圈面积至少达到 19.6mm^2，仪器可测量区域的最小尺寸 5mm，且测量必须遍及图像单元整体。此

外，ISO 13660 还要求被测量线条的长度不小于 1.27mm，字符域定义为临近字符图像或其他图像单元的页面区域，这种区域的范围从字符图像的外边界边缘开始计算，或离开其他图像单元 500μm 的距离。

ISO 13660 的最后部分涉及系统的验证性试验要求，目的在于验证由硬件、软件和操作人员组成的测量和评价系统是否经过了良好的标定，证实系统的准确度和精度足以满足标准提出的要求。如果仪器系统获得的数值在标准给定的目标值允许偏差范围内（每种属性和每一种试验对象都需经过验证性试验），且试验结果独立于被测量对象的方向以及对象在观看域内的位置，则认为测量系统经过了正确的标定。

按 ISO 13660 标准规定，验证性试验涉及的测量应采用分辨率不低于 600spi、每个像素以 8 位描述的仪器，且测量必须在较大的观看域内（如 600spi 的平板扫描仪）执行，动态范围至少在 0.1～1.5。要求 600spi 分辨率的仪器在水平和垂直方向有 42.3μm 的光学采样间隔，采样窗口尺寸接近于 42.3μm×42.3μm。为了使系统的验证性试验标准化，ISO 13660 定义了六种试验线条，以 0 和 1 两个数字组成的数字序列给出。

三、图像质量属性

根据 ISO 13660 定义的印刷图像质量属性，页面复制对象划分为大面积填充区域和文本/线条两大类型。其中大面积填充区域质量子属性六种，包括暗度、背景朦胧、颗粒度、斑点、背景无关痕迹和空白。文本/线条质量子属性八种，包括模糊度、粗糙度、线条宽度、字符暗度、对比度、填充、字符域无关痕迹和字符域背景朦胧。其中，线条宽度、粗糙度和模糊度（对比度）这三个指标更能体现线条的边缘特性，为评价和分析数字印刷品的线条质量提供重要依据。线条宽度衡量数字印刷系统复制线条类对象的正确度，模糊度和粗糙度适合于测量和评价线条和字符笔画的边缘质量，其余五个属性用于衡量线条和字符笔画的填充质量。

传统印刷质量标准通常不考虑字符和线条质量，主要原因并非这类质量属性不重要，而是缺乏测量手段（设备），事实上无论以分光光度计、色度计或密度计均不能测量字符和线条质量。国际标准 ISO 13660 出现，以及数字图像捕获技术和设备制造的快速发展，将从根本上改变线条和文字对象印刷质量检验的现状，推动印刷品质量的全面评价，从定性描述走向定量分析。

图像质量属性不仅反映数字印刷的特殊性，而且体现了质量评价深入到比传统标准更广的范围，更重要的进步还在于通过 ISO 13660 传达的信息和积极意义：属性测量和评价无需规定试验测试图或参考图像，评价结果来自图像自身，因而只需测量图像本身的特征参数就能完成评价任务。按 ISO 13660 标准，质量评价前应该标定测量系统、试验对象和目标值，以说明测量系统的标定结果能够接受。

ISO 13660 标准与设备无关，被测量图像可以是激光打印机印刷品、喷墨打印机产品甚至铅笔画等，来自传统印刷或数字印刷工艺；评价的目标对象为文本和图形，因而规定的测量规程适用于任何字符、线条和大面积区域。这样，测量和评价时无需专门的标准测试图像，也不需要专用测量设备，但要求设备符合四种验证性试验要求。

四、字符与线条质量指标

按 ISO 13660 标准，字符与线条划归同一类别，统称字符图像与线条属性，这里的属性即质量指标，质量属性或质量指标是评价印刷图像质量的依据。

1. 模糊度

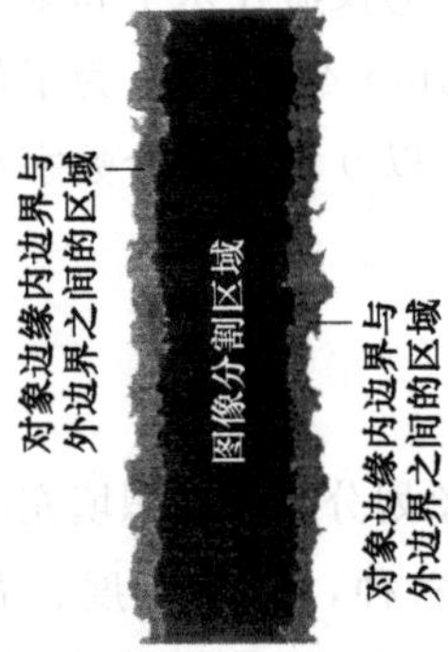

对象边缘内边界与外边界之间的区域

图像分割区域

对象边缘内边界与外边界之间的区域

图 6-1　模糊度

模糊度定义为被复制对象的轮廓呈现朦胧或模糊的外貌，从背景过渡到字符笔画和线条边缘时存在黑色程度可以察觉的渐变。根据 ISO 13660 标准，模糊度定义为线条边缘内边界与外边界的平均距离，如图 6-1 所示。该图所示的线条两侧边界的边缘特征表明，从边缘的内边界到外边界存在过渡带，模糊度与该过渡带的平均宽度有关。这里的内边界和外边界的实际含义由它们的边缘确定，两者都定义为边缘梯度的点集。其中，内边界边缘梯度点集指纸张反射系数到图像反射系数渐变值等于 90% 的点构成的集合，标记为 R_{90}，外边界边缘梯度定义与内边界类似，渐变值改成 10%，标记为 R_{10}，可按下式计算。

$$R_{90}=R_{\max}-0.9(R_{\max}-R_{\min}) \tag{6-1}$$

$$R_{10}=R_{\max}-0.1(R_{\max}-R_{\min}) \tag{6-2}$$

式中，$R_{\min}$、$R_{\max}$ 分别代表测量区域内的最小和最大反射系数。

2. 粗糙度

粗糙度定义为字符笔画或线条对象边缘从其理想位置产生几何畸变后形成的外观形态，粗糙的字符笔画或线条对象边缘呈现高低不平的锯齿形状或波浪形状，既偏离了理想的平滑边缘，也偏离了理想的直线形态（图 6-2）。

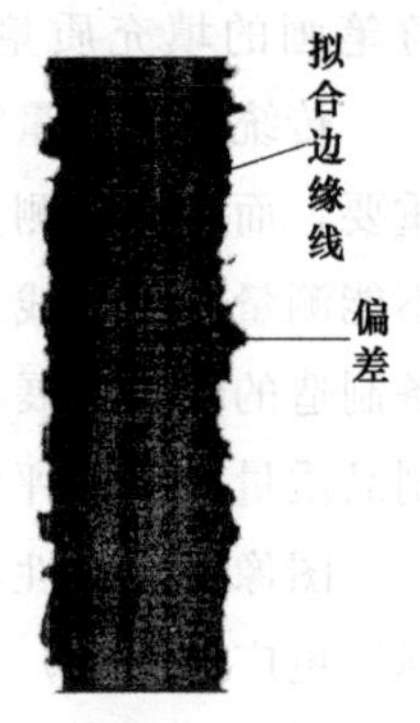

图 6-2　粗糙度

线条类对象的边缘阈值可通过最小二乘法拟合到直线，该拟合直线到边缘阈值的距离称为剩余部分，计算边缘上各点剩余部分的标准偏差，即得到粗糙度。因此，粗糙度是线条拟合到线条边缘阈值后形成的剩余部分的标准偏差。标准偏差沿垂直于拟合直线的方向计算，粗糙度评价的优化处理结果可用于包含周期性噪声的边缘。

根据 ISO 13660 标准对边缘阈值的解释，其含义指边缘梯度点的集合，如果将所有的边缘梯度点连接起来，则形成阈值等高线。按 ISO 13660 规定，构成阈值等高线的每一个测量位置的输出值应该取兴趣（测量）区域内 60％的反射系数，标记为 R_{60}。利用线条某一侧的 R_{60} 测量数据，通过最小二乘法很容易将边缘阈值等高线拟合成直线。假定测量时沿线条轴向总共划分成 n 个粗糙度测量位置，以 L_{1i} 标记线条某一侧各测量点的 60％反射系数测量值所在位置到最小二乘法拟合直线的距离，则线条该侧的局部粗糙度可定义为

$$Rag_1 - \sqrt{\frac{\sum_{i=1}^{n}(L_{1i}-L)^2}{n-1}} \tag{6-3}$$

式中，L 表示 n 个测量点 60％反射系数测量位置离拟合直线的平均距离。显然，计算线条的粗糙度时需考虑到其两侧边缘，以取两者的平均值较为合理，设线条两侧的局部粗糙度分别标记为 Rag_1 和 Rag_2，则线条的整体粗糙度为

$$Rag = \frac{Rag_1 + Rag_2}{2} \tag{6-4}$$

由于粗糙度 Rag 定义为线条反射系数 R_{60} 测量点到拟合直线距离的标准离差，可见这种边缘质量同样是有量纲的，且粗糙度量级与模糊度相当，因而也以 μm 为计量单位。上述粗糙度含义以及测量和计算方法见图 6-3。

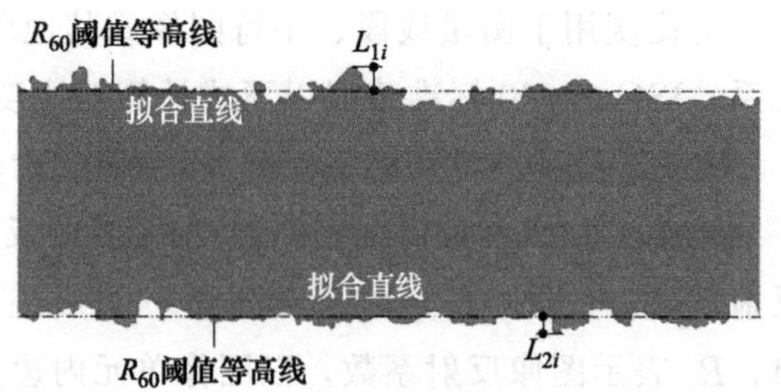

图 6-3　粗糙度定义与测量方法

3. 线宽

线宽是指字符笔画或线条一侧的阈值边缘到另一侧的阈值边缘的平均宽度（图 6-4）。由测量系统获得的线宽可用于评价复制对象偏离理想状态的程度。

ISO 13660 规定测量线宽时沿垂直于图像单元中心线的方向，采样频率至少 600spi，这里的测量频率即仪器的空间分辨率，以每英寸多少个采样点数量表示。

将承印材料（白色）和着色剂（黑色或彩色）的反射系数定义为 R_{max} 和 R_{min}，阈值边缘由反射率为 R_{60} 的点集构成，其中 R_{60} 按下式进行定义。

$$R_{60} = R_{max} - 0.6(R_{max} - R_{min}) \tag{6-5}$$

确定线条边缘后，求得线宽平均值，即得到线宽值。式中，R_{max}、R_{min} 分别

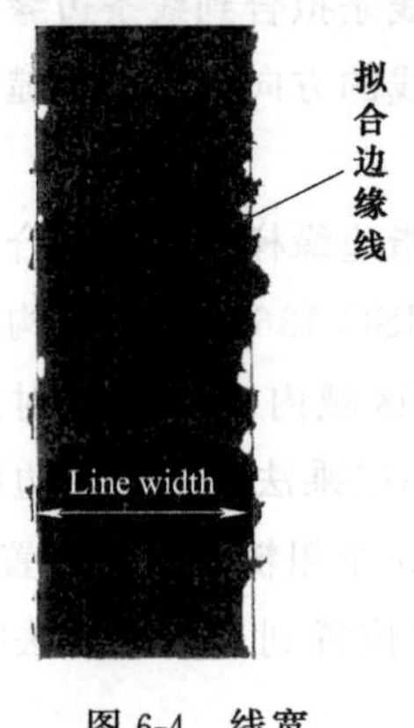

图 6-4　线宽

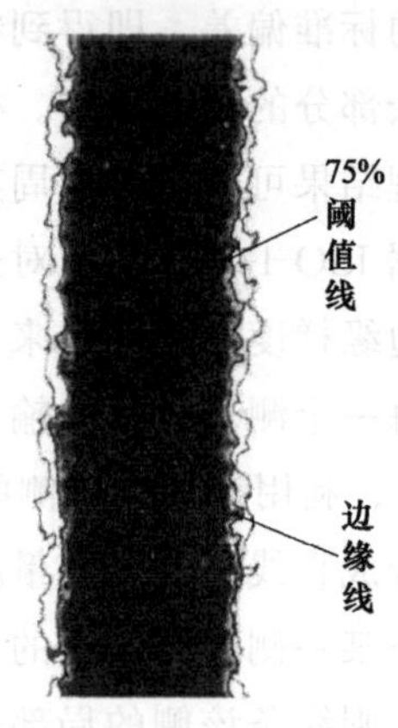

图 6-5　暗度

是承印材料和着色剂的反射系数。

4. 字符暗度

字符暗度指线条类对象内部填充的黑色程度；如果填充油墨为黑色以外的其他颜色，则字符暗度指填充颜色的色调深浅。ISO 13660 规定暗度为反射率为 R_{75} 对应的边缘以内的平均密度（图 6-5），其中 R_{75} 由下式计算。

$$R_{75}=R_{\max}-0.75(R_{\max}-R_{\min}) \tag{6-6}$$

5. 对比度

对比度用于衡量线段、字符图像或其他象形文字图像及其范围的黑暗程度间的关系，ISO 13660 标准建议以下式计算对比度。

$$C=(R_{\mathrm{f}}-R_{\mathrm{i}})/R_{\mathrm{f}} \tag{6-7}$$

式中，C 代表对比度；R_{f} 表示区域的反射系数，定义为周围字符区域的平均反射系数，其中字符域包括油墨留下的痕迹、细小墨点形成的灰雾对象和承印材料；R_{i} 表示图像反射系数，以图像单元内边界边缘内的平均反射系数计量。

6. 填充

对线条类测量对象而言，填充指线段、字符图像或其他象形文字图像边界内同质暗度的外貌，以具有 75%相对反射系数值面积的比例表示，或内边界具有 75%相对反射系数值面积与内边界总面积的比。

对比度和填充这两种质量属性既有联系又有区别，前者用于衡量字符和线条类对象复制范围内黑暗程度间的关系，定义为兴趣对象与背景域的反射系数差；填充指字符/线条对象边界内同质暗度的外貌，定义为边界内具有 75%反射系数面积与区域总面积之比。

7. 字符域无关痕迹

字符域无关痕迹指字符或线条对象周围区域呈现的非正常形态，定义为出现在字符周围区域内的着色剂颗粒或着色剂颗粒结块后形成的更大颗粒，在标准观察距离下即使不借助于辅助工具也能够为裸眼所察觉，辨别为相互间有区别的痕迹。该质量属性以字符周围区域痕迹面积与字符域总面积之比衡量，其中痕迹面积在痕迹的边缘阈值内测量，规定在不小于字符边界 100μm 的范围内测量。

8. **字符域背景朦胧**

字符周围区域内的着色剂颗粒或着色剂颗粒形成的结块在视觉上可见，但在标准观看条件下仅靠裸眼不能辨别为清晰的痕迹，这种质量缺陷称为字符域背景朦胧或底灰。根据 ISO 13660 标准给出的定义，该质量属性以字符周围区域平均反射系数与字符背景区域（字符域的邻近区域）的反射系数之比衡量，测量和计算时应排除字符周围区域的痕迹和图像单元，背景附近区域的含义是字符周围区域外的那部分面积。

五、大面积填充区域质量指标

在 ISO 13660 标准中，填充区域也称为大面积密度属性，共定义了六种大面积填充区域质量属性，规定在大于 21.1mm×21.2mm 的属性特征区域内测量与评价。每一个候选测量区域称为兴趣区域，即用来测量和评价大面积填充区域光学密度的图像单元。规定大面积填充区域内图像单元的光学密度用光圈面积不小于 19.6mm^2 的仪器测量，要求兴趣区域的最小尺寸不低于 5mm，且测量必须遍及图像单元整体，如图 6-6 所示。

图 6-6 大面积暗度测量

1. **大面积暗度**

大面积暗度定义为兴趣区域的平均光学密度。该质量属性的测量和评价与后面介绍的颗粒度和斑点属性有关，要求满足颗粒度和斑点测量的采样方案，规定大面积暗度的测量结果需特征化处理为平均值 m_i 的平均值。

2. **背景朦胧**

背景朦胧是背景区域的着色剂（色料）可能看得见，但在标准观察距离下仅借助于裸眼却无法识别为独立的痕迹。兴趣区域内背景朦胧的度量指标定义为该兴趣区域背景（排除痕迹）的平均光学密度，规定测量仪器的光圈不小于 19.6mm^2，最小尺寸 5mm，至少在离开任何图像单元边界 500μm 的距离上测量。背景朦胧的测量与评价方法与大面积暗度相同。

3. 背景无关痕迹

背景无关痕迹与背景朦胧的概念类似，指出现在背景区域、且能够通过裸眼在标准观察距离下辨别为痕迹的着色剂颗粒或着色剂颗粒的结块。根据 ISO 13660 标准规定，背景无关痕迹应该在至少离图像单元 500μm 距离的范围内测量和评价，其中图像单元指大面积填充区域对象。背景无关痕迹与背景朦胧都属于被复制对象背景区域的质量缺陷，它们的主要区别表现在几何尺寸上，后者由细小的颗粒状墨点构成，导致灰雾状的外观效果，不能在标准观察距离条件下由裸眼识别；背景无关痕迹中的“无关”两字指并非为被复制对象要求的着墨结果，如静电照相数字印刷机错误的成像信号或光导体缺陷导致的墨粉颗粒堆积。背景无关痕迹的度量指标为每一痕迹（最小尺寸至少 100μm）边缘阈值内的面积，因面积尺度相当小而规定以 μm^2 计量。测量和评价结果报告为全部痕迹及其面积（连同兴趣区域面积一起报告）的清单，或以全部痕迹总和的形式出具报告，后者等于全部痕迹总面积除以兴趣区域面积。

4. 颗粒度

填充区域的颗粒度是在所有方向上空间频率大于 0.4 周期/mm 的非周期性密度波动，用一定宏观面积内微小面积的密度标准偏差表示。填充区域的颗粒感主要源于半色调网点结构和色料颗粒尺度太大两种因素。

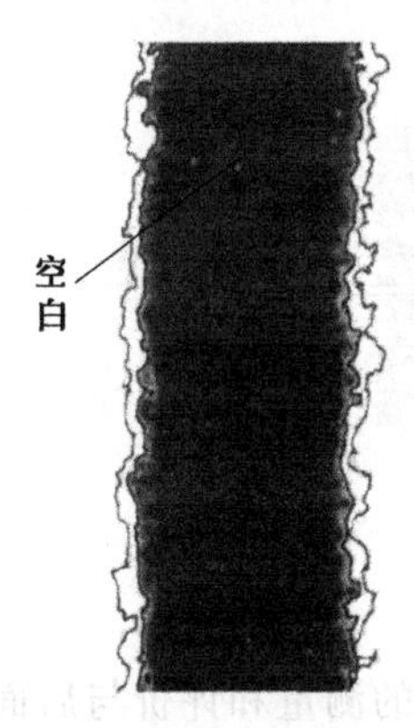

图 6-7 空白

5. 斑点

斑点和空白均指实地或平网填充区域的非均匀性。其中斑点（或称杂色）由 ISO 13660 定义为所有方向上空间频率小于 0.4 周期/mm 的非周期性密度波动；这种质量属性的测量应横跨兴趣区域进行，定义为 m_i 的标准离差，其中 m_i 是第 i 块“瓷砖”内密度测量数据的平均值。

6. 空白

空白定义为大面积填充区域内可以看见的空洞或缝隙，尺寸大到足以通过裸眼在标准观察距离下彼此独立地辨别，如图 6-7 所示。测量空白时以实地图像区域内每个空洞的面积表示，规定测量区域的最小尺寸至少达到 100μm，且空白的面积在它们的边缘阈值范围内测量。规定评价结果报告为空白及其面积（连同兴趣区域面积一起报告）的清单，或报告为总和的形式，后者等于全部空白总面积除以兴趣区域面积。

六、ISO 13660 的局限性

ISO 13660 标准建立在长期研究和实验积累的基础上，标准的推出使许多很好的技术具体化，但标准的推广应用还有一些局限性。

① 对于粗糙度的定义不完整，主要表现在没有限制采样的精细程度和采样线段的最大长度两方面。按 ISO 13660 标准的规定，粗糙度的衡量指标定义为线条类对象的边缘阈值拟合到直线后与对象边缘阈值形成的剩余部分的标准离差，要求沿垂直于拟合直线的方向计算。从内容看，对线条粗糙度的衡量指标定义得并不十分明确，不同的采样精度和采样线条长度势必产生不同的测量和评价结果。

② 按 ISO 13660 标准规定，测量仪器的采样频率（分辨率）不得低于 600dpi，或每隔 42.3μm 采集一个样本，但对于边缘采样的精细程度却未作强制性的规定。有可能引发的问题包括更精细的采样可能导致更高的粗糙度值，即使在这些波长下的粗糙度有较低的可感知性也如此。由 Grice 和 Allebach 完成的研究课题表明，如果对 ISO 13660 标准不作修改，则将严重限制粗糙度印刷质量属性值。有研究者认为，以后有机会修订标准时应该要求将数据滤波到非常接近 600dpi 的边缘采样频率。

③ 虽然 ISO 13660 对线条类对象的采样长度提出了不得低于 1.25mm 的要求，但没有规定采样长度的上限，这同样是有问题的，因为更长的线条（如 10mm 长线条）通常会产生某种程度的弯曲，从而出现弯曲度支配粗糙度值的趋势。此外，即使粗糙度的测量和识别结果相同，但根据 1.25mm 样本推导的粗糙度数据和推导自 10mm 样本的结果却可能很不相同。因此，修订标准时应该要求固定的测量长度，或规定对切线边缘应用高通滤波器。目前情况下，用户应该在报告测量长度的同时也报告粗糙度值。

④ 字符笔画和线条边缘的模糊度测量方法也需要细化。现有 ISO 13660 标准将模糊度定义为边缘阈值 R_{10} 和 R_{90} 间的距离，由于反射系数 10%边缘阈值以处在反射系数曲线斜率低的区域为典型特征，因而测量数据的重复性较差。与此对应，边缘阈值 R_{20} 通常出现在反射系数曲线渐变更清晰的区域，因而给出的测量结果更可靠。

⑤ ISO 13660 标准定义的六种大面积填充区域图像质量子属性均属于“密度”大类之列，其中颗粒度定义为“所有方向上空间频率大于 0.4 周期/mm 的非周期性密度波动”，而斑点则界定为“所有方向上空间频率小于 0.4 周期/mm 的非周期性密度波动”，两者以 0.4 周期/mm 为分界线。从 ISO 13660 给出的定义不难看出，除频率不同外，颗粒度和斑点均定义为非周期性的密度波动。

这种以固定尺寸划分颗粒度和斑点的方法虽有简化的优点，但对于特定的印刷质量问题显得测量结果相对地不灵敏，例如喷墨印刷很容易出现的墨水合并现象很可能被忽略。为此，有研究工作者提出了一种替代方法，即采用可变尺寸“瓷砖”的测量区域，可以揭示关于非均匀性尺寸范围的重要细节。使用可变尺寸“瓷砖”

时，应该在报告分析结果的同时附加“瓷砖”尺寸。

⑥ 除 ISO 13660 标准定义的印刷质量属性外，还有大量很有价值的其他印刷质量属性，其中的某些属性应该包含到标准的修订版中，如线条位置的定义。来自专业文献的信息表明，线条位置在印刷质量诊断测量方面已经广为应用，比如确定喷墨打印头喷嘴的直线度。另一重要的质量属性称为条带，在许多印刷工艺中表现得相当明显，可划分为周期性（正弦）和非周期性（脉冲）两种类型。为周期性和非周期性条带分别定义印刷质量属性将体现其必要性，制定 ISO 13660 标准的国际标准化委员会的 SC28 分会正在开展与此有关的工作，打算将线条的周期性和非周期性条带质量指标扩展到 ISO 13660 中。

此外，对于标准的符合逻辑的扩展还应该包括彩色测量内容，如具有交互特征（相互影响）的彩色出血或彩色渗透；喷墨印刷的墨水渗透和墨滴合并；彩色数字印刷系统的套印准确度，以及半色调图像噪声等。国际标准组织的 SC28 委员会正在按某些委员的提议对此展开工作，使 ISO 13660 扩展到大面积彩色测量。

七、ISO 19751 的开发

ISO 19751 标准旨在克服 ISO 13660 的缺点，有望成为更合理和完整的数字印刷质量标准。正在开发中的 ISO 19751 标准涵盖更广泛的图像质量属性，目前已建立文本和线条、宏观均匀性、微观均匀性、光泽度和光泽度均匀性、色彩表现、有效分辨率、邻接性等 7 个工作组，其中宏观均匀性和微观均匀性两个工作组的开发目标都与印刷图像噪声测量和评价有关。

根据 ISO 19751 标准宏观均匀性工作组发表的阶段性研究成果，整体上宏观均匀性定义为印刷品大面积区域色彩和阶调主观印象的稳定性。由此可见，未来的 ISO 19751 标准认为评价宏观均匀性时必须考虑全部的空间非均匀性类型，工作组提出的宏观非均匀性子属性包括条带/条杠（一维的周期性亮度/色度波动）、条纹（一维的孤立亮度/色度波动）、斑点（二维的随机亮度/色度波动）和莫尔条纹等。

由于微观均匀性工作组主要着眼于小面积区域的质量属性，因而所定义的五种非均匀性子属性分别为条纹（一维的随机线条状结构）、条带/条杠（一维的均匀周期性线条状结构）、空白（针孔状缺陷）、纹理（包括莫尔条纹、微观斑点、具有相关相位的半色调结构和图案）和噪声（二维的随机亮度波动）。

开发中的 ISO 19751 标准，宏观均匀性工作组将斑点纳入非均匀性质量缺陷；微观均匀性工作组也提到斑点，但从微观尺度考虑，且二维的随机亮度波动属于微观非均匀性缺陷之列。若考虑微观均匀性工作组提出的噪声概念基于微观层面，则可以认为噪声就是 ISO 13660 定义的颗粒度。由于噪声反映系统对于输入响应的非期望波动本质，因而印刷图像的噪声指结构非均匀性现象，范围可以从 ISO 13660

定义的颗粒度和斑点到微观的、宏观的各种非期望波动，包括一维和二维非均匀性。

正在开发中的 ISO 19751 可视为已有标准 ISO 13660 的补充和扩展。ISO 13660 标准的关键内容表现在印刷图像质量属性测量和评价依赖于印刷图像的本质特性，无需任何测试对象或图像（例如测试图），测量方法经过良好的定义。然而，ISO 13660 标准的一大主要缺点在于用户必须建立自己的质量标准和采样要求，导致不同系统之间的比较十分困难。由于没有提供与视觉效应相关性的数据，因而测量印刷图像质量属性后对于重要程度的排序是不确定的。

ISO 19751 的适用范围将比 ISO 13660 更广，采用与视觉感受相关的质量指标，可用于评价单色和彩色、二值和灰度等级数字印刷系统。该标准的图像质量检测工具将提供更合理、可靠和感觉意义的基础，实现印刷系统特征的相互比较，使得用户、评估机构和设备制造商都能够利用 ISO 19751 标准比较、评价和描述竞争对手的产品。

标准起草工作组认为，印刷图像的感觉质量由该图像的视觉特征决定，并非材料或工程参数。视觉特征的例子有清晰度、色彩表现和颗粒度等，这些视觉特征通过视觉模型和心理测量尺度与图像的客观指标关联，而视觉属性与测量数据的连接关系则给出印刷图像的客观指标如何影响视觉特征值改变的信息。印刷图像的各种视觉特征可以组合成基础广泛的属性，使感受到的图像质量特征化。新的印刷图像质量标准 ISO 19751 着眼于三种至关重要的单元，实现对图像感觉质量的定量分析和处理。

第三节 数字印刷质量检测与评价系统

印刷质量评价应采用主观评价和客观评价的组合系统。印刷品是供给人看的，印刷质量需要主观评价。但主观评价结果往往受观看条件、观察者的经验、图像类型以及眼睛疲劳等因素而变化，重复性较差。另一方面，以物理测量为基础的客观评价有良好的可重复性，决策和判断也比较容易，过程和结果以数字方式表示。许多研究者发现，物理描述与主观评价呈现很高的相关性。

一、理想评价模式

建立质量评价系统时必须考虑到印刷品的客观和主观评价指标，也需要了解印刷品的生产过程及其最终的形态特点。印刷品是图文复制的结果，原稿、材料、印版（传统印刷）设备、成像、输墨和转印工艺等因素的综合作用结果形成印刷图像，图形和文字的矢量属性对页面描述、排版和 RIP 解释至关重要，尤其在输出时必须区别对待图形/文字和图像这两类不同性质的对象，才能得到最合理的结果。但是，图形和文字的矢量属性对印刷结果而言却已经变得没有实质性的意义了，因为这些对象一旦转印到纸张表面后就失去了它们的矢量特征。眼睛“阅读”印刷品的方式与利用扫描设备输入没有本质差异，总是以点阵描述的方式感受印刷品明暗和色调在二维平面上的分布规律。因此，评价印刷质量时无需区分页面对象的点阵描述和矢量描述特征，认为印刷质量评价等价于印刷图像质量评价。

图像质量评价是心理或物理指标与测量数据比较的结果，为此需要建立比较基准或衡量指标的可接受数值。在某些情况下，客观评价与主观评价很难分清，也可能使用同样的物理指标，但结果可能很不相同。比如，颗粒度是图像质量的衡量指标之一，以图像物理特征为基础的测量数据有客观性的量值特征，用经过合理标定的仪器多次测量能得到相当接近的结果，或者说多次测量数据的重复性相当高。然而，基于同一物理特征的视觉“测量”则属于主观评价的范畴，结果往往因人而异，重复性很差，原因在于视觉检查与人的心理特征（期望）和视觉敏锐度有关。

因此，理想评价模式应该是仪器客观测量与主观（视觉）检查的结合，物理指标与心理指标的结合，在此基础上得出图像质量的整体评价结果。此外，图像质量的视觉感受和识别特征还可能与客户认同的整体质量相关联，也需要通过视觉系统模型描述两者的关系。

图像质量评价的根本目的在于改善印刷质量或通过成像系统设计改善图像的输出质量，使成像系统的物理描述与图像的质量要求相适应，与眼睛的视觉感受相适应。由于这一原因，长期以来成像技术领域广泛开展着系统物理描述与主观评价间的相关性研究，以构造出与主观评价结果高度相关的客观评价方法，使客观评价与眼睛的信息处理结果关联起来。

图 6-8 给出了主观评价与客观评价相结合的图像质量理想评价模式，也可以据此构造主客观结合的评价系统，表明围绕输出图像（印刷品）展开的一系列主观和客观评价过程。

二、质量属性分析与测量仪器适应性

根据 ISO 13660 定义的印刷质量属性，页面复制对象划分为大面积填充区域和字符/线条两大类型，其中的某些质量属性可以用传统仪器测量。

迄今为止，已经出现在商业市场上的各种数字印刷技术的实地复制密度通常不如胶印等传统印刷工艺，平网填充区域的复制效果类似，可见测量和评价数字印刷品大面积填充区域的暗度属性十分必要。按习惯，印刷图像的暗度质量属性应该以反射密度或反射系数指标衡量，因而理解和测量这种属性没有困难。

背景朦胧（底灰）和背景无关痕迹与干粉型数字印刷工艺（如静电照相、磁成

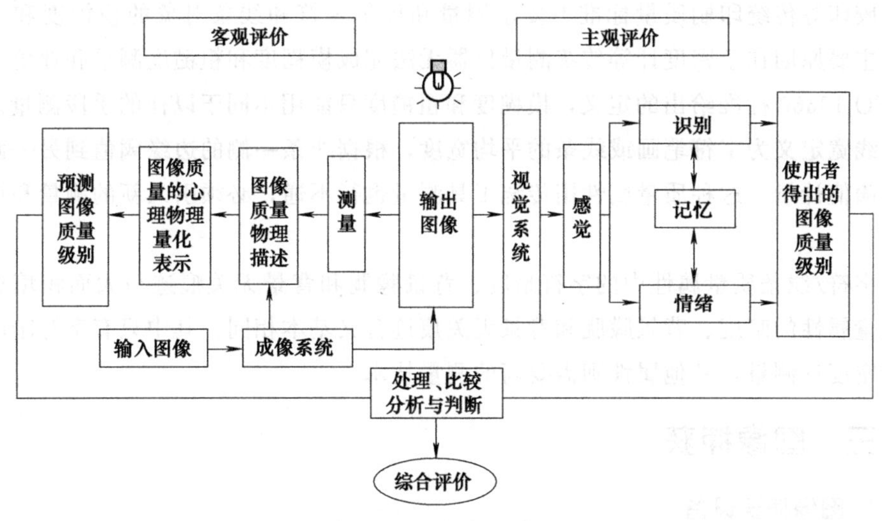

图 6-8　理想评价模式

像和离子成像数字印刷）的错误墨粉信号和图像载体缺陷以及喷墨印刷的卫星墨滴等复制工艺因素有关，导致页面非印刷部分（背景区域）出现墨粉或墨滴，导致灰雾状的墨粉背景或颗粒尺寸更大的背景无关痕迹。以墨粉复制工艺为例，上述两种质量属性反映墨粉玷污白色纸张背景的程度，其中背景朦胧由较大规模的细小墨粉颗粒形成，所谓的背景无关痕迹指零星墨粉导致的复制质量故障，往往与光导鼓表面的物理缺陷有关。以密度计等传统仪器测量上述两种质量属性显然不行，因而需要新的测量技术。

填充区域的颗粒感主要源于半色调网点结构和色料颗粒尺度太大两种因素。网点结构主要影响平网填充区域的颗粒感，目前干粉型数字印刷因分辨率的限制而无法做到与胶印制版工艺等价的加网线数，导致平网填充区域的颗粒感比胶印强。以色料为载体的墨粉颗粒尺度影响实地填充区域的颗粒感，由于胶印油墨颜料的颗粒尺寸大体上在 1～2μm，因而实地填充显得很平滑；墨粉颗粒的平均直径比起胶印油墨来要大得多，通常在 6μm 左右，致使实地填充区域出现明显的颗粒感。类似于墨粉背景，实地或平网填充区域的颗粒度也不能用传统印刷质量检测工具测量，需寻找新的测量手段。

斑点和空白均指实地或平网填充区域反射系数或光学密度的非均匀性，其中斑点质量属性由 ISO 13660 标准定义为所有方向上空间频率小于 0.4 周期/mm 的非周期性密度波动；空白缺陷则表示实地填充区域可以看见的空洞或缝隙，尺寸大到足以通过裸眼在标准观察距离下彼此独立地辨别。显然，斑点和空白也需要新的测量工具。

模糊度和粗糙度是容易混淆的两个概念，两者均用于衡量字符/线条的边缘质量。胶印等传统印刷质量标准不要求测量和评价字符和线条对象的模糊度和粗糙度，主要原因在于密度计等传统测量仪器无法完成模糊度和粗糙度测量和评价。根据 ISO 13660 标准给出的定义，模糊度和粗糙度只能用不同于以往的手段测量。

线宽定义为字符笔画或线条的平均宽度，根据线条一侧的边缘阈值到另一侧的边缘阈值计量。这种质量属性用传统工具测量也行不通，必须引入新的测量和评价方法。

字符/线条质量属性中的字符暗度、背景朦胧和背景无关痕迹与大面积填充区域质量属性的暗度、背景朦胧和背景无关痕迹含义基本相同。其中只有字符暗度可以用密度计测量，其他属性则需要新的测量技术。

三、图像捕获

1. 图像捕获设备

从 ISO 13660 标准定义的 14 种质量属性可以看出，除大面积填充区域的暗度（即反射密度）外，其他印刷质量属性都无法通过现有的常规仪器测量。为此，该标准提出以空间分辨率不低于 600spi、每个像素以 8 位描述的仪器测量全部印刷图像质量属性，已规定测量必须在较大的观看域内进行（如 600spi 的平板扫描仪），密度测量的动态范围至少在 0.1～1.5 之间。按 600spi 的采样频率计算，测量仪器在水平和垂直方向均可达到 42.3μm 的光学采样间隔。

因为必须先转换到数字图像，才能执行测量和评价，所以像密度计一类的常规仪器无法适应 ISO 13660 标准定义的质量属性测量要求。专业用途的数码相机和平板扫描仪等 CCD 设备是目前普遍使用的图像捕获设备，利用这些设备可对印刷品进行准确地数字化，其获得的图像可以清晰地反映出印刷品的实际复制效果与质量，由此可对印刷字符、线条的复制质量以及印刷图像的清晰度、色彩复制的均匀性、网点保真度、网点扩大情况、条杠缺陷、印刷套准精度等各项质量指标开展检测、评价和定量描述。

在 ISO 13660 标准制定期间某些研究工作者开始利用平板扫描仪测量数字印刷品的密度变化，标准正式发布后参与研究的人更多，并成立了从事研发数字印刷质量检测与分析系统的专业公司，如美国的 Image Xpert 和 QEA 等。基于平板扫描仪的质量分析系统符合 ISO 13660 标准提出的测量设备精度要求，且使用经验表明，这种测量方法的可靠性高，适合于各种数字印刷技术和不同的应用领域。为了提高测量系统的分析能力，后来引入了分辨率更高的测量系统，以带有显微镜头的数码相机配置代替平板扫描仪最为典型。一般来说，高性能平板扫描仪能够达到每个像素 10μm 的测量精度（分辨率），而基于数码相机的测量精度则可以达到每个像素 1.5μm，因而适合于高清晰度印刷图像测量与分析。

借助于平板扫描仪、尤其是带显微镜头数码相机测量系统的客观性，以及数码相机可以改变测量分辨率的能力，数字印刷企业的质量检验人员就能够在不同的分辨率范围内测量印刷品的各种质量缺陷，尺寸从几厘米到几微米。基于数码相机或平板扫描仪的测量/分析系统受到数字印刷机制造商和数字印刷企业的欢迎，在成功应用于设备制造质量控制和印刷品质量检验/分析的同时，也证实了这类测量系统的可行性。

2. 图像捕获设备标定

尽管数码相机和平板扫描仪符合 ISO 13660 提出的基本测量要求，数码相机和平板扫描仪的制造商们力图使自己提供的设备能捕获质量良好的图像，但数码相机和扫描仪必须经过标定后才能够使用，包括空间标定、密度标定、颗粒尺寸标定和彩色标定。

（1）空间标定　空间标定的主要目的在于测量数码相机或扫描仪捕获图像包含的像素和试验样本实际像素之间的距离关系，以满足 ISO 13660 提出的光学采样间隔和采样窗口尺寸要求，准确地掌握捕获信号的位置关系。一般来说，选择用作印刷质量测试系统主体的图像捕获设备时系统供应商已执行过空间标定操作，证实所选用的数码相机和平板扫描仪的空间定位精度符合 ISO 13660 标准提出的要求即可，因而用户操作归结为选择合理的图像捕获分辨率。以基于扫描仪的印刷质量检测和分析系统为例，捕获图像与测试样本的距离关系取决于扫描期间选择的分辨率，如 1600dpi 的扫描分辨率等价于每个像素取自 15.875μm 的正方形范围，而像素距离则与该数字相同，测试图像素与试验样本像素的距离关系可据此推算。

（2）密度标定　数码相机和平板扫描仪只能捕获印刷样张（以专门设计的测试图印刷）相应位置上的亮度或色度信号，即大家熟知的 RGB 数据或 Lab 数据，而这种数据不能为印刷质量分析和评价直接使用。因此，只有执行了正确的密度标定程序，建立亮度（色度）数据与密度数据或反射系数间的对应关系，数码相机或扫描仪才能用于印刷品密度或反射系数测量，如同利用反射密度计测量密度或反射系数那样。由此可见，之所以要对数码相机或扫描仪执行密度标定，是为了使设备捕获的数据与质量评价指标取得一致关系。由于质量评价指标总是由特定的标准所规定，因而标定结果应该与有关标准统一起来，使得印刷质量检验和分析系统能够与国际标准 ISO 13660 规定的印刷质量标定规则取得一致。

图 6-9　密度标定用测试图

密度标定需借助于专门的测试图才能完成，如图 6-9 所示的 Edmund Scientific 密度标定用测试图，尺寸为 216mm×280mm 或 8.5in×11in（即 A4 页面规格）。

利用图 6-9 所示的测试图（通常为标准形式的透射稿）可生成标定曲线，由于测试图各色块的密度数据是已知的，因而标定操作将获得由数码相机或扫描仪捕获的从 0～255 的灰度等级（色调等级）数据与测试图密度数据间的对应关系。测试图制造商建议对数字图像捕获设备执行周期性的标定，以确保测量和分析结果的正确性和可靠性，如每隔 1 周就利用测试图标定 1 次，如同激光照排机的定期标定那样。

注意，图 6-9 所示的 Edmund Scientific 标定用测试图总共包含 15 个灰度等级，以密度单位计量时范围在 0.09～1.5，因而相邻灰度（密度）等级差大约为 0.1 个密度单位。

数码相机或扫描仪只有经过正确的密度标定，才能建立彩色密度数据与灰度（色调）等级数据间的正确关系。以数字图像捕获设备为基础组建印刷质量检测与分析系统时，测量/分析系统的正常工作有赖于定期的密度标定，不能认为数码相机或扫描仪一经标定后就一劳永逸了。由于密度标定用测试图各灰色块的光学反射密度数据通常用分光光度计测量而得，因而密度测量数据的准确度很高，可以认为一旦密度标定完成，即建立起了灰度等级数据与密度数据的正确关系，系统的测量和分析结果满足评价要求。

(3) 颗粒尺寸标定 对图像捕获设备执行颗粒度标定的必要性主要体现如下。评价静电照相数字印刷独有的墨粉背景和喷墨印刷常见的卫星墨滴的前提在于需要掌握小颗粒墨粉和卫星墨滴的尺寸特点。由于更多的墨粉颗粒和卫星墨滴或大尺寸的墨粉颗粒有可能导致高得多的可视性和更高的背景密度，因而有必要对墨粉颗粒和卫星墨滴数量准确地计数，并精确地测量。以墨粉为例，需要测量的墨粉颗粒直径范围在 5～40μm，对那些几何尺度小于 5μm 的墨粉颗粒由于直径太小，因而对密度可视性几乎没有贡献，自然也不需要测量。墨粉颗粒直径大于 40μm 的情况或许根本就不存在，即使多个墨粉颗粒结块后形成的“墨团”尺寸达到甚至超过 40μm，视觉系统也将感受为由许多墨粉颗粒集聚成的簇，对视觉密度的贡献可以由数码相机在一般放大比例条件下测量出来，从而也无须标定。

(4) 彩色标定 尽管 ISO 13660 标准针对单色硬拷贝输出设备制定，但数字印刷质量检验和分析系统制造商已将 ISO 13660 扩充到彩色测量。来自应用方面的需求表明，许多印刷图像质量检测和分析系统的用户希望系统具备获取彩色数据的功能，比如即使能给出 Lab 彩色数据的估计值也可以，这成为系统开发商提供基本彩色测量功能的动力。

图像捕获设备的彩色标定方法：首先，由设备捕获的 RGB 测量值转换到

sRGB数据，可采用基于从RGB到sRGB相关性的方法计算，借助于经验方法获得两者的转换关系，其中的sRGB值通常已经在图像捕获设备制造期间根据彩色数据已知的测试图完成了标定；其次，根据步骤一转换得到的sRGB值，测量结果通过sRGB到L*a*b*的经验关系转换到L*a*b*数据，虽然以上述方法从仪器测量数据得到彩色估计值的方法表现出良好的重复性，但精度仍需继续改善。

四、兴趣区域

大面积填充区域的暗度、背景朦胧、颗粒度、斑点、背景无关痕迹和空白等六种印刷图像质量属性的测量和分析离不开兴趣区域，规定图像的质量属性测量、分析和评价应该遍及这种有针对性地挑选出来的区域。兴趣区域应该取自印刷页面样张的图像质量属性测量区域，根据ISO 13660标准提出的规定，测量和分析不同图像质量属性时对兴趣区域有不同的要求，背景朦胧和暗度属性的兴趣区域面积＜19.6mm^2，最小尺寸≥5mm；测量颗粒度和斑点时兴趣区域面积至少161mm^2，最小尺寸12.7mm；对测量背景无关痕迹和空白没有具体规定，但由于这两种质量属性的基本定义和测量方法类似于颗粒度和斑点，为此应参照颗粒度和斑点兴趣区域面积的确定原则。

ISO 13660标准没有对随机采样和页面整体采样如何选择兴趣区域作出规定，任意采样方案要求选择包含最明显斑点的10个区域。对于600spi分辨率的采样系统，测量前需将每一个兴趣区域均匀划分成包含900个像素的正方形“瓷砖”。为了满足包含“最明显斑点”的要求，应首先抽取印刷图像的斑点几何特征，找出10个最明显的斑点，兴趣区域的中心位置与斑点中心重合，然后按ISO 13660的尺寸要求确定兴趣区域。均匀地划分兴趣区域并不困难，只需对测量仪器附加辅助设施和控制软件就可。

实现以ISO 13660标准为基础的印刷图像质量属性测量和评价时，兴趣区域的确定必须得到软件的支持，能够自动划分兴趣区域，对于最明显斑点区域的选择最好能自动执行，至少应提供人工搜索捕获图像放大版本的功能。因此。测量和评价系统的软件部分不能停留在一般的图像捕获控制，除分析测量数据并作出评价外，还应当具备能控制图像捕获设备传感器随机定位到任意兴趣区域的能力。必须注意到ISO 13660标准没有对测量仪器作强制性的规定，只是提出了一些基本要求，如用于测量图像质量属性物理指标的图像捕获设备空间分辨率不能低于600dpi、每个像素至少以8位描述，动态范围（密度范围）至少在0.1～1.5，且测量必须在较大的观看域内进行，满足上述要求的测量仪器包括分辨率600dpi的平板扫描仪、寻址能力相当的数码相机或测量精度相当的微观密度计等。此外，由测量仪器、配套设施和软件构成的测量和评价系统还应该经过验证性试验，确认系统具备测量和评价 ISO 13660 定义的质量属性的能力，与 ISO 13660 建议的测量规程相适应。系统的验证性试验要求以数字方式捕获图像，照明体、测量几何条件和光谱响应特征必须与 ISO 13660 标准对图像质量属性的定义相适应。虽然数字图像获取设备的选择是相对自由的，但却是精度和测量成本间权衡和折中的结果。

五、数字印刷质量检测与评价系统

有效的质量检测和评价系统应具备某些最基本的能力，满足功能和性能要求，要考虑到使用上的方便性和灵活性，用于现场测量和评价的系统应便于携带，且构造系统时还需考虑到经济性，降低系统的制造成本，以有利于推广和应用。

在功能和性能方面，必须考虑测量和评价系统的工作可靠性、测量精度和测量数据的可重复性，以及系统与国际标准或现行工业标准的兼容性。

为了实现真正意义上的可信赖和有效性，图像质量检测与分析系统必须既容易学习又容易使用，即使对那些要求很高的分析任务也应该体现操作的简单性，能够快速地提供可靠的分析结果，且分析报告的形成与测量/分析过程无缝连接。

为了满足数字印刷乃至于传统印刷行业的不同需求，图像质量检测与分析系统必须考虑功能的完备性，有能力分析广泛范围的质量指标。数字印刷是不断发展的技术，标准的制定尚未到达十分稳定的阶段，有可能根据技术发展和应用层面的需求提出新的图像质量属性，为此系统应当配备能体现技术发展成果的最新分析模块。由于数字印刷行业对测量和分析仪器要求的多样性，并考虑到现场使用特点，某些图像质量检测和分析系统除尽可能提供广泛而有效的功能外，还必须结构紧凑、重量轻、便于携带、制造成本低。

借鉴相关领域制造商在诸如密度计、分光光度计和光泽度计等经典便携式印刷质量测试仪器上取得的成功经验，数字印刷质量检验和分析系统的制造商已经研制成基于数字照相捕获图像的便携式分析系统，通常由环状几何配置的白色发光二极管、光学元件、彩色数码相机和显示器等关键部件构成。这种系统的出现有利于加快印刷质量的客观分析和技术推广应用的进程，现场使用时可设置到活动视频模式，如此测量头下面的样本在彩色显示窗内显示为活动图像。操作便携式图像分析系统无须太多的专业知识，数字印刷质量检测和分析对大多数非专业人士不再是遥不可及的事，其潜在的适合于现场使用的优势肯定比专家指导更有帮助。

平板扫描仪的数字图像捕获装置由一维 CCD 元件组成，所有 CCD 元件安装在电动机驱动的工作台上。以平板扫描仪获取数字图像的主要优点：第一，由于这种系统的开发成本低，因而用户的启动成本（购买成本）也低；第二，平板扫描仪有能力捕获图像质量测试样本很大的面积，至少达到全尺寸 A4 规格的页面图像，这使得特定的印刷质量分析效率更高，如条带效应和记录点跳动测量和分析；第三，平板扫描仪本身结构紧凑，因而以扫描仪为基础组建的印刷质量测量和分析系统具备结构紧凑的特点。平板扫描仪特别适合于测量某些印刷质量属性，比如印刷品大面积填充区域的反射系数畸变和密度的均匀性。一般来说，平板扫描仪对某些精细特征的测量和分析并不合适，比如小尺寸的网点（记录点）和宽度很细的线条，尽管可以用高分辨率的平板扫描仪甚至滚筒扫描仪测量印刷图像的质量属性，但这些扫描仪的价格太贵，且捕获图像保存为文件的数据量也太多，导致后续处理上的困难。因此，平板扫描仪在印刷质量分析领域扮演重要角色的同时，目前人们更偏向于使用二维的 CCD 数码相机。

就数字印刷设备制造商和研究机构而言，他们希望对数字印刷机的复制性能和最终印刷品的质量属性有更深入的了解。掌握设备的实际记录精度和寻址能力，分析数字印刷质量缺陷的根源，根据测量数据推断出更有价值的结果，甚至希望能深入到印刷质量属性的微观层次。

六、数字印刷质量属性的自动测量与分析

专业级的测量和分析系统具有自动操作的特点，这种印刷质量分析系统建立在图像理解的基础上，考虑到即使对数字摄影结果那样最复杂的图像也由基本的单元构成，因而诸如记录点或网点、线条和实地填充区域这样的基本图像单元的定量分析成为专业级系统的基本任务。设计良好的专业级印刷质量属性自动测量和分析系统应该提供高水平的综合性能力，才能有效地找出质量参数的主要特征。

图 6-10 给出的系统以 CCD 元件为基础的科研用数码相机构造，实现了测量精度和制造成本控制的良好组合。由 ISO 13660 定义的图像质量属性要求以一定的放大比例测量印刷页面，才能保证捕获到必要的信息，可见拍摄距离不可能大，且一次只能捕获印刷页面的局部区域。因此，为了能够在印刷页面上作连续的自动测量，有必要使用 CCD 相机与高精度定位工作台的组合，此外定位工作台沿二维方向的移动通过计算机控制。这种系统能自动地执行测量和分析任务，具备微观尺度测量和分析印刷图像质量属性的能力，按要求的放大比例和测量位置迅速调整焦距，可以准确地定位到兴趣区域和目标测量位置。

专业级系统之所以要配备 XY 移动工作台，是为了能够在整个印刷样张的表面测量印刷图像的质量属性，要求工作台的移动平稳、快速和准确。由此可见，移动工作台的台面应该平直，使数码相机在印张测试样本的整个表面上保持稳定的焦距。尽管移动工作台的平直度要求部分地由数码相机的景深范围确定，但以 25μm 量级的平直度最为典型。移动工作台的速度要求与应用有关，大多数移动操作应该在几秒钟内完成。

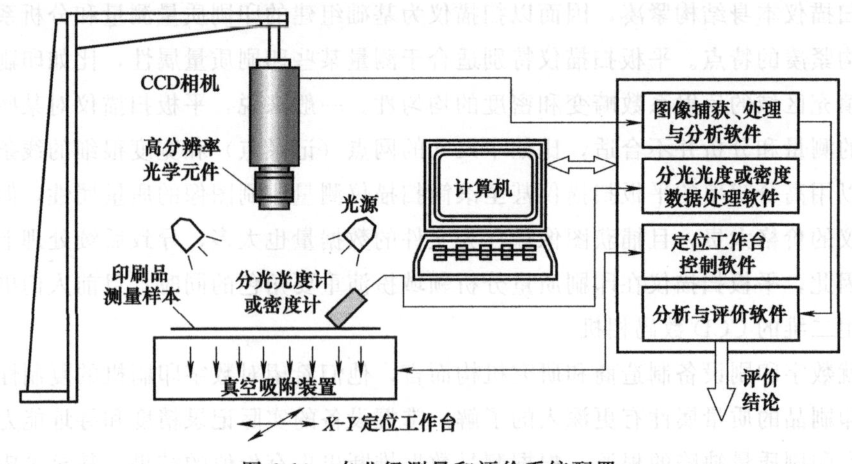

图 6-10　专业级测量和评价系统配置

对移动工作台 X-Y 定位的精度要求也与应用有关。如果全部印刷质量属性指标在同一视场范围内测量，则相对粗糙的运动控制（如 100μm 精度）相当合理。按现有工程应用经验，对大多数印刷质量检测和分析可以取该典型值。若测量数据需要在连续变化的视场条件下获取时，则对移动工作台的运动控制精度要求更高。例如，若测量距离为 100mm 的两根线条，则必须知道移动工作台的准确位置（如 5μm 的精度），因而在此场合要求使用光学编码器。此外，照相机聚焦需要 Z 方向的调节功能，以方便操作。

第四节　数字印刷质量检测与分析

本节以数字印刷的主流技术静电照相和喷墨印刷为例，说明如何测量和分析由 ISO 13660 标准定义的质量属性，某些内容已超过 ISO 13660 定义的范畴，但由于商业数字印刷质量检测和分析系统已经实现了更多的功能，因而也作一定的介绍。

一、文本与线条复制质量属性测量

ISO 13660 定义的线宽、模糊度、粗糙度、对比度、填充质量和暗度可以集成到测量和分析系统的同一种工具内，因为基于图像捕获设备的系统完全具备一次性测量结束后分析和评价与线条对象有关的这些印刷图像质量属性。对字符图像而言，文本质量的检测和评价以笔画宽度、笔画边缘质量和暗度为主。根据应用方面提出的要求，已经商业化的数字印刷质量检测和分析系统也提供超过 ISO 13660 的功能，如喷墨印刷彩色线条的邻接特性和彩色墨水相互渗透、彩色套印误差以及线条或文本笔画的调制传递函数等。

1. 线条属性的测量与计算方法

按照 ISO 13660 的规定，使用扫描仪以 600dpi 获取需要测量的图像，然后通过边缘跟踪、直线拟合等手段对线宽、粗糙度、模糊度等各个指标进行分析计算；另一方面，通过函数拟合建立了灰度值与密度值之间的关系，实现 ISO 13660 中关于暗度的计算。最终选取五组样本，以验证算法效果

通过图像获取设备获得数字图像。以 EPSON 平板扫描仪作为图像获取设备，对一张通过喷墨印刷输出的印刷样张进行扫描，设定扫描分辨率为 600dpi，获取线条部分的图像见图 6-11。利用交互式裁剪的方法从图像中选取感兴趣的区域，见图 6-12。

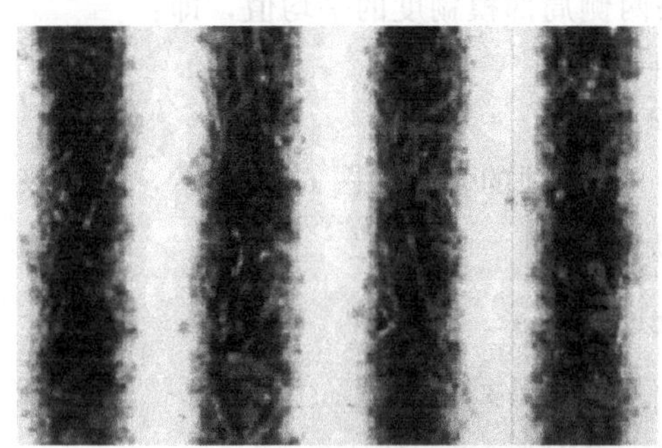

图 6-11 扫描得到的线条图像

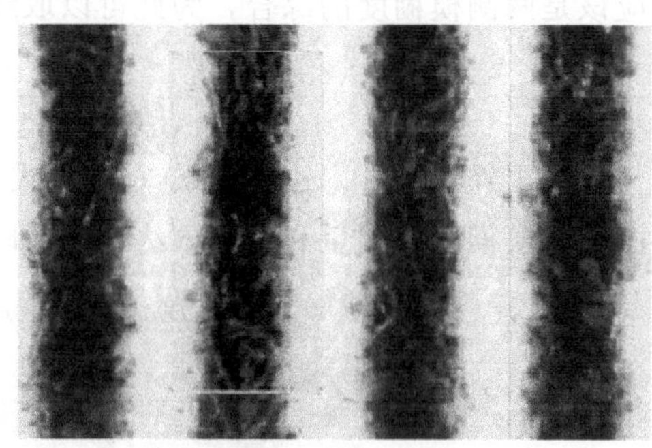

图 6-12 选取感兴趣的区域

(1) 线宽的测量与计算 选取的直线区域可以被近似看作一个矩形。根据 ISO 13660 的定义，线宽被定义为线条的平均宽度，而线条的边缘是由反射率为 R_{60} 的点集构成的，针对这一特殊定义，首先在获取感兴趣区域后进行灰值化处理，见图 6-13 (a)，然后以 R_{60} 点的像素值为阈值对该灰度图像进行二值化处理，见图 6-13 (b)，此时图像的边缘可以被认为是完全由 R_{60} 的点集构成。根据矩形面积的计算方法，统计图 6-13 (b) 中像素值为 0 的点的个数，除以该图的高度，即图像的垂直分辨率，可以得到水平方向上 0 像素值点的平均个数，乘以单个像素的宽度，即可得到线宽。

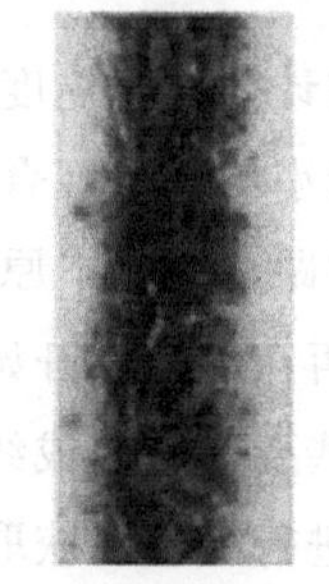

(a) 选取的待测直线

(b) 阈值分割后的直线

图 6-13 线宽的测量

(2) 模糊度的测量与计算 模糊度用边缘内边界和外边界的平均距离来衡量，即 R_{90} 点集边界与 R_{10} 点集边界之间的平均距离。

沿线条轴向划分成等距离的测量点，输出这些点的反射系数测量值，并确定 R_{90} 和 R_{10} 构成的内边界和外边界边缘梯度点集；根据已经确定的内、外边界对应

的边缘梯度点所在位置，可计算每一对R_{90}和R_{10}测量点间的垂直距离，再计算所有测量位置从线条某一侧内边界边缘到外边界边缘的平均距离。设测量时按沿线条轴向划分成N个等间隔的测量点，若仅考虑线条一侧的边缘质量，则该线条的局部模糊度可按式计算。

$$B_1=\frac{1}{N}\sum_{j=1}^{N}(D10_{1i}-D90_{1i}) \tag{6-8}$$

式中，B_1表示线条边缘一侧的局部模糊度，因定义为内外边界间的平均距离而有量纲，单位通常取μm；$D10_{1i}$和$D90_{1i}$分别代表线条该侧外边界和内边界边缘梯度测量点的离线条中心坐标位置。考虑到任何线条总由两侧构成，其整体模糊度应该是两侧模糊度的综合，为此可以取线条两侧局部模糊度的平均值，即：

$$B=\frac{B_1+B_2}{2} \tag{6-9}$$

关于外边界、内边界和式（6-8）式（6-9）各项的含义如图6-14所示，通过该图可对模糊度的测量和计算方法有更清晰的了解。

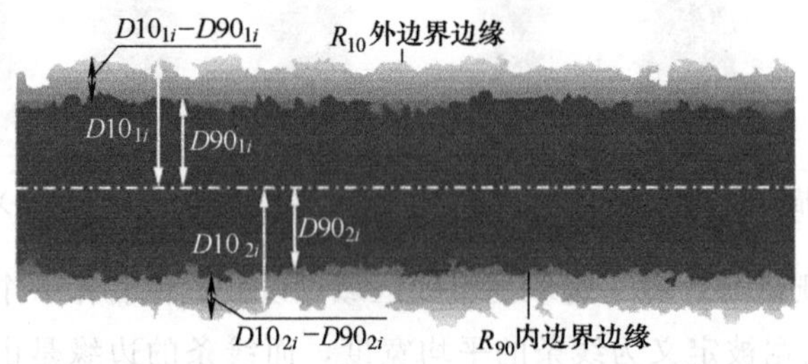

图6-14　线条边缘模糊度定义与测量方法示意图

(3) 粗糙度的测量与计算　粗糙度的计算前提是得到线条的实际边界以及理想边界，使用边界跟踪和最小二乘法拟合的算法。首先对图6-13（b）中的二值图像进行边界跟踪处理，边界跟踪的基本原理是根据图像特征，先大步距寻找边缘起始点，再从起始点开始，以小步距递进式寻找各个要素点，最后将这些要素点连成线，以常用的8邻域边界跟踪的方法对二值图像进行处理，获取两条边界，这两条边界可以认为是该直线的实际边界。见图6-15中的白色曲线。

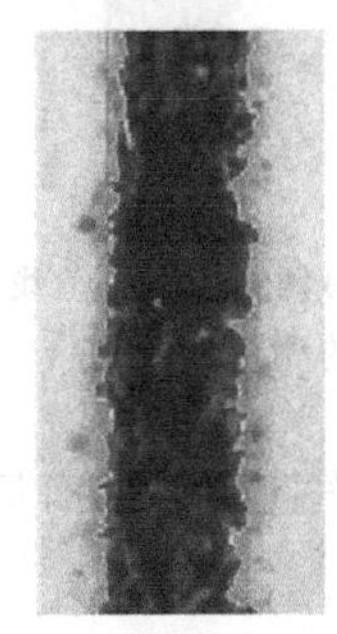

图6-15　实际边界以及理想边界

根据粗糙度的定义，需要通过实际边界确定该直线的理想边界，根据最小二乘法的思想，把到一条实际边界上所有点的距离的平方和最小的那条直线作为其理想边界，分别拟合出两条竖直的直线，作为R_{60}点集的理想边界，见图6-15中深色直线。由此计算R_{60}边界上的点到相应理想边界的距离的平均离差，即可得到粗糙度。

（4）暗度的测量与计算　根据暗度的定义，暗度是线条 R_{75} 范围内的像素的平均密度值。与取 R_{90} 的范围的方法一样，先取 R_{75} 点，再根据这些点使用最小二乘法拟合直线，与图像的上下边界构成的矩形区域就是 R_{75} 的区域范围。确定范围后，还必须确定灰度值与密度值之间的关系，通过 21 级灰梯尺的灰度值与密度值的拟合函数确定两者之间的关系，首先以 5% 的网点面积率为步长打印 21 级的灰梯尺，使用 X-Rite 530 测量该梯尺每一级的密度值，并在同一台扫描仪下以同样的参数扫描，以获取其灰度值。使用测得的密度值以及相应的灰度值通过曲线拟合建立两者的函数关系，灰度值与密度值拟合的函数曲线见图 6-16。根据灰度值与密度值之间的函数关系，R_{75} 范围内所有像素对应的密度值都可以计算得到，进而计算平均值即可得到暗度值。

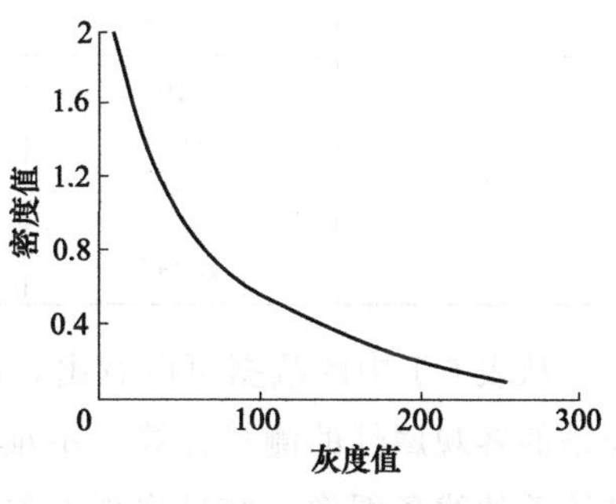

图 6-16　灰度值与密度值拟合的函数曲线

2. 算法应用实例

将算法应用于实际印刷样张的测量计算中，通过在五种不同材质的纸张上输出同样宽度为 1mm 的线条图像，得到五组有明显质量差别的印刷品，同样使用 EPSON Expression 1680 平板扫描仪，在 600dpi 分辨率进行扫描，得到图 6-17 的 5 个图像。使用本方法测量计算以上 5 组线条的线宽、粗糙度、模糊度以及暗度，测量数据见表 6-1。

表 6-1　5 组线条的测量数据

编号	线宽/mm	粗糙度	模糊度	暗度
1	1.172	0.023	0.374	0.874
	1.169	0.022	0.3995	0.896
	1.177	0.029	0.381	0.912
	1.17	0.025	0.3905	0.907
	1.164	0.025	0.401	0.889
2	0.985	0.0145	0.176	1.195
	0.938	0.0175	0.189	1.213
	0.986	0.013	0.196	1.185
	0.957	0.0085	0.168	1.22
	0.98	0.0125	0.198	1.21
3	1.121	0.0128	0.24	0.914
	1.125	0.0135	0.2395	0.914
	1.126	0.0135	0.237	0.918
	1.126	0.0129	0.273	0.903
	1.132	0.0135	0.2525	0.909

续表

编号	线宽/mm	粗糙度	模糊度	暗度
4	1.118 1.122 1.156 1.121 1.128	0.011 0.0105 0.01 0.0105 0.0105	0.2165 0.209 0.2055 0.2555 0.2205	0.834 0.832 0.839 0.831 0.830
5	1.103 1.097 1.173 1.1 1.097	0.0035 0.0065 0.0045 0.005 0.007	0.179 0.163 0.169 0.168 0.173	1.396 1.406 1.392 1.398 1.379

从表 6-1 中的数据可以看出，使用所提出的方法，可以完成 ISO 13660 规定的线条的客观属性的测量计算。不难看出模糊度在计算过程中存在一定问题，对于质量较差的线条图像，容易出现误差较大的值，有待继续改进。另一方面，排列紧密的同一线宽测量得到的同一质量属性有的会存在不小的差异，究其原因，认为应在于输出设备、油墨、纸张以及加网算法，比如喷墨设备喷墨头排列的不均匀；纸张的不均匀、不平整以及对油墨的吸收性；油墨在边缘的扩展性和渗透性；不同的加网算法对直线的处理方法也不一样等原因，这也正是反应印刷质量的一个方面。

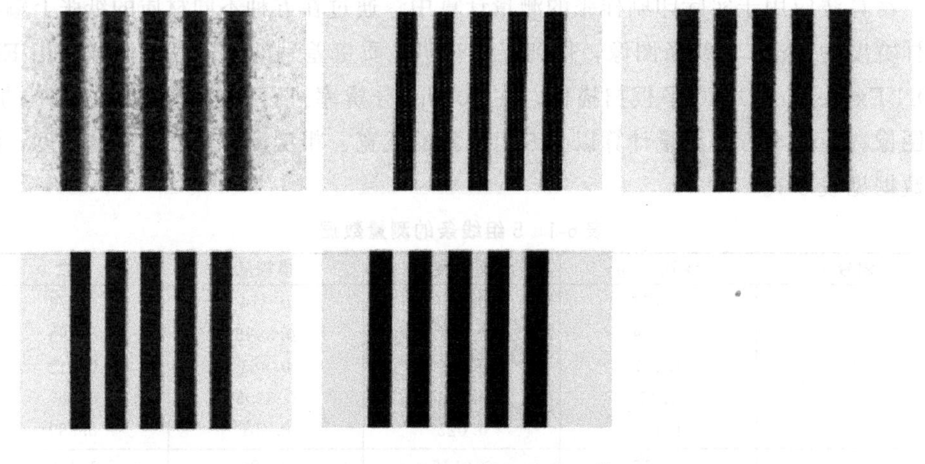

图 6-17　质量不同的线条图像

二、阶调复制能力与质量属性测量

在印刷复制中，阶调和色彩这两种印刷质量属性常借助于反射密度计或分光光度计测量。设计、制造和推广印刷图像质量检测和评价系统并不意味着要取代反射密度计或分光光度计，而是作为这两种仪器的补充。使用实践表明，新的测量和分析系统不但与密度计和分光光度计同等重要，且具备新的能力。

密度计和分光光度计属于典型的大尺寸光圈设备，直径通常大于 4mm。因此，这两种仪器适合于测量兴趣区域的平均反射系数密度或色调值，在它们的光圈范围内不可能存在非均匀现象。基于图像捕获设备的测量和分析系统则与此相反，系统的设计目的在于分析印刷图像的结构特点，因而适合于印刷品的非均匀参数和图像噪声测量，以及印刷系统阶调和彩色复制参数的定量描述。

大家都知道，阶调复制能力是印刷质量的基础。图 6-18 所示的测量结果是两台彩色静电照相数字印刷机 A 和印刷机 B 输出的测试样张，从图中给出的亮度（即 L* a* b* 空间的 L^* 指标）测量数据看，这两台静电数字印刷机在阶调复制能力上似乎没有多大区别。

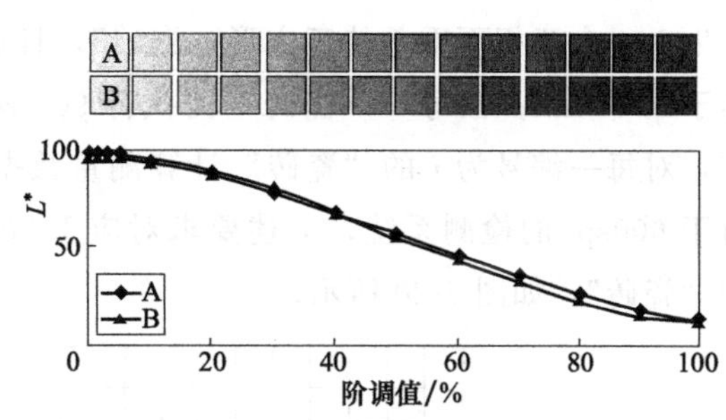

图 6-18 阶调复制能力测量结果

对两台彩色静电照相数字印刷机输出测试图样张的视觉检查结果表明，内容相同但数字印刷设备不同的两幅彩色图像的阶调质量也很相似。基于图像捕获设备的印刷图像质量属性测量和分析系统通常提供面积工具，借助于这种工具很容易执行阶调、密度和彩色测量等操作。尽管上述质量属性也可以用密度计或分光光度计测量，但这些设备无法测量阶调复制结果的非均匀性。对于以平板扫描仪或数码相机构造的测量系统来说，不仅能像密度计和分光光度计那样测量印刷品的常规阶调复制数据，也可以测量阶调复制结果的非均匀性，如图 6-19 所示的颗粒度测量结果，斑点测量与颗粒度类似。

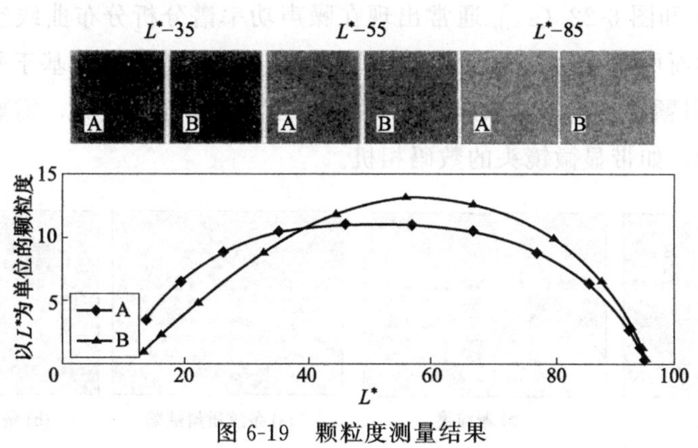

图 6-19 颗粒度测量结果

基于图像捕获设备构造的测量和分析系统按 ISO 13660 标准建议的方法测量并计算颗粒度，斑点测量类似。这种系统的测量和分析结果表明，虽然两台彩色静电照相彩色印刷机的阶调复制特征相似，但图像的颗粒度却明显不同，且给出了定量分析数据。

颗粒度测量应横跨兴趣区域进行，定义为$\sqrt{(\sum_i \sigma_i^2)}/n$，其中的$\sigma_i$表示第$i$个“瓷砖”内光学密度测量值的标准离差，$n$为“瓷砖”排列的总数。

颗粒度可按如下方法测量：找到一个面积至少等于161mm^{2}的兴趣区域，最小尺寸至少12.7mm，兴趣区域整体包含在分析面积内；均匀划分兴趣区域，至少产生100个互相不重叠的正方形“瓷砖”，且正方形面积至少1.61mm^2，边长大于等于1.27mm；在每一“瓷砖”内执行900次间隔均匀且互不重叠的密度测量操作，对每一编号为i的“瓷砖”计算测量数据的平均值m_i和标准离差σ_i。这样，对于600spi的检测系统，上述要求对应于90000个像素，划分成包含900个像素的“瓷砖”，如图6-20所示。

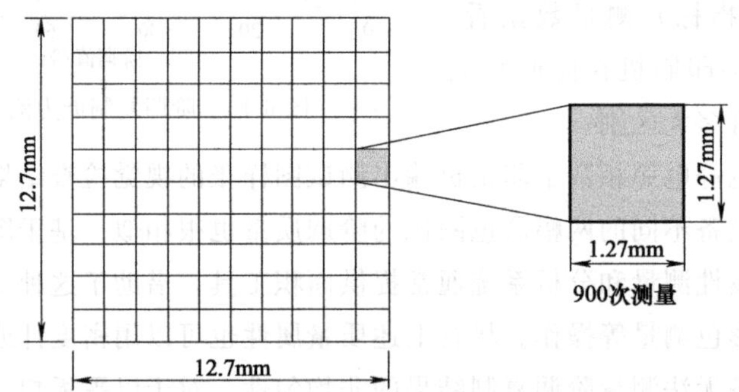

图6-20　兴趣区域划分为“瓷砖”

数字印刷容易在实地填充区域出现斑点和颗粒度缺陷，已经由ISO 13660标准严格地定义。一般来说，斑点和条纹具备类似的特征，由于这两种数字印刷质量缺陷［图6-21和图6-22（a）］通常出现在噪声功率谱分析分布曲线空间频率相当低的区域，因而可以利用低分辨率图像捕获系统予以测量（例如基于平板扫描仪的测量系统）；但颗粒度和条带效应（图6-22）的频率成分则更高，需要以分辨率更高的系统测量，如带显微镜头的数码相机。

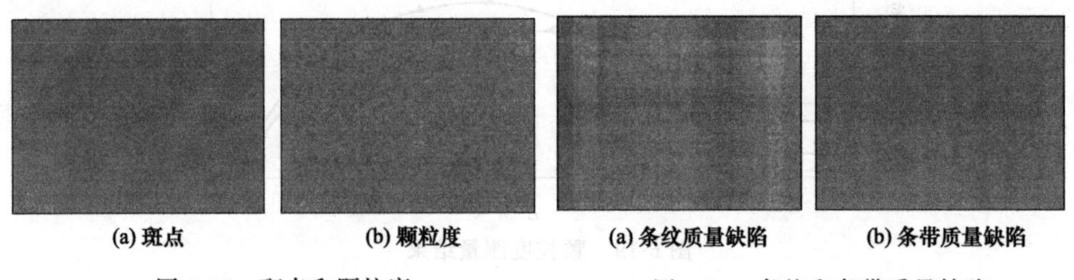

(a) 斑点　(b) 颗粒度

图6-21　斑点和颗粒度

(a) 条纹质量缺陷　(b) 条带质量缺陷

图6-22　条纹和条带质量缺陷

条纹和条带效应用于描述实地填充区域光学密度表现的不均匀性，后者对热喷墨打印机来说最容易产生，图6-23给出了与图6-22所示条纹和条带对应的沿水平方向的平均反射密度分布。从图 6-23 可以看出，条纹和条带虽从名称上看似乎相似，但却属两种不同的质量属性。相对而言，条纹的密度起伏更厉害。

由于某些数字印刷图像质量属性必须在极高的分辨率下测量，比如静电照相数字印刷系统成像信号错误导致的墨粉背景和喷墨打印机容易产生的卫星墨滴。喷墨打印机产生的主墨滴直径本身很小，卫星墨滴尺寸比主墨滴小得多，且墨粉颗粒尺寸也相当小，因而测量这两种印刷图像质量属性时对系统的分辨率要求必然更高，只有图像捕获设备才能满足。

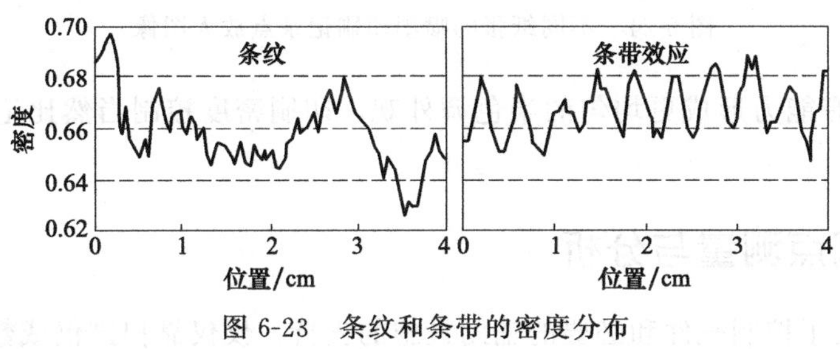

图 6-23　条纹和条带的密度分布

三、记录点测量与分析

记录点是任何传统印刷工艺复制原稿颜色和层次变化的基础，数字印刷也不例外。由于多个记录点的集合构成网点，因而记录点质量很差时，网点质量必然受到影响。例如记录点尺寸增加导致明显的网点扩大，印刷品质量也因此而变差，颗粒感同样会增加。

记录介质的差异会明显影响喷墨印刷质量，出现问题的源头在记录点。图6-24 所示的记录点分布来自质量属性测量和分析系统的图像捕获设备，由同一台喷墨打印机输出到两种不同类型的记录介质，两者的差异相当明显。

从图 6-24 不难看出，墨滴喷射到记录介质 A 形成的记录点与记录介质 B 相比尺寸明显减小，如果没有进一步的手段，则结论只能停留在定性描述，如同以往利用放大镜检查印刷品的细节那样，显然不能体现由图像捕获设备构造的印刷质量属性测量和分析系统的优势。新的测量和分析技术很容易给出定量数据，墨滴喷射到纸张 A 和纸张 B 形成的最大记录点直径分别为 40μm 和 55μm。测量和分析系统的能力并不局限于给出记录点的最大直径，还可以分析出更有说服力的结果，比如根据图 6-25 所示的记录点直径分布得出墨滴喷射到两种纸张后形成的记录点的尺寸一致性，这种能力是常规测量仪器不具备的。

根据分析结果，墨滴喷射到纸张 A 形成的记录点的直径波动比喷射到纸张 B 更小，两种纸张表面产生的记录点直径的标准离差分别为 3μm 和 8μm，这意味着

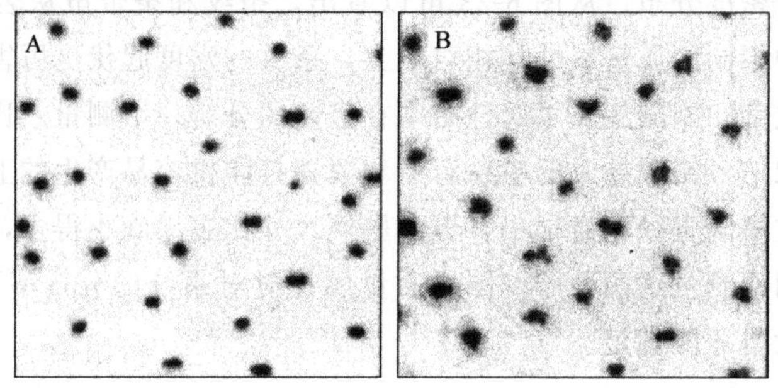

图 6-24　不同纸张的喷墨印刷记录点放大图像

记录介质 A 有能力形成更均匀的半色调外观，印刷密度控制当然比记录介质 B 更容易。

四、网点测量与分析

如果失去了控制软件和必要的辅助设施的支持，仅仅靠扫描仪或数码相机的图像捕获能力无法得到有价值的测量和分析结果。由于静电照相数字印刷机使用的墨粉颗粒尺寸和形状的非均匀性相当严重，因而不能像喷墨印刷那样采用调频加网技术，至少按目前的技术水平而论静电照相数字印刷还只能以调幅网点再现原稿的色彩和层次变化。借助于印刷图像测量和分析系统对记录点的处理能力，可以扩展到网点分析，例如在图 6-26 所示网点图像捕获结果的基础上诱导出更有效的结果。

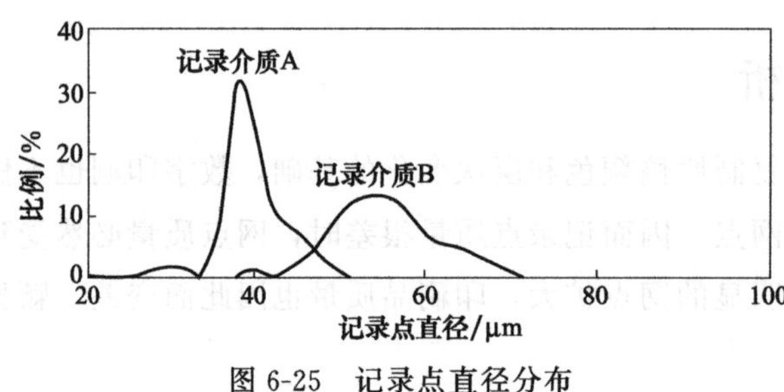

图 6-25　记录点直径分布

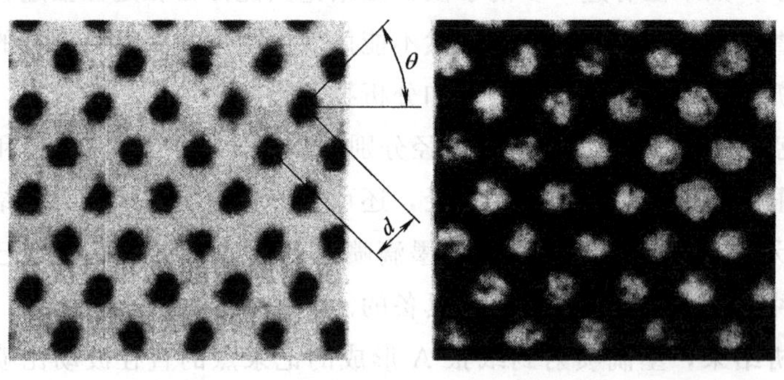

图 6-26　激光打印机形成的调幅网点

图 6-26 给出的网点放大效果来自印刷质量属性测量和分析系统的图像捕获设备，来自激光打印机不同密度设置条件下输出的印刷样张。测量系统根据捕获到的图像跟踪网点边缘后得到网点的圆度和直径，并在此基础上确定网点形状及其几何中心，则图中所示的网点距离和网点排列角度很容易计算出来，且根据网点距离还可以算出加网线数。

网点排列角度和加网线数以常规测量方法同样能够实现。不同之处在于，以图像捕获设备构造的测量和分析系统有能力分析网点形状（例如圆形网点的圆度或椭圆形网点的椭圆度），测量并计算出网点直径。这种测量和分析系统更有用的功能还表现在可以执行半色调网点扩大分析，如图 6-27 所示的结果。

图 6-27 中的网点扩大分析结果来自图 6-26所示的半色调图像，由于输出这两幅图像前激光打印机的密度设置（即网点扩大补偿）经过了调整，因而出现不同的网点扩大规律。若不考虑密度设置的合理性，则图 6-27所示结果至少给出了密度设置对物理网点扩大的影响，有利于今后对激光打印机执行更合理的密度设置。

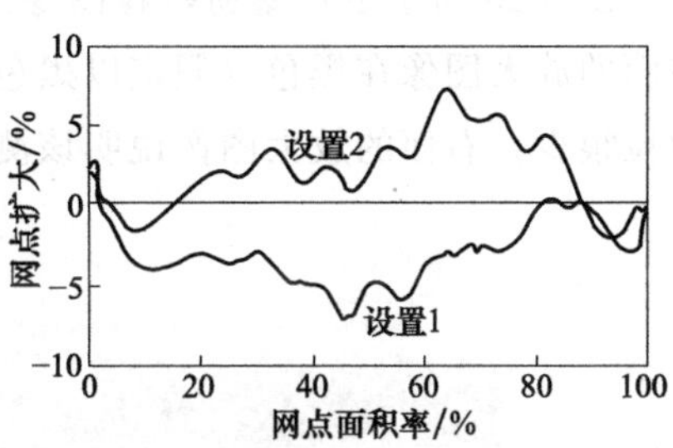

图 6-27 调幅半色调网点扩大分析

五、墨粉背景

随着墨粉暗盒回收利用和墨粉暗盒套件再生工业的发展，墨粉暗盒套件的质量和兼容性问题日益突出。虽然某些墨粉暗盒套件的质量有可能相当高，但来自不同供应商的套件良莠不齐，这些套件组合和匹配后使发生失效的潜在可能性大大增加，因墨粉暗盒套件兼容性导致的印刷质量问题将显得尤为突出。

由于光导体使用一段时间后引起的表面磨损或错误的成像信号，不少静电照相数字机输出印刷品的背景区域有可能出现由细小墨粉颗粒组成的灰雾状对象和墨点痕迹，即 ISO 13660 标准定义的背景朦胧（底灰）和背景无关痕迹，这里一并称之为墨粉背景。

类似于喷墨印刷的卫星墨滴现象，静电照相数字印刷可能形成卫星墨粉颗粒，通常出现在靠近黑色和白色的过渡区域。卫星墨粉颗粒往往是存在错误信号墨粉导致的结果，例如显影在放电区域进行、而墨粉充有正电荷的复制系统。以有机光导体为例，如果由于光导鼓或光导皮带充电不够充分，比如主充电滚筒质量很差，或有机光导鼓磨损很严重，则虽然墨粉“信号”正确，但照样产生错误的结果。

需要综合考虑各种因素导致的纸张白色背景区域出现的墨粉背景，如何以定量的质量指标评价墨粉背景的严重程度其实缺乏国际标准，即使 ISO 13660 也没有定义评价指标。为此，数字印刷质量检测和评价系统开发商依据现有的工业标准定义称为 GS 或 RMS GS 的质量指标，后者的含义为均方根 GS。这种衡量指标对静电照相数字印刷很有针对性，墨粉背景的严重程度可根据测量系统探测到的背景墨粉点数量和尺寸按下式计算。

$$GS=\sqrt{\frac{4.74\times 10^{-6}\sum_{i}(d_i)^4}{a}} \tag{6-10}$$

式中，d_i 表示第 i 个墨粉颗粒的直径，以 μm 计量；a 为兴趣区域面积，按 m^2 计算；GS 为墨粉背景。

图 6-28 所示卫星墨粉颗粒图像来自印刷质量分析系统的图像捕获设备，其中左面的放大图像在黑色（假定以黑色墨粉复制）和白色的过渡区域附近出现的墨粉颗粒很少，右面的放大图像说明该测试样张在过渡区域存在大量的墨粉颗粒。

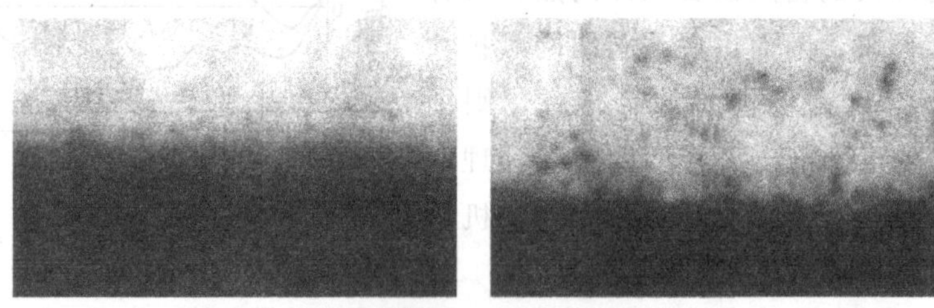

图 6-28　测试样张的卫星墨粉颗粒数量比较

虽然从图 6-28 只能得到定性结果，但这种表示方式相当直观，适合于视觉检查。根据该图给出的放大影像也可以加深对卫星墨粉颗粒的理解，显然与喷墨印刷的卫星墨滴性质和行为特征上均有所不同，卫星墨滴定义为紧随在主墨滴（大墨滴）后面的小墨滴，乃是从主墨滴分离出来的细小墨水滴，尺寸比主墨滴小得多。静电照相复制系统产生卫星墨粉颗粒源于错误的墨粉信号，颗粒尺寸与正常显影的墨粉颗粒相同，只是出现在错误的位置上。

很难确定卫星墨粉颗粒与光导体感光灵敏度的相关性，这种不确定性在过渡区域外同样存在，例如图 6-29 所示测量结果，称得上真正的墨粉背景了。

静电照相数字印刷机形成墨粉背景的可能性不大，但普通激光打印机容易记录成墨粉背景，可以用式（6-7）定义的 GS 指标衡量其严重程度。卫星墨粉颗粒和墨粉背景通常与墨粉类型有关，甚至对上述两种质量缺陷的产生起控制作用。以不同的墨粉复制时墨粉背景的差异可能很大，因而选择墨粉显得十分重要，试验或许是作出决策的必要前提。

六、图像质量的噪声功率谱评价

实地或平网填充区域反射系数分布的一维傅立叶变换称为噪声功率谱，这种数

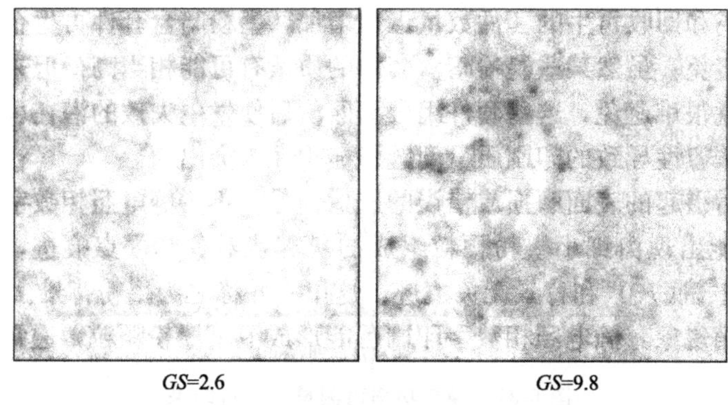

图 6-29　不同测试样张的墨粉背景比较

学变换应用于像素分布的图像时常常被称为维纳光谱，也就是前面提到的图像傅立叶变换。作为更通俗的称呼，图像傅立叶变换的例子如图 6-30 所示，来自对两幅人物图像执行傅立叶变换的计算结果。该图的水平轴代表频率，以相对单位表示；垂直轴代表傅立叶变换计算值的平方，图中命名为功率，表示某一频率下图像特征的相对重要性。从图 6-30 可以看出，傅立叶变换以量化方式表明当相同尺寸的图像内包含更多的人物时由于频率更高而表现出更大的功率，这种曲线称为图像的噪声功率谱。

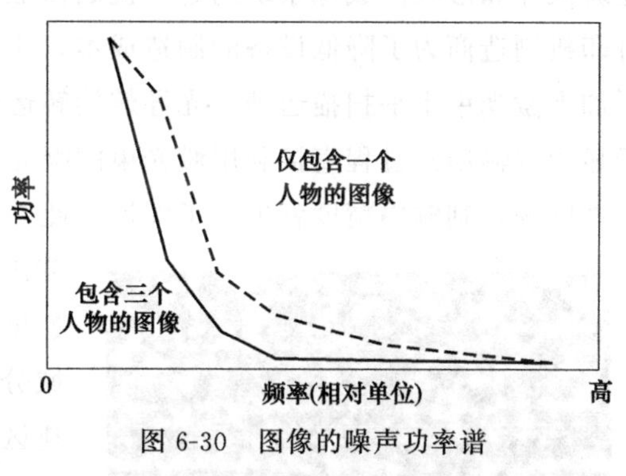

图 6-30　图像的噪声功率谱

作为图像分析领域更广泛使用的术语，维纳光谱可用于衡量每一空间频率的噪声变动程度，噪声功率谱曲线下方的面积等于图像噪声总的变化量。反射系数分布的测量数据经一维傅立叶变换后得到的噪声功率谱与图像傅立叶变换的结果类似，图 6-31 是噪声功率谱分析的例子，用于衡量每一空间频率下的噪声变动特征。

图 6-31 所示反射系数分布的噪声功率谱来自两台静电照相数字印刷机输出的彩色图像测试样张，从模拟皮肤阶调的中间调色块反射系数测量数据而得。噪声功率谱与颗粒度和斑点存在很强的相关性，但更反映图像的噪声特征。根据噪声功率谱的计算方法，每一条噪声功率谱下方的面积等于图像噪声总的变化量，由此可知静电照相数字印刷机 A 复制皮肤阶调的效果要优于数字印刷机 B。根据设备对模拟皮肤阶调之中间调色块的复制能力还可以进一步推知，彩色静电照相数字印刷机 A 也优于数字印刷机 B。

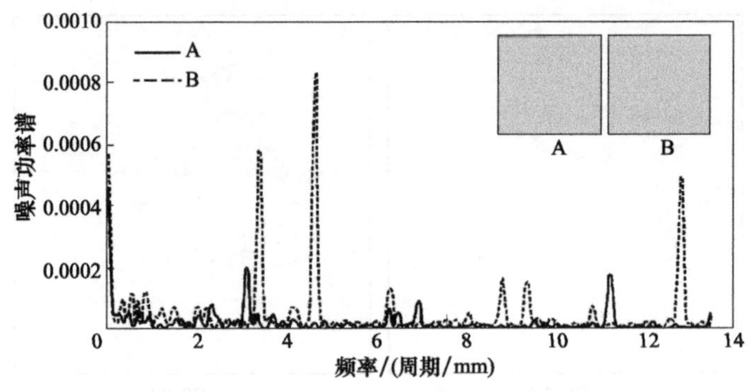

图 6-31　噪声功率谱测量和分析结果

七、反射系数均匀性评价

静电照相数字印刷机以激光束对光导体曝光时，激光束到达记录位置后形成的光斑尺寸和形状由成像系统的定位机制保证，通常不会出现太大的问题。台式激光打印机制造商为了降低设备的制造成本，不可能提供控制光斑尺寸和形状的机制，再加上激光束水平扫描运动与光导鼓旋转运动匹配不良，则成像精度很难保证。由于显影（输墨）过程直接利用激光束的曝光结果，水平扫描与光导鼓旋转运动一旦出现问题，则输墨精度就失去了保证。此外，显影阶段墨粉输送过程涉及更多的可变因素，比如光导体运动速度与墨粉传输速度能否正确地匹配，墨粉在静电潜像区域分布的厚度和均匀性等，都可能影响兴趣区域复制密度或反射系数分布的空间均匀性，从图 6-32 所示的图像可见一斑。

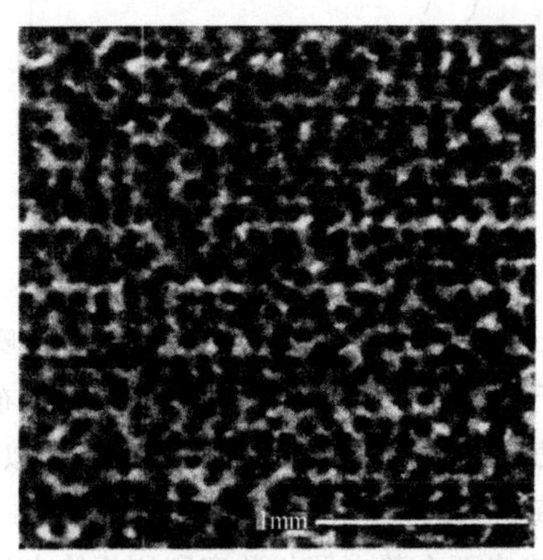

图 6-32　反射系统测量区域放大效果

图 6-32 来自 ISO 定义的 SCID 标准测试图库之 Cafeteria 图像天空部分，根据 J. Briggs 和 M. Tse 两人利用便携式图像质量分析系统的测量结果，该图所示区域水平和垂直方向的反射系数测量值出现相当大的差异，见表 6-2。

表 6-2　反射系数测量数据　　单位：%

方向	范围	最大值	最小值
水平方向	7.2	22.0	14.7
垂直方向	13.3	27.6	14.2

表 6-2 中的范围是基于光电转换原理测量仪器沿水平和垂直方向测量所得的最大反射系数和最小反射系数之差，两者几乎相差 1 倍。由于仪器在测量前经过标

定，且同一位置测量数据的重复精度也相当好，因而两种方向在反射系数上表现出来的差异并非测量仪器有什么问题，而是由静电照相数字印刷系统的复制工艺所决定的，这种沿水平和垂直方向多点测量得到的反射系数恰恰反映了问题的本质。

除显影工艺外，静电照相数字印刷的其他工艺也会影响反射系数的均匀性。例如，转印与熔化过程必须连续进行，与纸张运动规律存在密切的关系，走纸速度稍有变化都会引起墨粉熔化的非均匀性，导致水平和垂直方向的反射系数测量值出现差异。图 6-32 所示兴趣区域一小部分的放大图像足以解释表 6-2 所列水平和垂直方向测量数据不同的原因，垂直方向反射系数范围超过水平方向也可得到合理的解释。

如果说图 6-32 仅仅给出彩色静电照相数字印刷机复制效果空间非均匀性的直观印象，则图 6-33 所示的反射系数分布能更准确地反映空间非均匀性的数值差异。

水平与垂直方向反射系数分布比较不仅有助于了解静电照相数字印刷实地或平网区域复制结果的空间非均匀性，也可以推断出存在所谓的条带效应，例如图6-33 所示水平方向反射系数分布的最大和最小值之差仅 7.2%，而垂直方向反射系数范围却达到 13.3%，两者明显的均匀性差异必然导致条带效应。尽管这种质量缺陷的可接受程度与应用和市场等因素有关，但得到定量分析结果总是判断条带严重程度的关键步骤。

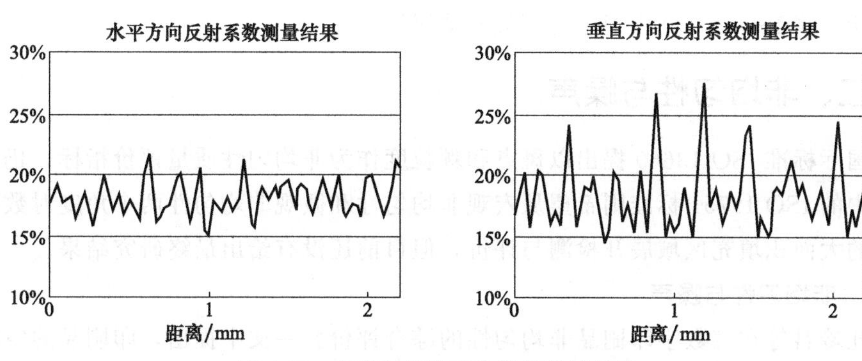

图 6-33　水平与垂直方向反射系统差异

第五节　数字印刷品空间非均匀性

数字印刷的固体墨粉由于转印过程经历的物理相变化，以及墨粉颗粒尺寸和形状的非均匀性，或者墨滴喷射到纸张的扩散和渗透效应，与传统印刷相比，数字印刷大面积填充区域的均匀性较差，容易出现颗粒感、斑点、条杠、条纹、空白和纹理等各种不平滑和不均匀缺陷。因此，对于数字印刷品非均匀性的检测与评价显得尤为必要。

一、数字印刷品空间非均匀性

1. 数字印刷品空间非均匀性

数字印刷品空间非均匀性是指理想填充区域经印刷系统作用后引起的密度波动，其中理想填充区域代表印刷品中的大面积印刷区域（如色块）。由较大密度波动所引起的空间非均匀性，在视觉上通常表现为图像的颗粒感、斑点和条纹等。

2. 数字印刷品空间非均匀性质量属性

针对数字印刷品空间非均匀性，ISO 13660 标准中规定了颗粒度、斑点、空白三项具体质量属性，尚在开发中的 ISO 19751 彩色数字印刷品质量标准对空间非均匀性也给出了条纹、斑点、空白、噪声等质量属性建议，因其还未公布，所涉及的属性测试及数据分析均以 ISO 13660 为依据。

3. 数字印刷品空间非均匀性质量测试设备

目前根据待测印刷品图像采集方式不同，数字印刷品质量检测设备可分为基于照相机和基于平板扫描仪两种，所有检测数据均是采用基于平板扫描仪的数字印刷品质量检测设备得到的。此设备工作原理是将待测印品进行扫描（扫描分辨率需不小于 600dpi)，随后将扫描稿导入设备配套质量分析软件，使用软件中设置的各种质量属性进行检测分析。传统印刷品的质量检测设备，如密度仪、分光光度计等，并不能检测 ISO 13660 中规定的相关质量属性。

二、非均匀性与噪声

国际标准 ISO 13660 提出以斑点和颗粒度作为非均匀性质量评价指标，仍处于开发中的 ISO 19751 标准则希望从宏观非均匀性和微观非均匀性两个角度对数字印刷品的大面积填充区域展开检测与评价，但目前还没有给出最终研究结果。

1. 非均匀性与噪声

孔玲君等在《数字印刷品非均匀性的综合评价》一文中提出，印刷品的空间非均匀性可使用噪声作为等价词，即大面积填充区域的非均匀性源于噪声的存在而产生的，大面积填充区域的空间非均匀性测量和评价可通过对噪声的测量来实现。噪声功率谱常用于描述数字成像系统的噪声特点，也是评价图像质量非常有用的指标。对于数字印刷品非均匀性的综合检测与评价，同样可借助大面积填充区域的噪声功率谱来实现，由噪声功率谱曲线与空间频率坐标轴所围成的区域面积计算得到噪声总量，并以此为基础计算得到非均匀性质量指标。同时，考虑到人眼视觉系统对不同频率的亮度波动具有不同的敏感性，那么具有不同空间频率的亮度波动所引起的非均匀性在人眼视觉感知中的结果也会各不相同。由此，在非均匀性质量指标计算过程中将以人眼视觉系统对噪声功率谱作视觉滤波处理。

正在开发中的 ISO 19751 标准涵盖更广泛的图像质量属性。根据 ISO 19751 标准宏观均匀性工作组发表的阶段性研究成果，整体上宏观均匀性定义为印刷品大面积区域色彩和阶调主观印象的稳定性。由此可见，未来的 ISO 19751 标准认为评价宏观均匀性时必须考虑全部的空间非均匀性类型，工作组提出的宏观非均匀性子属性包括条带/条杠（一维的周期性亮度/色度波动）、条纹（一维的孤立亮度/色度波动）、斑点（二维的随机亮度/色度波动）和莫尔条纹等。

由于微观均匀性工作组主要着眼于小面积区域的质量属性，因而所定义的五种非均匀性子属性分别为条纹（一维的随机线条状结构）、条带/条杠（一维的均匀周期性线条状结构）、空白（针孔状缺陷）、纹理（包括莫尔条纹、微观斑点、具有相关相位的半色调结构和图案）和噪声（二维的随机亮度波动）。

开发中的 ISO 19751 标准将斑点纳入非均匀性质量缺陷，微观均匀性工作组也提到斑点，但从微观尺度考虑，且二维的随机亮度波动属于微观非均匀性缺陷之列。若考虑微观均匀性工作组提出的噪声概念基于微观层面，则可以认为噪声就是 ISO 13660 定义的颗粒度。由于噪声反映系统对于输入响应的非期望波动本质，因而印刷图像的噪声指结构非均匀性现象，范围可以从 ISO 13660 定义的颗粒度和斑点到微观的、宏观的各种非期望波动，包括一维和二维非均匀性。

2. ISO 13660 噪声定义的缺点

根据 ISO 13660 标准，颗粒度和斑点的测量方法并无区别，归纳为定义面积至少为 161mm^2 的兴趣区域（即采样区域），测量系统均匀地划分该区域，至少形成 100 个互不重叠的正方形“瓷砖”；测量系统在每一“瓷砖”内执行间隔均匀且互不重叠的反射系数或密度测量操作；图像分析系统对各“瓷砖”计算测量数据的平均值，再根据测量数据和它们的平均值计算标准离差，计算结果即颗粒度或斑点。

考虑图 6-34 所示由格子图案构成的图像，假定该图像的像素尺寸为 1/72in，则每一个像素换算成公制单位后得 0.353mm；再考虑到黑白格子的高度和宽度相等，且假定每一个格子（小正方形）都由 16×16 个像素组成，则这些格子的宽度和高度近似于 5.65mm，根据以上数据可算得格子图案的空间频率 $f=1/5.65=0.177$ 周期/mm。

以图 6-34 所示的格子图像为基础，如果黑白格子图案成倍地加密，且总共形成五幅图像，即定义空间频率分别等于每毫米 0.177 周期、0.354 周期、0.708 周期、1.416 周期和 2.832 周期的格子图像系列，合并到同一图像后得如图 6-35 所示的合成效果，即合并成由五幅子图像组成的测试图像。

由于这些子图像的黑色面积和白色面积相同，假定以理想复制系统输出该测试图像，并以密度计测量这五幅图像时，则它们的密度（反射系数）水平应该相等，区别仅在于组成格子图案的小正方形尺寸不同而已。

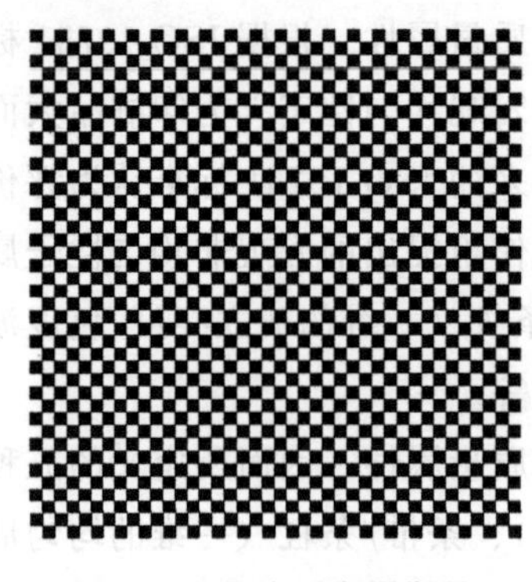

图 6-34 具有固定周期的黑白格子图案

由于图 6-35 中黑白格子图案在灰度空间中定义，数字文件只包含黑色和白色，因而不存在硬拷贝输出设备因加网技术不同而导致的对颗粒度和斑点测量数据的干扰。注意，设计图 6-35 所示的测试图并不意味着它对噪声测量的绝对意义。事实上，印刷图像内包含大量必须作半色调处理的对象，且研究半色调对象对颗粒感的影响更具现实意义，为消除半色调加网技术对噪声测量的干扰而设计图 6-35 所示的格子图案。

如前所述，图 6-35 所示组成黑白格子图案的正方形的大小有规律地出现，空间频率成倍地增加。由于五种测试图案的空间频率差异，通过硬拷贝输出设备复制成印刷品后的颗粒度和斑点必然各不相同，并因此而表现出不同的综合噪声特征。如果遵循 ISO 13660 建议的颗粒度和斑点测量及计算方法，并绘制成空间频率与噪声（颗粒度和斑点）的关系曲线，则可得到图6-36所示的结果。

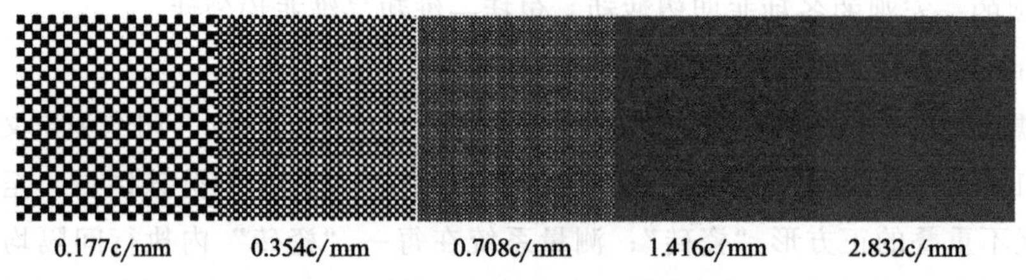

图 6-35 用于噪声测量的合成图像

从 ISO 13660 定义的颗粒度和斑点测量方法可知，按测量数据和这些数据的平均值计算所得的标准离差即颗粒度和斑点。这样，问题归结为测量数据的性质，或者说以何种类型的测量数据表示噪声。若按照 ISO 13660 定义的颗粒度和斑点，则应该测量印刷图像的光学密度波动，意味着应该按密度测量数据计算标准离差，得密度标准离差表示的颗粒度和斑点测量结果。尽管如此，由于视觉系统对彩色图像的噪声感沿明度轴方向表现得最为敏感，因而某些商业数字印刷质量检测和分析系统提供按 Lab 空间之 L 分量测量数据计算颗粒度和斑点，故图 6-36 中的颗粒度和

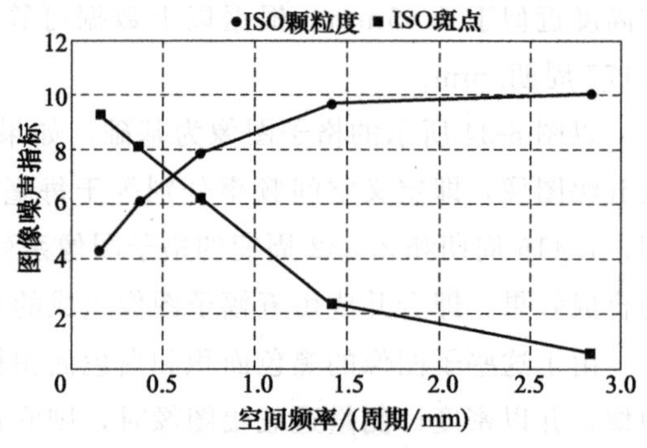

图 6-36 中等灰色填充区域的噪声测量结果

斑点噪声测量值以 L 测量数据的标准离差表示。

ISO 13660 以 0.4 周期/mm 为界划分颗粒度和斑点，空间频率大于 0.4 周期/mm 的颗粒度属于高频噪声，而空间频率小于 0.4 周期/mm 的斑点则归入低频噪声之列。视觉系统对于高频噪声不敏感，但对于低频噪声则容易产生“讨厌”的感觉。

按理，颗粒度和斑点都应该随空间频率的增加而降低，才符合视觉系统噪声感受规律。然而，图 6-36 归纳的噪声测量结果却表明，随着图像结构单元空间频率的增加，斑点呈单调下降趋势，颗粒度则成单调上升规律，这说明颗粒度和斑点两种质量指标与空间频率有关，意味着尽管 ISO 13660 将颗粒度和斑点均纳入噪声之列，但如果颗粒度和斑点同样作为噪声衡量指标时，两者表现出不同的变化规律，因而 ISO 13660 有不尽合理之处。

三、视觉特性滤波

ISO 13660 将颗粒度和斑点定义为大面积密度属性，并不涉及与空间频率的关系。基于这种考虑，为了将图 6-36 所示的颗粒度和斑点测量数据转换成与视觉感受更一致的形式，可以采用频域滤波的方法，以图 6-37 所示的视觉对比度灵敏度函数对颗粒度和斑点测量数据执行滤波处理，使 ISO 13660 定义的颗粒度和斑点与空间频率关联起来。

图 6-37 给出的视觉对比度灵敏度函数对 ISO 13660 颗粒度和斑点测量数据执行滤波处理的主要意义表现在能够正确地表示高空间频率的低感受度特性，符合视觉系统对噪声的感觉规律。

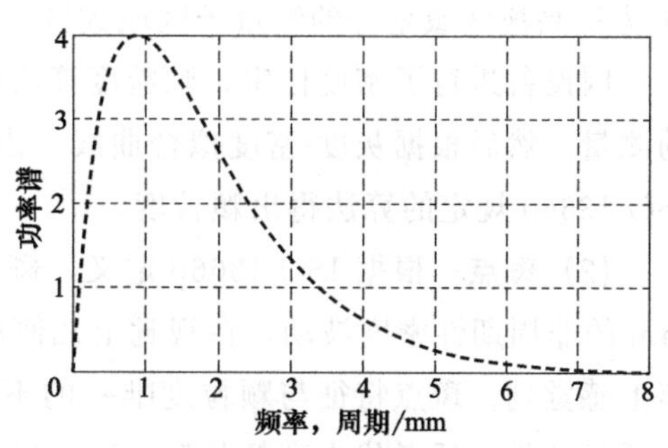

图 6-37　视觉对比度灵敏度函数

从图 6-37 所示的视觉对比度灵敏度函数的形态分析，如果在计算描述颗粒度和斑点噪声特点的测量数据标准离差前先执行滤波处理，则有望产生更合理的噪声指标，得到与颗粒度和斑点之感觉噪声更一致的测量结果。根据以上认识，有的数字印刷质量检测和分析系统的开发商采用以视觉变换函数滤波器处理带噪声图像的方法，取得良好效果。

四、数字印刷品空间非均匀性质量属性算法

1. 密度标定

ISO 13660 第五部分（属性及属性度量）给出了空间非均匀性质量属性颗粒

度、斑点、空白的定义及具体算法，而这些算法均是基于图像密度数据的，要想设计正确计算空间非均匀性质量属性，就必须对设备进行密度标定。无论图像采集方式是照相机还是扫描仪，设备都必须经过良好的密度标定后才可使用。

2. 数字印刷品空间非均匀性质量属性算法

(1) 颗粒度 根据 ISO 13660 定义，颗粒度是指所有方向上空间频率大于 0.4 周期/mm 的非周期性密度波动，在视觉上表现为印刷品表面的颗粒感。ISO 13660 规定颗粒度算法：将待测量区域划分成 100 个互不重叠的小正方形（即子测量区域），对每一个小区域执行 900 次间隔均匀的密度测量，得到各子测量区域密度的平均值 D_i；根据测量得到的密度数据和平均密度计算各测量子区域的标准离差 σ_i；最后利用每一个小正方形密度测量数据的标准离差计算兴趣区域的颗粒度 Y。

$$D_i = \frac{1}{n}\sum_{j=1}^{n} d_j \tag{6-11}$$

$$\sigma_i = \sqrt{\frac{1}{n-1}\left[\sum_{j=1}^{n}(d_j - D_i)^2\right]} \tag{6-12}$$

$$Y = \sqrt{\frac{1}{n-1}\sum_{i=1}^{N}\sigma_i^2} \tag{6-13}$$

式中，i 为标记测量子区域的编号；d_j 为每一次测量得到的密度；n 表示在每一个小正方形内执行的测量次数，按照 ISO 13660，n 取 900；Y 为颗粒度测量值；N 为按兴趣区域划分的测量子区域数量，通常 N 为 100。

因设备进行了密度标定，颗粒度算法中的密度测量转化为对每个小区域灰度值的测量，然后根据灰度-密度拟合曲线，由灰度测量值计算出对应密度，最后根据 ISO 13660 规定的算法得出颗粒度。

(2) 斑点 根据 ISO 13660 定义，斑点为所有方向上空间频率小于 0.4 周期/mm 的非周期性密度波动，在视觉上几何尺寸明显大于颗粒度，容易在正常观察距离上感觉到。斑点特征与颗粒度唯一的不同是以 0.4 周期/mm 频率为界，前者代表低频分量，后者代表高频分量。ISO 13660 规定的斑点算法和颗粒度没有原则区别，因而可以使用统一的标准离差计算式。

$$Y = \sqrt{\frac{1}{N-1}\sum_{i=1}^{N}\frac{1}{n-1}\left[\sum_{j=1}^{n}(d_j - D_i)^2\right]} \tag{6-14}$$

各参数意义同式 (6-8)～式 (6-10)。斑点和颗粒度在设备中计算方法相同。

(3) 空白算法 根据 ISO 13660 定义，空白是指大面积区域内可以看见的空洞和缝隙，尺寸大到可通过裸眼在标准距离下彼此独立地辨别。ISO 13660 规定空白最小尺寸为 $100\mu m^2$，计算方法为空白总面积与测量区域面积之比。

需要说明的是，以上空间非均匀性质量属性定义及算法均由 ISO 13660 规定，除正在开发中的 ISO 19751 外，并无其他标准定义数字印刷品的客观质量属性和算法，而颗粒度、斑点、空白就成为唯一有国际标准提供定义和算法的空间非均匀性质量属性，因此上述算法具有科学性、严谨性。

图 6-38　测试图

3. 数字印刷品空间非均匀性质量测试及分析

(1) 测试图设计　图像内容本身具有空间非均匀性特点，试图从图像自身内容准确了解由印刷系统导致的空间非均匀性难度很大，因此只能通过均匀填充面积测试块来测量数字印刷机图像复制的空间非均匀性。在大面积填充区域印刷时颗粒度、斑点、空白不可避免，所以在测试图设计时并不需要特别模拟这几种缺陷，只需正常印刷即可。综合上述要求，测试图设计见图 6-38。

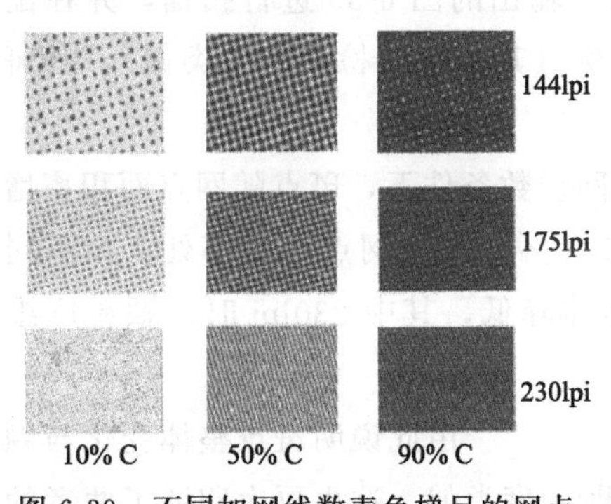

图 6-39　不同加网线数青色梯尺的网点

测试图中包含 CMYK 色调梯尺，梯尺色块面积符合标准要求，网点面积率步长为 10%。每条梯尺下方设有黑色“屏蔽”条，主要作用是避免相邻色调梯尺反射光线互相影响。使用惠普 Indigo 5500 数字印刷机分别采用 144lpi、175lpi、230lpi 三种加网线数对测试图进行输出，纸张选用 250g 铜版纸。输出后青色网点放大图像见图 6-39。

(2) 颗粒度测试及分析　对三种加网线数下输出的图 6-39 进行扫描，并在检测设备中得到各色梯尺的色块颗粒度，以青色为例（其他色块检测结果类似），其颗粒度曲线见图 6-40。

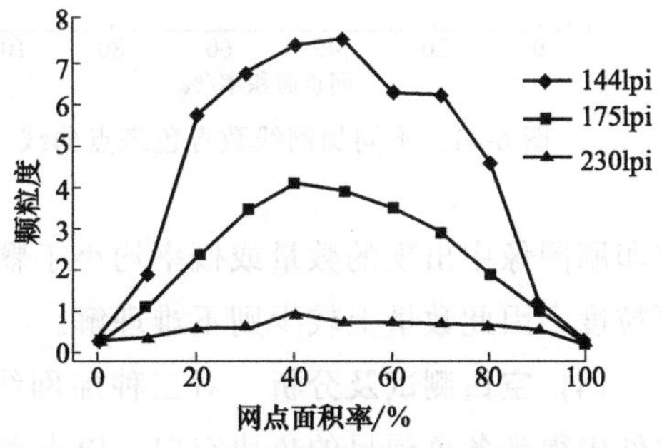

图 6-40　不同加网线数青色块颗粒度曲线

通过青色颗粒度曲线（图 6-40）可以看出，在同一加网线数条件下，颗粒度随网点面积率增大呈现先上升再下降的趋势，最大颗粒度出现在 40%～50% 网点面积率处；在不同加网线数条件下，颗粒度随加网线数的增大而整体降低，其中 230lpi 时，颗粒度维持在 1 以下且上下波动很小。

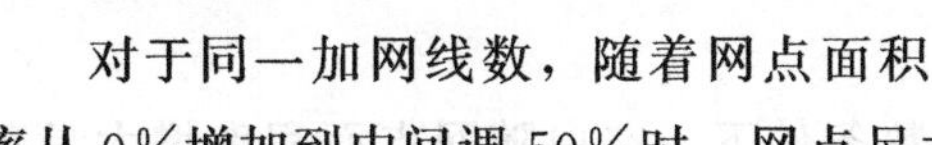

对于同一加网线数，随着网点面积率从 0%增加到中间调 50%时，网点尺寸也逐步增大，50%时网点尺寸达到最大

值。从颗粒度的定义出发可看出颗粒度实质是密度的波动，波动越大颗粒度越大，因此不难解释随着网点尺寸的增大，整幅图像的密度波动也会越大，颗粒度呈现上升趋势。当网点面积率超过 50%中间调时，虽然网点尺寸仍在持续增大，但整幅图像慢慢接近实地状态，密度波动下降，颗粒度同时出现下降趋势。

对于不同加网线数，随着加网线数的上升，网点尺寸逐步减小，因此从同一加网线数结论可得出，在同一网点面积率条件下低加网线数颗粒度应大于高加网线数颗粒度，总体趋势维持先上升再下降不变。

需要说明的是，在网点面积率 0 处为纸张空白部分，应不发生密度波动，颗粒度为 0，但检测结果并非如此，对此可解释为纸张结构及错误信号引起的微量墨粉飘落而导致的。网点面积率 100%处为实地色块，也应无密度波动，颗粒度为 0，对此处检测结果不为 0，可理解为墨粉颗粒自身尺寸非均匀性和熔化过程导致的油墨层分布非均匀性而引起。

(3) 斑点测试及分析 对三种加网线数下输出的图 6-39 进行扫描，并在配套软件中得到各色梯尺的色块斑点，以青色为例（其他色块检测结果类似），其斑点曲线见图 6-41。

通过青色斑点曲线可以看出，在同一加网线数条件下，斑点随网点面积率增大呈现先上升再下降的趋势，最大斑点出现在 40%～50%网点面积率处；在不同加网线数条件下，斑点随加网线数的增大而整体降低，其中 230lpi 时，颗粒度维持在 0.5～1.0 且波动很小。

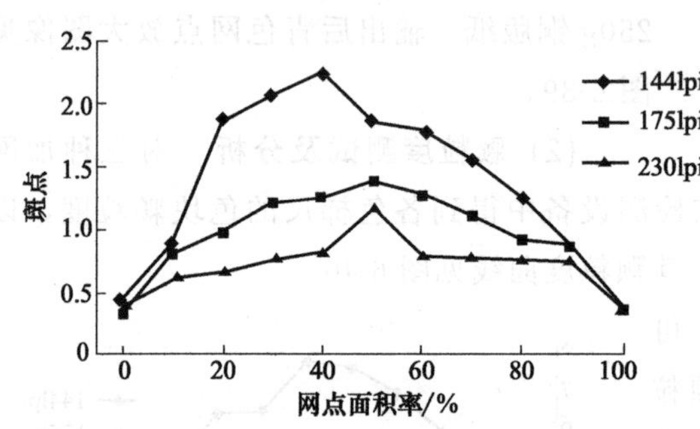

图 6-41 不同加网线数青色斑点曲线

由此说明斑点整体变化与颗粒度类似，这也再次印证了两者的近似性，事实上斑点和颗粒度对测量设备的要求、测量和计算方法均无差异，只是一种人为的频率分离，其数据趋势成因分析与颗粒度相同。

需要说明的是，斑点测试数据范围整体低于颗粒度，即斑点在数字印刷图像中出现的数量或概率均小于颗粒度，这是由于斑点的几何尺寸通常大于颗粒度，因此数量上较少则不难理解。

(4) 空白测试及分析 对三种加网线数下输出的图 6-39 进行扫描，并在配套软件中得到各色梯尺的色块空白，以青色为例（其他色块检测结果类似），其空白曲线见图 6-42。

通过图 6-42 可以看出，在同一加网线数条件下，空白随网点面积率增大呈现直线下降趋势，最大空白出现在 0 网点面积率（无印刷图像）处；在不同加网线数条件下，空白随加网线数的增大而整体降低。

对于同一加网线数，随着网点面积率的增大，印品中空白（非图文）部分逐渐减少，最后直至达到实地，见图 6-39，因此根据空白参数定义的空白区域所占兴趣区域比例减小，导致空白测量数据直线下降。

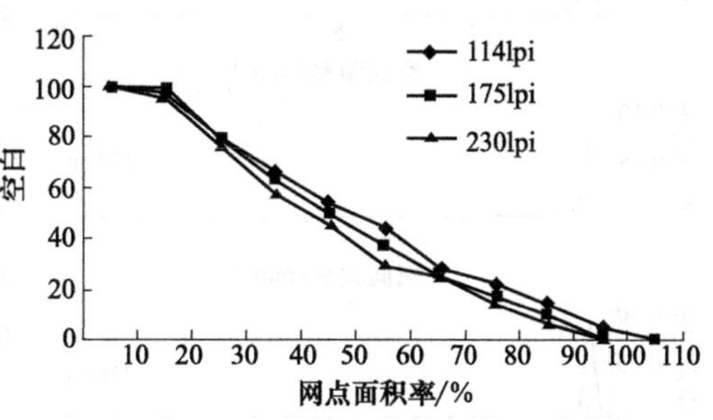

图 6-42　不同加网线数青色空白曲线

对于不同加网线数，由传统印刷网点扩大经验可知，随着加网线数的增加网点扩大越发严重，因此在同一网点面积率时，由于高加网线数的网点扩大更加明显，其实际网点面积总和略大于低加网线数网点面积总和，随之网点以外的空白（非图文）部分占整个兴趣区域面积会呈现反向递减。

需要说明的是，此处空白的降低是以网点扩大为代价的，即靠网点扩大来“占领”了空白面积，并非真正意义上的空白缺陷减少。因数字印刷设备的快速发展，由设备本身造成的裸眼可见空白缺陷已不常见，虽然 ISO 13660 中规定了空白也是重要的非均匀性质量属性，但其在实际印刷中的检测意义已远不及颗粒度和斑点。

(5) 噪声功率谱测试及分析

① 噪声及噪声功率谱　数字印刷空间非均匀性是噪声的空间量表示，如颗粒度、斑点、空白均可理解为二维随机噪声，因此可以认为空间非均匀性和噪声从不同方面反映了数字印刷品的质量缺陷，也可反映印刷系统的图像复制特点。噪声功率谱作为衡量噪声的平均指标，综合描述了印刷图像的空间非均匀性。具体方法是通过找到噪声功率与频率的关系，了解决定噪声能量的主要频率成分，与视觉系统对比度灵敏度结合考虑，以达到改善数字印刷品空间非均匀性质量的目的。

② 噪声功率谱测试结果　对三种加网线数下输出的图 6-39 进行扫描，并在配套软件中测量各色梯尺色块 10%，50%，90%网点面积率处的噪声功率谱，以青色为例（其他色块检测结果类似），其噪声功率谱曲线见图 6-43～图 6-45。

③ 噪声功率谱分析　由于噪声功率谱是所有空间非均匀性缺陷的平均且具有很大的随机性，在数据上不会出现明显规律性，因此其分析只能宏观定性地界定输出图像的空间非均匀性质量。

通过图 6-43～图 6-45 可以看出，在同一加网线数下，噪声随着网点面积率的增大而逐步减少，此结论与颗粒度、斑点、空白相呼应，因在较大网点面积率时，

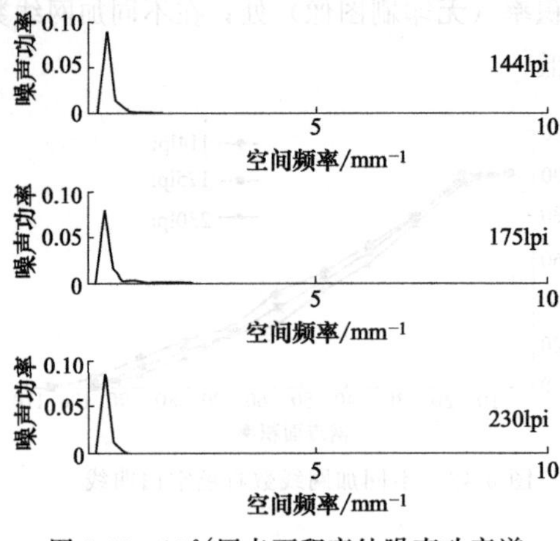

图 6-43　10%网点面积率处噪声功率谱

颗粒度、斑点、空白缺陷均趋于最小值，因此作为综合评价的噪声功率谱数据也逐渐减小。

在不同加网线数下，噪声功率谱的变化呈现无规律状态，若固定一个网点面积率，可发现提高加网线数对噪声的整体影响不是很大，只有当选用较高加网线数并输出高网点覆盖率的图像时，才能有效地将噪声控制在很低水平。如图 6-45 所示，230lpi 时最大噪声功率为 0.007 左右。

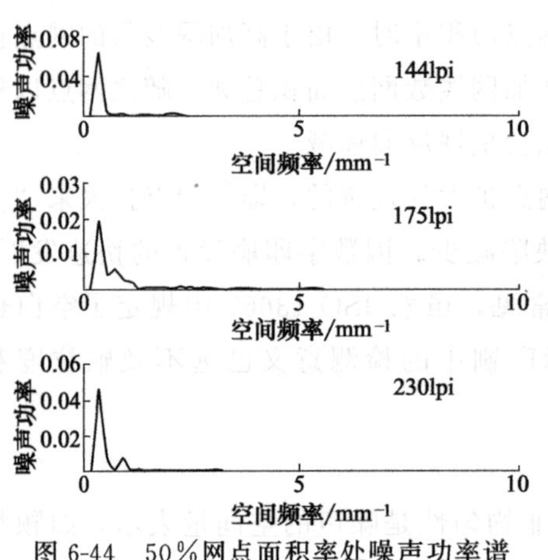

图 6-44　50%网点面积率处噪声功率谱

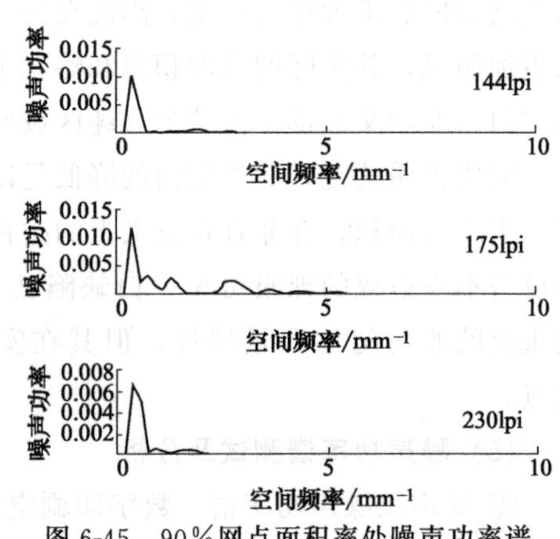

图 6-45　90%网点面积率处噪声功率谱

通过对比分析可以看到，无论低加网线数还是高加网线数，噪声都主要集中在频率为 0 ～$2mm^{-1}$的低频区域，数值均在 0.14 以下，虽然低频区域的噪声相对高频较易被裸眼察觉，但因为数量较少，需很仔细观察才能发现，因此对印品空间非均匀性质量影响不大。

4. 客观检测与主观判断的一致性

虽然客观检测方法可以使质量检测评价结果更加科学统一，但印刷品强烈的视觉属性注定了主观判断是必不可少的，因此有必要讨论以上客观检测结果与主观判断的一致性。用眼睛或放大镜观察不同加网线数下输出的青色梯尺（图 6-46，其他色块类似），可明显感觉到随着加网线数的增大，在同一

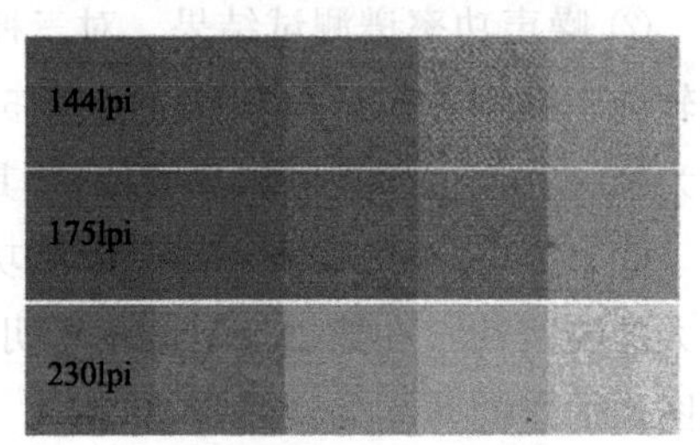

图 6-46　不同加网线数青色梯尺（局部）

网点面积率下图像精细程度逐渐上升，如在 144lpi 下可明显看到的各网点面积率处的颗粒感、露白，在 230lpi 时已基本消失，或者说在 230lpi 时的颗粒感和露白人眼已很难辨别。此直观的主观感受正好与以上客观检测数据吻合，即随着加网线数的上升，在同一面积覆盖率下，颗粒度、斑点、空白测量值均有所下降。

第七章　数字化工作流程

随着数字链的延伸和信息数字化程度的不断加深，印刷生产中间产物更多地以数字化的方式存在、传递和流通的实物形态在减少，甚至会完全消失，生产控制信息流的数字化也逐步实现，加上计算机网络的应用，使得目前已经能够实现图文信息流和生产控制信息流的“一体化整合”。数字化工作流程作为一种先进的生产手段，使得印刷质量控制更加自动化、印刷生产集成化和数据传输网络化。另外，数字化的工作流程简化了传统印刷工艺流程，在缩短印刷生产周期的同时提高印刷产品质量，提升了印刷企业竞争力，使得印刷企业能够以更加低廉的成本和更短的生产周期以及更优质的印刷质量来满足客户的需求。

第一节　数字化工作流程概述

一、数字化工作流程介绍

1. 数字化工作流程的含义

数字化工作流程是指通过计算机、网络技术，把印刷生产的各个工序与环节集成在同一个系统中，包括印前、印刷、印后加工、过程控制等各个功能，属于一个全数字生产作业的数字集成出版系统。在该系统中，将印前、印刷、印后三个传统印刷流程中相互分离的模块利用数字信息技术连接在一起，形成一个相辅相成、不可分割的整体。在数字化工作流程中，传统的作业单被数字工艺作业表取代，生产过程中的信息传递、过程控制、数码打样、直接制版、数字印刷等均是通过数字信息技术完成，不仅有效地提高了图文信息的完整性与准确性，而且缩减工艺环节，降低时间冗余，实现了高效、高质的印刷过程。

数字化工作流程包括图文信息流、控制信息流、管理信息流和增值服务流等四大部分。图文信息流是印刷生产最基本要件，主要实现原稿数字化、图文信息处理、页面描述、加网输出、成型加工和表面整饰等印刷产品的制造。控制信息流是印刷生产品质优化的重要手段，目标是确保印刷产品各个作业工序标准的实现，确保作业数据的正确传递以及用户品质需求的满足。管理信息流是印刷生产效率提升的重要手段，目标是减少印刷生产作业中的时间冗余、成本冗余和人员冗余，使印刷生产的效益最大化。增值服务流是印刷企业在数字化全媒体环境下可持续发展的重要手段，目标是将印刷内容资源化，通过数字化内容实现纸质媒体、电子媒体和网络媒体的内容共享以及市场最大化，从而赢得更多的软实力和高效益。

2. 数字化工作流程的作用

近十年来，数字化工作流程在印刷企业历经替代传统印刷工作流程、印刷工作流程数字化整合、数字化印刷工作流程系统化三个阶段。具体而言，数字化印刷工作流程的作用主要体现在以下几个方面。首先，应用数字作业工具替代模拟作业工具，即依托计算机这个数字作业工具，采用软件操作来替代实物操作。比如拼大版可以用软件设计来实现；色彩管理等采用数字控制替代经验控制来实现；CIP3/CIP4 等采用远程遥控替代现场指挥等。其次，是应用数字信息流替代物流，即在所建立的数字化印刷工作流程上，将原来的物化信息转变为数字信息，通过数字信息的传递替代物流的传递，从而简化作业环节、加快作业进程。比如纸质物理页面可以用数字页面取代，模拟原稿可以转变为数字原稿，采用电子校对而无需人工校对等。最后，是应用数字信息分析拓展印刷产品流，即在数字化印刷工作流程的平台上，将印刷企业视为一个系统，将印刷内容视为一种资源，将印刷产品视为一种媒介，整合行业资源来归纳产品属性、产品共性以及产品的拓展性，站在新的高度上拓展印刷产品流的范围，建立真实印刷产品和虚拟数字产品之间的信息共享与关联，从而使得同一内容数据能够演变为多种媒介产品，使印刷企业成为文化产业链和媒体产业链的关键一环。

3. 数字化工作流程的发展

(1) 数字化工作流程的背景　数字化工作流程是印刷制造业发展趋势的必然要求。一方面，现代印刷企业短版活增多、活件复杂度提高、交货期变短、管理成本增加，这必然会使企业对设备进行优化，让员工发挥出最大的生产能力并缩短生产周期。目前印刷市场增长缓慢并进入了微利时代，印刷服务商不仅要寻找降低成本和改善利润的新途径，还应该提供一个新的、灵活多样的服务。另一方面，带有电子控制装置的印刷设备数量的不断增加，计算机直接制版、数字印刷、数码打样以及标准化文件格式的应用进一步促进了数字化工作流程的发展。因此，为了降低成本并提高利润，印刷业主、印前服务商需采用一条灵活的、集成的、透明的、可以协同工作的流水线型的完整工作流程——数字化的工作流程。

(2) 数字化工作流程的现状　目前，数字化工作流程系统都能进行整个印刷生产工艺流程的数字化控制，且功能很多，性能更强，能够生成符合规范的 PDF 文件。这些系统更加强调开放性、兼容性和可操作性，使整个工作流程达到最佳效果，并逐渐成为印刷企业提高效率的必要手段。

数字化工作流程在国外的应用较好，而且应用范围已由印前扩展到印刷和印后工作环节，逐渐进入普及阶段。国外著名厂商都推出了各自的数字化流程解决方案，如柯达公司的印能捷、网屏公司的汇智、爱克发公司的爱普极、海德堡的印通工作流程等。这些数字化工作流程的采用有助于推进印刷企业生产控制系统和管理信息系统的数字化和集成化进程。

目前国内印刷业已处于从传统生产流程向数字化生产流程的转型阶段，大中型书刊、商业及报纸印刷厂和部分输出中心已先行一步。但这些企业对数字化工作流程的应用还主要集中在印前环节，部分企业正在探索将流程向印刷方向延伸，将印前流程生成的 CIP3/CIP4 数据传输到印刷机台上，实现印刷版面在印刷机墨区的墨量预置。印刷企业普遍对建立和发展数字化工作流程的设备、技术缺乏系统研究与深入探索。

我国目前推广应用的数字化工作流程有两种模式，一是长距离的全数字化工作流程；二是短距离的印前数字化工作流程。主要有两种方法，一是以 CTP 为基础的数字化工作流程；二是基于大幅面激光照排机的数字化工作流程。

(3) 数字化工作流程的发展趋势 未来，数字化印刷工作流程应用的发展将聚焦在三个方面，一是应用数字化工作流程来实现印刷产品的高品质，包括应用 CTP 技术确保印刷品质的提升和专业化服务；二是应用数字化工作流程实现印刷产品的高效率，包括提升“数据流、控制流、管理流、增值流”等四方面的效率；三是应用数字化工作流程实现印刷产品的高可靠性，包括通过数字网络关联来实现与优化客户间的可靠性，依托色彩管理系统提升产品品质的可靠性，应用数字化和标准化提升时间与成本的可靠性。

二、数字化工作流程的特点

推广数字化工作流程的目的是将印前、印刷、印后工艺过程中的多种控制信息纳入计算机管理，用数字化控制信息流将整个印刷生产过程整合成一个紧密的系统，从而消除人为因素的影响，达到生产与管理的有机结合。近几年数字化工作流程发展很快，与传统工作流程相比有着诸多优势。

1. 生产流程数字化

数字化生产流程的应用简化了传统工艺流程，缩短了生产周期，精简了工作人员，提高了产品质量。这使得企业更具有竞争力，能够以更低的成本、更短的作业周期和更高的质量来满足客户需求。

2. 媒体数字化

数字媒体取代了传统的物理媒体和储运方式，使整个产业的运营模式发生了巨大改变。如桌面出版系统 DTP 的出现，使得传统的纸质图文原稿借助计算机以数字文件存储和传输；数码相机和扫描仪数字媒体的出现，使得原稿数据获取更加轻松；CTP 技术的应用省却了传统的菲林，数字图文数据可以直接呈现在印版上；伴随着数字化应用领域的进一步延伸，印刷领域各表现媒体和传输媒体也会向数字化方向转变，这会降低数据在传输过程中的损失，提高图文再现精度。

3. 控制自动化

数字化工作流程中，许多传统的手工作业被淘汰，取而代之的是由计算机控制软件或设备直接完成。如采用专业的 RIP 数字加网软件取代传统的手工机械加网，提高了网点的精度；利用数字拼大版软件代替传统的手工拼大版，使得拼版工艺变得省时省力；由数字信息控制的折页机代替了传统的手工折页。

4. 生产集成化

一方面是生产过程的集成化，数字化工作流程的出现使得原稿制作到印刷品成品之间的步骤逐步减少；另一方面是信息流的集成化，CIP3/CIP4 有效地集成了与印刷相关的多种信息流，这也是生产过程集成化的前提。

5. 传输网络化

首先体现在企业内部，为了能够及时提交客户任务，往往需要多个工作点同时作业，在数字化工作流程下，可以在企业内部建立一个局域网，实现服务端和多个客户端同时工作；其次体现在企业和客户之间的业务沟通上，网络数据传送为印刷开辟了一个全新的市场，采用宽带网络传输，可以接受电子文件，实现了远程打样和异地印刷，拓宽了业务范围。

三、数字化工作流程存在的问题与应用注意事项

1. 数字化工作流程存在的问题

近几年，设备、技术的快速发展为数字化工作流程的建立扫除了障碍，数字化工作流程在国外印刷企业应用已非常普遍，但是国内印刷企业要真正进入数字时代，还需要一段时间的探索和磨合，原因如下。

① 我国国情与具体的经济发展水平不同。国内企业与国外企业的管理模式、生产模式有很多不同点，要使国内印刷企业使用数字化工作流程系统，就只能依赖熟悉中国国情和印刷业动态的国内软件开发商。

② 数字化工作流程的作用未被充分认识。目前的印刷行业已成为高新技术行业，数字化工作流程的应用就是要减少人为因素对印刷品质量的影响，这就说明无论是生产还是管理都需要大量专业的高素质人才。就目前的印刷行业而言，人工参

与的传统作业方式还是主流模式，很多企业对新的工作流程并不了解，更认识不到数字化技术所能带来的提高生产力、拓展客户服务、增加附加值等一系列的作用，因此要广泛、全面更新业内观念。

③ 虽然PDF、JDF在国内越来越受关注，但是对其运行机制真正了解的、推广数字化工作流程的专业人才却相对较少。

④ 不同厂商生产的机器设备之间很难实现互联和协作。很多国外企业都是用同一个厂家的全套设备，这样就具备应用同一厂家流程软件的基础。而国内企业的印刷设备相对落后，且型号复杂，有些甚至不具备CIP3/CIP4接口，在实际的数字化工作流程推广过程中存在一定的困难。

⑤ 数字化工作流程的成本问题也是阻碍其推广、发展的重要因素之一。引进数字化工作流程系统一般需要上百万元的资金投入，也需要一套懂得管理和生产操作的人员班子。解决这个问题需要综合考虑先进工作流程的价值及投入产出比，根据企业的实际情况选择性价比合适的解决方案。

⑥ 印刷流程中用于活件计划、控制的管理信息系统与控制生产流程的生产服务系统处于相对孤立的状态，无法实现连贯、高效的实时自动信息交换，使印刷企业各部门或设备之间不能协同工作。

⑦ 操作比较复杂，容易出错。印刷活件种类繁多，样式复杂多变，使得数字化工作流程的操作也十分复杂。在操作过程中有大量的参数需要设置，容易导致一点小失误或小错误都会造成数据传递的失败或输出结果异常，也会超出操作员控制能力，很难或根本检查不出问题所在，因此这些变数就成为了印刷操作中的不可控因素。例如仅PDF文件预检就有页面尺寸、出血大小、文字内容、字体使用、图像格式、图像链接、色彩模式、特效应用以及叠印、补漏白等十几项印刷要考虑的因素，还有拼大版中对折手的设置和数码打样的色彩管理程序也是非常复杂和容易出错的。

⑧ 设备与工艺控制存在不稳定性。在印刷的整个工艺中存在很多不稳定因素，如设备因素、材料因素、人为因素、环境因素等，这些因素有一个出了问题都会导致产品质量的不稳定。例如在数码印刷领域，还很难建立规范、统一的数字化印刷工作流程，这与数码印刷发展的阶段和行业的特点有关。数码印刷具有即时性，不能像胶印有规律可循，胶印机的生产运转比较稳定，而数码印刷设备运行起来并不十分稳定。

2. 数字化工作流程应用的注意事项

针对上述问题，在思考数字化工作流程的应用与推广时就要注意以下几点。

① 数字化工作流程的评价标准。客户是评价一套系统的最高标准，不同的流程系统会针对不同的企业体现出不同的特点，因此数字化工作流程没有最好，只有

最适用，为企业创造更多利润的系统即为好系统。

② 数字化工作流程是一种很好的技术产品，但企业购买时要结合自身的实际情况。如果不是急于上线则可以静观其变，因为流程系统的功能只会越来越完善，而价格则会越来越低。比如现在主要业务还只是为客户代出软片的输出中心，不需要考虑后端印刷，那么只需要一套照排 RIP＋CTF 系统，再加一套拼大版软件即可。如客户有需要，还可以配一套数码打样软件输出符合国际标准的数字样供客户参考，其投资远小于数字化工作流程系统。以后可根据需要升级，现有的设备也可以接到新的流程系统中去。

③ 如何发挥数字化工作流程的作用。数字化工作流程是一套系统工程，是与企业印前、印刷、印后每个生产工艺环节以及生产设备密切相关的。因此，必须调整原有的生产工艺流程以适应和服从于数字化工作流程的要求。比如印前拼版模块，在流程中对应的是折手拼大版，在拼版之前根据工艺流转单知道上哪台印刷机，用哪种规格的版材，用的纸张大小，在印后环节是平订还是骑马订，这里面有很多的信息量，在流程中做折手时都需考虑进去。在油墨预置模块，可以针对不同版面生成某一型号印刷机的相应油墨数据，通过软件传到印刷机台上。在以前的手工制版工艺中，大版输出软片后，一旦发生错误或者客户临时改版，只要将需要更正的版面在大版上换掉即可；而在新的流程中，CTP 印版出好以后发生错误或者改版的情况，这套版子就报废，所以蓝纸打样和数码打样对保证版面的准确性和文件数据的精确性显得尤为重要。要发挥数字化工作流程的最大作用，以适应数字化工作流程的要求。

数字化工作流程只是一种工具，最终要由人来完成，所以相关人员的素质尤为重要，要有好的管理人员和优秀的技术人员，还要有认真负责的操作人员。比如，色彩管理人员不但要有印刷工艺知识，还要具备深厚的色彩工艺功底，除了要做到色彩系统的准确性，还要保持色彩管理系统的稳定性。

总之，与传统的流程相比，数字化工作流程不仅在工作效率、产品质量、生产成本等方面有优势，更重要的是，数字化工作流程是印前、印刷发展的必然趋势，也是企业生存和发展的关键所在。

四、实施数字化工作流程需要解决的关键问题

1. 网络化运行环境

网络化运行环境为数字化工作流程的实施提供了基础平台。在整个印刷过程中流畅传递的核心技术就是数据通信，利用网络化运行环境实现各流程间与各设备间信息流的高速传递。此外，因涉及到版权和保密等问题，网络安全也是需要重点考虑的问题。

2. 设备间和流程间的数据交换格式

数字化工作流程中用一个包含所有内容数据的数字文件来进行数据记录和交换，因此为了更好地实现印刷流程中各流程和各设备间的数据交换，需要建立一种标准化业务数据交换格式。目前印刷企业常用的标准数据交换格式主要有Adobe公司开发的PJTF（Portable Job Ticket Format）、CIP3/CIP4分别推出的PPF（Print Production Format）和JDF（Job Definition Format）。其中JDF比PJTF、PPF等标准的覆盖范围更广，它涵盖了印刷作业从开始策划到最终成品交付之间的整个周期内所有过程使用的指令和参数。JDF规范中可以同时包含用户的发货地址、报价、折手设置、RIP参数、印刷油墨控制、装订方式等参数。

3. 数字化生产环境

数字化工作流程是一套系统工程，是和每个生产环节以及生产设备密切相关的，必须调整原来的生产工艺流程以适应和服从于数字化工作流程的要求。因此，企业应根据自身的技术基础，业务范围等综合因素来考虑，明确数字化实施的范围，合理购置设备和流程，构建合适的数字化生产流程。

4. 标准化规范的制定

要实施真正的数字化工作流程，就必须改变作业人员对经验的依赖，要用数据化的方式来进行生产控制和流程管理。因此，制定标准化、规范数据关系到整个印刷作业的过程控制，也关系到最后产品的质量。通常标准化规范数据应该包括显示设备的标准化信息，扫描和输入设备的校正信息，纸张、油墨、印版等耗材的标准化测试，计算机直接制版设备的标准化信息，数码打样设备的标准化信息，印刷机印刷适性的周期性标准化测试，制版数据的标准化补偿，样品质量的标准化控制等。

五、数字化工作流程的层次

数字化工作流程从其涵盖活动的范围和数量上分为三个层次。

1. 基于PDF的印前数字化工作流程

基于PDF的印前工作流程是以印前活动的数字化为基础，对流程进行重新设计，提高生产效率。可以被流程所接受的PDF、PS、EPS、TIFF等文件经流程被规范化，并转换成统一的PDF格式。PDF文件具有跨平台、支持多种语言和文字、内嵌图文、页面独立、更可靠、更稳定的特点；同时可以控制图片分辨率，支持色彩管理；还具有容量小、易传输、可预览、可编辑的特点。

基于PDF的工作流程在印刷上的应用包括文件数据处理、版面组版校样、传版、数字资料存储及印前生产等各个生产环节。其应用上的优越性主要表现在以下三个方面。

① 印刷流程上的实用性　基于 PDF 的工作流程可以完成传统拼版台上对软片的所有操作，在基于 PDF 的工作流程中的数字软片，以单页为基本单位，链接到一个大版模版中，所有的模版与页面都是独立的。在实际生产中，如果要更换页面或拼版方式，不需任何处理，只要改变链接即可，这一点对于印刷厂家来说特别实用。

② 印刷成品上的多样性　目前的印刷市场竞争日益激烈，客户的要求也越来越高，即印刷价格要低、印刷品质量要高及印刷速度要快。而印刷厂方面却不得不因为应对市场激烈的竞争而不断投资生产设备，使得印刷成本持续升高，再加上客户多样的出版与多形式出版成品的需求，例如除实体印刷外，又额外要求其他媒体的应用，像在互联网上能以电子书或能上网的格式呈现。这迫使传统印刷业不得不向以单一原稿成为多种排版出版模式的规划，以应对日益复杂的印刷工业市场要求。而 PDF 具有诸多适合电子出版的特性，在电子出版领域的应用优势非常突出。

③ 印刷资料上的完整性　在印刷的同时，基于 PDF 的工作流程可以将版面相关的 PDF 文件进行归档存储，并生成电子版发布用的低精度 PDF 和版面 JPG 图。因资料保存的文件与印刷的是同一个 PDF 文件，从而确保了资料存储与出版内容的一致性，为数字资产管理打下了坚实的基础。

各大印刷系统集成商都有自己的数字化工作流程系统，比如柯达 Prinergy、爱克发 Apogee、方正畅流、网屏汇智、海德堡印通等。其中方正畅流是国内唯一的全中文数字化工作流程，可用更优异的 PDF 文件取代 PS 文件作为页面描述格式，使用 CTP 技术缩短流程，采用自动印前检查方法代替传统手工检查方法，采用自动拼大版技术取代原有的手工拼版等。

2. 基于 PDF＋PPF 的印刷生产工作流程

基于 PDF＋PP 的印刷生产工作流程包含了印前、印刷和印后，通过整个印刷流程之间的整合实现印前、印刷及印后流程的无缝衔接。如通过色彩管理及标准化实现印刷机油墨预设的自动化，减少印刷的准备时间；通过印前流程中产生的 PPF，印后控制信息对印后加工设备进行自动参数设置，提高印后加工的效率等，具有很高的印刷生产柔性，更能适应当前印刷环境的变化及顾客的需求。这需要信息化、自动化的基础，以及管理层与员工综合素质的提高。

3. 基于 PDF＋JDF 的全数字化工作流程

基于 PDF＋JDF 的全数字化工作流程的核心是通过 PDF、PPF、JDF 等标准对印刷生产流程与业务处理流程进行重新设计，并将它们集成为一个整体，实现信息在流程中畅通的流动。该流程以作业为中心，以客户作业信息输入为起点，以 JDF 为标准，实现问询、生产计划制定与控制、物流配送、应收款回收等活动的流程化处理。同时，客户与外协企业也成为流程的一个节点，企业、客户及外协企业间的沟通更快捷、高效。基于 PDF+JDF 的数字化工作流程是三个流程中涵盖活动最多、再造最彻底的流程。

数字化工作流程体现了企业流程再造的思想。数字化工作流程是流程内部及流程之间的整合与重组，基于 PDF 的印前工作流程是基于印前流程内部的再设计，基于 PDF+PPF 的印刷生产工作流程及基于 PDF+JDF 的数字化工作流程是基于流程之间的再设计与组合。流程的再设计是为了更快、更好地为顾客服务，在较短时间内为顾客提供高质量的印刷品，这些体现了以顾客为导向的思想。同时，数字化工作流程体现了以作业为中心的思想，基于 PDF+JDF 的数字化工作流程是以作业为中心而设计的，整个生产与管理围绕作业而展开。流程输入的是包括客户资料在内的作业信息，流程的各节点能从作业信息中获取有用的信息，各节点的状态保存在信息网络中，其他节点可通过相关权限了解状态信息。

目前国内采用数字化工作流程的印刷企业基本处于从传统模拟生产流程向数字化生产流程的转型阶段，以大型书刊印刷厂、商业印刷厂以及大型制版公司和出版社输出中心为代表。这些企业数字化工作流程的应用还主要集中在印前环节，部分印刷企业正在将流程向印刷延伸，重点解决墨量控制，对建立和发展数字化流程的设备、技术还缺乏系统与深入的研究，还需要实际探索。

六、实现数字化工作流程的方法

1. 印刷工业的信息流及数字化

从技术角度以及整个印刷生产过程来讲，印刷工业中的信息主要包括图文信息和生产控制信息。

① 图文信息流　图文信息是印刷所要复制传播的对象，其质量的好坏直接关系到印刷复制的效果。图文信息的数字化包括文字、图形、图像的数字化。印刷时，图文信息大多以页面、版面的形式组织起来，所以数字化的页面描述是印前处理不可缺少的内容，页面描述语言的作用是对图文信息进行“集成”。PDF 格式以 PostScript 成像描述模型为基础，能够将文字、图形、图像、音频、视频信息集成为一体，可以根据不同需要形成不同类型的出版物，正逐渐成为主要的数字化页面描述格式，特别是在集成化数字流程相关的系统中已得到广泛应用。

② 控制信息流　控制信息流是使印刷产品正确生产加工所需要的必要控制信息。例如，印刷成品规格信息（版式、尺寸、加工方式、造型数据）、印刷加工所需要的质量控制信息（印刷机油墨控制数据、印后加工的控制数据等）、印刷任务的设备安排信息等。控制信息的数字化是伴随着数控技术的出现和发展而实现的。随着信息数字化程度的不断加深，生产控制信息流的数字化也在逐步发展。

2. CIP3/CIP4 及 PPF、JDF 格式文件

由于印前、印刷和印后设备的种类较多、特征各异，其控制方式和指令各不相同，因此需要有一种与设备无关的文件格式。在这种格式的文件中，以某种语言对印前、印刷、印后过程所涉及的各种相关生产信息进行描述，以便于各种设备的利用。CIP3/CIP4 组织建立 PPF 和 JDF 就是满足上述要求的文件格式。

CIP3/CIP4 是一个由数十家国际著名的印前、印刷、印后厂家组成的国际合作组织，CIP3 现已改变为 CIP4，更明确地将“集成"的范围扩大到印前、印刷和印后的各个过程。

基于 CIP3 的印刷生产格式 PPF 用 PostScript 语言写成，由于其局限性现已被 JDF 所替代。而 JDF 是基于 CIP4 的工作描述格式，JDF 格式由 Adobe、AGFA、Heidelberg 和 MAN-Roland 公司开发，用 XML 语言写成。建立 JDF 格式文件的目标有如下两点。一是用 JDF 作为一种“数字化的标准工作传票（Job Ticket)”，从一个印刷任务诞生、执行直至终结的各个阶段上，随时跟踪记录其状况，为正确控制系统和设备提供信息。二是用 JDF 将客户、印刷商务机构、管理信息系统、印前/印刷/印后生产部门紧密而有机地联系起来。

3. JDF 流程的实现

目前印刷企业应用的数字化工作流程大多是基于 JDF 的流程。客户提供图文原稿、版式和制作要求，印刷单位接收任务后，根据印刷产品的基本特点和客户要求确定适宜的工艺路线和印刷、印后加工设备。

印前处理阶段的进行与 PDF 工艺大致相同，整版拼大版后，有关印刷品折手、裁切装订、套准线等信息已经确定下来，这些信息将直接用于印后设备调控时使用，经过 RIP 解释处理后得到每一张印版的记录信息。除了用于在胶片和印版上记录外，还可以统计印刷机各油墨区的基础数据，从而省去了印版扫描的步骤。印后加工的数据在印前处理过程中确定，只需将相关数据输入相应的印后设备的控制系统中，预调的过程将大大缩短，使印后设备很快进入工作状态，得到最终的成品。JDF 格式文件使生产过程有序，信息管理和回馈自动完成，实现远程控制，从而保证印前、印刷和印后真正做到数字流程一体化，也使整个印刷工作管理更加科学化。

第二节　CIP3/CIP4 联盟与相关标准

要想实现数字化工作流程，就需要改变相应的控制和管理模式，即建立标准化的数据格式。随着数字化工作流程的推广，国内外著名厂商纷纷推出数字化工作流程解决方案，先后经历了 PS、PPF 和 JDF 的应用。目前，国内数字化工作流程已

经进入 CIP4/JDF 阶段，但发展比较缓慢，主要还是以 CIP3/PPF 和 CIP4/JDF 共存的局面为主。

一、CIP3/PPF 标准

CIP3（International Cooperation for Integration of Prepress，Press and Postpress）作为一个制定印刷业通用指令、规范或规格的组织，其制定的标准已在印刷业广泛应用。

CIP3 代表印前、印刷和印后的一个国际性合作的联合组织，成员来自代表着不同印刷工序的公司，包括 Adobe、Agfa、Fuji、Kodak、MAN Roland、Heidelberg、Polar 等印前、印刷、印后加工的供货商。联盟致力于促进印前、印刷、印后加工的垂直整合，至 1999 年 10 月已经涵盖包括计算机、操作系统、软件、印前、印刷、印后加工设备制造商在内的 39 家供货商。这是继 ICC 国际色彩联盟后又一大规模的国际性印刷研究与发展组织。联盟所制定的格式自 1997 年 6 月起陆续由联盟相关厂商研发，而于 Drupa 2000 印刷大展中可以看出几乎所有的印刷相关软硬件供货商都已经支持 CIP3 规格。

1. CIP3 的概念

CIP3 意即计算机集成印前、印刷、印后，可将印前设备（如电脑、扫描仪、数字相机、照排机、直接制版机、数码打样机等）与印刷机及切纸机和折页机等，通过网络、软盘、Smart 卡或手工输入数据等方式连接起来，以数据代替原有的经验，以数据管理印刷过程，使机器在正常的线性化标准下，实现数据化、规范化管理，达到优质、高产、低成本。

CIP3 把整个印刷过程流程化、自动化，以 PostScript 语言为基础，以数字化方式建立工作指令，生成印刷生产格式文件 PPF，来携带和传递工作指令。采用 CIP3 制定的工作规范和指令，可以避免不同设备商、不同产品在印刷过程中各自为政、无法兼容的状况。有了这个组织制定的“游戏规则”，爱克发的 CTP 可以用富士星光的 CTP 版材制作印版，生成的墨量控制文件可以在曼罗兰、海德堡或是小森等品牌任意一台印刷机上进行生产。

2. CIP3 的优势

CIP3 集成了印前、印刷、印后的设备，实现了数据工艺管理流程，与传统印前、印刷、印后工艺相比，具有以下优势。

(1) 印品质量提高 由于引入数据工艺流程取代了人工校色环节，能保证印样与印品的一致，且能多次重复一致，能适应当前客户对颜色的极高品质要求，对企业形象之标准色，产品包装上的标准色，重复多次印刷并能保证其色彩的一致性。

(2) 加工周期缩短 能在 15min 内（进口四色印刷机）完成印版的单面四色

套准及校色，缩短了传统的上落版及校色时间，适应短版活的时间要求。

(3) 成本降低　由于单位时间内的加工次数增加，减少了企业本应支付的某些固定支出，降低了成本。

因此，CIP3技术的引进对印刷业、印刷厂、印刷企业的管理人员在观念上是一次突破，对提高印品的质量、降低成本、增加效益、拓展新的市场，都是一次可行的尝试。

3. PPF文件格式

CIP3采用跟随PS规格的印刷生产格式PPF来提供工作指令。PPF是描述工序控制数据的一个数据结构标准，使用PS作为其主要语言，因其具有开放性、可延展性和普及性，任何供应商都可使其系统兼容。

PPF文件格式涉及和处理的数据对整个印刷生产过程中使用到的技术参数的设定、计划安排以及相关的生产管理是非常必要的。通过采用统一的、与设备制造商无关的格式来组织数据，数据可以从一个工艺步骤传送到下一个工艺步骤，各工艺步骤各取所需，这就是PPF文件格式的优势所在。

在数字化工作流程中，对于一个具体印件，PPF利用印前系统生成的各种数据，生成后面工序所需的加工信息来进行统一管理，也就是说从印前系统将印后的所有数据都拿过来，并用它指导其他工序中的设备进行加工，利用PPF文件携带的信息（表7-1），可以对印刷生产的过程进行控制。

表7-1　PPF文件内容

印前	印刷	印后
色彩管理描述信息 补漏白参数 文字、图像的管理 版面描述 拼大版 数码打样信息 ……	纸张构成 油墨量的控制 颜色质量控制 套准控制 允许的误差 ……	裁切参数 折叠参数 装订信息 ……

4. CIP3的工艺流程

CIP3的工艺流程如图7-1所示。在印前，CIP3可实现文件的色彩管理、补漏白、字体、文稿、图像的管理、拼大版及生成ICC Profile，以及用数码打样机打样。在印刷中，CIP3在印刷机上实现油墨量的控制（油墨扩大和转换曲线）、套准控制、颜色质量控制（颜色色

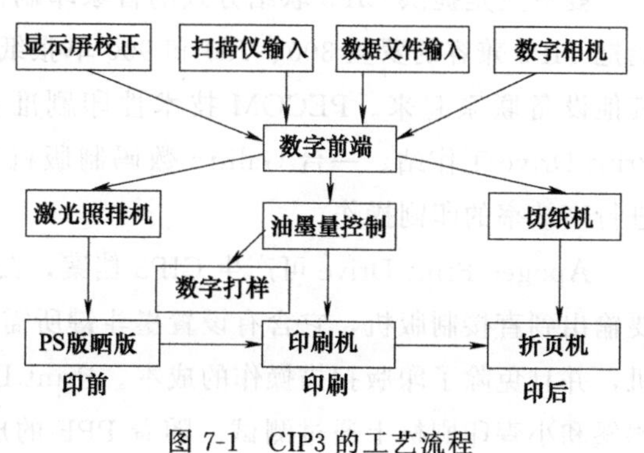

图7-1　CIP3的工艺流程

彩和密度测量)。在印后，通过传送裁切和装订的参数和信息，实现对印刷品的裁切控制和装订控制。

(1) CIP3 对印前的控制 印前系统包括全套的桌面制版系统，如照排机、扫描仪、图文处理工作站及数码打样机，它们形成一个系统的工艺流程。其中，数码打样是整个系统的关键。由于取代了传统打样，因此数据工艺流程得以实现。客户只需在数码打样上直接签稿，其色彩、清晰度、层次感与印刷品极其逼近，使得数据控制印刷机，实现印刷的色彩管理。其主要表现为：数码打样时有一强大数据库，使每个文件在打样时由已产生的 ICC Profile 对文件跟踪校正，再引入数据库中的油墨和纸张参数，对样张和印刷原稿进行测试，使数码打样最终能符合印刷品。

(2) CIP3 对印刷的控制 CIP3 对印刷的控制主要是由设备产生的 Ink Pro 来控制。其工作原理如下。

① 高分辨力文件直接送激光照排机输出四色胶片或直接送直接制版机输出四色 PS 版。

② 低分辨力文件按墨道区分。

③ 对印刷机的油墨进行控制。

(3) CIP3 理想的设备配置

① 印前 以色列 Scitex 的 Smart 系列扫描仪，Iris 系列的数码打样，Brisque 系列的 RIP，Dolev 系列的照排机及多台苹果、PC 电脑。

② 印刷 海德堡、罗兰、三菱、小森、KBA、高宝等多色高速印刷机，具有中央墨道调控台即可。

③ 印后 波拉切纸机、马天尼装订机等即可。

5. CIP3 的应用实践

电脑直接制版技术 CTP 是使 CIP3 从印前至印刷联结起来的关键。由于 CTP 的出现，使得 PPF 的指令集能直接送到印刷机上。

曼罗兰是提供 CIP3 联结方式的首家印刷机制造商之一，其 PECOM 控制系统能把 CIP3 兼容的罗兰 300、700 和 900 单张纸印刷机、ROTOMAN 卷筒印刷机和其他设备联系起来。PECOM 技术性印刷准备（TPP）工作站能把一个 Apogee Print Drive 工作站、一台 Galilro 数码制版机和多台曼罗兰印刷机连成一个网络，进行高效率的印刷操作。

Apogee Print Drive 可产生 CIP3 档案，Apogee 打印驱动器储存 PPF 档案和需要输出到直接制版机，它含有设置墨斗键所需的全部信息。这就不再需要印版扫描机，并且免除了印版扫描操作的成本。Print Drive 的 CIP3 选择功能已成功地在海德堡和小森印刷机上通过测试。随着 PPF 的成熟，包括 PJTF，Apogee 的工作传票功能将在生产自动化方面发挥更大的作用。Apogee PDF Pilot 可以通过设定所有印前任务、特殊色彩、拼大版和装订等来制造工作传票；还有供会计及其他部门使用的领域，使印刷商可以真正地把印刷生产集成化。

二、CIP4/JDF 标准

CIP3/PPF 的特点是 PPF 文件格式能将印前的生产信息传送到印刷和印后各工序中，但也存在一定局限性，即印刷和印后设备虽然能得到生产信息，却得不到设备生产信息的反馈。基于该局限性，CIP3 联盟和 JDF 联盟合并组建了 CIP4 联盟，并发布了 JDF 文件格式，该格式在 PPF 文件信息的基础上增加了过程信息、管理信息和远程控制信息。JDF 文件格式实现了信息的双向性、可跟踪性，实现了生产数据对工艺流程和设备的数字化控制，从而使生产过程更加有序、信息管理和反馈更加自动化，但同时也对相关各单位内部、单位之间的网络化提出了每个节点信息可跟踪的要求。

1. CIP4 的概念

CIP4（International Cooperation for Integration of Processes in Prepress, Press and Postpress），更明确地将"集成"的范围扩大到印前、印刷和印后的各个过程。

CIP4 是在 CIP3 的基础上，由 Prepress、Press、Postpress 等 3P，再加上 Data Processing（资料处理）的第四个 P，成为 CIP4 的新组织。而 CIP4 组织基本上是提供规范，本身不是软件、硬件的生产者，而 CIP4 把工作单改成 JDF 文档方式，把工件客户、名称规格、需求及特殊要求、注意事项，甚至 Lab 色彩值浓度要求以及印后加工参数也写进来，如果各个墨区网点面积率完成后，也可以一并储存入 JDF 工作文档，JDF 文档改用 XML 可扩充性语言，比 CIP3 用的 PDF 语言更能装下更多的新工作指示及规定，而且 XML 语言也是同样可以跨多平台使用的语言之一

基于 JDF 的 CIP4 优点在于，JDF 以一种数字化工作传票的形式记录印刷生产任务、各个工作过程的信息，为生产过程中各设备控制提供信息，如图 7-2 所示。

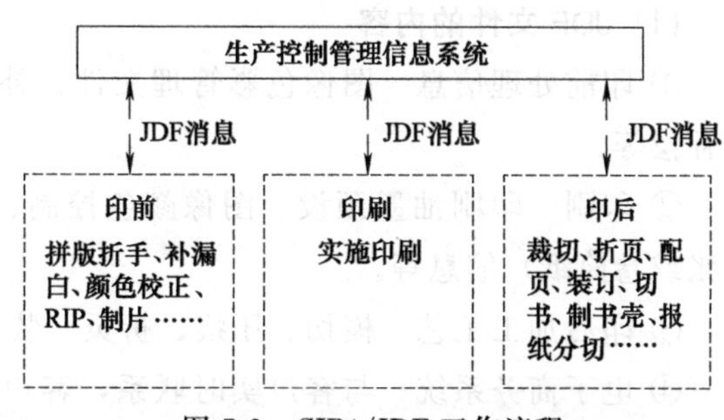

图 7-2　CIP4/JDF 工作流程

2. JDF 文件格式

数字化工作流程的关键在于建立一种贯穿整个流程的国际标准的作业描述格式，从而实现将印刷全流程的所有设备连接成一个整体来协调运作，实

现图文信息流、生产控制信息流和非技术性管理信息流的整合。经过世界印刷及其相关行业的不断努力，终于在2000年CIP4联盟的通力合作下，在PPF和Adobe的PJTF数据格式的基础之上出现了基于JDF的数字化工作流程。这一印刷数字化工作流程的出现，直接解决了计算机辅助集成印刷的难题。

JDF是一种基于XML（Extensible Markup Language，可扩展置标语言）的用于活件描述和交换的开放文件格式，是面向印刷生产流程的标准格式，能够实现印前、印刷和印后加工信息的垂直集成。JDF可以在印刷生产和信息管理系统之间进行信息互通，对印刷生产作业和生产设备进行实时跟踪，而融合JDF的印刷数字化生产流程，可以将现有的印刷生产技术集成到工作流程中，实现印刷生产技术和印刷企业管理的融合，使印刷生产形成高效率运转的整体。

JDF是可把印刷任务当成一个要经过许多生产过程的活件，而JDF提供按生产过程去描述这种活件的一种格式。JDF作业工单在水平方向上控制JDF印刷工作流程。在生产中，从一个系统到另一个系统都有印刷作业和工艺过程的描述。JDF的作业通讯格式JMF（Job Messaging Format）作用于垂直方向，各种状态数据和财务数据在管理信息系统和生产系统之间移动，如图7-3所示。

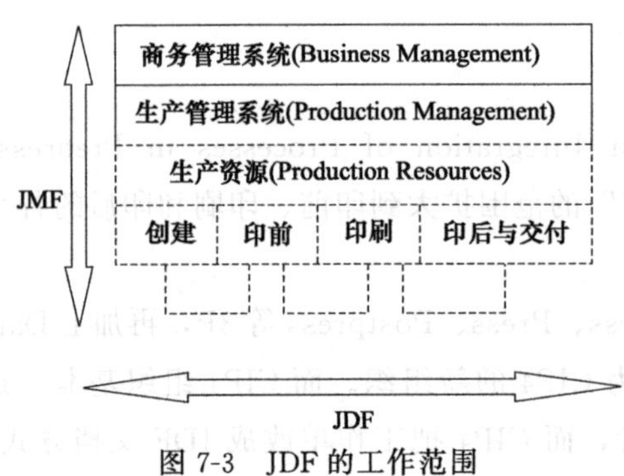

图7-3　JDF的工作范围

建立JDF格式文件的目标有两点，一是用JDF作为一种数字化的标准工作传票，从一个印刷任务诞生、执行直至终结的各个阶段上，随时跟踪记录它的状况，为正确控制系统和设备提供信息；二是用JDF将客户、印刷商务机构、管理信息系统、印前、印刷、印后生产部门紧密而有机地联系起来。

3. JDF流程的特点

(1) JDF文件的内容

① 印前处理信息　图像色彩管理文件、补漏白、数码打样、拼大版、网点扩大补偿等。

② 印刷　印刷油墨预设、图像颜色控制、套准控制以及印张（单双面印刷、单张或卷筒纸）信息等。

③ 印后加工工艺　模切、压痕、折页、装订方式等工艺参数信息。

④ 电子商务系统　与客户实时联系，客户对印刷产品的意见可以及时反馈到印刷生产中，方便客户对产品质量监督。

⑤ 信息管理系统　对印刷活件进行管理和流程安排，保证印刷生产的高效实

施；另外，JDF 作业还包括印刷成本核算和各活件之间的网络传输等，是一个数字化印刷生产过程的综合解决方案。

(2) JDF 流程主要组成

① 机器 可以是工作流程中的任何部件，大多数情况下指物理设备，如印刷机、折页机等，也可以是某种设备的软件，如色彩管理软件等。

② 中介器 负责创建 JDF 作业，向创建好的 JDF 作业中添加或修改节点，中介器可以是软件或文本编译器。

③ 设备 处理控制器分配的信息或者是中介器指定的信息，同时要能够执行 JDF 节点并启动机器完成处理过程。

④ 控制器 负责把中介器创建和修改的信息分配到适当的设备进行处理。

通过以上四部分的协同，JDF 流程可以使得印刷作业的印前、印刷和印后加工过程结合在一起，解决印刷工艺技术和印刷生产管理之间的协调和匹配问题。

(3) JDF 流程的特点 图 7-4 表示了 PJTF 和 CIP3 只是部分地将印刷生产连接起来，不能使整个印刷过程中的各单元间相互协同地工作；而 JDF 展示了非同一般的优越性，因为 JDF 涵盖了印刷制造系统的每一个方面。

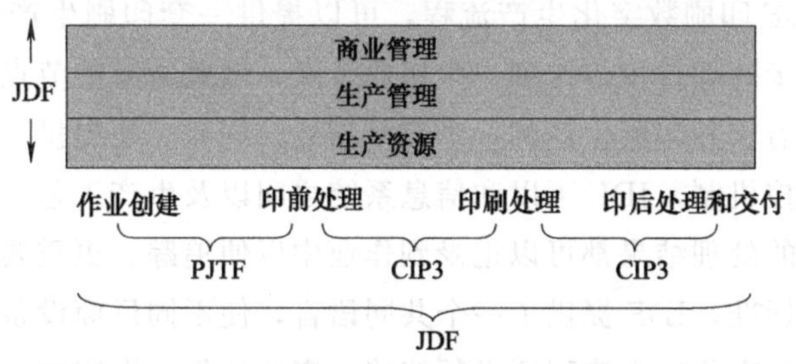

图 7-4 JDF 与其他数据格式的涵盖范围

JDF 流程最大的特点是能真正实现业务管理、生产管理与印前、印刷、印后实际生产过程的一体化，实现信息化企业和全自动流程。JDF 是一个能对 JDF 文档进行自动检测或验证有效性的结构。JDF 标准贯穿于印刷生命周期中所有的作业形态，如客户订单、印刷品生产和任务交付。它定义了印刷制造的每个方面，从包含在“作业任务书”中的客户“需求”，到说明印刷处理过程的处理指令、装订效果(例如是打成小包还是捆绑成卷）等。JDF 利用工作流程中数据的输入、输出，使每一个处理过程相互关联，这是一个简单的并经过时间考验的架构方法。这些输入与输出在 JDF 中都被定义为“资源”。JDF 还包含了可以被印刷车间的驱动设备直接读取和解析的控制信息语言，称为作业消息格式 JMF。兼容 JDF 的工作流程系统或印刷管理系统能够通过嵌入 JMF 控制器进行动态地即时通讯。JMF 以一个共有的标准驱动设备控制语言取代了“私有的”设备控制语言，从而降低了集成和维护成本。

4. JDF 印刷数字化生产的实施

在印刷数字化的生产流程中，所有的信息都以数字化形式在各个设备之间传输，形成图文信息流、控制信息流和管理信息流三种信息流。图文信息流解决了印刷生产流程中“做什么”的问题。控制信息流解决了印刷生产“怎么做”的问题。管理信息流解决印刷企业“如何做好”的问题。

在 JDF 印刷数字化生产流程中，从一个印刷作业的诞生即客户下单，到印刷作业结束也就是将印刷品交付客户，数据都是以 JDF 格式进行传输，对整个流程的各个过程出现的情况可以随时进行记录、跟踪，为系统和设备提供正确的控制信息并实时反馈，同时信息管理系统还综合了印刷成本核算、流程安排、印刷生产质量控制以及电子商务系统等。在 JDF 印刷数字化生产流程中，所有与印刷相关的全部要素，如客户、印前处理中心、印刷车间、印后加工设备与工艺、销售网点、物流配送、仓库存储等都包含在系统中，甚至还可以将出版社、作者、创意设计中心等也加入到系统中，使印刷企业管理、印刷生产、商务服务等实现信息的交互和并，做到高效、细致的控制。

通过建立 JDF 印刷数字化生产流程，可以提供一套印刷生产全流程的控制机制。JDF 把每一步处理过程传送到一个作业节点，因此所有的节点叠加到一起就是整个印刷产品的需求和印刷生产的一个完整描述。同时，还提供了自动化的生产控制系统和作业监控机制，JDF 可以和信息系统之间以及生产工艺系统之间实现信息互通，各个作业的处理结果都可以记录到作业中以便追踪。更重要的是，JDF 是一个与厂商无关的标准，JDF 提供了一个共同语言，使不同厂商设备之间实现信息互通。同时，JDF 数字化生产流程还必须依赖一定的条件。在印前、印刷、印后各部门、管理系统和生产部门以及客户之间需要有效的网络连接，同时要求流程中的各个设备支持 JDF 文件传递和处理的功能，建立信息管理系统，才能真正实现印刷流程的全数字化。

然而，由于受到资金、技术人员和设备等方面的约束，在印刷数字化流程具体实施时存在一定的难度。而以 JDF 印刷数字化生产流程为基础，印刷企业选择自己合适的设备和软件搭建数字化印刷生产平台，同时结合企业的具体应用要求和资金、技术等实际情况，构建适合企业自身需求的半数字化的小型印刷数字化生产流程，也是实现企业生产效率提高和印刷质量提升的好方法。如常见的排版＋RIP＋色彩管理＋数码打样，或者是 CTP/CTcP＋数字印刷等。目前，很多印刷企业都已经采用这样小型的数字化或半数字化的印刷生产流程。

5. JDF 在数字化工作流程中的应用

JDF 涵盖了从起始到完成的印刷全过程，对印刷活件的印前、印刷、印后以及传输各方面格式予以统一标准；实现了对印刷活件和设备，以及印前与印后数据的适时跟踪，使得预先和事后计算成为可能；通过定义与产品要求相关的和不相关的两种工作流程，建立一个沟通用户对产品旳要求信息和生产流程信息的桥梁；可以定义和跟踪任何用户定义的流程，不必局限于某一种固定的流程模式，且可以将来自不同商家的产品整合到一个工作流程中。JDF 格式文件使生产过程有序，信息管理和回馈自动完成，实现远程控制，从而真正做到印刷流程的数字化和集成化，也使整个印刷工作管理更加科学化。

JDF 建立了生产加工服务与管理信息服务两种工作流程的沟通联系，支持网络化印刷报价及下单，使得客户能够追踪各个生产环节中的用料及用量，相关设备信息、作业进展以及作业等候管理的信息，并根据当时情况提出相关要求。

JDF 支持任何用户定义的流程，可以将媒体、设计、印刷、网络和电子商务公司等用户的工作流程进行分流和组合，使得各用户间合作更具有效性。

JDF 可以描述一个印刷作业从最初构思到最终成品交付的全过程，包括创意、印前、印刷、印后、交付等各个环节。JDF 以“节点”定义每个相关的部门、工艺步骤和设备，分为不同的层次。每个节点都可以接收信息，并可以向生产控制系统反馈“任务”的执行状况。整个印刷生产过程可以看作是一个由许多节点组成的树形结构，所有的节点组合在一起就可以描述一件所需的印刷品式样及其生产流程。每个节点有其“输入资源”和“输出资源”，节点上存储了生产加工所需的各种数据。JDF 对每个环节上的“输入/输出”资源、加工处理数据进行记录，以便对生产过程进行控制。

JDF 还可以提供一种生产自动化的“消息服务”，在执行“作业”的每个步骤上，记录执行的结果，以便对此作业状况进行跟踪。为此，JDF 规定了“消息”的结构、数据格式、语法和协议。设备可以根据这种消息与生产控制系统进行交流、通信，可以进行消息发送、跟踪、中断等干预。

JDF 适合不同的解决方案，并具有强大的可扩展性。JDF 兼容各种格式，是一个与厂商无关的标准，适合于将印刷行业中相互孤立存在的各个操作顺畅地连接起来。

三、CIP4/JDF 文档结构分析

1. JDF 的基本结构

JDF 文档是通过节点树状结构来构建的，JDF 节点、Process（过程）及 Resource（资源）是构成 JDF 文档的基本要素。一个 JDF 作业一般由多个工序组成，JDF 将每个工序定义为节点，每个节点都有相应的作业标签，即对应的名称，用于描述工序所需要的资源、处理设备以及各种工序参数。所有节点按树形结构组织，

所有执行活件的工作流程所包含的信息都在树形结构中储存，JDF 节点树状结构如图 7-5 所示。

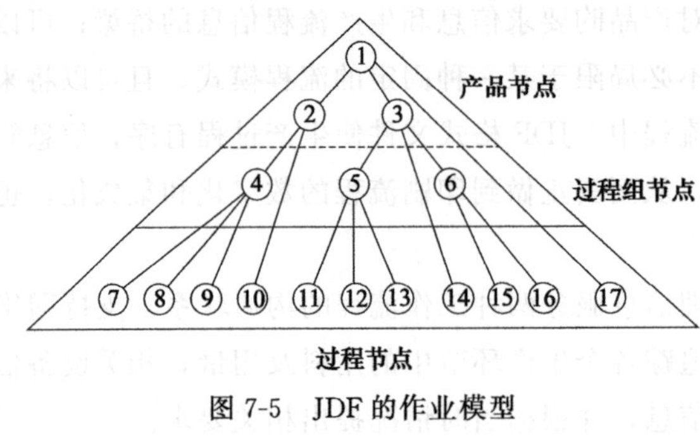

图 7-5　JDF 的作业模型

图 7-5 中的数字代表不同的节点，即代表不同的工作流程，整个 JDF 作业呈金字塔形状按层次排列，由上而下分别是产品节点、过程组节点和过程节点等三种节点。整个流程都是在不同资源协同驱动下工作的。由于产品节点、过程组节点和过程节点等之间的相互协同关系，从而使节点之间形成了复杂的过程网络结构。

树状结构的核心是节点。节点在 JDF 文件中由名为 JDF 的元素来定义，它包含有众多的子元素和属性。整个树状结构在 JDF 文件中就是通过根节点的 JDF 元素及其包含的子节点，以及每层子节点继续包含下层节点的描述方式实现的。有多少个节点，相应的 JDF 文件中就有多少个 JDF 元素。节点元素 JDF 包含的重要的属性有 ID、Type、Status。包含重要的子元素有 JDF 子节点元素、Resource Pool（资源池）、Resource Link Pool（资源链接池）。其中 Type 属性表明了节点的类型，而 Process 节点又是其中最重要的一种类型；Status 属性表明了节点的状态，如 Waiting（等待）、Completed（完成）等；Resource Pool 及 Resource Link Pool 这两个子元素则是描述处理节点所要用到的输入输出资源。Process 过程和 Resource 资源是 JDF 节点的重要组成部分。Process 是 JDF 中的一个重要概念，它代表着最基础的执行单元。每个 Process 负责完成一个单一的具体任务，例如解释、色空间转换、陷印、加网、裁切、折页等。资源是 JDF 中一个很广泛的概念，既包含了输入输出页面文件等电子数据，也包括了执行一个过程所必需的参数，还包含了对一些真实原材料的描述，如胶片、印版、油墨等。每个节点都需要相应的输入输出资源，尤其对于一个具体的 Process 节点，更是规定了该节点必需的资源，节点与资源的关系如图 7-6 所示。

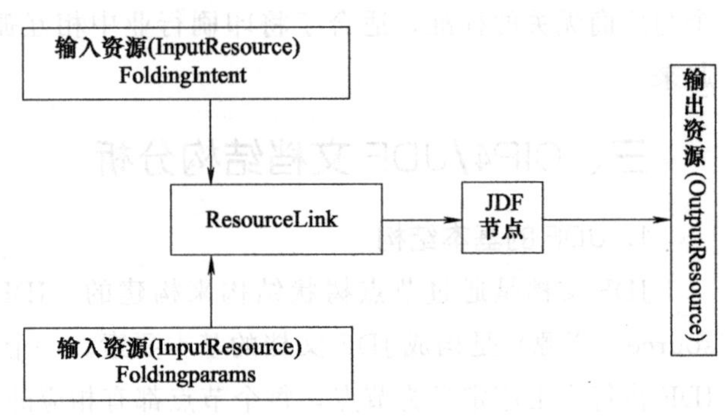

图 7-6　节点与资源的关系

2. CIP4/JDF 文档结构分析

(1) JDF 中油墨预置的关键节点分析　通过对 JDF 文档

结构和文档中的内容仔细分析发现，CMYK 四色版的网点面积率数据信息包含在 JDF 根节点的子节点中，该子节点的名称是资源池节点 Resource Pool。在此节点中包含 4 个子节点信息，墨区计算参数 Ink Zone Calculation Params 和墨区设置框架 Ink Zone Profile 是其中的 2 个子节点，也是文中介绍的重点，其他节点信息不作详细叙述。

在 Ink Zone Calculation Params 子节点中主要包含印刷当前作业时印刷机的墨区结构尺寸的相关参数，节点所包含的相关参数是生成墨区框架 Ink Zone Profile 的前提条件，见图 7-7。规定印刷该作业时所需印刷机各墨区的宽度 Zone Width 为 99.2125984points，高度 Zone Height 为 1771.653543points，墨区数 Zones 为 26。points 是默认单位，可以通过一定的转换关系得到所需的单位。

InkZoneCalculationParams

=Class	Parameter
=ID	Link33644156_021685
=Status	Available
=ZoneHeight	1771.653543
=ZoneWidth	99.2125984
=Zones	26
=ZoneY	1

图 7-7　Ink Zone Profile 结点结构

在墨区框架 Ink Zone Profile 子节点中包含了油墨预置所需的相关数据信息。印刷机墨区中设定所需的参数见图 7-8（以 C 色版中的数据为例），从图中可以读取相关信息。节点中包含了 6 个属性值，分别为 Separation、Status、ZoneHeight、ZoneSettingX、ZoneSettingY、ZoneWidth。属性值中包含的数字的个数代表墨区的数量，每一个数字大小代表相应那个墨区的网点面积率。第 1 个数字对应第 1 个墨区，第 2 个数字对应第 2 个墨区，依此类推，图 7-8 中共有 26 个数字，代表 26 个墨区的网点面积率，网点面积率的最大值为 100%，最小值为 0，0 代表该墨区没有墨，1 表示整个墨区都有墨。JDF 文档以这种存储方式将每一版面的每个色版（CMYK）相应的每个墨区的信息都保存起来。

```
<InkZoneProfile ...
 Separation="Cyan" Status="Available" ZoneHeight="1451.338583"
ZoneSettingsX="2.552319004555964E-4 0.23347108314479864
0.39557497878959436 0.3980868212669701 0.4201399297699865
0.4057804840686292 0.00965709841629265 3.1086244689504383E-15
0.0016204751131252747 0.0017707744155385473 3.1086244689504383E-15
0.05059442166289834 0.20640135982277744 0.2011893146681 7727
0.20425757682881085 0.21600602139894665 0.07153433729261217
0.007031603506790413 4 0.002227917609354532 4 0.0026339790724012 87
0.005992352469837172 0.0017822633861267828 0.008642180429867335"
0.0017707744155385473 0.0016204751131252747 0.0'
ZoneSettingsY="0.12368044369713041" ZoneWidth="92.125984"/>
```

图 7-8　Ink Zone Profile 结点结构

(2) JDF 文档中的油墨预置信息读取　JDF 规定了信息与系统进行交换的标准，以及不同信息之间的交换方式。正是基于这种交换模式，JDF 链接集成印刷生产中的所有流程系统。基于对 JDF 文档结构的分析，以及寻找关键节点信息的过程研究，制定网点面积率数据提取流程见图 7-9。结合图 7-9 以及对 JDF 文档结构的详细分析，编写实际的代码解析 JDF 文档，读取 ZoneSettingX 属性值中的数据，解析得到的数据即为网点面积率。

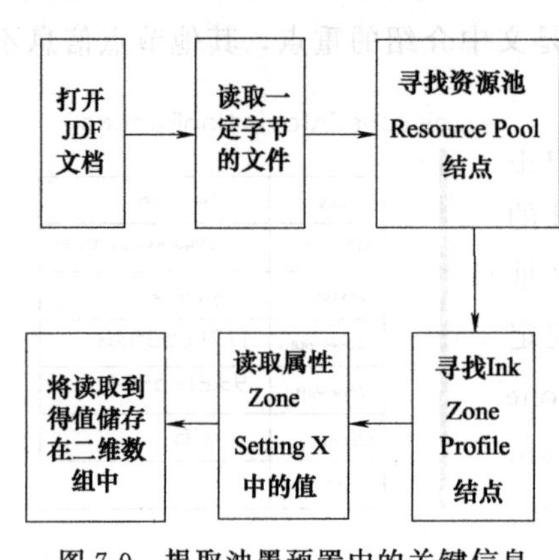

图 7-9　提取油墨预置中的关键信息

(3) 网点面积率与墨键开度值的关系分析　通过实验获得符合印刷标准的相关数据，采用最小二乘法将网点面积率和墨区墨键值之间的转换关系拟合为曲线函数，这种曲线被称为墨色转换曲线。

在实际实验中，印刷机的性能、印刷时所用的原材料、印刷速度的设定、环境温度以及湿度、印刷机水墨平衡等一系列工艺条件对墨色转换数据的精准性有很大的影响。理论上可以通过建立理论模型获得墨色转换数据，但鉴于涉及的因素较多，建议对于不同的印刷机建立相应的实验。以黑色各网点面积率与墨键开度值的墨色转换数据为例，待工作人员调整印刷机各方面性能参数之后，在印刷机性能相对稳定的情况下，连续印刷 200 张左右印品后随机抽取 10～15 张样张，检测每一份样张的墨区实地检测条，并记录数据。当各墨区实地检测条的密度达到 1.5 左右时，网点面积率为 10%～100%所对应的墨键开度值就能够从操作面板中所对应的黑色组号中读取并记录，至此完成黑色墨色转换数据的采集。将这些数据存放在数据库中，并在工艺数据模块中显示，并且作为拟合墨色转换曲线时的参考数据。其他三种颜色数据以同样的采集方法进行，只是数据不同。采集完成后可以通过数学方法将 CMYK 四色的墨色转换数据建立墨色转换曲线，所采集数据的精准性是影响实验误差的主要因素。在实验数据的采集过程中，为了获取精准的数据必须在印刷机性能稳定的前提条件下，调整好印刷机的水墨平衡，保证印刷产品的色彩质量，从而使得到的数据曲线更符合印刷机的实际情况。墨色转换曲线建立后，其他不同网点面积率所对应的墨键开度值可运用插值法在墨色曲线中求得。结合 JDF 文档中读取的网点面积率和墨色转换曲线，利用插值法转换成对应的墨键开度值。

第三节　基于 CIP3/CIP4 标准的油墨预置技术

一、传统油墨预置方式

传统方式的油墨预置，通常是由印刷机台操作人员通过观察印版和色稿，根据经验对印刷机墨键和转速进行控制，由此控制放墨量，以达到跟色的目的。

开机前，根据印版或样张的图文分布状况，估计各个墨区的大致油墨量，作为墨量的预先设定值，开机后再根据印刷品的具体变化作进一步调整。显然，这种放墨方式比较粗略，精度因人的操作经验和主观认识不同而形成较大的差异。这种预放墨方式从开机到正式印刷时，纸张消耗量多，调整费时，机器操作人员的工作强度也相应加大。

二、基于 CIP3/CIP4 标准的油墨预置技术

油墨预置技术主要包括油墨量的预先运算和修正，以及数据置入印刷机生成相对比较准确的墨键值来指导印刷生产这两个过程。即所谓的“预”与“置”两个部分，而油墨量预先调整的“预”的运算及数据的修正是发挥油墨预置技术的关键所在，因为油墨预置的主要目的就是保证在印刷开机之前已经对其墨量进行了准确设置。

通过将印前文件转换成墨键信息，直接发送到印刷机，印刷机读取转换后的对应墨键信息，完成自动放墨。这样就使印前与印刷直接相联构成完整的数据链和信息流，使印刷流程一体化。油墨预置系统整合了印前与印刷，使复制过程更加准确，同时提升了印刷色彩的稳定性和一致性，提高了效率，降低了浪费。

1. 油墨预置技术的构成

油墨预置技术是印前和印刷数字化的产物，伴随着印刷数字化的推进，其技术也在不断地演进中。油墨预置是印刷机控制系统的重要组成部分，但又不全是印刷机的控制系统所能包含的。整个油墨预置系统由版面数据导出系统、墨钉数据运算和修正系统、墨钉执行系统三部分组成。其中，印前数据导出系统由用户的印前输出系统生成，其格式需服从和服务于墨钉数据运算和修正系统的要求。墨钉数据运算和修正系统一般都是印刷机控制部分的一个子模块，多数与生产方式相关联，也有单独的软件，如华彩、华光系统等，用于将版面信息根据墨钉的间距和版面布局，计算出各个墨钉对应的油墨覆盖率，再通过修正系统得出墨钉的实际预置值，形成相应的墨钉执行系统所需要的格式文件。墨钉执行系统实际上就是具有数据接收能力的数字化油墨遥控系统，接收数据后对墨钉进行预先的调整。

2. 油墨预置系统的配置

油墨预置（Ink Presetting）系统是 CIP3/CIP4 的典型应用。

（1）文件转换模块（Ink-setter Converter） Ink-setter Converter 通过计算，从 RIP 产生的文件中得到油墨覆盖率信息。输入的文件格式可以是标准的 CIP3/CIP4 格式，也可以是标准的 1-bit Tiff 格式，甚至也可以是各个 RIP 自己特殊的格式。Ink-setter Converter 所能接收的格式包括 CIP3/CIP4，1-bit Tiff，Agfa Apogee

PDF RIP，Nexus Artwork，Heidelburg Delta RIP，Kodak Prinergy，Screen True flow……

(2) 油墨预置模块 (Ink-setter Preset) Ink-setter Preset 接收来自 Converter 模块的信息，把墨键放墨量信息发送到印刷机机台，完成油墨预置的动作。Ink-setter Preset 的另外一项重要功能就是优化学习功能。

因为墨键放墨信息来自电子文件，是标准的和理想的。而实际印刷机的状态可能千差万别，不同的材料也会对色彩有影响，因此初始放墨信息并不能反映印刷机当前状态。通过印刷机长的手动调节，对初始设置进行修正并保存，Preset 模块可以根据保存的实际墨键设置，学习和了解印刷机当前状态，同时生成一条补偿曲线，并自动应用于下一个活件。这样的补偿曲线以材料类型分类，不同的纸张生成不同的曲线。Ink-setter Preset 主要功能：油墨预置，优化学习自动归档，重印，预览。

(3) 闭环校正模块 (Ink-setter Closed-Loop) 印刷机的状态总是在变化中的，同时影响印刷色彩的因素又不胜枚举，因此对印刷设备的标准化过程往往效率低下，成本高昂。

Ink-setter Closed-Loop 模块使用配套的扫描型分光密度计，在生产过程中，对印刷品的控制条进行扫描，计算出当前不同墨键区域墨量的实际密度值，反馈给系统。根据预先设定好的补偿规则，对颜色进行修正，并将修正后的墨键信息自动发送到印刷机台，达到实时控制色彩的效果。

Ink-setter Closed-Loop 是油墨预置的选配模块。

(4) 硬件接口 (Ink-setter Connector) 通过硬件接口，才能把墨键信息从预置模块所在的电脑传输到印刷机台。不同品牌的印刷机，所使用的接口也不尽相同。

3. 油墨预置系统的特点

CIP3/CIP4 油墨预置技术已愈来愈多地应用于生产中，从而可以减少纸张、油墨的使用量，大大降低生产成本，提高企业的竞争力。而且使用印前文件的油墨预置系统具有很高的精确性。精确度的提高意味着无需进行多次试印刷就可以达到样稿的颜色效果，自然也就减少了很多次试印刷中所用的纸张与油墨，主要表现如下。

① 缩短开机准备时间，提高印刷机的效率。一台进口四色印刷机能在 10min 内完成印版的单面四色套准及校色，缩短了传统的上版及校色时间，适应于短版活的时间要求。

② 具备墨量数据优化功能，提高墨量预置的准确度和墨量控制的精度。由于引入数据工艺流程取代了人工校色环节，能保证印样与印品的一致，且能多次重复一致，能适应当前客户对颜色的高品质要求。

③ 降低生产成本。由于减少了试印刷次数，缩短了印刷机的开机准备时间，也就意味着有更多的时间用于正常的生产工作，减少了企业本应支付的某些固定支出，大大降低了生产成本。因此，CIP3/ CIP4 技术的引进，对提高印刷品的质量、降低成本、增加效益、拓展新的市场、提高企业的竞争力具有重大的突破。

4. 油墨预置的具体流程

基于 CIP3/CIP4 标准的油墨预置技术通过分析印前输出中经过 RIP 分色加网的 1-bit TIFF 文件，依据印刷机的结构、墨键数量、色版顺序对该版面信息进行分区，计算出各个区域对应的单色的网点覆盖面积率，再根据网点覆盖面积率和墨刀开度之间的关系得出油墨预置量，由 CIP3/CIP4 解释器解释生成油墨预置数据，经过油墨预置软件修正后，生成油墨预置文件，并通过数据交换机传输到印刷机控制台进行墨量预置，如图 7-10 所示。

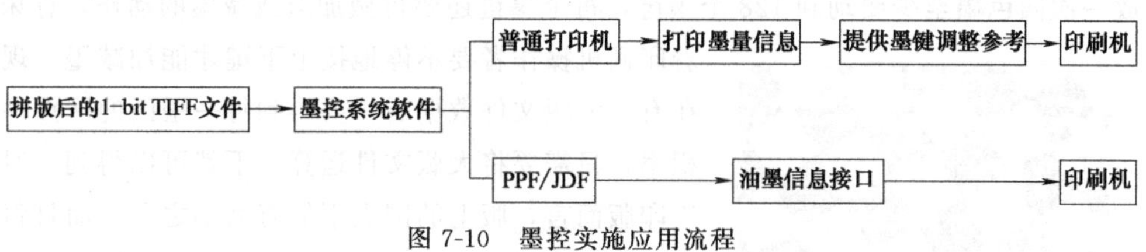

图 7-10　墨控实施应用流程

CIP3/CIP4 油墨预置技术就是指从印前环节直接产生油墨预置数据的技术。从印前环节直接生成油墨预置数据是数字化工作流程的一部分，它的主体是一个可以对印刷机墨键进行预置的控制模块，预置技术的流程如图 7-11 所示。

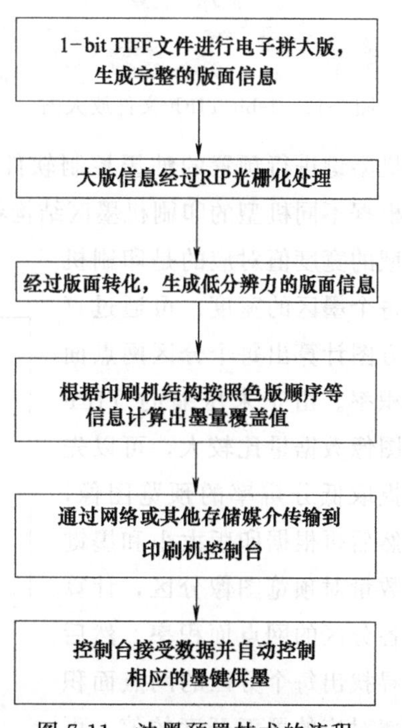

图 7-11　油墨预置技术的流程

在 CIP3/CIP4 对印刷机的墨键进行预置时，首先读取图文信息（RIP 数据），根据印版大小及墨键数量得出机台控制信息，并在 PPF/JDF 档案中记录或者打印到纸张上，然后用于印刷机各个墨区的墨键预置。对于有 CIP3/CIP4 信息接口的印刷设备，预置数据以 PPF/JDF 格式的文件通过存储器或网络传递到印刷机控制中心，实现数字化的自动墨量调整。没有 CIP3/CIP4 信息接口的印刷设备，墨控系统生成的墨量信息可以打印到纸张上供印刷操作人员参照调墨键。

CIP3/CIP4 油墨预置技术在对印刷机的墨键

进行预置后，在光栅处理的同时，页面就被翻译出来，确保精度高，节省调墨时间，减少开印废品率，为多机组间的质量均衡提供管理依据。通过以上油墨预置技术得到的印刷机机台墨控信息，有很高的精确度，有效提高了印刷机墨区分配的合理性和准确性。

5. 油墨预置数据的生成

要对印刷机做到开机前的油墨预置，最主要的是将印前大版文件经过处理传递给相应的转换软件，然后传给印刷机操作系统。但是，印刷机的每色墨区数量并不是都相同，如海德堡的对开机是每座 32 个墨区，每个墨区的宽度是 32.5mm，而罗兰 700 则是 34 个墨区，每个墨区的宽度是 30mm。在 CIP3/CIP4 出现之前，印刷机操作者大都会依据每一色版上对应的每一个墨区的网点面积率的多少来做油墨预置的操作。用手动按键来调整墨键的开合程度。以 32 个墨键的四色印刷机为例，放一次四色墨至少要动到 128 个墨键，每个墨键还要再做加墨或减墨的动作，意味着印刷机操作者要不停地按上下键才能加减墨。现在有了大版文件数据后，要得到每一墨区的网点面积率，只需要将大版文件运算一下就可以得到。对于印版而言，版上的网点不但有大小之分，而且每个点都是全黑的，同时也是接受油墨的最小单元，这些网点在 1-bit TIFF 文件里又是有更小的大小相同的点组成，如图 7-12 所示。

图 7-12　1-bit TIFF 文件放大图

CIP4 标准油墨预置的主体是一个可以对印刷机墨键进行预置的油墨控制软件，数据源是 RIP 分色加网后的 1-bit TIFF 图像。根据不同机型的印刷机墨区结构将图像在宽度上平均分为 20 或 32 个等份，每个区域的宽度值对应的是印刷机每个墨区的宽度。可通过直方图计算出每个分区网点面积率。由于未压缩的 TIFF 图像数据量比较大，可以先提取低分辨率的预览图像，然后再根据印版大小和墨键数量对预览图像分区，计算各分区的网点面积率。然后寻找出每个分区的网点面积率对应的墨刀开度的值。可通过实际印刷中寻找每个网

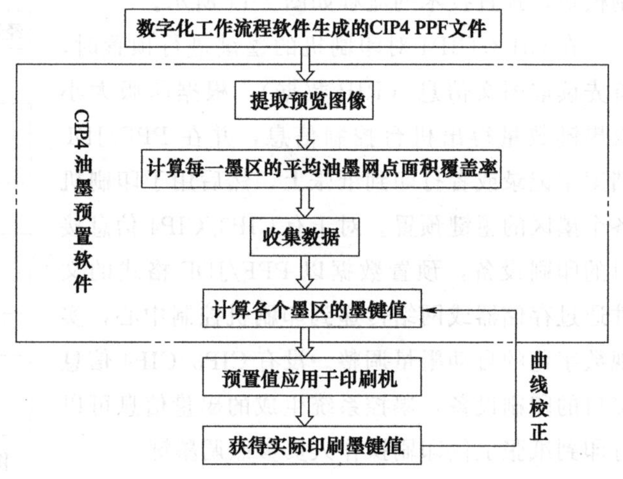

图 7-13　CIP4 油墨预置信息的转换流程

点面积率与所需墨量之间对应关系，再根据墨量与墨刀开度之间的关系建立网点面积率与墨刀开度值之间的关系，将墨刀开度值记录在 PPF 档案中或者打印到纸张上，应用于印刷机的墨键。CIP4 油墨预置信息的数据转换流程如图 7-13 所示，可简单地概括为通过基于 CIP4 格式的 PPF 文件，计算版面上各墨区的油墨覆盖率，再将其转化为对应某些品牌的印刷机可以接收的墨键信息（墨键值）。不同的印刷机的油墨覆盖率与印刷机的墨键值之间没有一个确定的数学函数关系，比如与海德堡印刷机匹配的油墨预置软件 Prepress Interface 跟高宝的 Cip Link-X 软件就有着一些不同之处。

1-bit TIFF 文件是目前所有系统用于版面输出的标准中间文件，激光照排机、CTP 设备等都可以直接接收，也是国外油墨预置技术的标准数据来源之一。1-bit TIFF 文件就是让激光照排机或 CTP 制版机知道哪些地方要打点，哪些地方不打点。而这些点不论其大小，都是黑点，其信息传递到版上以后，主要的功能就是接受油墨。

无论是从扫版机得到的墨区网点百分比，还是由 1-bit TIFF 文件计算得到的墨区网点百分比，都是根据黑（网点）和白（空白部分）的比例做整个版面的划分，依据墨区的大小来计算每个墨区该有的放墨量。所以，油墨预置百分比的取得，如果对印前流程而言，可以从 PDF 的大版文件，或者从 RIP 后拼大版所产生的 1-bit TIFF 文件计算得到。为了可以达到数据交换的目的，就必须写成通用的格式，最普遍的格式就是 CIP3/CIP4 所制定的 PPF/JDF 文件格式。

这些标准格式大都可以由 RIP 得到，而在使用接口方面上大都能接受 1-bit TIFF 或 PDF 大版数据文件。

6. 通过理论分析的方法计算各个墨区的墨键值

不同印刷机机型墨键值的表示方法不同，油墨覆盖率和印刷机墨键值之间并不是简单的线性关系，两者之间没有固定的关系式，只能是一种机型对应一种转换关系，因此需要解决的一个问题就是设定多少墨键值才能在相应墨区的纸张上获取足够的墨量。

纸张上墨层的厚度为 0.7～1.3μm（依据国标）。墨膜的厚度、墨区内平均油墨覆盖率和墨区的面积共同决定了这个墨区内所需要的墨量。为了给墨区内提供足够的墨量，需要设定合适的墨键值。在墨斗辊处能够获取的墨量取决于墨区宽度、墨键设定值以及墨斗辊的半径。

从理论上来讲，油墨的面积可由下式表示。

$$A=(r+h)^2-r^2=h^2+2rh \tag{7-1}$$

式中，A 为油墨的面积；r 为墨斗辊的半径；h 为墨键值，见图 7-14、7-15。

将该式结合墨区宽度和墨膜厚度就能够给出一个墨区内的墨量值。然而，这只是一个理论上的值，因为在印刷过程中有很多因素都会影响到印刷墨量的转移，如印刷压力、油墨本身的特性、墨路的设计等，实际转移到纸张上的墨量和理论计算的并不一致。利用油墨覆盖率和墨键值之间的转换曲线可以将油墨覆盖率转化为墨键值。

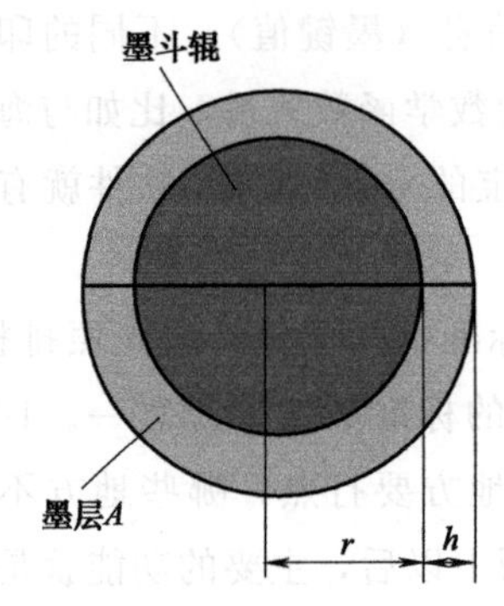

图 7-14　墨斗辊及墨层的剖面

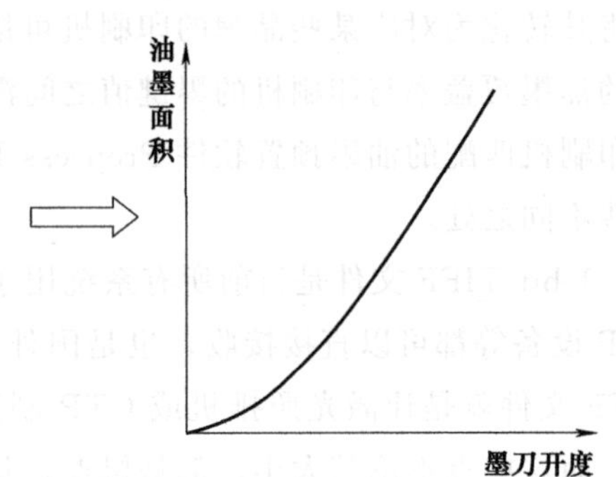

图 7-15　墨刀开度与油墨面积的函数关系

7. 油墨预置的传输

有了油墨预置数据并不能直接控制印刷机的墨键，PPF 档案中记录了每个墨区的网点面积率，但无法实现不同厂商的印刷机印出相同的效果。而从大版文件得到的 PPF 文件上的数据，给同型号的印刷机，其数据都是相对固定不变的。油墨预置数据传到印刷机的控制机台后，必须经过印刷机作业系统的放墨曲线来调整，才可以保证墨键预调多少的间隙能得到需要的效果。

目前，国内外应用较多的连接 CIP3/CIP4 的 PPF/JDF 文件到印刷机控制台的软件为瑞士 Digital Information Ltd . 公司开发的 InkZone 系列软件。下面就以 InkZone 软件为例说明油墨预置数据的传输。

DI-Plot 软件的设计是为了提升印刷业的生产力，它独特的转换和运算工具可以读取 1- bit TIFF，8- bit TIFF，CIP3/CIP4 格式的文件可以转换成所需要的输出格式如 CIP4/JDF、PDF、TIFF 等。在这里 DI-Plot 读取 1-bit TIFF 文件或 PPF 文件得到预放墨数据并以 . ink 格式存储。例如，有一印件 A 制好 CTP 版后，产生一份 A0. ppf，同时这个 A0. ppf 文件传到 DI-Plot 软件中，DI-Plot 将 A0. ppf 先转换成 InkZone 的内部文件格式 A0. ink，再通过 InkZone PERFECTOR 软件转化成机器可以识别的格式，如果是海德堡印刷机则 InkZone PERFECTOR 将 A0. ink 转化成 A0. hei，如果是曼罗兰印刷机则转化成 A0. man，如果是小森印刷机则转化成 A0. kom，然后把这些相应的数据传到印刷机的墨控台。如果印刷过程中这些数据经过操作人员的调整，并达到可以接受的质量要求时，将这一组调整好的墨控数据（A1. hei 或 A1. man 或 A1. kom）会被储存回 Ink Zone PERFECTOR 的硬盘中，以备将来的线性化使用，如图 7-16 所示。

然而，由于印刷机墨斗出墨量与标称刻度并非线性关系，而根据版面图文分布信息分析计算所得版面油墨数据是线性数据，以及由于使用年限较长、设备磨损较大的机器，墨斗墨键处于非标准状态，再加上所用的承印材料、油墨、版材的类型，环境的温湿度等等的影响，这时对预放墨数据进行调整转化就变得非常有必要，使之与墨斗实际放墨量数据趋于一致。

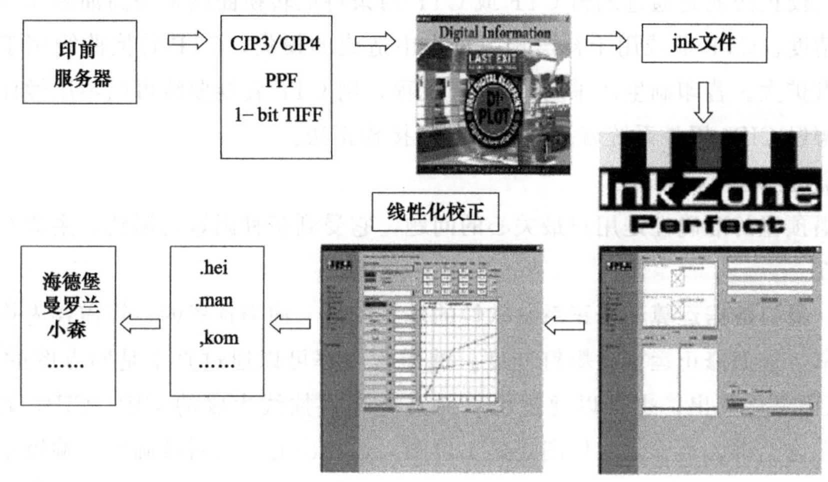

图 7-16 CIP3/CIP4 预放墨流程图

8. 稳定控墨的方法

虽然有了油墨预置曲线的设定，但是由于印刷机本身墨路的结构、油墨的特性、版面图文分布状况、印刷机的速度等诸多因素的影响，刚达到理想的浓度值并不能一直维持到印刷结束。因此必须要借助各种方法才能做到稳定准确的控墨。

(1) 主观目视法 此法以人眼主观观测的方式，但不一定快速。因为人眼是最敏感但也最容易疲劳的，而且要同时照顾到四个色版上的墨键，以每个单位 32 个墨键来计，就有 128 个墨键需要调整，虽然不是每个墨键都需要调整，但工作量也是相当大，并且每一位印刷机长的判断以及经验也不尽相同，常常造成品质上的不稳定。

(2) 仪器测量法 此法通常是印刷操作者将印出来的印刷品拿到看样台上，采用密度计或分光光度仪扫描彩色导表上的每一墨区色块，得知哪个色版、哪一墨键需要做加减墨，然后将此信息传到墨键上的步进电机调整放墨量。现在也有设备制造商开发出扫描整张印刷品色彩值的监控仪器，而不是扫描单一的彩色导表，如海德堡的 CPC 系统。

CIP4 控墨机制采用曲线校正方法，主要有直接校正法和间接校正法两种。

直接校正法就是通过校正油墨覆盖率与墨键值转换曲线来达到使墨量控制更加精确的一种校正方法。高宝 CIP4 墨控软件就是采用直接法。使用该墨控软件生成的油墨预置值进行印刷时，常常产生墨区的墨量偏高或偏低，因此就需要找出这些墨区的油墨覆盖率，然后调节墨区的墨量，直至达到印品所需要的墨色后，记录印刷机此时的墨键值，通过直接修改油墨覆盖率与墨键值的转换关系进行校正，从而提高油墨预置的精度。

间接校正法就是通过编辑 CTF 或 CTP 两条特征转换曲线来提高油墨预置软件的预置精度。CTF 曲线用于补偿晒版过程中造成的损失，CTP 转换曲线用于补偿印版网点扩大。若印刷生产采用的 CTP 流程，则 CTF 转换曲线可以不用做任何变动。海德堡 CIP4 墨控系统就是采用这种间接校正法。

9. 油墨预置的准确性

油墨预置的准确性是用户最关心的问题，它受到多种因素的制约，主要有以下几个方面。

(1) 墨钉数据运算和修正系统软件的本身特性 油墨预置的运算需要先算出油墨覆盖率，进而修正运算出墨钉开度。油墨覆盖率可以通过真正是网点图的 1-bit TIFF 版面文件算出，也可以通过由版面点阵文件抽线生成的 CIP3/CIP4 文件算出。从理论上讲，不管是 8 位图还是 1 位图，运算出的结果对准确性影响极小。油墨覆盖率并不等同于墨钉开度，二者要形成一组组曲线对应关系。形成这个关系的过程一般称为自学习功能，通过几组不同的印刷品，通过描点的方法形成油墨覆盖率和墨钉开度的对应曲线。不同油墨的黏度不同，曲线也会不同。从理论上讲，这个过程并不十分严谨，它取决于不同印刷品的特性，软件本身的编写对准确性有一定的影响，而且作为修正基准的实际印刷品是否准确也是影响因素。对报纸印刷而言，还存在着版面上图文分布规律以及是否存在印前大幅度超墨量分色等问题，这也是报纸印刷油墨预置准确性相对较低的主要原因。

(2) 墨钉执行系统（即墨控系统）的准确性 墨钉执行系统的准确性反映了墨钉给定值和出墨量间的线性关系是否良好，这并不意味着二者肯定是一个直线关系，但至少这种线性关系是相对较好的。不会出现不同墨钉间线性差距过大的问题，否则墨量修正软件将无所适从。这就需要墨钉系统的机械和电子性能良好，墨刀有较好的刚性，还需要定期对墨斗进行清理，对墨控系统进行零点校正等。

(3) 印刷机的墨控性能 墨钉输出的墨量能否准确、稳定地转移到版面上，进而转移到纸面上，有赖于印刷机的传墨匀墨系统的性能、维护保养是否良好以及印刷压力是否恰当，有赖于水墨平衡的准确把握。如果墨路系统中残存着过多上次印刷的剩余墨量，对油墨预置的效果是有影响的。从理论上讲，墨量的预先调整有利于水墨平衡的尽快建立，但开机时水量的合理把握，仍然是墨量预置效果发挥的重要保障。

在此需要提出的是，CIP3/CIP4文件不是影响油墨预置准确性的因素。实际工作中，很多人把油墨预置不准确归结为CIP3/CIP4文件不准确，而实际上CIP3/CIP4文件并不包括任何墨量信息，也不包含油墨覆盖率的值，其核心内容是版面图，只是数据源。这也是CIP3/CIP4文件具有通用性的根本原因。

从上述几方面可以看出，油墨预置是否准确，与软件设计有关，与印刷机的性能有关，还与操作水平和维护保养有关。印刷过程是一个受操作水平、设备状态、现场环境等多种因素影响的模拟生产过程，完全用数字化来指导整个生产过程具有一定的局限性，因此，油墨预置的准确性也是相对的。

三、影响油墨预置准确性的因素

印刷是一个非常复杂的过程，涉及的因素众多，如印刷条件、印刷机状态、油墨的传递和转移特性、印刷机上墨的最小墨量、油墨预置源文件等均与油墨预置效果有着密切联系。

1. 印刷条件

印刷车间温湿度变化对油墨转移性能具有重要影响，而印刷压力、印刷速度、承印物及油墨等的变化均会引起油墨转移率、叠印率、网点扩大等的变化，从而影响油墨预置的效果。

2. 印刷机状态

印刷机的墨键和水墨辊的状态稳定是实施油墨预置的前提条件，其直接影响油墨的输出和转移结果。

墨键的任务是控制墨斗输墨量的多少。若墨键零位没有校准或墨键失灵，油墨预置将得不到相应的墨斗油墨输出量。

水墨辊的作用是将油墨薄膜均匀、定量地转移到印版上，并控制水墨平衡。润版液和油墨是依靠两辊之间的压力进行传递的，辊子之间的压力过小或过大，均会影响传递油墨和水的能力。当然，油墨和水的传递能力还与水墨辊的表面状态有关。若水墨辊表面钙化或出现裂纹，会造成水墨辊表面结构变差，影响油墨和水的传递，进而产生印刷质量问题。

3. 油墨传递和转移特性

为了使油墨得到充分铺展，避免墨色不均等印刷故障的产生，需要串墨辊在进行周向旋转的同时还进行轴向串动，其结果是网点面积率低的墨区会从网点面积率高的墨区得到扩散的油墨，这意味着油墨供给量与对应部位的网点面积率不是完全对应的。然而，网点面积率高的墨区要求墨键开度大，墨斗辊输出的墨量多，网点面积率低的墨区要求墨键开度小，输出墨量少。因此，在相邻墨区墨量网点面积率差别不大的情况下，串墨造成的影响可以忽略不计；但如果相邻墨区网点面积率相差悬殊，就会影响油墨预置的准确性。而现有的油墨预置系统往往只以本墨区的网点面积率为依据进行墨量预置，所以预置精度不高。

此外，油墨从墨斗向承印物传递的过程中还存在回流现象，势必影响油墨的转移量，而且对网点面积率低的墨区回流造成的影响更为明显。目前除了曼罗兰公司的油墨预置系统考虑了油墨的回流外，其他系统大多忽略了这方面的影响。

4. 印刷机的最少上墨量

实际印刷过程中，从墨斗出来的油墨并不是都会被转移到纸张上。油墨会经过不同的滚筒，分散并转移印刷到纸上，其中一部分油墨并没有用于印刷，滚筒上的油墨应计算在使用墨量内。另外，不同型号的印刷机所需要的最少上墨量不同，最少上墨量对印刷的影响也会随印量的增加而减小。

5. 油墨预置源文件

目前，所有油墨预置系统使用的 PPF 文件均是基于数字文件计算生成的，并没有考虑到 CTP 制版过程中网点的变化，因而其与印版上的网点面积率并非完全一致。加之在实际印刷过程中发生的网点扩大部分也需要着墨，从而导致墨区实际所需的油墨量大于油墨预置量。

四、油墨预置优化工艺

影响油墨预置精度的因素很多，若单从改进印刷工艺入手以优化油墨预置的效果，则需着重做好以下几方面的工作。

1. 水墨辊压力调节

为了提高油墨预置的精度，必须保证油墨的正确传递，需要在水墨辊无变形、表面性能良好的基础上，定期对水墨辊进行压力调节。不同机型和不同胶型的水墨辊均有最佳压力调整标准，应在咨询印刷机厂商后再用压痕法进行调节，根据压痕宽度来判断辊子之间的压力大小。

2. 墨键零点校准

现在大多先进的胶印机将整个印刷幅面横向分为多个墨区，每个墨区具有特定的宽度，并对应印张的不同区域。每个墨区设有一个可开合的墨键，由控制台设定墨键数值，将数值换算成驱动电机转角改变的信号，带动墨键上下运动来控制墨斗片和墨斗辊之间的间隙，使墨键在适当的行程内运动，从而保证墨斗辊上各墨区输出适量的油墨，改变印刷页面整体或局部墨量。

胶印机有时会由于局部几个墨键的缝隙中有墨皮使一些墨键被卡死或只能在一定范围内摆动，即造成墨键的失灵，从而导致输出墨量不准确。为避免这一现象，可定期采用黄油对墨键进行润滑，具体方法是：将墨斗清洗干净后，将单数墨键数值调到最大、双数墨键的墨量调节到零，并用干净的抹布蘸黄油后来回擦拭墨键，使黄油黏附在墨键的两侧，再将单数墨键的墨量调节为零，将双数墨键的墨量调节到最大，继续用带黄油的抹布擦拭墨键；擦拭黄油后，再使墨键单双数交替从零变化到最大值，以保证黄油能进入到每个墨键之间的间隙中。

另外，胶印机使用一段时间后，由于墨斗部位的材质受热膨胀、刮刀磨损、墨斗辊重力作用变形等原因的影响，导致油墨预置数据与实际印刷时的墨键开度调整会不可避免地出现误差，从而需要定期对墨键进行零点校准。

3. 确定最佳印刷密度

如果已采用油墨预置系统，但印刷无标准，油墨预置系统仍无法充分发挥其优势。因此，为不同的油墨和纸张组合确定最佳印刷密度显得尤为重要。

4. 印刷网点扩大补偿

理论上，只有有网点的地方才会有油墨传递，因此所消耗的油墨量实际与墨层厚度和网点面积率成正比。而网点从印版到橡皮布再到纸张的转移过程中，油墨由于印刷压力的作用会向网点四周的空白部分扩展，必然造成网点扩大，使印刷出来网点面积与实际所需的网点面积存在差异，从而导致色彩再现不准确，进而干扰油墨预置的准确性。因而在通过实地密度控制墨层厚度的同时，必须双管齐下，对印刷网点扩大进行补偿，稳定印刷网点扩大在标准范围内。

5. 确定最佳油墨预置曲线

海德堡、小森等油墨预置系统均具有油墨预置曲线，但这些厂商提供的曲线不是万能的，必须根据实际印刷生产所使用的纸张和油墨等条件进行优化，确定最佳油墨预置曲线。

第四节　计算机集成印刷系统

计算机集成印刷系统 CIPPS 是在提高单元制造设备数字化和智能化的基础上，通过网络技术将分散的印刷制造单元互联，并利用智能化技术及计算机软件使互联后的印刷制造系统、管理系统和集成优化，形成适用于小批量、多品种和交货期紧的柔性、敏捷、透明和高效的印刷制造系统。

一、计算机集成印刷系统的提出

1. 传统印刷制造系统面临的问题

随着印刷品消费的个性化，小批量多品种的印品生产需求骤增，同时社会生活和经济活动节奏的加快，使得印刷品交货期越来越短。传统印刷制造系统在降低制造成本、提高生产效率和高效化管理等方面面临巨大挑战，因此印刷制造系统的柔性、敏捷、透明和高效成为急需解决的关键问题。

(1) **柔性** 要尽可能地缩短印刷制造系统从一个作业转换到另一个作业的时间。转换时间越短，则印刷制造系统越柔性。

(2) **敏捷** 要尽可能地缩短印刷制造系统响应客户印刷品生产需求的时间。响应时间越短，则印刷制造系统越敏捷。

(3) **透明** 印刷制造系统在生产过程中，生产的管理者与操作者能够即时地获得印刷制造系统的生产情况，客户能够即时地获取其委托印品当前所处的生产状态。

(4) **高效** 印刷制造系统在印刷品生产管理过程中，要使物流、信息流和资金流在“透明”的生产系统中高效协调地运转，使得生产和管理成本降低，生产效率提高。

2. 计算机集成印刷系统的提出

在印刷生产过程中，从技术角度分析，存在“管理信息流”和“技术信息流”。“管理信息流”包含“生产管理信息流”和“商业管理信息流”。“技术信息流”包含“图文信息流”和“生产控制信息流”。“生产管理信息流”是印刷作业的计划、统计、进度、作业状态和作业追踪等信息。“商业管理信息流”是订单处理、生产成本统计、资金管理和产品交付等信息。“图文信息流”是需要印刷复制的内容信息，如由客户提交复制的文字、图形和图像等。“生产控制信息流”是使印刷产品能被正确生产加工而必需的控制信息，如印刷成品规格信息（版式、尺寸和装订方式等）、印刷加工所需要的质量控制信息（如印刷机油墨控制数据等）和印刷任务的设备安排信息等。在当前传统印刷制造系统中，技术信息流与管理信息流分别处于生产系统和管理系统中，两者独立分开，形成两大“信息孤岛”。信息孤岛间的信息交流需要信息编码格式转换与多重传递来实现，这样导致了信息传递效率低下和信息衰减，降低了生产效率，并提高了生产与管理成本，在小批量的短版印品生产过程中更为凸显。

传统印刷制造系统中信息编码格式多样化，是典型的异构系统。为实现信息编码格式的统一，CIP4 组织提出了基于 XML 的、统一的、与生产设备无关的、包含生产全过程的数据格式 JDF。JDF 能够定义生产管理信息、商业管理信息和生产控制信息，图文信息则可统一使用 PDF 定义。表 7-2 描述了印刷制造系统中信息格式编码的演变过程。

JDF 实现了印刷制造系统的信息格式统一，生产系统内部信息交流变得顺畅，同时数字化技术和自动化技术提高了印刷制造单元设备的自动化程度，如 CTP 设备、墨量预设系统、自动换版装置和在线印后加工设备等自动化设备的出现，从而使得“数字化工作流程”得以实施。

表 7-2　印刷制造系统中信息格式编码演变过程

种类	过去	现在
生产管理信息	私有数据格式	JDF
商业管理信息	PrintTalk、私有数据格式等	JDF
图文信息	PS,PDF,PPML,TIFF/JPEG 等	PDF
生产控制信息	PJTF,PPF,IfraTrack,JDF 等	JDF

由于生产管理信息、商业管理信息和生产控制信息都使用 JDF 数据格式编码，使得印刷制造系统内设备通讯接口标准化。部门内部以至部门之间孤立的、局部的自动化岛，在新的管理模式及 CIM 制造哲学的指导下，综合应用优化理论、信息技术，通过计算机网络及其分布式数据库有机地被“集成”起来，构成一个完整的有机系统，即“计算机集成印刷系统”，以达到企业的最高目标效益。“计算机集成印刷系统”是指数字化的“管理信息”和“生产控制信息”将印前处理、印刷、印后加工及过程控制与管理系统四部分集成为一个不可分割的数字化印刷制造系统，并控制数字化的“图文信息”在系统内完整、准确和高效地传递，最终加工制作成印刷成品。“计算机集成印刷系统”强调生产系统与管理系统的高度集成。

“计算机集成印刷系统”体现了 CIM 制造哲学中的“系统观点”和“信息观点”。

(1) 系统观点　一个印刷制造企业的全部生产经营活动，从订单管理、产品设计、工艺规划、印刷加工、经营管理到售后服务是一个不可分割的整体，要全面统一地加以考虑。

(2) 信息观点　整个印品加工过程实质上是一个信息的采集、传送和处理决策的过程，最终形成的印刷品可以看作是数据（控制信息和图文信息）的物质表现。

“计算机集成印刷系统”应最终实现物流、信息流、资金流的集成和优化运行，达到人（组织、管理）、经营和技术三要素的集成，以缩短企业的作业响应时间，提高产品质量，降低成本，改善服务，有益于环保，从而提高企业的市场应变能力和竞争能力。

二、计算机集成印刷系统的描述

“计算机集成印刷系统”是 CIM 理论在印刷制造系统中进一步应用的结果，计算机集成印刷系统在功能实现上具有印刷加工的特殊性。目前，CIPPS 存在两种类型的集成模式，即以 MIS 为中心的 CIPPS 和以 JDF 为中心的 CIPPS，功能模型见图 7-17。

图 7-17（a）中，CIPPS 是以 MIS 为核心，订单系统、印前系统、印刷系统和印后加工系统在生产过程中根据生产管理与 MIS 进行 JDF 数据通讯，在此 CIPPS 中，MIS 扮演管理者角色，其他 4 个子系统扮演操作者角色。图 7-17（b）中，

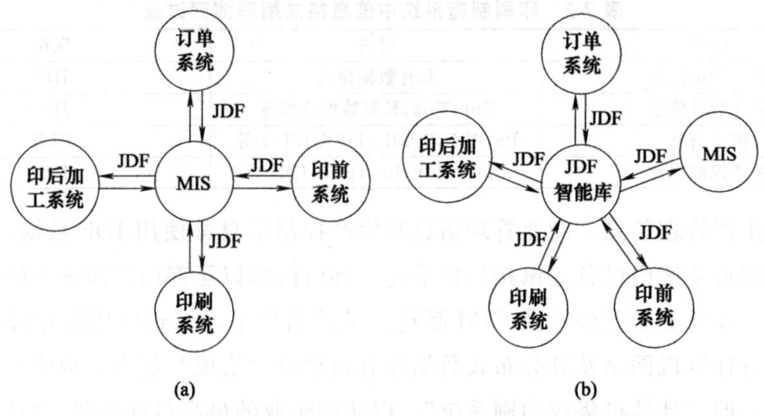

图 7-17　计算机集成印刷系统的功能模型

“JDF 智能库”是一个具有管理 JDF 数据的智能数据库，能够智能分析印刷制造系统中作业的生产状态与设备状态，在合适的时间和合适的设备单元进行 JDF 通讯，从而实现印刷制造系统的控制。

CIPPS 描述的是一种未来理想的印刷制造系统，系统实现的过程大致可以分为三个层次（阶段），即信息集成、过程集成和企业集成。

(1) 信息集成　各印刷制造单元在实现自动化的基础上具有统一的信息编码格式，借助网络技术、信息技术和应用软件等实现自动化孤岛互联。信息集成是 CIPPS 实现的最低层次，是过程集成和企业集成的基础。

(2) 过程集成　印刷制造系统在实现信息集成的基础上，通过优化理论优化传统印刷制造系统中的流程与工艺，并利用智能技术实现系统内数据和资源的高效实时共享，最终实现印刷制造系统内不同过程的高效交互和协同工作。

(3) 企业集成　印刷制造系统在实现过程集成的基础上为提高自身市场竞争力，通过企业间信息共享与集成构建“虚拟企业联盟”或“动态企业联盟”，从而实现充分利用全球制造资源，以便更好、更快、更节省地响应市场。过程集成强调企业内部系统的集成，企业集成则强调企业间不同系统的集成。

三、计算机集成印刷系统的关键使能技术

计算机集成印刷系统集成了印刷生产系统和管理系统，其实现过程中将不仅面临大量的技术难题，同时还面临管理难题。从技术方面看，在三个不同的集成阶段，需要解决的关键使能技术各有不同。根据当前我国印刷工业的发展现状，目前重点在于信息集成和过程集成阶段。

在信息集成阶段，需要解决的关键使能技术有以下两方面。

(1) 信息标准化及其接口实现　目前，印刷设备的信息标准化集中于基于

XML的JDF数据标准。当前JDF已逐渐成为行业标准，因此在信息标准化及其接口实现时，需要首先解决基于JDF数据标准的设备接口的研发和针对不同设备功能的JDF数据编辑器的研发。

(2) JDF数据库实现与工厂网络化互联　要实现印刷制造系统中各自动化单元的互联和信息高效实时共享，首先需要建立JDF数据库。JDF基于XML，如何在数据库中实现高效的JDF数据管理是基本问题。在实现JDF数据库的基础上，可利用网络通信技术，实现具备JDF数据传输和JMF即时消息通讯能力的设备互联网络。

在过程集成阶段，需要解决的关键使能技术有以下两方面。

(1) CIPPS建模与集成策略　对印刷制造系统内各单元进行集成，首先需要合适的集成策略来指导系统内信息和资源的共享与集成，然后对印刷制造系统进行过程建模，在建模的基础上进行相应流程控制软件的研发来支持印刷制造系统的集成。

(2) CIPPS过程优化理论　对印刷制造系统内的单元设备进行集成，一般需要通过对原有的流程进行优化或再造，这样才能够在信息集成的基础上充分发挥设备单元的潜力，使得集成后的印刷制造系统实现最大目标价值。例如对印刷工艺计划工序进行优化再造，实现计算机辅助印刷工艺规划，从而提高工艺规划的效率，也可提高整个系统的生产效率。

计算机集成印刷系统的实现是一个系统工程，需要设备、技术和管理的协调发展。当前CIPPS正在印刷数字化技术的推动下开始起步，未来随着科技的不断发展，CIPPS的具体形态将会逐渐清晰起来。另外，物联网技术在系统运行跟踪与集成方面有着独特优势，其对CIPPS的信息集成、过程集成和企业集成都将会有不同程度的推动作用，因此对物联网技术的研究也将是一个值得注意的研究领域。

第五节　全程数字化工作流程系统实例

2013年9月美国国际印刷展（Print 13）上，许多新的生产工作流程解决方案和MIS/ERP业务工作流程系统问世。其中包括基于云计算的解决方案，全新的或者升级版的基于本地服务器的解决方案，以及基于云计算和本地服务器整合的解决方案等。

一、生产工作流程解决方案

Print 13上展示的生产工作流程解决方案，能将多种生产任务连接起来，从而达到自动化生产的目的。展示出的生产工作流程分为三类，一是预定义的流水线型，只允许用户以一个非常明确的过程输入和输出生产文件，例如网络印刷和按需图书生产工作流程等；二是线性流水线型，主要为构建流程提供了一定的自由度，可通过预定义的方式来定义部分生产变量；三是完全灵活的基于规则的流水线。主要优点是可将自定义工作流程的数量和必要的操作步骤减到最少。此外，这种系统还可通过编程达到更高的智能化水平。

1. 施乐

施乐推出的其新一代工作流程解决方案 FreeFlow Core。该解决方案基于 Web 架构，具有模块化和可扩展的特点，用户只需通过一个直观的图形用户界面，就可以简单地连接到系统中，使用起来非常灵活。

另外，施乐还推出了 FreeFlow Core 的几个新模块。一是施乐 Integrated PLUS 印后解决方案。实现从订单输入到在线或离线的印后生产的整个过程的自动化。二是 XMPie StoreFlow。一款集 B2B 和 B2C 商业模式的所有优势于一身的网络印刷解决方案，集成了 FreeFlow Core 生产自动化系统，可提供端到端的工作流程，使用户可以通过互联网有效地扩展业务。三是 FreeFlow Digital Publisher。一个集成的解决方案，用户可通过其制作多媒体的在线内容，并将内容投放到移动终端或互联网媒体。

2. Hybrid

CloudFlow 是 Hybrid 推出的一款基于工作流程平台的新型 HTML5 浏览器，支持开放式的 JSON RESTAPI 脚本以及 NoSQL 数据库，这使其更容易与其他云计算解决方案和服务项目整合。其包括了可用于软打样的 Cloudflow Proofscope、可用于 PDF 编辑的 Cloudflow Proofscope Live、可用于排版设计和可变数据印刷的 Cloudflow Printplanner、Cloudflow DAM、Cloudflow 印前工作流程和 Cloudflow RIP。

3. 柯达

PRINERGY Workflow6 是柯达经过三年研发推出的，包括用于拼版的 PREPS V7、用于色彩管理的 COLORFLOW V2 Workflow 以及 INSITE Prepress Portal V6.6，可显著提升用户的自动化生产水平。

PRINERGY Workflow 6 最大的革新在于其采用了基于浏览器的、简化了的用户交互界面 Workspace，这种改变无疑使用户的操作更加简单。PRINERGY Workflow 6 分为计划、管理、跟踪三个模块，可帮助用户管理所有的作业和产品任务。使用印能捷规则集管理器 RBA，可快速、简单地完成从印前接收客户订单到数字印刷或 CTP 制版的自动化。

4. 理光

理光推出的 TotalFlowProcess Director V3 可以根据不同需要，配置成多种不同的应用程序，从大容量可变数据印刷到一般的商业印刷，从卷筒纸印刷到单张纸印刷都可使用，是一个非常灵活、可扩展的生产工作流程解决方案。

此外，理光还推出了一个 Adobe Acrobat 插件 TotalFlow DocEnhancer，可以通过非常简单的用户交互界面创建用于印刷生产的 PDF 文件，并且允许用户添加、编辑或替换 PDF 文件中的静态数据或可变数据。

5. **柯尼卡美能达**

柯尼卡美能达展示了两款最新的工作流程解决方案 EngageIT Automation 和 EngageIT XMedia。

EngageIT Automation 解决方案支持 Web 的订单自动化处理门户网站，包括一个完整的自动化生产流程整合套件。该解决方案能为印刷人员的重复性工作制作生产周期计划，甚至能在这些活件进入生产以前就计算出活件所需的生产周期。

EngageIT XMedia 是一款支持跨媒体营销活动的工作流程解决方案，能在一个完全集成的平台上让数字打印机管理和部署从直邮到社交媒体的所有直销渠道。

二、MIS/ERP 业务工作流程系统

Print 13 上也展示了多款 MIS/ERP 业务工作流程系统，可提供多个作业输入通道、混合生产环境（其中包括数字印刷和胶印）以及对跨媒体产品、适应性开放式端口和云技术的支持。

印刷生产中有三种不同的数据类型，即生产数据文件（即 PDF 文件）、生产数据指令（即 JDF 或者其他生产指令）和业务数据（即估算、调度、规划、跟踪、成本核算等）。生产工作流程系统处理生产数据文件，并在许多情况下，处理生产数据指令。业务工作流程系统处理业务数据，并在某些情况下，处理生产数据指令。

1. Avanti

Avanti 发布了一款新产品——Avanti Slingshot，以基于 Java 的快速应用程序开发环境（Java RAD）和开放式架构为基础，可以驻留在云端或前端，而且独立于操作系统（Mac、Windows、Linux）和多种数据库（MS/SQL、Oracle、DB2、MySQL 等），用户可以使用任何数据库，同时也支持混合印刷以及跨媒体营销。

易于集成也是这款解决方案的特点，并且 Avanti 将其设计为“生产工作流程的中心”，能够支持大部分的网络打印解决方案，用户还可通过 eAccess（Avanti 的网上店面解决方案）以自定义方式输入订单，实现生产自动化，而且还支持市场上大多数生产工作流程解决方案。

易于实现和使用同样是 AvantiSlingshot 的特点。图形用户界面非常直观，可使操作更方便。Avanti 在其 QuickStart 数据库中“预加载”了 460 多个设备和业务操作，包括典型的 BHR（Budgeted Hourly Rates），目的是减少用户的时间和精

力，使系统易于启动和运行。

2. EFI

对商业印刷市场来说，作为最大的包装 MIS/ERP 解决方案供应商，EFI 产品包括 PrintSmith 快印店软件、Pace 印刷管理软件、Monarch 企业用户软件以及 Radius 包装印刷 ERP 软件。EFI 除了提供 MIS/ERP 解决方案之外，还开发和销售生产工作流程 DFEs。

EFI 的 IQuote 评估软件是全新的基于浏览器的解决方案，包含了一个非常直观有趣的图形界面，可提供许多可视化的评论和报告。面对紧迫的生产冲突，还支持假设情景分析。此外，它可以提供一个可靠的评估方案，供评价者或销售员使用。

参考文献

[1] 刘全香. 数字印刷技术与应用 [M]. 北京：印刷工业出版社，2011.

[2] 张霞. 印刷色彩管理 [M]. 北京：中国轻工业出版社，2011.

[3] 刘武辉. 印刷色彩管理 [M]. 北京：化学工业出版社，2011.

[4] 姚海根. 数字印刷 [M]. 北京：中国轻工业出版社，2010.

[5] 万晓霞. 数字化工作流程标准培训教程 [M]. 北京：印刷工业出版社，2009.

[6] 周世生，罗如栢，赵金娟. 印刷数字化与 JDF 技术 [M]. 北京：印刷工业出版社，2008.

[7] 顾桓. 印前技术与数字化流程 [M]. 北京：机械工业出版社，2008.

[8] 孟玫. 喷墨印刷技术创新应用两例 [J]. 印刷杂志，2013，(6)：9-11.

[9] 王廷婷. 创新与变革——从 2014 全印展看胶印与数字印刷的深度融合 [J]. 印刷技术，2015，(1)：8-11.

[10] 董瑛. 工业 4.0 时代，印刷业的机遇 [J]. 印刷工业，2015，(1)：60-63.

[11] 王灿才. 喷墨技术在微制造中的应用 [J]. 丝网印刷，2013，(11)：32-36.

[12] 王灿才. 喷墨印刷的发展瓶颈分析 [J]. 丝网印刷，2014，(3)：49-52.

[13] 汤学黎. 回望 2013——数字印刷技术最新趋势分析 [J]. 印刷技术，2014，(1)：43-47.

[14] 汤学黎. 数字化工作流程 让印刷更轻松 [J]. 印刷技术，2014，(11)：19-22.

[15] 邱英华. 谈数字印刷的应用 [J]. 印刷杂志，2014，(1)：36-38.

[16] 孟丹. 2013 年全球数字印刷发展趋势盘点 [J]. 中国包装，2014，(1)：63-65.

[17] 陈鸿亮. 网络印刷，裂变中国传统印业版图 [J]. 中国包装，2014，(2)：61-63.

[18] 高晓静. 数字印刷风潮席卷 drupa2012 [J]. 印刷技术，2012，(7)：12-16.

[19] 高晓静. 网络印刷改变印业版图 [J]. 印刷技术，2013，(4)：22-23.

[20] 高峰. 先认识它，再驾驭它——静电成像数字印刷机的成像原理 [J]. 印刷技术，2012，(9)：43-45.

[21] 姚海根. 图像捕获设备测量与分析数字印刷质量的可行性 [J]. 出版与印刷，2008，(3)：2-5.

[22] 姚海根. 直接成像数字印刷的复制特点 [J]. 出版与印刷，2009，(2)：2-6.

[23] 姚海根. 数字印刷质量的噪声评价 [J]. 出版与印刷，2010，(2)：2-5.

[24] 姚海根. ISO 19751 标准的开发进程 [J]. 印刷质量与标准化，2010，(4)：61-64.

[25] 姚海根. 线条边缘质量及其测量方法 [J]. 出版与印刷，2012，(3)：2-4+33.

[26] 姚海根. 按需喷墨打印头的驱动脉冲差异 [J]. 出版与印刷，2013，(1)：2-5.

[27] 姚海根. 喷墨印刷的技术特点与发展之路（上）[J]. 印刷杂志，2013，(3)：1-6.

[28] 姚海根. 喷墨印刷的技术特点与发展之路（下）[J]. 印刷杂志，2013，(4)：37-40.

[29] 姚海根. 静电照相数字印刷机的结构变迁 [J]. 印刷杂志，2013，(9)：48-52.

[30] 蒋春华. 静电成像技术 [J]. 广东印刷，2012，(3)：26-27.

[31] 胡维友. 第二讲　静电成像数字印刷原理 [J]. 印刷世界，2008，(2)：59-61.

[32] 胡维友. 第三讲　静电成像数字印刷原理 [J]. 印刷世界，2008，(3)：60-63.

[33] 胡维友. 第五讲　其它数字印刷成像技术 [J]. 印刷世界，2008，(7)：54-57.

[34] 胡维友. 第七讲　数字印刷用纸张材料 [J]. 印刷世界，2008，(10)：57-60.

[35] 胡维友. 热成像数字印刷技术 [J]. 印刷世界，2008，(5)：52-54.

[36] 胡维友. 热成像数字印刷技术 [J]. 印刷世界，2008，(6)：55-57.

[37] 胡维友. 磁成像印刷术的春天即将到来 [J]. 印刷杂志，2012，(1)：35-38.

[38] 胡新颖. 数字印刷用纸大揭秘 [J]. 今日印刷，2009，(3)：40-41.

[39] 王雅郡. 数字印刷用纸与数字印刷设备的完美匹配 [J]. 印刷技术，2013，(2)：30-31.

[40] 刘红莉，刘冲. 数字印刷油墨性能及应用 [J]. 丝网印刷，2008，(4)：32-34.

[41] 刘红莉，刘冲. 数字成像之热成像技术 [J]. 今日印刷，2008，(11)：29-30.

[42] 毕明珠，史洪杰. 浅析静电成像用墨粉质量评测方法 [J]. 办公自动化杂志，2012，(2)：43-45.

[43] 商晓宇，梁兵. 激光彩色墨粉制备方法研究进展 [J]. 化工进展，2012，(8)：1811-1815.

[44] 姚瑞玲，毛宏萍. 浅析数字印刷相关技术和材料 [J]. 广东印刷，2014，(1)：26-29.

[45] 刘华. 热敏印刷技术及应用 [J]. 丝网印刷，2008，(5)：33-36.

[46] 刘华. 莫让 CIP3 油墨预置成浮云 [J]. 印刷技术，2012，(5)：25-27.

[47] 刘华. 数字印刷的色彩管理与自动化流程 [J]. 印刷杂志，2014，(2)：43-45.

[48] 李贺田. 色彩管理研究 [J]. 办公自动化杂志，2013，(10)：49-52.

[49] 昝贵府，戴俊萍. 印刷色彩管理重中之重——全面的质量控制 [J]. 今日印刷，2014，(2)：59-61.

[50] 昝贵府. 数字化工作流程任重道远 [J]. 印刷杂志，2014，(6)：24-26.

[51] 昝贵府，戴俊萍. 屏幕软打样数字化评价方法及其实现 [J]. 印刷质量与标准化，2013，(3)：21-25.

[52] 陈啸谷. 大印前流程下的色彩管理 [J]. 印刷技术，2014，(4)：49-51.

[53] 金张英，郑亮，管雯珺. 基于 ISO 13660 的数字印刷线条质量分析与评价 [J]. 包装工程，2012，(8)：97-103.

[54] 孔玲君，刘真，姜中敏. 基于 CCD 的数字印刷质量检测与分析技术 [J]. 包装工程，2010，(2)：92-95.

[55] 孔玲君，姜中敏，高雪玲. 数字印刷品非均匀性的综合评价 [J]. 包装工程，2014，(1)：114-119.

[56] 齐福斌. 静电成像数字印刷技术及其印刷机（连载一）[J]. 印刷世界，2013，(1)：43-46.

[57] 齐福斌. 静电成像数字印刷技术及其印刷机（连载二）[J]. 印刷世界，2013，(2)：48-53.

[58] 齐福斌. 静电成像数字印刷技术及其印刷机（连载三）[J]. 印刷世界，2013，(3)：46-50.

[59] 齐福斌. 静电成像数字印刷技术及其印刷机（连载四）[J]. 印刷世界，2013，(4)：40-43.

[60] 齐福斌. 静电成像数字印刷技术及其印刷机（连载五）[J]. 印刷世界，2013，(5)：46-50.

[61] 孙小鹏，孔玲君. 基于图像处理的数字印刷线条质量检测方法研究 [J]. 包装工程，2013，(4)：84-89.

[62] 刘仁庆. 电子纸及其发展 [J]. 中华纸业，2010，(5)：77-82.

[63] 王菁，熊良铨，彭瑜. 环保型数字印刷油墨的研制 [J]. 今日印刷，2008，(1)：61-62.

[64] 罗峥. 喷墨印刷油墨性能大比拼 [J]. 今日印刷，2009，(1)：44-45.

[65] 陈锦新. 喷墨印刷技术原理与发展趋势 [J]. 广东印刷，2009，(2)：42-46.

[66] 靳淑婷. 喷墨印刷发展方向：标准化、普及化、专业化 [J]. 今日印刷. 2013，(4)：22-23.

[67] 金世华. 挖掘未来宽幅喷墨印刷蓝海 [J]. 数码印刷，2014，(3)：30-31.

[68] 徐世垣. 喷墨印刷未来的应用领域 [J]. 今日印刷. 2013，(4)：9-11.

[69] 孙加振. 浅析喷墨印刷技术应用进展 [J]. 今日印刷. 2013，(4)：6-8.

[70] 高志强，韩雨彤，杨勇. 提高喷墨印刷精度的技术发展 [J]. 印刷杂志，2013，(3)：20-22.

[71] 王强. 数字印刷技术热点与产业发展方向 [J]. 印刷技术，2013，(5)：24-26.

[72] 蒋青言，袁蔚. 屏幕软打样的技术实现与评价 [J]. 广东印刷，2011，(4)：54-57.

[73] 杨丽，张晖. 浅析远程打样的实现条件 [J]. 数字技术，2009，(2)：51.

[74] 张建青. 解析远程数码打样质量控制 [J]. 印刷质量与标准化，2010，(11)：38-41.

[75] 张俊辉. 数码打样的质量分析 [J]. 印刷质量与标准化，2012，(12)：38-39.

[76] 纪家岩. 浅谈数字打样技术 [J]. 印刷杂志，2014，(12)：32-34.

[77] 纪家岩. 对数字化工作流程的思考 [J]. 印刷杂志，2014，(6)：1-5.

[78] 谢建中. 数码打样技术的发展水平、现状及展望 [J]. 广东印刷，2010，(1)：17-20.

[79] 曹丽娜，魏小敏. 浅析数字打样技术的市场发展趋势 [J]. 印刷质量与标准化，2011，(9)：14-16.

[80] 胡媛，董雷. 数字打样流程解读 [J]. 印刷技术，2011，(12)：43-45.

[81] 李静静. 精确的数码打样解决方案——GMG ColorProof [J]. 今日印刷，2012，(12)：57-60.

[82] 李静静. 浅谈数字化工作流程在印刷企业中的应用 [J]. 今日印刷，2014，(3)：62-65.

[83] 沈志伟. 细化色彩管理数字印刷与数字打样的色彩匹配法 [J]. 印刷技术，2013，(7)：47-49.

[84] 李鑫. 数字打样参考标准 ISO 12647-7 简述 [J]. 印刷杂志，2010，(10)：34-36.

[85] 田东文. 基于 CIP3/CIP4 标准的预放墨及控墨技术 [J]. 广东印刷，2010，(1)：15-17.

[86] 汪丽霞. CIP4 油墨预置优化工艺及其应用 [J]. 印刷质量与标准化，2014，(2)：48-52.

[87] 赛图. CIP4 油墨预置系统方案 (ink-setter) [J]. 广东印刷，2011，(2)：39-41.

[88] 琴心. JDF、MIS 与 CIP4 [J]. 印刷杂志，2014，(6)：15-17.

[89] 李保强. 印刷机油墨预置技术浅析 [J]. 印刷杂志，2011，(11)：56-59.

[90] 肖根生，张粟. 基于数字化工作流程的 CIP4 油墨预置技术 [J]. 广东印刷，2013，(4)：45-47.

[91] 崔晓萌，陈广学. 彩色数字印刷线条质量的微观检测与分析 [J]. 中国印刷与包装研究，2013，(3)：42-48.

[92] 李不言. 加网线数对数字印刷品空间非均匀性质量的影响 [J]. 包装工程，2013，(1)：123-128.

[93] 陆忆岚，刘磊，邝虎廷. 印刷数字化的基础——JDF 标准 [J]. 印刷世界，2011，(8)：24-25.

[94] 王俊艳，刘占稳. 数字化工作流程　改变如此简单 [J]. 印刷技术，2014，(6)：29-31.

[95] 范丽娟. 有关数字化印刷流程初探 [J]. 广东印刷，2013，(5)：35-36.

[96] 仪晓娟. 数字化印刷工作流程的发展、实现与应用 [J]. 印刷质量与标准化，2013，(1)：8-13.

[97] 李宏涛. 数字时代的印前工作流程 [J]. 印刷杂志，2014，(6)：18-20.

[98] 李宏涛. 浅谈数字时代的混合工作流程 [J]. 印刷杂志，2013，(6)：38-39.

[99] 吴鹏. 数字印刷品质量检测与评价方法 [J]. 印刷技术，2015，(5)：33-35.

[100] 张冬娟. 细数 Print 13 上的工作流程 [J]. 印刷技术，2013，(12)：54-56

[101] 白家森. 浅析 JDF 印刷数字化生产流程 [J]. 广东印刷，2013，(4)：23-24.

[102] 张跃明，谢建平. 解析 JDF 文档实现油墨预置技术的研究 [J]. 包装工程，2014，(4)：109-113.

[103] 罗如柏，周世生，李怀林等. 计算机集成印刷系统 [J]. 包装工程，2013，(6)：23-26.